工程训练

（第2版）

主　编　杨家富　陈美宏
副主编　金慧萍　谢　媞
参　编　华　晋　张宏武
　　　　张冬冬　周　丽

东南大学出版社
SOUTHEAST UNIVERSITY PRESS
·南京·

内 容 摘 要

本书是作者根据教育部颁布的“机械制造实习课程教学基本要求”和“工程材料及机械制造基础课程教学基本要求”，结合多年实训教学经验并吸取兄弟院校的成功实训经验编写而成。全书共分为11章，内容包括绪论，铸造，压力加工，焊接，车削，铣削、刨削、磨削加工，钳工，数控加工，特种加工，快速成型制造技术，柔性制造系统等。每章内容的最后都加入了最新的材料及处理技术。

本书是高等院校机械类、近机械类本专科工程训练的实训教材，对于非机械类专业，可根据专业特点和教学条件，有针对性地选择其中的实训内容组织教学，本书还可作为有关工程技术人员和技工的自学参考书。

图书在版编目(CIP)数据

工程训练 / 杨家富，陈美宏主编. —2版. —南京：东南大学出版社，2022.8 (2024.7重印)

ISBN 978-7-5766-0193-0

Ⅰ.①工… Ⅱ.①杨… ②陈… Ⅲ.①机械制造工艺—高等学校—教材 Ⅳ.①TH16

中国版本图书馆CIP数据核字(2022)第144746号

责任编辑：夏莉莉 **责任校对**：子雪莲 **封面设计**：顾晓阳 **责任印制**：周荣虎

工程训练(第2版) Gongcheng Xunlian (Di-er Ban)

主　编 杨家富 陈美宏
出版发行 东南大学出版社
社　址 南京市四牌楼2号 邮编：210096 电话：025-83793330
网　址 http://www.seupress.com
电子邮件 press@seupress.com
经　销 全国各地新华书店
印　刷 南京玉河印刷厂
开　本 787 mm×1092 mm 1/16
印　张 21
字　数 510千字
版　次 2022年8月第2版
印　次 2024年7月第3次印刷
书　号 ISBN 978-7-5766-0193-0
定　价 56.00元

第 2 版前言

新经济、新技术和新产业的不断涌现以及对新型人才的需求孕育了新工科的出现，新工科为应对新一轮科技革命和产业变革、支撑产业转型升级和新旧动能转换、主动服务国家创新驱动发展重大战略、促进工程教育改革和创新发展提供了强劲动力。新工科的改革不仅涉及新工科专业的创建和传统专业的升级改造，也深刻影响了工科基础课、工程训练实践创新教学的重构和改革。基于新工科背景，着眼于新工科倡导的“五个新”，我们在第 1 版的基础上对本书进行修订。

本书在广泛听取师生反馈意见和建议的基础上，保持了第 1 版教材的体系和特点，对其中的部分内容进行了增添、删减或改写，对一些语言文字进行了修改，一些插图进行了修改、更换，使之更便于教学。

本书由杨家富、陈美宏任主编，金慧萍、谢媞任副主编。参与本书修订的人员还有华晋、张宏武、张冬冬、周丽等。

本书的实用性较强，既可作为高等理工院校本科生进行工程训练的教材，也可作为高职高专的实训教材。此外，对从事相关领域工作的教师、工程技术人员也有一定的参考作用。

本书编写过程中参考了兄弟院校优秀教材的部分内容，所参考书目均已附于书后，在此表示衷心的感谢！

由于编写人员理论水平和教学经验有限，书中难免有欠妥之处，恳请读者批评指正。

编者

2022 年 6 月

前言

改革开放以来,我国制造业发展迅速,到2010年制造业产值在全球占比已超过美国,成为制造业第一大国,但即使这样,我国还不是制造业强国,问题和挑战都还不同程度的存在。当前,"新材料、新科技、新设备、新工艺"的出现比以往任何时候都更加迅速,因此对于工程训练也提出了新的要求:不仅需要包括传统金工实习所涉及的传统机械制造方面的各种加工工艺技术,还需要包括数控加工、特种加工、柔性制造、快速成型制造等现代加工技术,同时也需要包括工业安全等方面的实训内容。本书就是在这样的指导思想下编写的。

本书在编写过程中力求突出重点、立足基础、拓展能力,做到基本概念清晰、重点突出、加强现代技工技术,从培养学生工程意识、工程实践能力和创新能力的角度出发,按照新的课程体系组织教学内容。力求做到图文并茂,深入浅出,较好地体现适用性、可训练性和时代先进性。

参加本书编写工作的有:南京林业大学杨家富(第八章)、陈美宏(第十、十一章)、华晋(第六章)、金慧萍(第一、三章)、谢媞(第二、四章),南京交通职业技术学院张宏武(第五、七、九章)。本书由杨家富、陈美宏任主编,张宏武、华晋任副主编。

本书的实用性较强,既可作为高等理工院校本科生进行工程训练的教材,也可作为高职高专的实训教材。此外,对从事相关领域工作的教师、工程技术人员也有一定的参考作用。

本书编写过程中参考了兄弟院校优秀教材的部分内容,所参考书目均已附于书后,在此表示衷心的感谢!

由于编写人员理论水平和教学经验有限,书中难免有欠妥之处,恳请读者批评指正。

编者
2018年3月

目　　录

第一章　绪　论

1.1　金属材料的性能

金属材料的性能是指用来表征材料在给定外界条件下的行为参量，当外界条件发生变化时，同一种材料的某些性能也随之发生变化。通常金属材料的性能包含工艺性能和使用性能两个方面。工艺性能是指材料在各种加工过程中表现出来的性能，包括铸造性能、压力加工性能、焊接性能、热处理性能及切削加工性能等。工艺性能在以后有关章节中分别讨论。使用性能是材料在使用过程中表现出来的性能，主要有力学性能、物理性能、化学性能、工艺性能等。

1.1.1　力学性能

金属材料在加工和使用过程中需要承受不同外力的作用，当外力达到或超过某一限度时，材料就会发生变形，甚至断裂。材料在外力作用下所表现的一些性能如强度、硬度、弹性、塑性、韧性等称为材料的力学性能。

1) 强度

强度指金属材料在达到允许的变形程度或断裂前单位面积上所能承受的最大应力，用 σ 表示，以低碳钢拉伸试验为例：

$$\sigma=\frac{F}{S_0}\ (\mathrm{N/m^2}) \tag{1-1}$$

式中：F——作用力(N)；

S_0——试样原始截面积($\mathrm{m^2}$)。

强度包括弹性极限、屈服点、抗拉强度、疲劳极限、蠕变极限等。按外力作用的方式不同，强度可分为抗拉强度、抗压强度、抗弯强度和抗剪强度等。工程上常用来表示金属材料强度的指标有屈服点和抗拉强度等。

金属材料的屈服点和抗拉强度通过拉伸试验测定。进行拉伸试验时，预先将金属材料按规定加工成一定形状和尺寸的标准试样，常用的试样断面为圆形，称为圆形拉伸试样，如图 1-1 所示。把它装夹在拉力试验机的两个夹头上，缓慢对试样施加载荷，使试样受轴向拉力。随着拉力的增加，试样逐渐变形伸长，直至拉断为止。在拉伸过程中，拉力试验机自动记录了每一瞬间的载荷 P 和变形(伸长量) ΔL，得到力与伸长量关系曲线，通常称为拉伸曲线。退火低碳钢的拉伸曲线最具代表性，如图 1-2 所示，此曲线明确地反映出下面几个变形阶段。

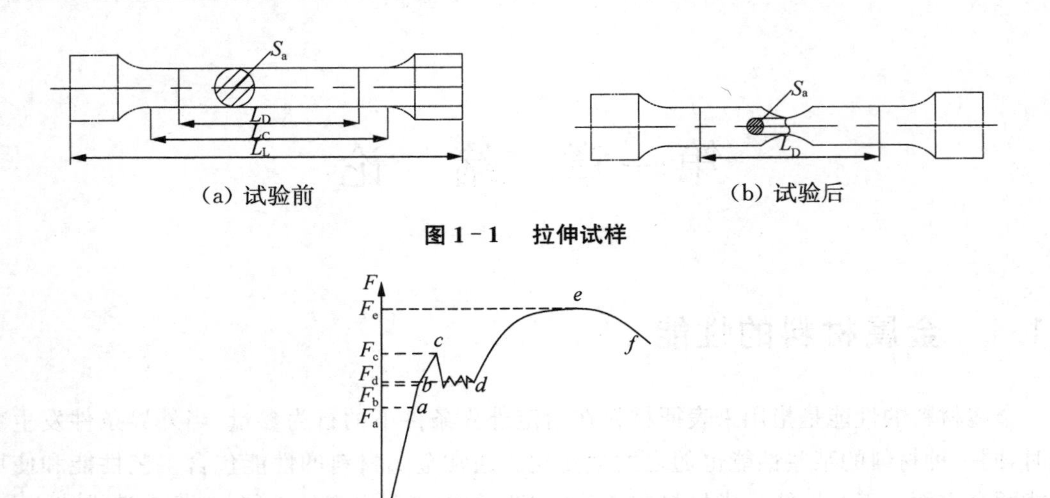

(a) 试验前　　(b) 试验后

图 1－1　拉伸试样

图 1－2　低碳钢的拉伸曲线

(1) 比例变形阶段(Oa 段):当外力不超过 F_a 时,拉伸曲线为直线,外力与变形成正比,试样处于弹性变形阶段,外力去除后,变形将完全消失,试样将恢复到原来的长度。

(2) 弹性变形阶段(ab 段):拉伸力在 F_a 和 F_b 之间时,试样的伸长量与拉伸力已不再成正比关系,试样仍处于弹性变形阶段。F_b 为试样产生弹性变形所承受的最大拉伸力。

(3) 微塑性变形阶段(bc 段):此阶段试样开始了塑性变形,此时塑性变形是按比例变化。

(4) 屈服塑性变形阶段(cd 段):此阶段试样的伸长量不再成比例地增加,卸载后试样也不能完全恢复到原来的形状和尺寸。此时试样除弹性变形外,还产生了塑性变形。拉力增加至 F_d 后,外力不再增加而试样继续伸长,这种现象称为“屈服”,F_d 称为“屈服载荷”。

(5) 应变硬化阶段(de 段):拉伸力超过 F_d 后,试样开始产生明显而均匀的塑性变形,随着塑性变形的增加,试样变形抗力也逐渐增加,这种现象称为形变强化。F_e 为试样拉伸试验的最大载荷。

(6) 缩颈阶段(ef 段):拉伸力达到最大值 F_e 后,试样局部直径开始急剧缩小,出现“缩颈”现象,试样变形所需的拉伸力也随之降低,f 点时试样断裂。

根据拉伸曲线可以求得材料的强度指标,常用的强度指标有屈服强度和抗拉强度。

(1) 屈服强度:屈服强度指试样在拉伸试验过程中拉伸力不增加,试样仍能继续伸长时的最小应力值,用 σ_s 表示:

$$\sigma_s = \frac{F_s}{S_0}(\text{MPa}) \tag{1-2}$$

式中:F_s——试样屈服时的拉伸力(N);

S_0——试样原始截面积(mm^2)。

当金属材料呈现屈服现象时,在试验期间达到发生塑性变形而力不增加的应力点,可分为上屈服强度和下屈服强度:上屈服强度,试样发生屈服而力首次下降前的最大应力;下屈服强度，在屈服期间，不计初始瞬时效应时的最小应力。

(2) 抗拉强度：材料能承受最大载荷时的应力，用 σ_b 表示：

$$\sigma_b=\frac{F_e}{S_0}(\text{MPa}) \tag{1-3}$$

式中：F_e——试样承受的最大拉伸力(N)；

S_0——试样原始截面积(mm^2)。

2) 塑性

塑性是指金属材料在外力作用下产生塑性变形而不破坏的能力，评定材料塑性的指标有断后伸长率和断面收缩率。

(1) 断后伸长率：试样拉断后，标距伸长量与原始标距的百分比，用 δ 表示：

$$\delta=\frac{l_1-l_0}{l_0}\times 100\% \tag{1-4}$$

式中：l_1——试样拉断后的标距长度(mm)；

l_0——试样原始的标距长度(mm)。

(2) 断面收缩率：试样拉断后，截面积的最大缩减量与原始横截面积的百分比，用 ψ 表示：

$$\psi=\frac{S_0-S_1}{S_0}\times 100\% \tag{1-5}$$

式中：S_0——试样的原始截面积(mm^2)；

S_1——试样断裂处的最小截面积(mm^2)。

3) 硬度

硬度是材料抵抗局部变形，特别是塑性变形、压痕或划痕的能力，是衡量材料软硬度的力学性能指标，工业生产中常采用布氏硬度、洛氏硬度、维氏硬度等几种硬度试样方法。

(1) 布氏硬度

如图 1-3 所示，布氏硬度试验方法是把规定直径 D 的淬火钢球或硬质合金球以一定的试验力 F 压入所测材料表面，保持规定时间后，测量表面压痕直径 d，用压痕单位面积上所承受的载荷再乘以一常数后即得到布氏硬度值。

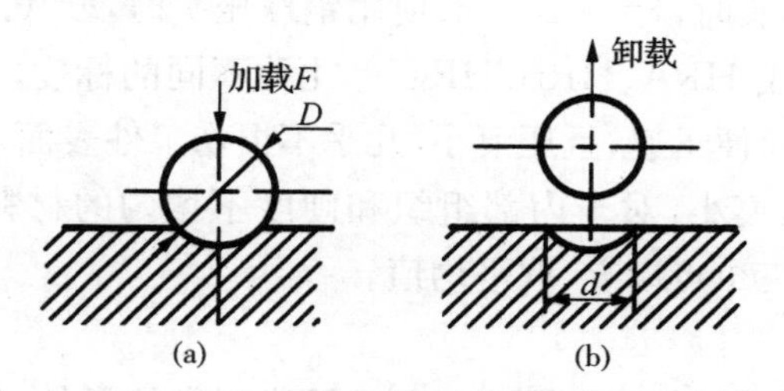

图 1-3　布氏硬度试验原理

布氏硬度值的计算公式如下：

$$HBW=\frac{F}{S}=0.102\times\frac{2F}{\pi D(D-\sqrt{D^2-d^2})}(\text{N/mm}^2) \tag{1-6}$$

式中：HBW——布氏硬度符号；

F——试验压力(N)；

S——球面压痕表面积(mm^2)；

D——球体直径(mm)；

d——压痕平均直径(mm)。

在实际应用中，布氏硬度值无需计算，根据压痕平均直径查布氏硬度表即可得到相应的布氏硬度值。目前，布氏硬度主要用于铸铁、非铁金属以及经退火、正火和调质处理的钢材。

(2) 洛氏硬度

洛氏硬度试验方法是用一定的载荷将直径为 1.588 mm 的淬火钢球或顶角为 120°金刚石圆锥体压入试件表面，根据压痕深度 h 计算洛氏硬度值，并可由刻度盘上的指针直接指出硬度值，试验原理见图 1-4。

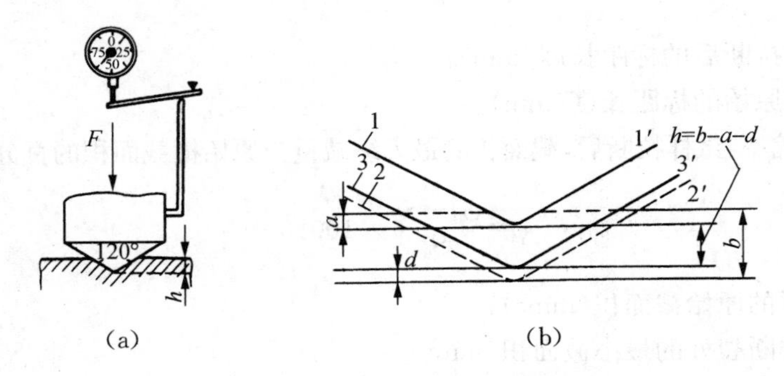

图 1-4 洛氏硬度试验原理

金属越硬，h 值越小，为适应人们习惯上数值越大硬度越高的观念，人为规定用一常数 k 减去压痕深度 h 作为硬度值，并规定每 0.002 mm 为一个洛氏硬度单位，由此获得洛氏硬度值，用符号 HR 表示：

$$HR=\frac{k-h}{0.002} \tag{1-7}$$

当使用金刚石圆锥压头时，$k=0.2$ mm；使用钢球压头时，$k=0.26$ mm。根据不同的压头和载荷相配合，可以组成 HRA、HRB、HRC 等几种不同的标度。洛氏硬度 HRC 可以用于硬度很高的材料，操作简便迅速，且压痕小，几乎不损伤工件表面，故在钢件热处理质量检查中应用最多。但由于压痕小，对于内部组织和硬度不均匀的材料，所得的硬度值不够准确，一般同一试件应测试三个点以上，取平均值。

(3) 维氏硬度

为了更准确测量金属零件的表面硬度或测量硬度很高的零件，常采用维氏硬度，维氏硬度试验原理与布氏硬度相似，如图 1-5 所示。用一定的载荷 F 将一个顶角为 136°的金刚石正四棱锥体压入试件表面，保持一定时间后卸除载荷，然后测量压痕两对角线的平均长度 d，计算出压痕的表面积 S，最后求出压痕表面积上的平均压力，作为被测金属的维氏硬度。维氏硬度用符号 HV 表示，计算公式如下：

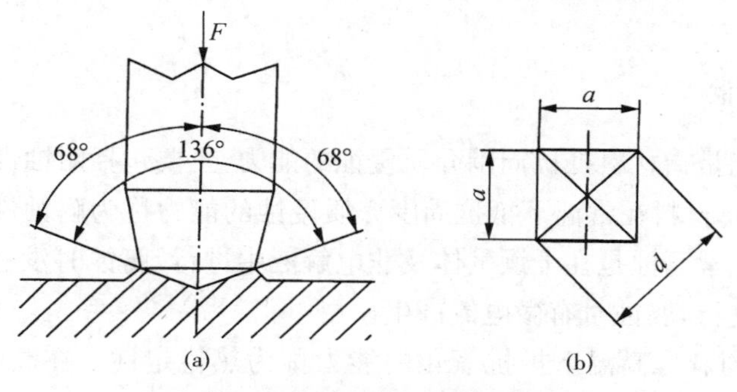

图 1-5　维氏硬度试验原理

$$HV=\frac{F}{S}=0.189\,1\frac{F}{d^2} \tag{1-8}$$

式中：F——试验力(N)；

d——压痕两对角线长度算术平均数(mm)。

维氏硬度在试验时所加载荷小，压入深度浅，适用于测试零件表面淬硬层及化学热处理的表面层。但是其操作慢，且对试件表面质量要求较高，不适用于成批生产的常规检验。

1.1.2　物理性能

金属材料的物理性能是指在重力、电磁场、热力(温度)等物理因素作用下，材料所表现的性能或固有属性，金属材料的物理性能有：密度、熔点、导电性、导热性、热膨胀性、磁性等。

(1) 密度：同一温度下单位体积物质的质量称为密度，与水密度之比叫相对密度。根据相对密度的大小，可将金属分为轻金属(相对密度小于4.5)和重金属(相对密度大于4.5)。Al、Mg 等及其合金属于轻金属；Cu、Fe、Pb、Zn、Sn 等及其合金属于重金属。常用的金属材料的相对密度差别很大，如铜为 8.9、铁为 7.8、钛为 4.5、铝为 2.7 等。在非金属材料中，陶瓷的密度较大，塑料的密度较小，常用的聚乙烯、聚丙烯、聚苯乙烯等塑料的相对密度为 0.9～1.1。

(2) 熔点：材料在缓慢加热时由固态转变为液态并有一定潜热吸收或放出时的转变温度，称为熔点。熔点低的金属(如 Pb、Sn 等)可以用来制造钎焊的钎料、熔体(保险丝)和铅字等；熔点高的金属(如 Fe、Ni、Cr、Mo 等)可以用来制造高温零件，如加热炉构件、电热元件、喷气机叶片以及火箭、导弹中的耐高温零件。

(3) 导电性：材料传导电流的能力称为导电性，以电导率 γ(单位 S/m)表示。纯金属中银的导电性最好，其次是铜、铝。工程中为减少电能损耗常采用纯铜或纯铝作为输电导体；采用导电性差的材料(如 Fe-Cr、Ni-C、Fe-Cr-Al 等合金、碳硅棒等)作为加热元件。

(4) 导热性：材料传导热量的能力称为导热性，用热导率 λ[单位 W/(m·K)]表示。热导率越大，导热性越好，纯金属的导热性比合金好，银、铜的导热性最好，铝次之。非金属中，碳(金刚石)的导热性最好。

(5) 热膨胀性：材料因温度改变而引起的体积变化现象称为热膨胀性，一般用线膨胀系数来表示。工程中常利用材料的热膨胀性来装配或拆卸配合过盈量较大的机械零件。

(6) 磁性：材料在磁场中能被磁化或导磁的能力称为导磁性或磁性，用磁导率 μ(单位

H/m)来表示。

1.1.3　化学性能

材料的化学性能是指材料抵抗周围介质侵蚀的能力，主要包括耐蚀性和热稳定性。

(1) 耐蚀性：金属材料在常温下抵抗周围介质侵蚀的能力称为耐蚀性，包括化学腐蚀和电化学腐蚀两种。化学腐蚀是在干燥气体及非电解液中进行，腐蚀时没有电流产生；电化学腐蚀是在电解液中进行，腐蚀时有微电流产生。

(2) 热稳定性：材料在高温下抵抗氧化的能力称为热稳定性。在高温(高压)下工作的锅炉、加热炉、内燃机中的零件等都要求具有良好的热稳定性。

1.1.4　工艺性能

工艺性能是指金属材料适应如铸造、锻造、焊接及切削加工等工艺要求的能力。按工艺方法不同有铸造性、锻压性、焊接性、热处理性和切削加工性等。良好的工艺性能有利于零件的加工成形，并能达到保证质量和降低成本的目的。

1.2　铁碳合金

1.2.1　金属的晶体结构

物质是由原子构成的，根据原子在物质内部的排列方式不同，可将固态物质分为晶体和非晶体两类。凡内部原子呈规则排列的物质称为晶体，所有固态金属都是晶体；凡内部原子无规则排列的物质称为非晶体，如玻璃、沥青、松香都是非晶体。晶体内部组织结构的不同决定了其性能的差异。

晶体中最简单的原子结构如图 1-6(a)所示，为了便于研究和描述晶体内原子的排列规律，常以一些假想的几何直线将晶体中各原子的振动中心连接起来，这样构成的空间格子称为晶格，如图 1-6(b)所示。由于晶体中原子的排列具有周期性，通常从晶格中选取一个能代表晶格特征的最小几何单元——晶胞[图 1-6(c)]来研究晶体结构。

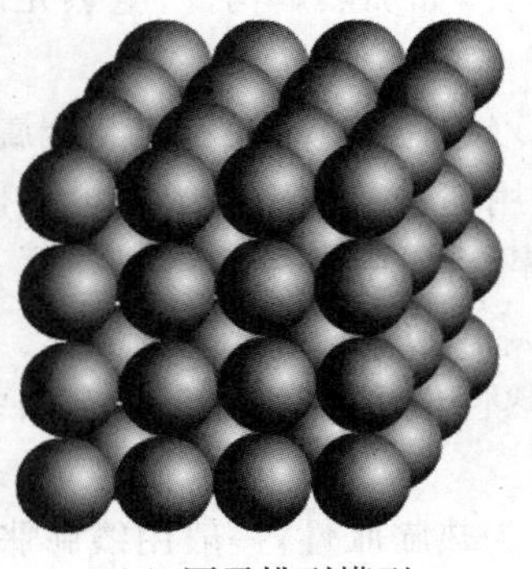

(a) 原子排列模型

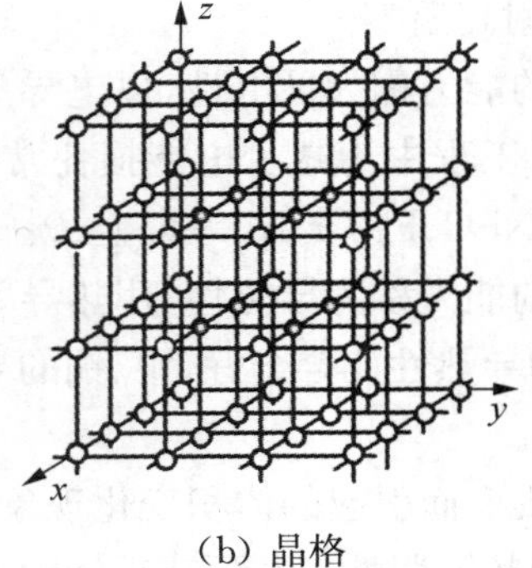

(b) 晶格

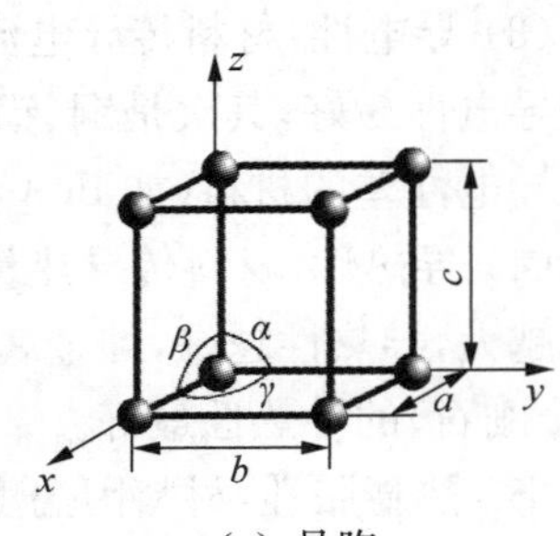

(c) 晶胞

图 1-6　晶体结构示意图

由于金属原子间的结合力较强，使金属原子总是趋于紧凑排列，常见的晶体结构有以下三种：

(1) 体心立方晶格：如图 1-7(a)所示，其晶胞是一个立方体，立方体的每个顶点和中心处各有一个原子，属于体心立方晶格的金属有：912 ℃下的 α-Fe、Cr、W、Mo、V 等。

(2) 面心立方晶格：如图 1-7(b)所示，其晶胞也是一个立方体，在立方体的八个角上六个面的中心各有一个原子，属于这种晶格的金属有：温度在 912～1 394 ℃之间的 γ-Fe、Al、Cu、Ni、Au、Ag、Pb 等。

(3) 密排六方晶格：如图 1-7(c)所示，其晶胞是一个正六方柱体，在正六方柱体的十二个角和上下底面的中心各有一个原子，其晶胞的中间还有三个原子。密排六方晶格晶胞的晶格常数用二棱边 a 和 c 表示，属于这种晶格的金属有：Mg、Zn、Be 等。

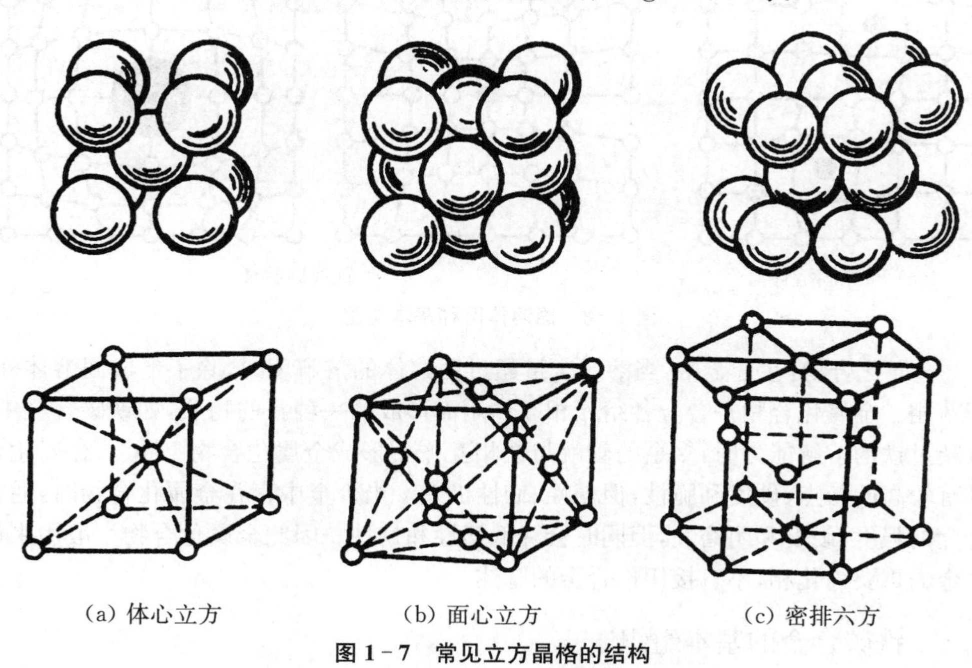

(a) 体心立方　(b) 面心立方　(c) 密排六方

图 1-7　常见立方晶格的结构

1.2.2　合金的晶体结构

合金是由两种或两种以上的金属元素或金属元素与非金属元素熔合而获得的具有金属性质的物质。如黄铜是铜与锌的合金，钢和铸铁是铁碳的合金等。

组成合金的最基本的独立物质称为组元，如铁碳合金的组元是铁和 Fe_3C。组元一般指组成合金的化学元素，稳定的化合物也可以看成一个组元。根据组元的数量可分为二元合金、三元合金等。

在金属或合金中具有相同化学成分、相同晶体结构，并由明显的分界面隔开的各个均匀的组成部分称为相。若合金是由成分、结构都相同的同一种晶体构成，则各晶粒虽有界面分开，但属于同一种相；若合金是由成分、结构互不相同的几种晶体所构成，它们将属于不同的几种相，如铁碳合金中 α-Fe、γ-Fe 各为一个相。

根据合金中各组元间相互作用不同，合金中的相结构主要有固溶体和金属化合物两大类。

(1) 固溶体:合金在固态和液态下,组元间都互相溶解,共同形成均匀的固相称为固溶体。组成固溶体的两组元中,保持其原有晶格类型的组元称为溶剂;失去原有晶格类型的组元称为溶质。如果溶质原子相当小,以占据溶剂晶格中的间隙位置而形成的固溶体,称为间隙固溶体,如图 1-8(a)所示;如果两种原子尺寸、大小相当,溶质原子任意取代溶剂晶格中的原子而形成的固溶体,称为置换固溶体,如图 1-8(b)所示。

形成固溶体时,虽然保持着溶剂金属的晶格类型,但由于溶质原子的溶入,会使得固溶体的晶格常数发生变化并产生晶格畸变,从而使得固溶体的强度和硬度升高,溶质元素浓度增加,这种现象称为固溶强化。固溶强化是提高金属材料力学性能的重要途径之一。

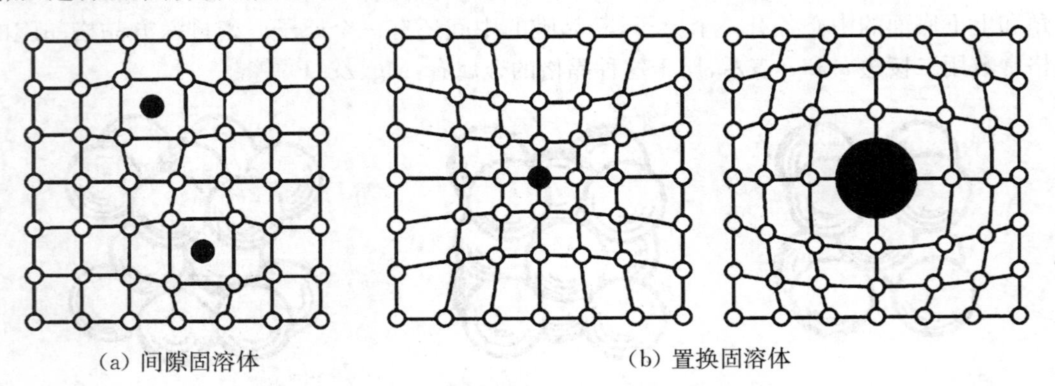

(a) 间隙固溶体　　(b) 置换固溶体

图 1-8　固溶体两种基本类型

(2) 金属化合物:在合金中,当溶质含量超过固溶体的溶解度时,除了形成固溶体外,还将出现新相。金属化合物是合金各组元相互作用而形成的一种新的物质,如铁碳合金中,碳的含量超过铁的溶解能力时,多余的碳就与铁相互作用形成金属化合物 Fe_3C。金属化合物一般具有较高的熔点、硬度和脆性,但塑性、韧性极差。当合金中存在金属化合物时,通常能提高合金的强度、硬度和耐磨性,但同时会降低塑性和韧性。因此金属化合物一般用来作为各类合金的重要强化相,不直接用作合金的基体。

1.2.3　铁碳合金的基本组织

金属从液体状态转变成晶体状态(固态)的过程称为结晶,结晶就是原子由不规则排列状态过渡到规则排列状态的过程,大多数金属在结晶完成以及继续冷却过程中,其晶体结构不再发生变化,但也有一些金属,如 Fe、Co、Ti、Mn、Sn 等,在结晶之后继续冷却时,晶体结构发生变化,从一种晶格转变为另一种晶格。这种由于温度改变而晶格改变的现象称为同素异构转变,由同素异构转变所得到的不同晶格的晶体称为同素异构晶体。

图 1-9 为纯铁的冷却曲线。由曲线可知,液态纯铁在 1 538 ℃时开始结晶,得到体心立方晶格的 δ-Fe;继续缓冷到 1 394 ℃时 δ-Fe 转变为面心立方晶格的 γ-Fe;温度降到 912 ℃,γ-Fe 又转变为体心立方晶格的 α-Fe;继续向下冷却到室温,α-Fe 的晶格不再发生变化。770 ℃为纯铁的磁性转变点,770 ℃以下纯铁具有铁磁性,770 ℃以上纯铁失去磁性,磁性转变时不发生晶格转变。

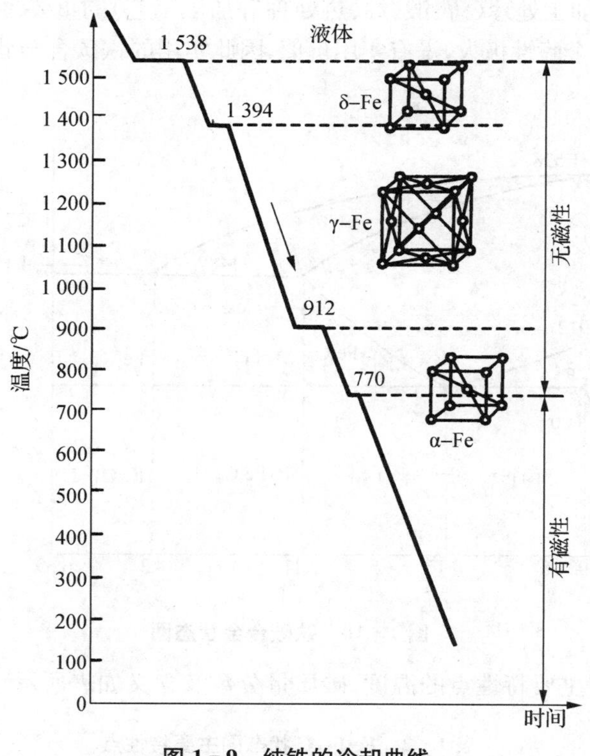

图 1-9 纯铁的冷却曲线

钢铁是现代工业中应用最广泛的金属材料，其基本元素是铁和碳两种元素，铁碳合金是以铁和碳为基本组成单元的合金，是钢和铸铁的统称。铁碳合金的具体组织有 5 种，其具体组织名称、符号、特点及力学性能如表 1-1 所示。

表 1-1 铁碳合金基本组织

组织名称	符号	组织特点	含碳量	力学性能
铁素体	F	碳溶于 α-Fe 中形成的固溶体称为铁素体，保持 α-Fe 的体心立方晶格	$w_C \leqslant 0.02\%$	强度、硬度低，塑性、韧性好
奥氏体	A	碳溶于 γ-Fe 中形成的间隙固溶体，保持 γ-Fe 的面心立方晶格。是存在于 727 ℃以上的高温相	$w_C \leqslant 2.11\%$	性能与溶碳量及晶粒大小有关，硬度不高，塑性、韧性较好
渗碳体	Fe_3C	铁与碳的化合物，具有复杂晶格的间隙化合物	$w_C = 6.69\%$	硬而脆，塑性和韧性几乎为零，是钢中的主要强化相
珠光体	P	含碳量为 0.77%的奥氏体在 727 ℃时同时析出铁素体和渗碳体的机械混合物称为珠光体	$w_C = 0.77\%$	强度、硬度较高，具有一定的塑性和韧性，综合力学性能较好
莱氏体	L_d L'_d	铁碳合金冷却到 1 148 ℃，从液态合金中同时结晶出奥氏体和渗碳体的机械混合物	$w_C = 4.3\%$	硬度高而脆，塑性和韧性极差

1.2.4 铁碳合金状态图

铁碳合金状态图是表示在缓慢冷却(加热)条件下，不同成分的铁碳合金在不同温度下所具有的组织或状态的一种图形，它清楚地反映了铁碳合金的成分、温度、组织之间的关系，是研究钢和铸铁及其加工处理(铸、锻、焊、热处理等加工工艺)的重要理论基础。由于含碳量大于6.69%的铁碳合金脆性极大,没有实用价值,因此实用的铁碳合金状态图是Fe-Fe_3C状态图,如图1-10所示。

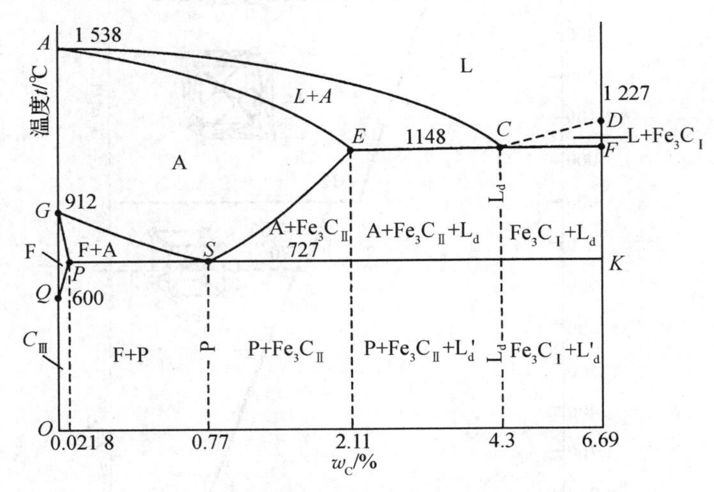

图1-10 铁碳合金状态图

铁碳合金状态图主要特性点的温度、碳质量分数及含义如表所示。

表1-2 Fe-Fe_3C状态图主要特性点

特性点	温度/℃	w_C/%	含义
A	1 538	0	纯铁的熔点
C	1 148	4.3	共晶点
D	1 227	6.69	渗碳体熔点
E	1 148	2.11	碳在γ-Fe中的最大溶解度
F	1 148	6.69	共晶渗碳体的成分点
G	912	0	α-Fe与γ-Fe的同素异构转变点
P	727	0.02	碳在α-Fe中的最大溶解度
S	727	0.77	共析点
Q	室温	0.000 8	碳在铁素体中的溶解度

在铁碳合金状态图上,有一些合金状态的分界线,几条主要特性线的物理含义如表1-3所示。

表 1-3　Fe-Fe_3C 状态图中的特性线

特性线	名称	含义
ACD 线	液相线	液态合金冷却到此线时开始结晶，*AC* 线以下液相中结晶出奥氏体，*CD* 线以下结晶出渗碳体
AECF 线	固相线	合金冷却到此线结晶完毕，此线以下为固态区，*AEC* 区域内为金属液与奥氏体，*CDF* 区域内为金属液与渗碳体
GS 线	A_3 线	奥氏体中析出铁素体的开始线，习惯上用 A_3 表示。
ES 线	A_{cm}线	奥氏体中析出渗碳体的开始线，习惯上用 A_{cm}表示，为了区别从液体中析出的一次渗碳体，把从奥氏体中析出的渗碳体称为二次渗碳体（Fe_3C_{II}）
ECF 线	共晶线	合金在该线上发生共晶转变，形成莱氏体
PSK 线	共析线（A_1 线）	合金在该线上发生共析转变，形成珠光体，习惯上用 A_1 表示

铁碳合金状态图上的各种合金按其含碳量及室温组织的不同，可分为以下三大类：

(1) 工业纯铁：成分在 *P* 点以上，$w_C<0.02\%$。

(2) 钢：成分在 *P* 点与 *E* 点之间，w_C为 0.02%～2.11%，包括亚共析钢（$w_C<0.77\%$）、共析钢（$w_C=0.77\%$）和过共析钢（$w_C>0.77\%$）。

(3) 白口铸铁：成分在 *E* 点与 *F* 点之间，w_C为 2.11%～6.69%。

利用铁碳合金状态图，可以了解不同成分、不同温度下合金的组织状态，现以三种钢为例，介绍其在固态下的结晶过程和室温组织。结合铁碳合金状态图分析如图 1-11 所示。

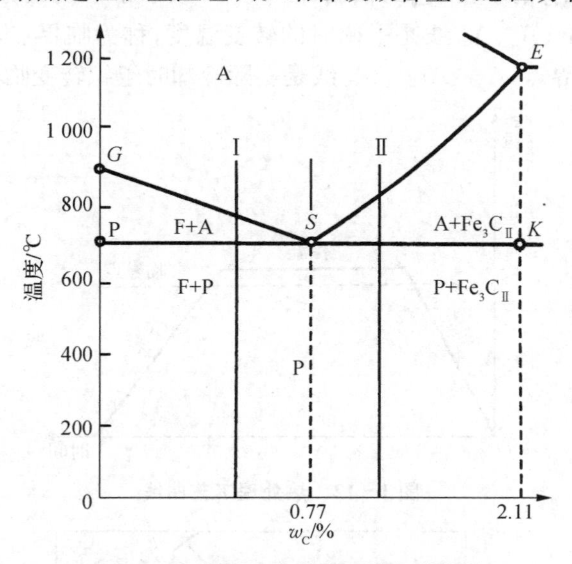

图 1-11　铁碳合金状态图中钢的部分

1) 共析钢

碳的质量分数为 0.77%的共析钢冷至 *S* 点时奥氏体发生共析转变，转变的结果全部变成珠光体。

2) 亚共析钢

以合金Ⅰ为例，在 *GS* 线以上，合金为单一奥氏体。当冷至 *GS* 线时，开始从奥氏体中析出铁素体。而铁素体中碳的质量分数很少，铁素体的析出，使得剩余奥氏体中碳的质量分数 *GS* 线向 *S* 点方向不断增加。当温度降至 *PSK* 线时，奥氏体中碳的质量分数增至共析成分 0.77%，这部分奥氏体发生共析转变形成珠光体，因此亚共析钢的室温组织由铁素体和珠光体组成。

3）过共析钢

以合金Ⅱ为例，在 *ES* 线以上，合金为单一奥氏体，当温度降至 *ES* 线时，从奥氏体中开始析出二次渗碳体。由于渗碳体中碳的质量分数较高，因此随着二次渗碳体的析出，剩余奥氏体中碳的质量分数沿 *ES* 线向 *S* 点方向逐渐减少。当温度达到 *PSK* 线时，奥氏体中碳的质量分数降至共析成分 0.77%，这部分奥氏体便发生共析转变，形成珠光体。因此，过共析钢的室温组织由珠光体和二次渗碳体组成。

1.3 金属热处理

金属热处理主要是对钢进行热处理，钢的热处理是指将钢在固态下进行加热、保温和冷却，改变内部组织，以获得所需性能的工艺。热处理是改善钢材性能、强化钢材的重要工艺措施，在机械制造中占有十分重要的地位。

根据加热和冷却方法不同，热处理可分为整体热处理和表面热处理两大类。整体热处理包括退火、正火、淬火和回火；表面热处理包括表面淬火和化学热处理。热处理方法虽多，但其工艺都是由加热、保温和冷却三个阶段组成，其热处理工艺曲线如图 1-12 所示。铁碳合金状态图是制定钢的热处理工艺的依据，图 1-13 表示了不同成分的钢在加热与冷却时相变临界点的位置，A_1、A_3、A_{cm} 线是平衡时的转变温度，称为临界点，Ac_1、Ac_3、Ac_{cm} 线是实际加热时组织转变临界点，Ar_1、Ar_3、Ar_{cm} 线是实际冷却时组织转变临界点。

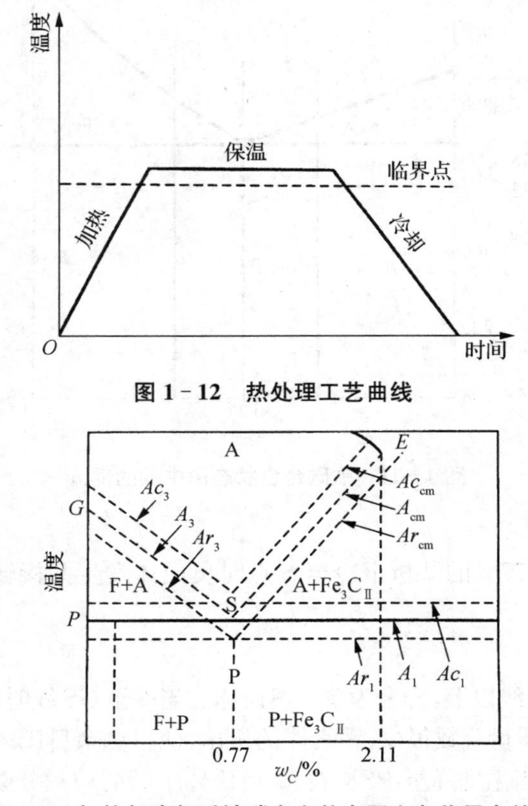

图 1-12　热处理工艺曲线

图 1-13　加热与冷却时铁碳合金状态图上各临界点的位置

1.3.1　钢的退火与正火

退火和正火主要用于各种铸件、锻件、热轧型材及焊接构件，由于处理时冷却速度较慢，故对钢的强化作用较小，主要用于钢的预先热处理，其目的是为了消除和改善前一道工序(铸、锻、焊)所造成的某些组织缺陷及内应力，调整硬度，改善切削性能，为最终热处理做好组织上的准备。

1）退火

退火是将钢加热到适当温度，保温一定时间，然后缓慢冷却的热处理工艺。根据目的和要求的不同，工业上常用的退火工艺有完全退火、等温退火、球化退火、去应力退火和再结晶退火等。各种退火工艺简介如下。

(1) 完全退火

完全退火是钢加热到 Ac_3 以上 30～50 ℃，保温后随炉冷到 600 ℃以下，再出炉空气冷却，以获得接近平衡组织的热处理工艺。这种工艺主要用于亚共析钢和合金钢的铸、锻件，目的是细化晶粒，消除内应力，降低硬度以便于切削加工。

(2) 等温退火

等温退火是亚共析钢加热到 Ac_3 以上，共析钢加热到 Ac_1 以上 20～30 ℃，保温后快速冷却到稍低于 Ar_1 的温度后进行等温处理，使 A 转变为 P，再在空气中冷却的一种工艺。目的与完全退火相同，但时间可缩短一半，适用于大批生产。

(3) 球化退火

球化退火是将过共析钢加热到 Ac_1 以上 20～30 ℃，保温后随炉冷到 700 ℃左右，再出炉空气冷却，使钢中碳化物球化而进行的退火工艺。主要用于共析和过共析成分的碳钢和合金钢，目的是使渗碳体球化，降低硬度，改善切削加工性，为淬火做好组织准备。

(4) 去应力退火

这种工艺是将钢加热到 500～650 ℃，保温后随炉冷却。目的是消除残余应力，提高工件的尺寸稳定性。主要用于消除铸、锻、焊、机加工件的残余应力。

(5) 再结晶退火

在再结晶温度以上的退火，不发生同素异构转变。目的是消除加工硬化，细化晶粒。

(6) 均匀化退火

将工件加热到 1 100 ℃左右，保温 10～15 h，随炉缓冷到 350 ℃，再出炉空冷。高温下长期保温的目的是使原子充分扩散，消除晶内偏析。

2）正火

正火是将钢加热到 Ac_3 或 Ac_{cm} 以上 30～50 ℃，保温后空气中冷却的热处理工艺。正火与退火的主要区别是：正火的冷却速度稍快，过冷度较大，所得组织比退火细，硬度和强度有所提高。

正火具有以下几方面的应用：

(1) $w_C \leqslant 0.25\%$ 的钢经正火后能提高硬度，改善加工性能。

(2) 消除过共析钢中的二次渗碳体。

(3) 作为普通结构零件的最终热处理，正火的冷却速度稍快于退火。

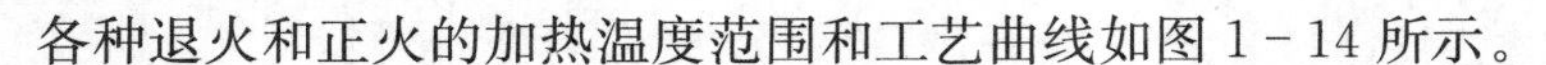

各种退火和正火的加热温度范围和工艺曲线如图 1－14 所示。

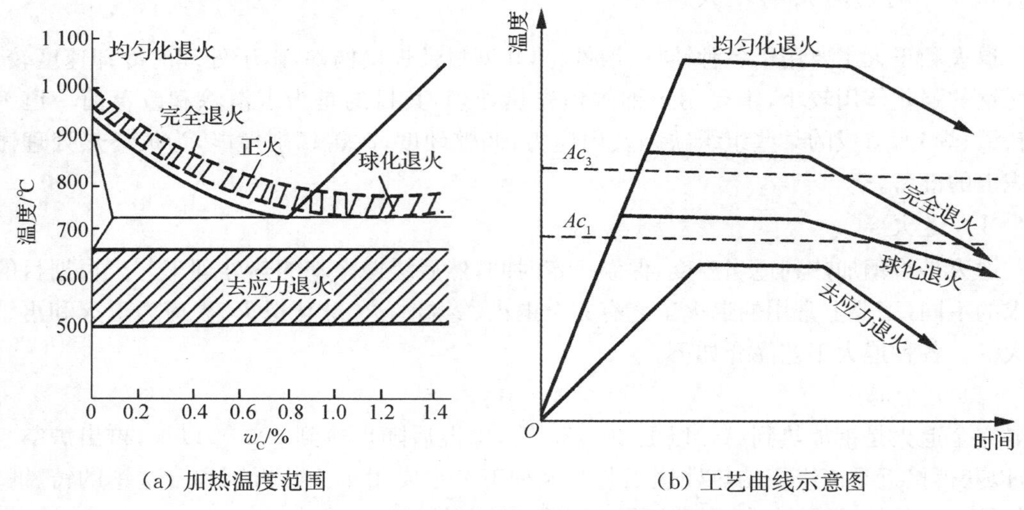

(a) 加热温度范围　　(b) 工艺曲线示意图

图 1－14　各种退火与正火的温度与工艺示意图

退火与正火后组织如图 1－15 所示。

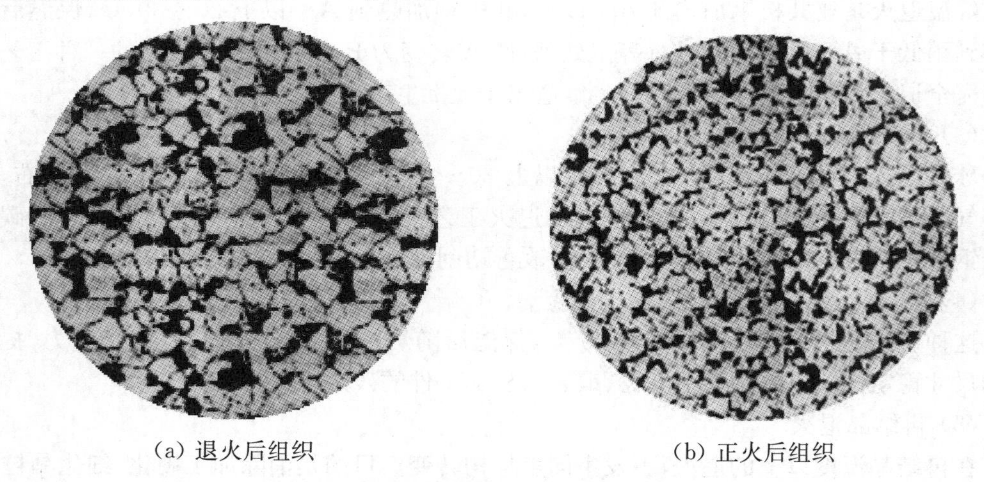

(a) 退火后组织　　(b) 正火后组织

图 1－15　钢的退火与正火组织

退火与正火同属钢的预先热处理，在操作过程中如装炉、加热速度、保温时间都基本相同，只是冷却方式不同，在生产实际中有时可以互相代替。一般可从以下几点来考虑选择退火与正火。

(1) 从切削加工性考虑

钢件适宜的切削加工硬度为 170～230 HBS。因此，低碳钢、低碳合金钢应选正火作为预备热处理，中碳钢也可选正火；而 $w_C>0.5\%$的非合金钢、中碳钢以上的合金钢应选用退火作为预备热处理。

(2) 从零件形状考虑

对于形状复杂的零件或大型铸件，正火有可能因内应力太大而引起开裂，应选用退火。

(3) 从经济性考虑

因正火比退火的操作简便，生产周期短，成本低，在能满足使用要求的情况下，应尽量选用正火，以降低生产成本。

1.3.2 淬火

淬火是将钢加热到 A_{c3} 或 A_{c1} 以上某一温度，保温后以大于临界冷却速度 V_k 的速度冷却，获得马氏体和下贝氏体组织的热处理工艺。其目的是提高钢的硬度和耐磨性。淬火是强化钢件最重要的热处理方法。

1) 淬火温度的选择

钢的淬火温度可利用铁碳合金相图来选择，如图 1－16 所示。淬火温度的选择原则是获得均匀细小的奥氏体。一般淬火温度在临界点以上。

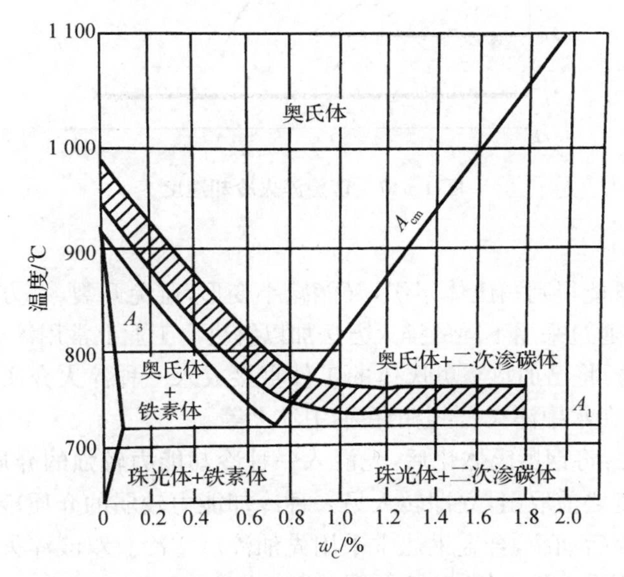

图 1－16 碳钢的淬火温度范围

亚共析钢：淬火温度为 A_{c3} 以上 30～50 ℃，组织为马氏体。

共析钢和过共析钢：淬火温度为 A_{c1} 以上 30～50 ℃，组织为细马氏体加颗粒状渗碳体和少量残余奥氏体。

合金钢：一般淬火温度为临界点以上 50～100 ℃。提高淬火温度有利于合金元素在奥氏体中充分溶解和均匀。

2) 淬火冷却介质

淬火时为了得到马氏体组织，淬火速度必须大于临界冷却速度 V_k，但快冷又不可避免地造成很大的内应力，引起工件变形和开裂。因此钢在淬火时理想的冷却曲线应如图 1－17 所示。即只在鼻尖附近以外温度(略低于 A_1 点和稍高于 M_s 点)采用缓慢冷却，而在淬火温度达到 650 ℃以及 M_s 点以下以较慢的速度冷却。

淬火冷却介质是指工件进行淬火时所使用的介质，常用的淬火冷却介质是水、水溶液、油、硝盐浴、碱浴和空气等。水的冷却能力很强，若加入 5%～10%NaCl 的盐水，其冷却能力更强,更容易获得马氏体,能提高淬火效果。但工件淬火后易引起变形、开裂,故只适用于形状简单的碳钢工件的淬火。油的冷却能力远小于水,但油淬引起工件的变形小,不易造成开裂,常用于合金钢工件的淬火。

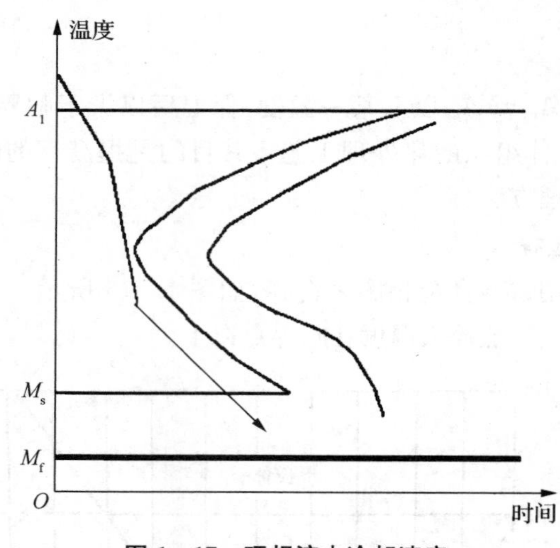

图 1-17 理想淬火冷却速度

3) 淬火方法

为保证淬火时既能得到马氏体组织,又能减小变形,避免开裂,一方面可选用合适的淬火介质,另一方面可通过采用不同的淬火方法加以解决。工业上常用淬火方法有以下几种。

(1) 单液淬火法:将已加热至奥氏体的工件直接放入一种淬火介质中连续冷却至室温的操作方法,如碳钢在水中淬火、合金钢在油中淬火等。

(2) 双液淬火法:将钢奥氏体化后,先浸入一种冷却能力较强的介质中冷却,在钢还未达到该淬火介质温度之前取出,立即转入另一种冷却能力较弱的介质冷却的淬火方法。如碳钢通常采用先水淬后油冷,合金钢通常采用先油淬后空冷。双液淬火主要用于形状复杂的高碳钢工件及大型合金钢工件。

(3) 分级淬火法:将已奥氏体均匀化的工件先投入温度在 M_s 附近的盐浴或碱浴中,停留适当时间,然后取出空冷,以获得马氏体组织的淬火工艺。这种淬火工艺特点是在工件内温差基本一致时,使过冷奥氏体在缓冷条件下转变成马氏体,从而减少变形。主要用于形状复杂、尺寸较小的零件。

(4) 等温淬火:将已奥氏体均匀化的工件快速淬入温度稍高于 M_s 点硝盐浴或碱浴中,冷却并保温足够时间而获得下贝氏体组织的淬火方法。其特点是工件具有良好的综合力学性能,一般不必回火。多用于形状复杂和要求较高的小件。

(5) 局部淬火法:对于有些工件,如果只是局部要求高硬度,可对工件全部加热后进行局部淬火。为了避免工件其他部分产生变形和开裂,也可进行局部加热淬火。

4) 钢的淬透性与淬硬性

(1) 淬透性

钢的淬透性是指在规定条件下,钢在淬火时获得马氏体组织的难易程度。它反映了钢材淬火后淬硬深度和截面硬度分布的特性。一般规定，淬火表面至内部马氏体组织占50%处的垂直距离称为淬硬层深度。淬硬层越深，淬透性越好，如果淬硬层深度达到心部，则表明该工件全部淬透。

影响淬透性的主要因素是过冷奥氏体的稳定性，即临界冷却速度的大小。过冷奥氏体越稳定，临界冷却速度越小，则钢的淬透性越好。合金元素是影响淬透性的主要因素，除钴和大于2.5%的铝以外，大多数合金元素溶入奥氏体都使C曲线右移，降低临界冷却速度。从而使钢的淬透性显著提高。此外，适当提高奥氏体化温度或延长保温时间，会使奥氏体晶粒粗化、成分更均匀，增加过冷奥氏体的稳定性，使钢的临界冷却速度减小，改善钢的淬透性。

钢的淬透性是选择材料和确定热处理工艺的重要依据。若工件淬透了，经回火后，由表及里均可得到较高的力学性能，从而充分发挥材料的潜力；反之，若工件没淬透，经回火后，心部的强韧性则显著低于表面。因此，对于承受较大负荷，特别是截面应力均匀分布的结构零件，都应选用淬透性较好的钢。此外，钢的淬透性好，在淬火冷却时可采用比较缓和的淬火介质，以减小淬火应力，减少变形和开裂倾向。

(2) 淬硬性

钢在理想条件下进行淬火硬化后所能达到的最高硬度的能力称为淬硬性。淬硬性的高低主要取决于钢中含碳量。钢中含碳量越高，淬硬性越好，耐磨性也越好。

1.3.3　回火

将淬火钢重新加热到 Ac_1 点以下某一温度范围内，保温后冷却的热处理工艺称为回火。回火的主要目的是消除淬火内应力，以降低钢的脆性，防止产生裂纹，同时使钢获得所需的力学性能。

根据回火温度的不同，可将钢的回火分为如下3种。

(1) 低温回火(150～250 ℃)：低温回火的组织为回火马氏体，其目的是降低淬火钢的内应力和脆性，并保持高硬度和耐磨性。主要用于工具、模具、轴承、渗碳件及表面淬火的工件。

(2) 中温回火(350～500 ℃)：中温回火的组织为回火托氏体，其目的是使钢获得高弹性，保持较高硬度和一定韧性。主要用于弹簧、发条、锻模的热处理。

(3) 高温回火(500～650 ℃)：高温回火的组织为回火索氏体。在热处理生产中通常将淬火加高温回火相结合的热处理称为调质处理，简称“调质”。调质处理广泛用于承受疲劳载荷的中碳钢重要件，如连杆、曲轴、主轴、齿轮等。由于调质处理后其渗碳体呈细粒状，与正火后的片状渗碳体组织相比，在载荷下不易产生应力集中，使钢的韧性显著提高，因此，调质处理的钢可获得强度及韧性都较好的综合力学性能。

1.3.4　钢的表面热处理

1) *表面淬火*

表面淬火是将钢件的表面层淬透到一定的深度，而心部仍保持未淬火状态的一种局部淬火方法。表面淬火时，通过快速加热使钢件表面层很快达到淬火温度，在热量来不及传到工件心部就立即冷却，实现局部淬火。

表面淬火可使工件表层获得马氏体组织，具有较高硬度、耐磨性，内部仍保持淬火前的组织，具有足够的强度和韧性，常用于机床主轴、齿轮、发动机的主轴等。

常用的表面淬火方法有电感应加热表面淬火和火焰加热表面淬火。

(1) 电感应加热表面淬火：在一个感应线圈中通一定频率的交流电，使感应线圈周围产生频率相同的交变磁场，将工件置于磁场中，它就会产生与感应线圈频率相同、方向相反的封闭的感应电流，这个电流叫涡流，它主要集中分布在工件表面。依靠感应电流的热效应，使工件表层在几秒钟内快速加热到淬火温度，然后立即冷却，达到表面淬火目的。示意图如图 1-18 所示。

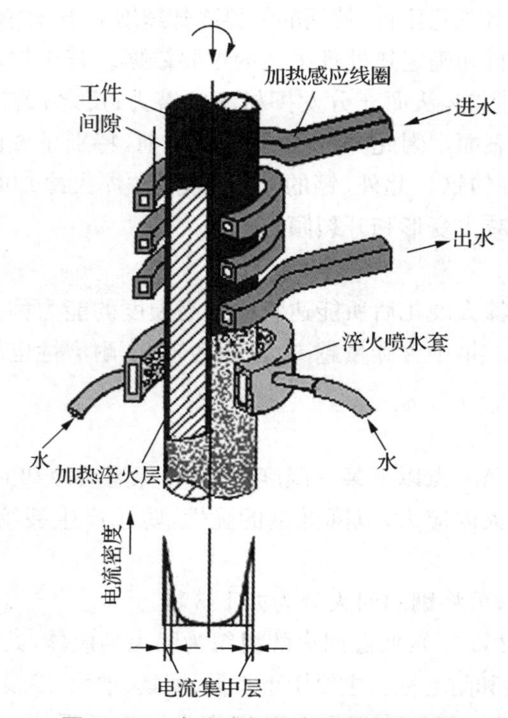

图 1-18　电感应加热表面淬火示意图

与普通加热淬火相比，电感应加热表面淬火有以下优点：因加热速度快，淬火组织为细小片状马氏体，表层硬度比普通淬火的高 2～3 HRC，且有较好的耐磨性和较低的脆性，不易氧化、脱碳、变形小；生产效率高，易实现机械化和自动化，适应批量生产。

(2) 火焰加热表面淬火：火焰加热表面淬火是应用氧-乙炔或其他可燃气的火焰，对工件表面进行加热，然后快冷的淬火工艺。

火焰加热表面淬火的操作简单，不需要特殊设备，成本低，灵活性大，但淬火质量较难控制，主要用于小批量生产零件及大型零件的表面淬火。

2) 化学热处理

钢的化学热处理是将工件置于一定温度的活性介质中保温，使一种或几种元素渗入工件的表层，以改变其化学成分、组织性能的热处理工艺。与表面淬火相比，化学热处理不仅改变了钢件表层的组织，化学成分也发生了变化。在制造业中，最常用的化学热处理有渗碳、渗氮和碳氮共渗。

(1) 渗碳：渗碳是将工件置于渗碳介质中加热并保温，使碳原子渗入表层的热处理工艺，其目的是为了增加工件表面碳的质量分数。经淬火、低温回火后，工件表层具有高硬度、高耐磨性及疲劳强度，心部具有高的塑性、韧性和足够高的强度等，以满足某些机械零件“表硬内韧”的性能要求。如汽车发动机的变速齿轮、变速轴、活塞销等。

渗碳用钢一般选用 $w_C=0.10\%\sim0.25\%$ 的碳钢或低合金钢；渗碳温度一般为 900～950 ℃；渗碳时间根据工件所要求的渗碳层深度来确定（0.5～2.5 mm 渗碳层，约 0.2～0.25 mm/h）；渗碳后需进行淬火和低温回火。

(2) 渗氮：渗氮是在一定温度下使活性氮原子渗入工件表面的化学热处理工艺。渗氮又叫氮化，目前广泛应用的是气体渗氮或称气体氮化。氮化层深度一般不超过 0.6～0.7 mm，氮化处理时工件的变形极小。其目的是提高工件表层的硬度、耐磨性、疲劳强度和耐蚀性，广泛用于精密齿轮、磨床主轴等重要精密零件。

(3) 碳氮共渗：碳氮共渗是碳、氮原子同时渗入工件表面的一种化学热处理工艺。这种工艺特点是渗碳与渗氮的综合，目前生产中应用较广的有碳氮共渗（以渗碳为主）和氮碳共渗（以渗氮为主）两种方法。前者主要用于低碳及中碳结构钢零件，如汽车和机床上的各种齿轮、蜗轮和轴类零件等；后者常用于模具、量具、刃具和小型轴类零件。

1.3.5 新型热处理技术

随着我国科学技术的不断发展，金属材料热处理工艺得到了进一步发展，技术方面更加的先进，新工艺不断涌现，使得金属材料能够获得更好的热处理，这样不仅有助于提高金属材料的物理性能，还有助于提高金属材料的成品质量。下面将对几种热处理新工艺和技术进行简要介绍。

(1) 激光热处理技术。这种技术就是通过使用高能量激光束对金属材料进行热处理，因为高能量激光束具有非常大的热量，作用于金属表面会使其温度快速上升而达到相变点。这种技术的最大优势在于功率高、激光束密度大，所以在处理过程中会增加金属材料表面的耐磨性、强度和硬度，使得金属材料具有更好的力学性能，而且还可以增加材料的热处理速度。当前使用激光热处理技术的主要对象是铸造型板冲压模具，在石油化工、冶金和汽车等领域中使用较为频繁，但这种技术的生产成本比较高。

(2) 热处理 CAD 技术。该技术运用一种模拟系统，其主要以计算机作为辅助工具，对材料进行热处理工艺模拟。这种技术的主要优势在于通过模拟实际的热处理工艺，从而提高热处理工艺的实际效果，能够降低实际工作失误，提高实验效率。甚至通过该技术能够模拟现实工作不能实现的操作，比如完全退火和等温退火等，能够预防金属材料的变形。热处理 CAD 技术的具体模拟过程是研究人员首先使用 CAD 技术还原整个热加工过程，其中包括模拟具体的热加工工序，在设置工序过程中需要综合考虑金属材料的化学性能、物理性能和热加工的具体要求等，在模拟过程中需要及时将步骤中存在问题的地方进行修改完善。实际上热处理 CAD 技术就是信息技术和电脑技术在加工领域中的应用，这些技术使得热处理技术的生产变得更加高效。

(3) 化学薄层渗透热处理技术。该技术是通过使用化学反应的方法对金属材料进行热处理，经过化学反应，金属材料的薄层得以渗透之后，该材料就会在很大幅度上提高其坚韧性。传统的热处理技术是使用燃料进行热处理，然而这种技术打破了传统的处理过程，具有更好的节能减排作用，而且热处理时间快。如今化学薄层渗透热处理技术在实际的生产中已经有着广泛的使用。

1.4　工程材料的分类

工程材料是指具有一定的性能，在特定条件下能够承担某种功能、被用来制造零件和工具的材料，主要应用于机械工程、能源动力、电器工程、建筑工程、化工工程、航空航天工程、国防军工等领域。工程材料有各种不同的分类方法。常用的工程材料可以分为以下类型：金属材料、非金属材料、复合材料。

金属材料来源丰富，并具有优良的使用性能和加工性能，是机械工程中应用最普遍的材料，常用于制造机械设备、工具、模具，广泛应用于工程结构中，如船舶、桥梁、锅炉等。随着科技与生产的发展，非金属材料与复合材料也得到了广泛应用。工程非金属材料具有较好的耐蚀性、绝缘性、绝热性和优异的成型性能，而且质轻价廉，因此发展速度较快。以工程塑料为例，全世界的年产量以300%的速度飞速增长，已广泛应用于轻工产品、机械制造产品、现代工程机械，如家用电器外壳、齿轮、轴承、阀门、叶片、汽车零件等。而陶瓷材料作为结构材料，具有强度高、耐热性好的特点，广泛应用于发动机、燃气轮机，如作为耐磨损材料，则可用作新型的陶瓷刀具材料，能极大提高刀具的使用寿命。复合材料则是将两种或两种以上成分不同的材料经人工合成获得的。它既保留了各组成材料的优点，又具有优于原材料的特性。其中碳纤维增强树脂复合材料，由于具有较高的比强度、比模量，因此可应用于航天工业中，如火箭喷嘴、密封垫圈等。在工程训练中，遇到的大多是金属材料，而且主要是钢铁材料。

1.4.1　金属材料

金属材料是指具有光泽和延展性、容易导电和传热的材料。金属材料通常分为黑色金属、有色金属和特种金属材料。其中钢铁是基本的金属材料，被称为“工业的骨骼”。随着科学技术的进步，各种新型化学材料和新型非金属材料的广泛应用，使钢铁的代用品不断增多，对钢铁的需求量相对下降。但钢铁在工业原材料构成中的主导地位还是难以取代的。

黑色金属又称钢铁，包括杂质总含量小于0.2%及含碳量不超过0.021 8%的工业纯铁，含碳量0.021 8%～2.11%的钢，含碳量大于2.11%的铸铁。广义的黑色金属还包括铬、锰及其合金，而它们都不是黑色的，纯铁是银白色的，铬是银白色的，锰是灰白色的。因为铁的表面常常生锈，覆盖着一层黑色的四氧化三铁与棕褐色的氧化铁的混合物，看上去就是黑色的，所以人们称之为“黑色金属”。

有色金属是指除铁、铬、锰以外的所有金属及其合金，通常分为轻金属、重金属、贵金属、半金属、稀有金属和稀土金属等。有色合金的强度和硬度一般比纯金属高，并且电阻大、电阻温度系数小。

特种金属材料包括不同用途的结构金属材料和功能金属材料。其中，有通过快速冷凝工艺获得的非晶态金属材料，以及准晶、微晶、纳米晶金属材料等；还有隐身、抗氢、超导、形状记忆、耐磨、减振等特殊功能合金，以及金属基复合材料等。超细晶粒钢、超塑性材料、形状记忆合金、高氮奥氏体不锈钢、变形镁合金、泡沫金属材料、金属粉末材料以及双金属塑性加工复合材料等都有相应的加工方法。

1）碳素钢

碳素钢简称碳钢，是化学成分以含铁和碳为主(碳质量分数大于0.03%，小于2.11%)，并含有少量硅、锰、硫、磷等杂质元素的铁碳合金。其中硅、锰是有益元素，对钢有一定的强化作用；硫、磷是有害元素，分别增加钢的热脆性和冷脆性。碳钢价格低廉，工艺性能良好，是工业上应用最广泛的金属材料。

(1) 碳钢的分类

① 按钢中碳的质量分数可分为三类：

低碳钢：w_C≤0.25%，如10、15、Q235-A；

中碳钢：w_C为0.25%～0.60%，如35、45、Q275；

高碳钢：w_C>0.60%，如70、75、T8、T10A。

② 按碳钢的质量即碳钢中有害杂质S、P的质量分数分为三类：

普通碳素钢：w_S≤0.050%，w_P≤0.045%，如Q195、Q235-A；

优质碳素钢：w_S≤0.035%，w_P≤0.035%，如15、45、T8；

高级优质碳素钢：w_S≤0.020%，w_P≤0.030%，如T10A。

③ 按碳钢的用途可分为两类：

碳素结构钢：主要用于制造机械零件和各种工程构件的碳钢，这类碳钢属于低碳钢和中碳钢，质量上有普通碳素钢和优质碳素钢。

碳素工具钢：主要用于制造各种刃具、模具、量具的碳钢，这类钢属于高碳钢，质量上有优质碳素钢和高级优质碳素钢。

(2) 常用碳素钢的种类、牌号和用途

由于碳素钢冶炼容易，价格低廉，工艺性能良好，因此是工业上应用最广泛的金属材料。常用碳素钢的种类、牌号、性能特点和用途如表1-4所示。

表1-4 碳素钢的牌号与应用

种类	普通碳素结构钢	优质碳素结构钢	碳素工具钢	铸造碳钢
典型牌号	Q195、Q215-A、Q235-C、Q225、Q235A-F	08F、15、20、35、45、60、45Mn、65Mn	T7、T8、T10、T10A、T12、T13	ZG200-400 ZG270-500 ZG340-640
牌号编制	“Q”表示屈服点；数值表示最小屈服值；“A”表示质量等级，分A、B、C、D四级，依次提高；“F”表示沸腾钢	两位数字表示钢中碳的平均质量分数的万分之几；锰的质量分数在0.7%～1.2%时加Mn	“T”表示碳素工具钢；其后数字表示碳的质量分数的千分之几；“A”表示高级优质	“ZG”表示铸钢；前3位数字表示最小屈服强度值，后3位数字表示最小抗拉强度值；强度越高，碳的质量分数越高
性能特点	w_C为0.06%～0.38%，含有害杂质和非金属杂物较多；塑性、韧性较低，性能可满足一般工程结构及普通零件的要求，应用较广	硫、磷含量较低，非金属夹杂物较少，钢的品质较高，塑性、韧性都比普通碳素结构钢好	碳的质量分数较高(w_C=0.65%～1.35%)，硫、磷杂质低；淬火、低温回火处理后可获得较高硬度和耐磨性，热硬性较差	w_C为0.15%～0.6%，强度、塑性和韧性远高于铸铁，但铸造性能较铸铁差
用途举例	用于制作薄板、中板、钢筋各种型材，建筑结构件、螺栓、小轴、销子、键、连杆、法兰盘、锻件坯料等	冲压件、焊接件、轴、齿轮、活塞销、套筒、蜗杆、弹簧等	用于要求硬度高，耐磨性好，外形简单的手工工具，如木工工具、冲头、锯条、锉刀、刻字刀	用于力学性能要求高的铸件，如轴承座、连杆、齿轮、曲轴等

2）合金钢

合金钢是指在碳钢基础上有意识地加入各种合金元素得到的钢种。常用的合金元素有Si、Mn、Cr、Ni、Mo、W、V、Ti 等。它们加入钢中，可提高钢的力学性能，改善钢的热处理性能，或者使钢具有耐腐蚀、耐热、耐磨、高磁性等特殊性能。

(1) 合金钢的分类

① 按合金元素质量分数的多少可分为：

低合金钢：含合金元素总量≤5%；

中合金钢：含合金元素总量为 5%～10%；

高合金钢：含合金元素总量≥10%。

② 按合金钢质量即合金钢中含有害杂质 S、P 的质量分数可分为：

普通低合金结构钢：$w_S \leqslant 0.050\%$，$w_P \leqslant 0.045\%$，如低合金高强度结构钢；

优质合金钢：$w_S \leqslant 0.035\%$，$w_P \leqslant 0.035\%$，如低、中合金结构钢；

高级优质合金钢：$w_S \leqslant 0.030\%$，$w_P \leqslant 0.030\%$，如滚动轴承钢、高合金钢、合金工具钢。

③ 按合金钢的用途可分为：

合金结构钢：含低合金高强度结构钢和低、中合金结构钢（如渗碳钢、调质钢、弹簧钢、滚动轴承钢）；

合金工具钢：含刃具钢、量具钢、模具钢、高速钢；

特殊性能钢：含不锈钢、耐热钢、耐酸钢、耐磨钢、高温合金钢等。

(2) 合金钢的种类、牌号和用途

合金钢的合金成分及质量分数不同，其具有的强度、塑性等机械性能也不同，一般情况下，合金钢的合金含量越高，其机械性能也越好。但随着合金含量的增高，合金钢的成本也增高。因此设计零件及选择材料时，在满足机械性能和工艺性能要求的前提下，应尽量选择成本低廉的材料。常用合金钢的种类、牌号和用途如表 1-5 所示。

表 1-5 合金钢的牌号与应用

种类	低合金高强度结构钢	合金结构钢				合金工具钢				特殊性能钢			
		渗碳钢	调质钢	弹簧钢	滚动轴承钢	量具刃具钢	冷作模具钢	热作模具钢	高速钢	不锈钢	耐热钢	耐磨钢	高温合金钢
典型牌号	Q295A、Q345B Q390A、Q420D	20Cr、20CrMnTi、40Cr 25Cr2MoVA 65Mn、60Si2Mn GCr9、GCr15SiMn				9SiCr、CrWMn Cr12、Cr12MoV 5CrNiMo、5CrMnMo W18Cr4V、W9Mo3Cr4V				1Cr18Ni9TiD 4Cr10Si2Mo 2Cr13 GH33			
牌号编制	“Q”表示屈服点；数值表示最小屈服值；“A”表示质量等级，分 A、B、C、D、E 五级，性能依次提高	前面的数字表示钢中碳的质量分数的万分之几，元素符号及其后数字表示该元素平均质量分数的百分之几，“A”表示高级优质；滚动轴承钢前加“G”，铬含量用千分之几表示				首位数字表示钢中碳的平均质量分数的千分之几（$w_C > 1\%$时不标出），其后为合金元素符号及其平均质量分数的百分数（$w_C < 1.5\%$时不标出），合金工具钢都是高级优质钢，故不标“A”				前面的数字表示钢中碳的质量分数的千分之几，$w_C \leqslant 0.03\%$时，用“00”表示，$0.03\% < w_C \leqslant 0.08\%$时，用“0”所示；合金元素含量的表示法同合金结构钢			
性能特点	具有高的屈服强度与良好的塑性、韧性、焊接性，有较好的耐蚀性	经淬火、回火后弹性好，屈服强度、疲劳强度高，韧性好				淬火、回火后具有高的硬度和耐磨性、尺寸稳定性				有良好的抗高温氧化能力和较高强度			
用途举例	车辆、桥梁、锅炉、高压容器	齿轮、曲轴、连杆、高强度螺栓、各种弹簧、轴承滚珠及套圈等				各种量具、丝锥、板牙、冷作模具、热作模具、高速切削刀具等				医疗器械、汽轮机零件、化工设备、航空发动机			

3）铸铁

铸铁是碳质量分数大于 2.11%、小于 6.69%的铁碳合金，此外还有硅、锰等合金元素及硫、磷等杂质。铸铁的抗拉强度低，塑性和韧性差，但铸铁具有优良的耐磨性、减震性、铸造性能和切削加工性，且生产方法简单，成本低廉，因此大量用于机器设备制造。

铸铁中碳以化合物渗碳体(Fe_3C)和石墨(C)两种形式存在。根据碳在铸铁中存在形式不同，铸铁可分为白口铸铁、灰口铸铁、麻口铸铁。工业上普遍使用的铸铁是灰口铸铁。灰口铸铁中碳是以石墨的形式存在，断口呈灰色，故称灰口铸铁。灰口铸铁按石墨的形态分为灰铸铁、可锻铸铁、球墨铸铁和蠕墨铸铁。铸铁的种类、牌号、性能特点和用途如表 1-6 所示。

表 1-6 铸铁的牌号与应用

种类	灰铸铁	可锻铸铁	球墨铸铁	蠕墨铸铁
定义	碳主要以片状石墨形式存在的铸铁	碳主要以团絮状石墨形式存在的铸铁，它是将白口铸铁经高温石墨化退火处理后得到	碳主要以球状石墨形式存在的铸铁，它是向铁水中加入球化剂进行球化处理得到	碳主要以蠕虫状石墨形式存在的铸铁
典型牌号	HT150 HT200 HT350	KTH330-08 KTB350-04 KTZ650-02	QT400-18 QT600-3 QT900-2	RuT300 RuT340 RuT380
牌号编制	“HT”表示灰铸铁，数字表示抗拉强度最低值	“KTH”表示黑心可锻铸铁，“KTB”表示白心可锻铸铁，“KTZ”表示珠光体可锻铸铁。前面的数字表示抗拉强度最低值，后面的数字表示伸长率最低值	“QT”表示球墨铸铁，数字意义同可锻铸铁	“RuT”表示蠕墨铸铁，数字表示最小抗拉强度值
性能特点	切屑易脆断，便于切削加工，同时也有利于润滑，耐磨性好	强度较高，有较好的塑性和韧性，但不能锻造	球墨铸铁的强度、塑性和韧性不仅高于灰铸铁，甚至优于可锻铸铁，某些性能如疲劳强度与中碳钢相近	其力学性能介于灰铸铁与球墨铸铁之间
用途举例	广泛用来制造各种承受压力和要求消振性好的床身、箱体和经受摩擦的导轨、缸体等	主要适用于制造形状复杂，工作中承受冲击、振动、扭转载荷的薄壁零件，如汽车、拖拉机后桥壳、转向器壳和管子接头等	常用来制造汽车和拖拉机的曲轴、凸轮轴、齿轮等重要零件	可用于制造经受热循环、组织密度、强度较高、形状复杂的零件，如气缸套、进排气管、钢锭模等

4）铜及铜合金

(1) 纯铜

纯铜又称紫铜，密度为 8.9 g/cm³，熔点为 1 083 ℃，具有良好的导电性、导热性、耐蚀性、塑性，容易进行冷、热加工，但强度低，价格高。常用的工业纯铜牌号有 T1、T2、T3，“T”为“铜”的汉语拼音字首，其后面的顺序号越大，纯度越低。

(2) 铜合金

铜合金按加工方法可分为加工铜合金和铸造铜合金，其中黄铜和青铜应用最广泛。

① 黄铜

黄铜是以锌为主要合金元素的铜基合金。普通黄铜是铜锌二元合金，具有良好的耐蚀性和切削加工性，如加工黄铜 H62，“H”为“黄铜”的汉语拼音字首，数字为铜质量分数的百分数。它主要用来制造散热器、垫圈、弹簧、螺钉等。特殊黄铜是在普通黄铜的基础上加入 Sn、Pb、Al、Si、Mn 等元素形成的铜基合金，可改善黄铜的某些性能，如加工铅黄铜 HPb59-1，铸造铅黄铜 ZCuZn33Pb2 等。

② 青铜

青铜是指除锌以外的其他元素为主的铜基合金。青铜按主加元素的不同可分为锡青铜、铝青铜、铍青铜等，如铸造青铜 ZCuSn10Pb5。锡青铜的耐磨性和耐蚀性高于黄铜，铝青铜的应用最广泛，铍青铜综合性能好。

③ 白铜

白铜是以镍为主要合金元素的铜基合金。普通白铜是 Cu-Ni 二元合金，如 B19，“B”为“白铜”的汉语拼音字首，数字为镍质量分数的百分数；特殊白铜是在普通白铜的基础上加入少量的 Fe、Mn、Zn 等元素而得到的铜基合金，如锰白铜 BMn3-12；普通白铜主要用于制造精密机械、化工设备的零件等，锰白铜是主要的电工材料，用于制造变阻器、热电偶等。

5）铝及铝合金

(1) 纯铝

纯铝的密度为 2.72 g/cm³，熔点为 660 ℃；导电、导热性好，仅次于银和铜；铝在大气中有良好的耐蚀性，它的塑性好，强度低。工业纯铝的牌号有 L1、L2、…、L6 等，“L”是“铝”的汉语拼音字首，后面数字为顺序号，数字越大，纯度越低。

(2) 铝合金

铝合金按加工方法可分为形变铝合金和铸造铝合金。形变铝合金塑性好，适用于压力加工，并可通过热处理来强化。

① 形变铝合金

这种铝合金在加热时能形成单相固溶体，因而塑性好，适用于压力加工，所以称为形变铝合金。形变铝合金可分为防锈铝合金、硬铝合金、超硬铝合金和锻造铝合金四种。

a. 防锈铝合金：其性能特点是塑性好，焊接性能好，有较高的耐蚀性；常用来制作油箱、铆钉等；牌号如 LF21，其中“LF”为“铝防”的汉语拼音字首，数字为顺序号。

b. 硬铝合金：属于 Al-Cu-Mg 合金，强度高；常用来制造飞机骨架零件、铆钉等；牌号如 LY12，其中“LY”为“铝硬”的汉语拼音字首，数字为顺序号。

c. 超硬铝合金：属于 Al-Zn-Mg-Cu 合金，是目前强度最高的铝合金；常用来制造飞机上的大梁、起落架等；牌号如 LC4，其中“LC”为“铝超”的汉语拼音字首，数字为顺序号。

d. 锻造铝合金：属于 Al-Mg-Si-Cu 合金，锻造性能好，常用来制造飞机上的锻件；牌号如 LD5，其中“LD”为“铝锻”的汉语拼音字首，数字为顺序号。

② 铸造铝合金

铸造铝合金主要有 4 个系列，即 Al-Si 系、Al-Cu 系、Al-Mg 系、Al-Zn 系；它们在性能上各有特点，如 Al-Si 系铝合金，铸造性能最好，应用最广泛，常用来制造发动机气缸体、活塞、手电钻外壳等。铸造铝合金可以用牌号，也可以用代号表示。如牌号 ZAlSi12，表示硅质量分数为 12%的 Al-Si 系铸造铝合金；它也可用代号 ZL102 来表示，其中“ZL”是“铸铝”的汉语拼音字首，“1”为 Al-Si 系，“02”为顺序号。

1.4.2　非金属材料

目前，工程材料仍然以金属材料为主，这大概在相当长的时间内不会改变。但近年来随着高分子材料、陶瓷等非金属材料的快速发展，在材料的生产和使用方面均有重大的进展，正在越来越多地应用于各类工程中。在某些领域非金属材料已经不是金属材料的代用品，而是一类独立使用的材料，有时甚至是一种不可取代的材料。

1）高分子材料

高分子材料为有机合成材料，也称高聚物。它具有较高的强度、良好的塑性、较强的耐腐蚀性能、很好的绝缘性和质量轻等特点，在工程上是发展最快的一类新型结构材料。高分子材料品种繁多、性质各异，根据其性质和用途，可分为塑料、橡胶、合成纤维等。

(1) 塑料

塑料泛指应用较广的高分子材料。一般以合成树脂为基础，加入各种添加剂。塑料是通过化学方法从石油中获取的，其基本组织单元是可以与氢、氧、氮、氯或氟形成化合物的碳原子。塑料具有相对密度小，耐蚀性好(耐酸、碱、水、氧等)，电绝缘性好，耐磨及减摩，消音，吸振等优点；缺点是刚度差、强度低、耐热性低、热膨胀系数大、易老化等。

塑料按树脂受热时的行为可分为热塑性塑料和热固性塑料。热塑性塑料加热时软化(或熔融)，冷却后变硬，此过程可重复进行，且可溶于一定的溶剂，具有可溶的性质。热固性塑料加热软化(或熔融)，一次固化成型后，将不再软化(或熔融)，不能反复成型和再生使用。按塑料的使用范围可分为通用塑料、工程塑料和特种塑料。

常用的塑料有聚氯乙烯(PVC)、ABS塑料、聚酰胺(PA)、酚醛塑料(PF)等。

① 聚氯乙烯(PVC)

聚氯乙烯分为硬质和软质两种。硬质聚氯乙烯强度较高，绝缘性和耐蚀性好，耐热性差，用于化工耐蚀的结构材料，如输油管、容器、离心泵、阀门管件等。软质聚氯乙烯强度低于硬质聚氯乙烯，伸长率大，绝缘性较好，用于电线、电缆的绝缘包皮，农用薄膜，工业包装等。因其有毒，不能包装食品。

② ABS塑料

ABS塑料综合力学性能好，尺寸稳定性、绝缘性、耐水和耐油性、耐磨性好，长期使用易起层。常用于制造齿轮，叶轮，轴承，把手，管道，储槽内衬，仪表盘，轿车车身，汽车挡泥板，电话机、电视机、电动机、仪表的壳体等。

③ 聚酰胺(PA)

聚酰胺俗称尼龙或锦纶。强度、韧性、耐磨性、耐蚀性、吸振性、自润滑性、成型性好，摩擦因数小，无毒无味。常用的有尼龙6、尼龙66、尼龙610、尼龙1010等。广泛用于制造耐磨、耐蚀的某些承载和传动零件，如轴承、机床导轨、齿轮、螺母及一些小型零件。

④ 酚醛塑料(PF)

酚醛塑料俗称电木。具有良好的强度、硬度、绝缘性、耐蚀性、尺寸稳定性。常用于制造仪表外壳，灯头、灯座、插座，电器绝缘板，耐酸泵，制动片，电器开关，水润滑轴承等。

(2) 橡胶

橡胶是在很宽的温度范围内(−50～150 ℃)都处于高弹性状态的高聚物材料。橡胶具有高弹性、耐疲劳性、耐磨性和电绝缘性能良好等优点；缺点是耐热性、耐老化性差等。

橡胶按材料来源可分为天然橡胶和合成橡胶两大类。天然橡胶从橡胶树的浆汁中获取；合成橡胶是以石油、天然气为原料，以二烯烃和烯烃为单体聚合而成的高分子材料。天然橡胶广泛应用于制造轮胎、胶带、胶管等。合成橡胶具有高弹性、绝缘性、气密性、耐油、耐高温或低温等性能，因而广泛应用于工农业、国防、交通及日常生活中。

合成橡胶按其性能和用途可分为通用橡胶和特种橡胶两大类。通用橡胶是指凡是性能与天然橡胶相同或接近，物理性能和加工性能较好，能广泛用于轮胎和其他一般橡胶制品的橡胶；特种橡胶是指具有特殊性能的一类橡胶制品。人们常用的合成橡胶有丁苯橡胶、顺丁橡胶、氯丁橡胶，它们都是通用橡胶。特种橡胶有耐油性的聚硫橡胶，耐高温和耐严寒的硅橡胶等。

橡胶在工业中应用相当广泛，如制作各种机械中的密封件（如管道接头处的密封件），减振件（如机床底座垫片、汽车底盘橡胶弹簧），传动件（如V带、传送带上的滚子、离合器）以及电器上用的绝缘件和轮胎等。

(3) 合成纤维

凡能保持长度比本身直径大100倍的均匀条状或丝状的高分子材料称为纤维，包括天然纤维和化学纤维。棉花、羊毛、木材和草类的纤维都是天然纤维。用木材、草类的纤维经化学加工制成的黏胶纤维属于人造纤维。利用石油、天然气、煤和农副产品作为原料制成单体，再经聚合反应制成的纤维是合成纤维。合成纤维和人造纤维又统称化学纤维。

合成纤维是20世纪30年代开始生产的，具有比天然纤维和人造纤维更优越的性能。在合成纤维中，涤纶、锦纶、腈纶、丙纶、维纶和氯纶被称为“六大纶”。它们都具有强度高、弹性好、耐磨、耐化学腐蚀、不发霉、不怕虫蛀、不缩水等优点，而且每一种还具有各自独特的性能。它们除了供人类穿着外，在生产和国防上也有很多用途。例如，锦纶可制衣料、降落伞绳、轮胎帘子线、缆绳和渔网等。

随着新兴科学技术的发展，近年来还出现了许多具有某些特殊性能的特种合成纤维，如芳纶纤维、碳纤维、耐辐射纤维、光导纤维和防火纤维等。

2) 陶瓷材料

陶瓷是一种无机非金属材料，种类繁多，应用很广。传统上“陶瓷”是陶器与瓷器的总称。后来，发展到泛指整个硅酸盐材料，包括玻璃、水泥、耐火材料、陶瓷等。为适应航天、能源、电子等新技术的要求，在传统硅酸盐材料的基础上，用无机非金属物质为原料，经粉碎、配制、成形和高温烧结制得大量新型无机材料，如功能陶瓷、特种玻璃、特种涂层等。陶瓷材料具有高熔点、高硬度、高弹性模量及高化学稳定性等优点，缺点是塑韧性差、强度低等。

陶瓷材料可以根据化学组成、性能特点或用途等不同方法进行分类。一般归纳为工程陶瓷和功能陶瓷两大类。

工程陶瓷是指应用于机械设备及其他多种工业领域的陶瓷，可分为电子陶瓷、工具陶瓷和结构陶瓷。电子陶瓷是生产自动化控制系统中的关键元件，它可起多功能的传感器作用。工具陶瓷是制作刀具和模具的原材料，其性能可与金刚石、氮化硅相媲美。结构陶瓷是当今耐火材料的又一替代产品。功能陶瓷是具有电、磁、声、光、热、力、化学或生物功能等的介质材料。功能陶瓷材料种类繁多，用途广泛，主要包括铁电、压电、介电、热释电、半导体、电光和磁性等功能各异的新型陶瓷材料。例如,铁氧体、铁电陶瓷主要利用其电磁性能来制造电磁元件;介电陶瓷用来制造电容器;压电陶瓷用来制造位移或压力传感器;固体电解质陶瓷利用其离子传导特性可以制作氧探测器;生物陶瓷用来制造人工骨骼和人工牙齿等。超导材料和光导纤维也属于功能陶瓷的范畴。

1.4.3 复合材料

复合材料是由两种或两种以上性质不同的材料组合而成的一种多相材料,由基体材料和增强材料两部分组成。基体材料主要起黏结作用,一般为强度较低、韧性较好的材料,主要有金属、塑料、陶瓷等。增强材料主要起强化作用,一般为高强度、高弹性模量材料,包括各种纤维、无机化合物颗粒等。

1) 复合材料的分类及应用

复合材料有多种分类方法。按复合形式与增强材料种类的不同,复合材料可分为以下几种。

(1) 层叠增强复合材料

如图 1-19(a)所示,层叠增强复合材料是以树脂为基体,用叠合方法将层状增强材料与树脂一层一层相间叠合而成的复合材料。用层叠复合材料制成汽车发动机的齿轮,可使发动机实现低噪声运转。层状材料还常用来制成天线罩隔板、机翼、火车车厢内壁、饮料纸包装等。典型材料有钢-铜-塑料三层复合无油润滑轴承材料。

(2) 纤维增强复合材料

如图 1-19(b)所示,纤维增强复合材料是目前应用最广泛、消耗量最大的一类复合材料。用树脂做基体,玻璃纤维做增强材料制成的纤维增强复合材料,俗称玻璃钢。玻璃钢问世以来,工程界才明确提出了“复合材料”这一术语。除玻璃钢外,常用材料还有碳纤维增强复合材料、纤维增强陶瓷、轮胎橡胶等。这类材料主要用来制造各种要求自重轻的受力构件,如汽车的车身、船体、各种机罩、贮罐以及齿轮泵、轴承等。

(3) 颗粒增强复合材料

如图 1-19(c)所示,颗粒增强复合材料是由一种或多种颗粒均匀分布在基体材料内制成的,颗粒起增强作用。常见的种类有树脂与颗粒复合(如橡胶用炭黑增强)以及陶瓷颗粒与金属复合(如金属基陶瓷颗粒)。目前,应用最为广泛的碳化硅颗粒增强铝基复合材料早已实现大规模产业化生产,已批量用于汽车工业和机械工业中,生产大功率汽车发动机、柴油发动机的活塞、活塞环、连杆、制动片等。同时还用于制造火箭及导弹构件、红外及激光制导系统构件等。

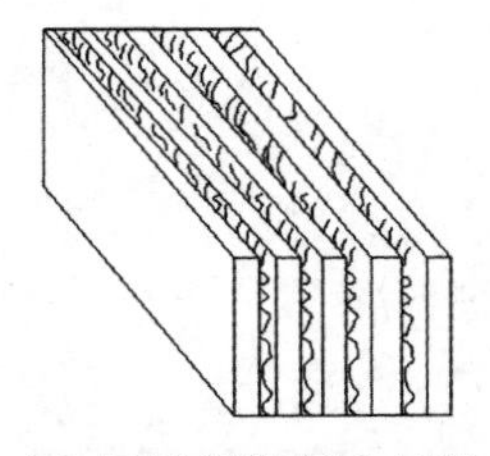
(a) 层叠增强复合材料

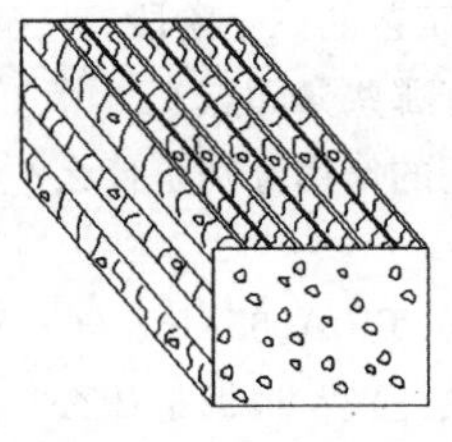
(b) 纤维增强复合材料

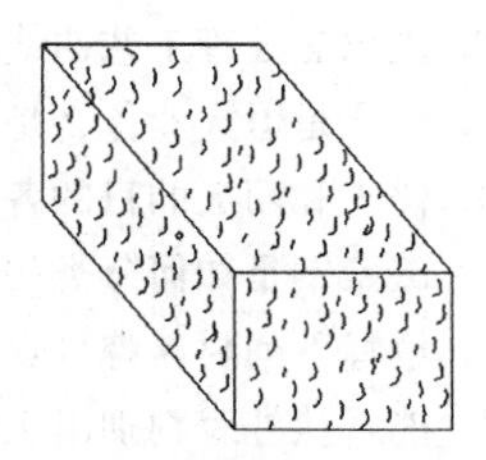
(c) 颗粒增强复合材料

图 1-19 复合材料的分类及结构

2) 复合材料的特点

不同的复合材料具有不同的性能特点，非均质多相复合材料一般具有如下特点：

(1) 高比强度和比模量

例如，碳纤维和环氧树脂组成的复合材料，其比强度是钢的 7 倍，其比模量比钢大 3 倍，这对高速运转的零件、要求减轻自重的运输工具和工程构件意义重大。

(2) 良好的抗疲劳性能

如金属材料的疲劳强度为抗拉强度的 40%～50%，而碳纤维复合材料可达 70%～80%。

(3) 优良的高温性能

例如，7075－T6 铝合金，在 400 ℃时，弹性模量接近于零，强度值也从室温时的 500 MPa 降至 30～50 MPa。而碳纤维或硼纤维增强组成的复合材料，在 400 ℃时，强度和弹性模量可保持室温下的水平。

(4) 减振性能好

因为结构的自振频率与材料比模量的平方根成正比，而复合材料的比模量高，因此可以较大程度地避免构件在工作状态下产生共振。又因为纤维与基体界面有吸收振动能量的作用，故即使产生振动也会很快地衰减下来。所以纤维增强复合材料有良好的减振性。

(5) 断裂安全性好

纤维增强复合材料是力学上典型的静不定体系，在每平方厘米截面上，有几千至几万根增强纤维(直径一般为 10～100μm)，当其中一部分受载荷作用断裂后，应力迅速重新分布，载荷由未断裂的纤维承担起来，所以断裂安全性好。

(6) 其他性能特点

许多复合材料都有良好的化学稳定性、隔热性、烧蚀性以及特殊的电、光、磁等性能。复合材料进一步推广使用的主要问题是，断后伸长率小，抗冲击性能尚不够理想，生产工艺方法中手工操作多，难以自动化生产，间断式生产周期长，效率低，加工出的产品质量不够稳定等。增强纤维的价格很高，使复合材料的成本比其他工程材料高得多。虽然复合材料利用率比金属高(约 80%)，但在一般机器和设备上使用仍然是不够经济的。如能改善上述缺陷，将会大大地推动复合材料的发展和应用。

思考题

1. 什么是金属的热处理？它在生产中有何重要意义？
2. 画出热处理工艺曲线，说明热处理工艺的三个阶段。
3. 什么是退火？什么是正火？两者有哪些异同点？
4. 淬火和回火的目的各是什么？它们的作用分别是什么？
5. 碳素钢是如何分类的？
6. 解释下列材料牌号意义：Q235A、45、T10A、65Mn、20Cr、W18Cr4V。
7. 能否从外表判别出工件是否经过热处理？根据是什么？

本章参考文献

［1］ 赵超越，董世知，范培卿. 工程训练 3D 版［M］. 北京：机械工业出版社，2019.

［2］ 张学军. 工程训练与创新［M］. 北京：人民邮电出版社，2020.

［3］ 马飞，强歆，于媛. 金属材料热处理工艺与技术分析［J］. 粘接，2021，46(6)：17-20.

第二章　铸　造

本章主要介绍铸造工艺的基本知识，铸造的分类，加工过程以及缺陷分析。

2.1　知识点及安全要求

2.1.1　知识点

（1）了解铸造生产特点、过程及应用情况；
（2）熟悉砂型铸造的工艺特点，掌握砂型手工造型的基本方法；
（3）了解特种铸造的工作原理及特点。

2.1.2　安全要求

（1）实习时，必须穿戴好工作服、工作鞋等防护安全用品；
（2）造型时，紧砂要用力均匀，搬运翻转砂箱时要小心轻放，以免压伤手脚和损坏砂箱；
（3）修型时，不要用嘴吹型砂和芯砂，防止砂粒吹入眼内；
（4）熔炼炉周围不能堆放易燃物品，浇注通道不能有积水并保持通畅，以防火灾；
（5）浇注前，将工具和浇包预热和烘干，以免使用时引起金属液飞溅；
（6）浇注时，金属液在浇包中不能装得太满，不参加浇注操作的学生应远离浇包，以免发生意外；
（7）不允许从冒口正面观察金属液充型情况，补充加料时必须经过预热才能加入；
（8）不能用手摸或用脚踏未冷却的铸件；
（9）清理时，不能对着人敲打铸件浇冒口，做到轻拿轻放；
（10）实习时，保持场地和环境的整洁卫生。

2.2　概论

铸造是机器零件、毛坯采用液态金属直接成型的一种制造方法。铸造生产工艺是将金属熔炼成具有一定化学成分、一定温度的液态金属，在重力场或外力场（压力或离心力）的作用下，浇注到具有一定几何形状、尺寸大小的铸型型腔内（型腔与毛坯形状凹凸相应），待液态金属结晶、凝固并冷却到一定温度后，从铸型型腔中取出，经过清理、切除浇冒口而获得铸件或铸坯（亦即机器零件或毛坯）。

1）铸造的优点

（1）适应性强：对工件的尺寸和形状几乎没有限制，材料可以是铸铁、铸钢、铸造铝合金、铸造铜合金等金属材料。

(2) 应用广泛：在一般机械设备中，毛坯为铸件的零件重量通常占到整机总重量的40%～90%。此外，在建筑、公用设施以及工艺美术、日常生活用品中，铸件也得到了普遍的应用。

(3) 成本低：节省金属材料，材料可以循环利用，设备简单。

2）铸造的缺点

(1) 工件合格率低，缺陷较多；

(2) 工件化学成分和金相组织不稳定，力学性能差；

(3) 劳动量大，工序多，生产环境差。

2.3　铸造的分类

通常按铸型特点，将铸造工艺分成砂型铸造和特种铸造两大类。

以型砂为材料制备铸型的铸造方法叫砂型铸造。有别于砂型铸造的其他铸造方法，称为特种铸造。

砂型铸造和特种铸造的比较：

(1) 缺点

① 劳动条件差；

② 铸件质量欠佳；

③ 铸型只能使用一次；

④ 生产率低。

(2) 优点

① 不受零件形状、大小、复杂程度及合金种类的限制；

② 造型材料来源较广；

③ 生产周期短；

④ 成本低。

砂型铸造曾经是铸造生产中应用最广泛的一种方法，随着科学技术的发展，造型技术发生了巨大的变化。特种铸造方面，如熔模铸造、压力铸造、低压铸造、离心铸造、真空铸造等精密铸造技术已在生产中广泛应用；砂型铸造方面，由于新型造型材料的开发，水玻璃砂、双快水泥砂、石灰石砂、流态自硬砂等也获得了广泛应用。新型造型技术如高压造型、消失模铸造、真空密封造型、磁型铸造、壳型铸造等技术正在实践中不断发展，从而使传统的砂型铸造工艺又有了新的活力。但从整体来看，由于黏土砂造型具有较大的灵活性、适应性和经济性，到目前为止，仍是铸造业产量最高及应用最广泛的一种造型技术。

自20世纪80年代以来，各种用于铸造工艺的新技术、新工艺不断涌现，其中以计算机技术为主导技术，带动其他相关技术不断应用于铸造工艺，使新技术在铸造研究及生产中得到了广泛的应用，并取得了重大经济效益和社会效益。

计算机技术目前已在铸造行业获得了广泛应用，无论是铸造工艺及设备，还是造型、熔化、清理及热处理等一系列工艺过程的控制，还是生产过程、设备、质量、成本、库存管理等工作，都和计算机技术密不可分。

1）铸造合金的计算机辅助设计

在研制新合金时，采用科学的定量计算方法，在计算机上使用相应的软件进行复杂的计算，并通过优化设计出符合要求的合金成分。目前合金计算机辅助设计主要采用两种方法：数学回归设计法和理论设计方法。铸造合金设计经历了成分调整的经验设计阶段、数学回归设计阶段和组织性能设计阶段，现已进入到微观结构设计阶段。其中成分调整的经验设计试验工作量大、周期长、成本高、盲目性大，必须采用计算机设计。狭义的铸造工艺计算机辅助设计仅包含在计算机上设计浇注系统、冒口、冷铁及型芯等，并用计算机绘出铸造工艺图。完整的铸造工艺计算机辅助设计描述应包括工艺设计和工艺优化（即充型过程数值模拟）两个方面。

计算机辅助设计需要数据库的支持。完整的铸造数据库应包括合金材料数据库、造型材料数据库以及工艺参数数据库等。铸造数据库技术在国外铸造生产中得到了广泛的应用，实现了铸造数据的科学管理、有效应用和充分共享。铸造数据库在国内铸造生产中的应用较少。

除了数据库技术外，专家系统也是计算机辅助技术必不可少的。铸造专家系统是把众多专家的知识储存在计算机中，使计算机能像专家一样思考、分析和处理铸造技术问题。目前国内外都已研制出灰铸铁铸件中气孔和缩孔缺陷诊断的专家系统、球铁件质量预测专家系统以及造型材料专家系统等，并已部分应用到实际生产中。但受计算机本身内存、速度等指标的限制，目前铸造专家系统还不能像人一样具体分析所有技术问题，也不具备人的创造性思维。

应用计算机辅助铸型设计，可大大减轻设计人员工作量、降低设计成本、缩短铸件试制周期以及明显提高经济效益。铸件形状越复杂，计算机辅助设计效果越明显。

2）铸造充型过程数值模拟

充型过程数值模拟是在对铸件成型系统（铸件、型芯及铸型等）进行几何有限离散的基础上，采用适当的数学模型运用计算机通过数值计算来显示、分析及研究铸件充型过程，并结合有关的判据及方法来研究铸造合金充型凝固理论，预测及控制铸件质量的一种技术。铸造充型过程包括描述液态金属充型过程的流场，反映铸件温度变化的温度场，揭示铸件凝固过程的应力、应变和裂纹的应力场以及阐述铸件凝固过程合金元素偏析的质量场等。自从 1962 年丹麦学者 Fursund 用有限差分法首次进行了铸件凝固过程温度场的计算以后，美国、日本、德国等学者也相继开展了铸造充型过程物理场数值模拟的实验研究、软件开发及应用推广等工作，如美国的 ProCAST、日本的 Soldia、英国的 Solstar、德国的 Magma、法国的 Simulor 及澳大利亚的 Flow－3D 软件等，专门用来分析铸造充型过程，可适用于铸钢、铸铁、铸铜、铸铝等几乎所有铸造合金，以及砂型铸造、金属型铸造、低压铸造、压力铸造、熔模铸造、离心铸造、磁型铸造、连续铸造等十几种铸造方法，而且模拟结果和实验结果吻合得较好。我国在这方面的研究尚处于起步阶段，所开发的应用软件距商品化和实用化差距较大。

3）自动测试与控制

目前国外已广泛采用计算机技术进行自动控制，如美国已能够对 16 t 电弧炉熔炼过程进行计算机自动控制，并采用了人工智能技术，效果非常好。国内清华大学也对铸造过程的自动测试与控制进行了研究，实现了铸造型砂处理的自动控制；沈阳铸造研究所实现了冲天炉熔炼自动测试与控制。但与国外相比，国内计算机在铸造测试与控制方面的应用水平及程度仍存在差距。

4) 铸造车间计算机管理

铸造车间管理中可广泛采用计算机技术，包括人事、财务、计划、工具、原材料、成品、生产进度、质量、成本以及销售管理等。计算机辅助车间管理使生产效率提高、成本降低。

5) 敏捷制造技术

充分利用互联网上的共享资源，快速完成的机器制造工艺被称为敏捷制造技术。国外依赖于互联网的敏捷制造技术已得到了广泛应用。国内铸造企业也部分拥有了自己的网站，而且近几年铸造企业的网上电子商务活动也比较活跃，但真正利用网上技术资源实现敏捷制造在实际生产中很少，处于起步阶段。

随着计算机及相关技术的快速发展，国内外铸造行业计算机应用水平将会越来越高。铸造充型过程数值模拟技术会随着计算机容量、速度的不断提高越来越实用化；铸造计算机辅助设计与制造技术也将日益完善；新一代的专家系统会更加集成化、智能化；网络技术将以更快的速度在铸造行业普及。

2.4　砂型铸造

用型砂制成的铸型称为砂型。

砂型一般由上砂型、下砂型、型腔(形成铸件形状的空腔)、砂芯、浇注系统等部分组成。上下型的结合面称为分型面。铸型的组成及各部分名称见图 2-1。

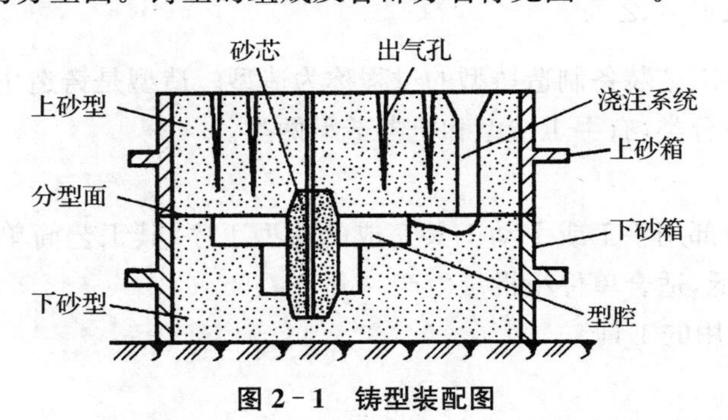

图 2-1　铸型装配图

表 2-1　铸型各组成部分的作用

组元名称	作　用
砂箱	造型时填充型砂的容器，分上、下砂箱
砂型	通过造型获得具有型腔的工艺组元，分上、下等铸型
分型面	各铸型组元件的结合面，每一对铸型间都有一个分型面
浇注系统	金属液流入型腔的通道
型腔	铸型中由造型材料所包围的空腔部分，也是形成铸件的主要空间
砂芯	为获得铸件内腔或局部外形，用芯砂制成安放在铸型内部的组元
出气孔	在铸型或型芯上，用针扎出的出气孔，用以排气

2.4.1 造型材料

砂型是由型砂和芯砂做成的。

型砂和芯砂是由原砂、黏结剂、水和附加物按一定比例配制而成的。原砂是型砂主体，主要成分是硅砂，硅砂里含有占质量 95%的 SiO_2，耐火温度高达 1 710 ℃。

型砂质量直接影响铸件质量。型砂质量不好会使铸件产生气孔、砂眼、粘砂和夹砂等缺陷，这些缺陷是造成铸件产生废品的主要因素。中小铸件广泛采用湿砂型(浇注前不经过烘干)，大铸件则用干砂型(经过烘干)。

铸型在浇注、冷却过程中要承受金属液的冲刷、静压力和高温的作用，要排出大量气体，型芯还要承受铸件凝固时的收缩压力，因而为获得优质铸件，型砂、芯砂应满足表 2-2 中的性能要求。

表 2-2　良好的型砂、芯砂必须具备的性能

序号	性能	备注
1	透气性	型砂能让气体透过的性能
2	强度	型砂抵抗外力破坏的能力
3	耐火性	型砂抵抗高温热作用的能力
4	可塑性	型砂在外力作用下变形，去除外力后能完整地保持已有形状的能力
5	退让性	铸件在冷凝时，型砂可被压缩的能力

2.4.2 造型、造芯工艺

用型砂和模样等工艺装备制造铸型的过程称为造型。造型是铸造生产中最主要的工序之一。按造型的手段分类，有手工造型和机器造型两类。

1) 手工造型

手工造型就是全部用手工或手动工具完成的造型工序，其工艺简单，操作方便，但是劳动强度大，生产效率低，适合单件小批量生产。

(1) 手工造型使用的工具

① 模样

用木材、金属或其他材料制成的铸件原型统称为模样，它是用来形成铸型的型腔。模样的外形和铸件的外形相似，不同的是铸件上如有孔穴，在模样上不仅实心无孔，而且要在相应位置制作出芯头。

② 主要工具

手工造型的主要工具有铁铲、筛子、砂锤、刮板、通气针、取模钉、掸笔、排比、粉带、皮老虎、风动捣固器、钢丝钳和活动扳手。修型工具有修平面的镘刀(刮刀)、修凹曲面的压勺、修深而窄的底面及侧面的砂钩、修圆柱形内壁和内圆角的秋叶等。手工造型用的砂箱有的是用铸铁制成，尺寸小的也会有质轻、可拆卸的木质或铝合金砂箱造型。一般砂箱分为上、下两部分，中间有定位销相连，两边的定位销应稍有不同。图 2-2 为常用手工造型工具。

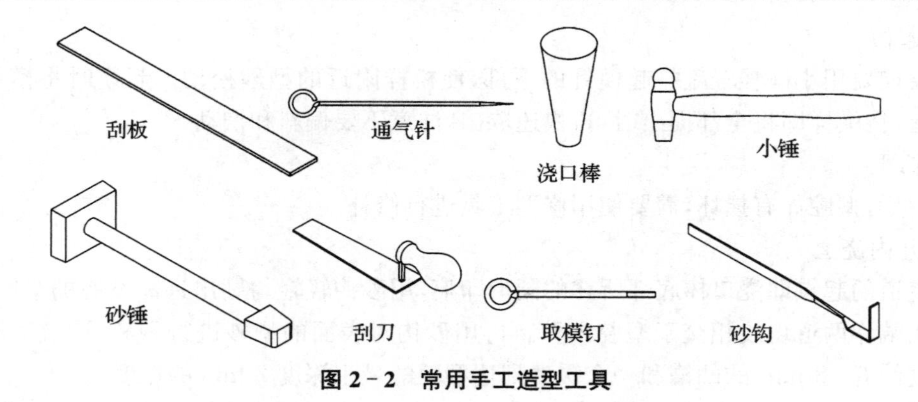

图 2-2 常用手工造型工具

(2) 手工造型操作要点

① 造型前的准备工作

准备合适的造型工具,砂箱大小与模样的大小要适中。通常,模样与砂箱内壁及顶部之间须留有 30～100 mm 的距离,此距离称为吃砂量。

擦净模样,以免造型时型砂黏在模样上,造成起模时损坏型腔。安放模样时应注意砂箱的方向,做下型的时候,分型面在底部。

② 舂砂

舂砂时必须分次加入型砂。对小砂箱每次加砂厚 50～70 mm。加砂过多舂不紧,加砂过少费工时。第一次加砂时须用手将模样周围的型砂按紧,以免模样在砂箱内的位置移动,然后用砂锤的尖头分次舂紧,最后改用砂锤的平头舂紧砂的最上层。舂砂应按照一定的路线进行,否则会造成各部分松紧不一。舂砂用力要适当,用力过大导致砂型太紧,透气性差;用力过小容易塌箱。靠近内壁和模样的部分要舂得稍紧些,其他地方适当松些。舂砂时,砂锤尽量避免撞击模样。舂完后,在最上层用刮板把多余的砂刮平。

制作上型和下型的方法类似,上型的砂箱放置在已经完成的下型表面上,分型面在中间。为了制作出直浇道,需要在靠近模样边缘 20 mm 处用一个下小上大的圆锥状浇口棒垂直于分型面放置。舂砂时,保持浇口棒的垂直,尽量不要向下施压,导致其破坏下型。

③ 撒分型砂

造完下型以后,把下型翻转过来,在分型面上撒上一层分型砂(细粒无黏土的干砂),以防上、下砂箱黏在一起开不了箱。撒分型砂时手距离砂箱稍高,一边绕圈一边摆动使分型砂经过指缝缓慢而均匀地下落,薄薄地覆盖在分型面上。最后将模样上的分型砂吹掉,以免在造上型时黏到上表面,而在浇注时被液体金属冲下来落入铸件中,使其产生缺陷。

④ 扎通气孔

上型完成后,为了保证型砂有良好的透气性,还要在已经舂紧和刮平的上型上用直径 2～3 mm 的通气针扎出通气孔,注意不能超过分型面,通气孔要垂直,并均匀分布。

⑤ 开外浇口

外浇口应挖成 60°的锥形,浇口面应修光,与直浇道连接处应修成圆弧过渡,以引导金属液平稳流入砂型。

⑥ 开箱

上型完成后,抽出定位销,将上型缓慢提起,轻轻斜靠在一旁。

⑦ 起模

起模前要用小锤轻轻敲打起模针的下部,使模样附近的型砂松动。起模时将模样缓慢垂直提起,待模样即将全部提出时,再快速取出,注意不要偏斜和摆动。

⑧ 修型

起模后,型腔如有损坏,需要使用修型工具进行修补。

⑨ 开内浇道

内浇道的起点即浇口棒底部所在的圆形印痕,用砂钩轻轻勾勒出远离型腔的半圆部分,从圆弧两端作两道切线相交于型腔内壁。再用砂钩对表面的型砂进行剥离,形成直浇道底部的深度约 6～8 mm 的凹槽和一个缓慢到达型腔的最小深度 2 mm 的坡度。

⑩ 合箱

合箱是造型的最后一步,对砂型的质量起着重要的作用。合箱前,应仔细检查砂型有无损坏和散砂、浇口是否修光等。如果要下芯,应检查型芯是否烘干、有无破损及通气孔是否堵塞等。浇注时如果金属液浮力将上箱顶起会造成跑火,因此要进行上下型箱紧固,可以用压箱铁、卡子或螺栓紧固。

(3) 手工造型方法

手工造型方法按砂箱特征分为两箱造型、三箱造型、拖箱造型和地坑造型等。按模样特征分有整模造型、分模造型、挖砂造型、活块造型、假箱造型和刮板造型等。可根据铸件的形状、大小和生产批量选择造型方法。

① 整模造型。用整体模样进行造型的方法称为整模造型,如图 2-3 所示。整模造型的型腔位于一个砂型内,分型面是平面。此方法操作简单,适用于形状简单、最大截面在一端的铸件且截面由大到小依次排列,如齿轮坯、带轮、轴承座等。

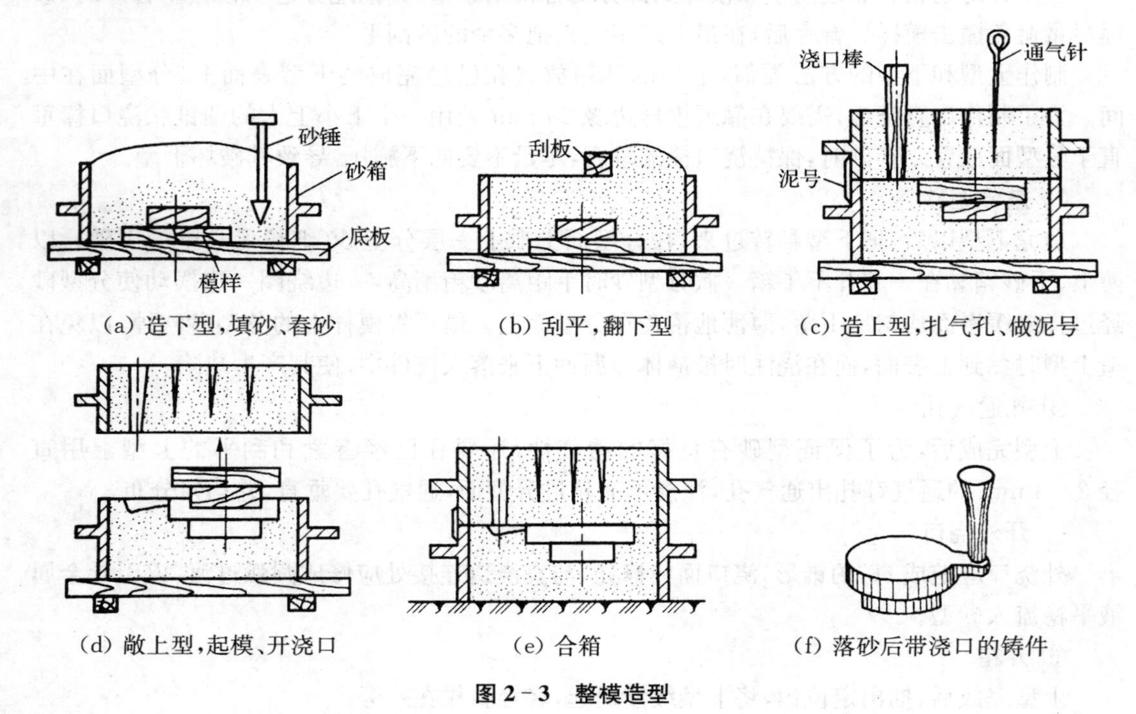

(a) 造下型,填砂、舂砂 (b) 刮平,翻下型 (c) 造上型,扎气孔、做泥号

(d) 敞上型,起模、开浇口 (e) 合箱 (f) 落砂后带浇口的铸件

图 2-3 整模造型

② 分模造型。分模造型是模样沿最大截面处分为两半，而型腔位于上下型内的造型方法，如图 2－4 所示。这种方法操作简单，适用于最大截面在中间、形状较复杂的铸件，如套类、管类、曲轴、立柱、阀体和箱体等零件。它是应用最广泛的造型方法。

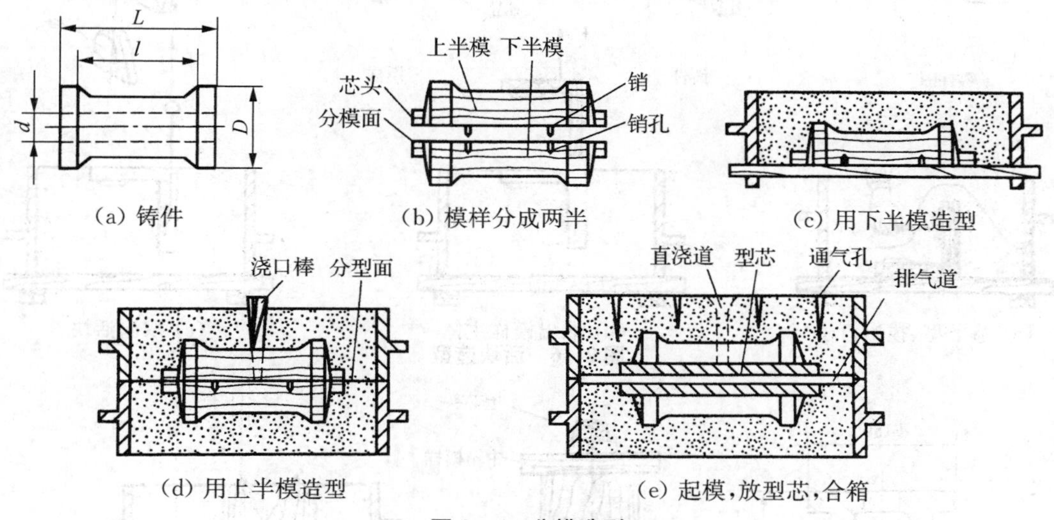

(a) 铸件 (b) 模样分成两半 (c) 用下半模造型

(d) 用上半模造型 (e) 起模，放型芯，合箱

图 2－4 分模造型

③ 挖砂造型。当铸件最大截面不在端部，模样又不方便分成两半时，常将模样做成整体，造型时挖出阻碍起模的型砂，这种方法称为挖砂造型，如图 2－5 所示。挖砂造型模样较为复杂；分型面是曲面；要求准确挖出模样的最大截面处，比较费事，生产效率低；分型面处易产生毛刺，铸件外观和精度较差，仅适用于单件或小批量生产。

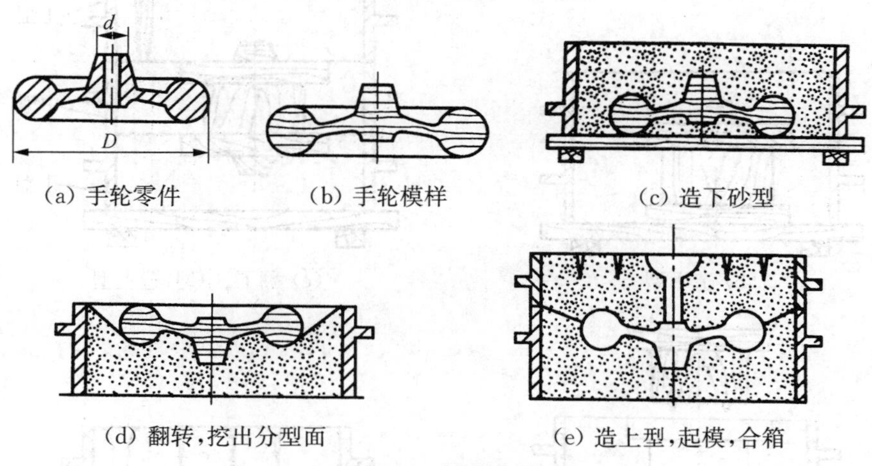

(a) 手轮零件 (b) 手轮模样 (c) 造下砂型

(d) 翻转，挖出分型面 (e) 造上型，起模，合箱

图 2－5 挖砂造型

④ 活块造型。铸型上有凸起部分妨碍起模时，可将局部影响起模的凸台或肋条做成活块。造型时，先起出主体模样，再从侧面起出活块模，这种方法叫活块造型，如图 2－6 所示。此方法生产效率低，仅适用于单件生产。

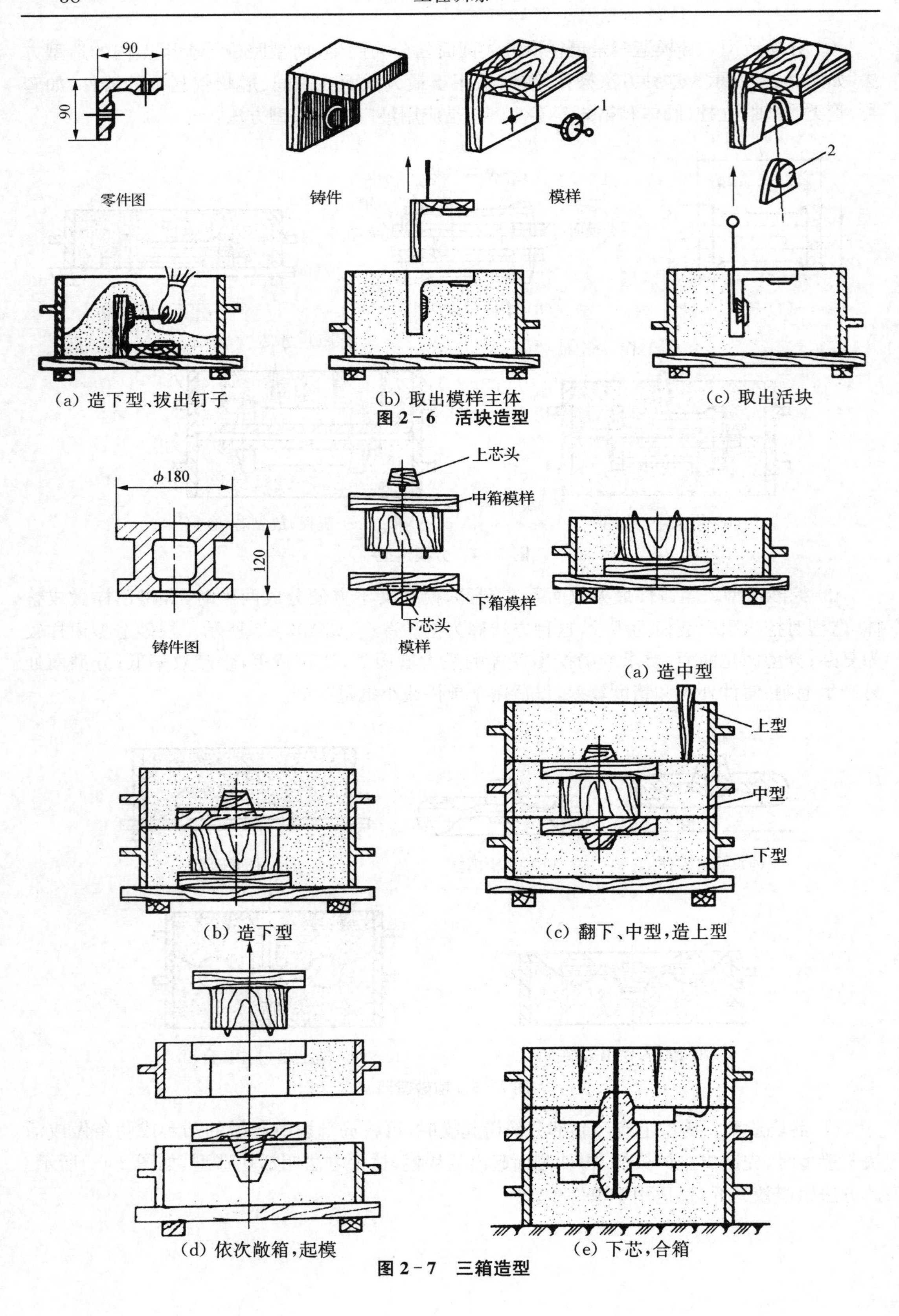

图 2-6 活块造型

图 2-7 三箱造型

⑤ 三箱造型。有些形状较复杂的铸件，往往具有两头截面大而中间截面小的特点，用一个分型面起不出模样，需要从小截面处分开模样，采用两个分型面和三个砂箱的造型方法称为三箱造型，如图 2－7 所示。三箱造型要求中箱的高度与中箱中模样的高度相等；操作比较复杂，生产效率低，故只适用于单件、小批量生产。

⑥ 刮板造型。用与铸件截面形状相适应的特制刮板制出所需砂型的造型方法称为刮板造型，如图 2－8 所示。它的优点是可以节省型砂和工时，铸件尺寸越大，优点越显著。但刮板造型只能手工进行，铸件尺寸精度低。刮板造型常用来制造批量较小、尺寸较大的回转体或截面形状相等的铸件，如弯管、带轮、飞轮、齿轮等。

⑦ 地坑造型。大型铸件单件生产时，为节省砂箱，降低铸型高度，便于浇注操作，多采用地坑造型。直接在铸造车间的砂地上或沙坑内造型的方法称为地坑造型，如图 2－9 所示。较小铸件可在软砂床内造型，即在地面挖一个坑，放入模样，填入型砂，进行造型。大型铸件则需要在特制的地坑内造型，坑底及坑壁四周均用防水材料建筑，以防地下水浸入型腔，浇注时引起爆炸。坑底填以透气材料（炉渣或焦炭），铺上草袋，气体可由排气管引出地面。造型时，先将砂床制好，刮平表面，再用锤敲打模样经其压入床内，继续填砂并舂实模样周围型砂，刮平分型面后进行造上型等后续工序。

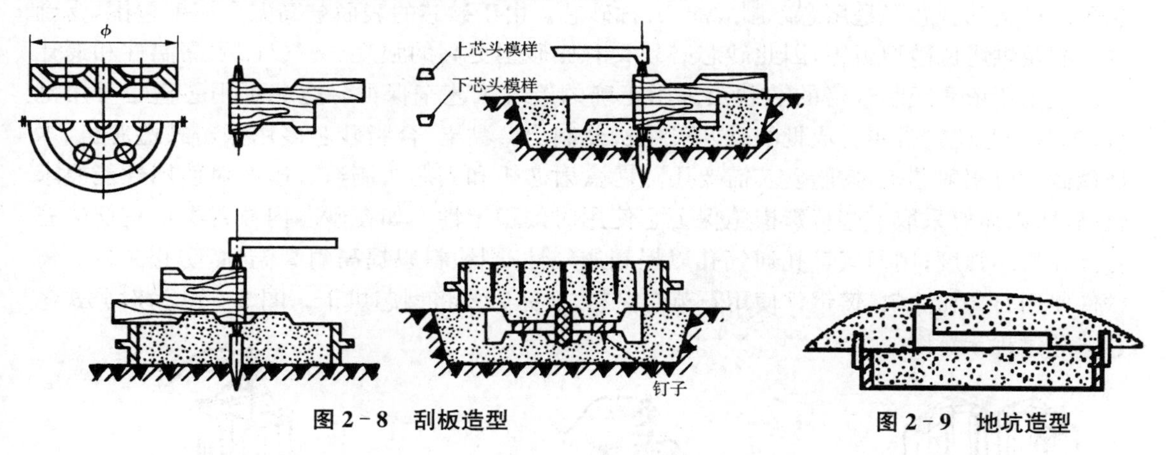

图 2－8 刮板造型　　图 2－9 地坑造型

2）机器造型

将造型过程中的两项最主要的操作——紧砂和起模实现机械化的造型方法称为机器造型。它的特点是生产效率高，每小时可生产几十箱；对工人操作技术要求不高；铸件精度高，表面光洁；但是机器造型的设备及工艺装备费用高，生产准备周期长，适用于大批量生产。常用的机器造型紧实方法如表 2－3 所示。

表 2－3 常用的机器造型紧实方法

紧实方法	成形原理及特点	适用范围
振击	靠机械振击赋予型砂动能和惯性，紧实成形铸型上松下紧，常需补压	用于精度要求不高的中小铸件成批、大量生产
压实	型砂借助于压头或模样所传递的压力紧实成形，按比压大小可分为低压、中压和高压三种	中、低压用于精度要求不高的简单铸件中、小批生产。高压用于精度要求高、较复杂铸件的大量生产

续表

紧实方法	成形原理及特点	适用范围
振压	振击加压实，砂型密度的波动范围小，可获得紧实度较高的砂型	用于精度要求高、较复杂铸件的大量、成批生产
抛砂	借旋转的叶片把砂团高速抛出，打在砂箱内的砂层上，使型砂逐层紧实。砂团的速度越大，砂型紧实度越高。若供砂情况和抛头移动速度稳定，则各部分紧实度均匀	用于紧实中、大件的砂型或砂芯，单件、小批、成批生产均可使用，但铸件精度低
静压	在砂箱内填砂（模板上有通气孔），然后对型砂施以压缩空气进行气流加压，通入的压缩空气穿过型砂经通气塞排出，最后用压实板在型砂上部压实，使其上下紧实度均匀。此法砂箱吃砂量较小，起模斜度较小	可用于精度要求高的各种复杂铸件的大量生产
气流冲击	具有一定压力的气体瞬时碰撞释放出来的冲击波作用在型砂上使其紧实。其砂型特点是紧实度均匀且分布合理，靠模样处的紧实度高于铸型背面	可用于精度要求高的各种复杂铸件的大量生产，比静压铸造具有更大的适应性

3）造芯技术

为获得铸件内腔或局部外形，用芯砂或其他材料制成的安放在型腔内部的铸型组元称芯子。绝大部分芯子是用芯砂制成的，又称砂芯。由于砂芯的表面被高温金属液包围，受到的冲刷及烘烤比砂型厉害，因此砂芯必须具有比砂型更高的强度、透气性、耐高温性和退让性。这主要依靠配制合格的芯砂及采用正确的造芯工艺来保证。造芯可用芯盒也可用刮板，芯盒造芯比较常用。成批的砂芯可用机器制出。黏土、合脂砂芯多用振击式造芯机，水玻璃砂芯可用射芯机，树脂砂芯需要用热芯盒射芯机和壳芯机制造。砂芯对使用性能要求较高，所以需要采取一些特殊措施保证它使用时的稳定性。如在砂芯内放置类似钢筋的芯骨提高型芯强度；用通气针扎通气孔以提高透气性；刷涂料以提高耐高温性，防止粘砂。铸铁件使用石墨粉涂料，铸钢件使用石英粉涂料，涂完后要将型芯烘干。图 2－10 为对分式芯盒造芯过程示意图。

(a) 检查芯盒是否配对

(b) 夹紧两半芯盒：分次加入芯砂，分层捣紧

(c) 插入刷有泥浆水的芯骨，其位置要适中

(d) 继续填砂捣紧，刮平，用通气针扎出通气孔

(e) 松开夹子，轻敲芯盒，使芯子从芯盒内壁松开

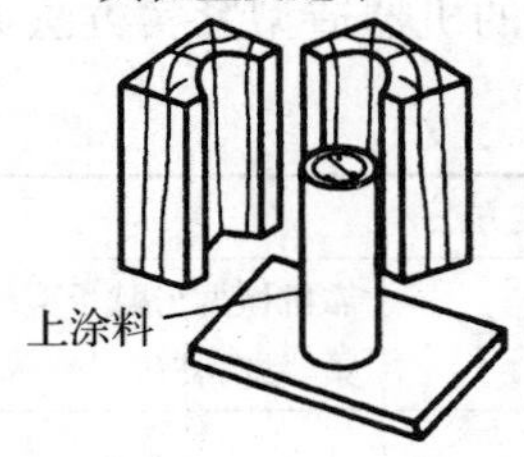

(f) 取出芯子，上涂料

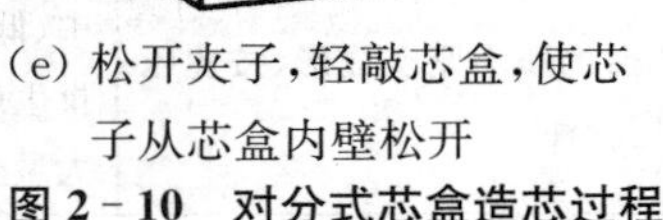

图 2－10　对分式芯盒造芯过程

4）造型生产线

根据铸造工艺流程，将造型机、翻转机、下芯机、合型机、落砂机等设备，用铸型输送机或辊道等运输设备连接起来，并采用一定控制方法所组成的机械化、自动化造型生产系统称为造型生产线。自动造型生产线极大地提高了砂型铸造的生产效率。

2.4.3　砂型铸造工艺设计

在生产铸件前，首先要编制出该铸件生产工艺的技术性文件。铸造工艺设计主要是画铸造工艺图、铸件毛坯图、铸型装配图和编写工艺卡片等。它们是生产的指导性文件，也是生产准备、管理和铸件验收的依据。因此铸造工艺设计对铸件的质量、生产效率及成本起着决定性作用。一般大量生产的定型产品、特殊重要的单件生产的铸件，铸造工艺设计制定得细致。单件、小批量的一般性产品，铸造工艺设计内容可以简化。在最简单的情况下，只需要一张铸造工艺图即可。铸造工艺图是在零件图上用规定的符号表示铸造工艺内容的图形。图中应表示出铸件的浇注位置、分型面、铸造工艺参数（机械加工余量，起模斜度，铸造收缩率，型芯的数量、形状及固定方法和浇注系统等）。铸造工艺图是制造模样、芯盒、造型和检验铸件的依据。良好的铸造工艺图有助于获得合格的铸件，减小铸型制造的工作量，降低铸件成本。

1）分型面的选择

分型面是指上、下型的接合面。选择分型面位置的主要依据是铸件的结构和形状。为了便于造型操作和保证铸件质量，分型面选择有以下几个原则：

(1) 为了便于取模，分型面应尽量选择在模样的最大截面处。

(2) 尽量减少分型面数目。机器造型或批量生产时应采用一个分型面，即两箱造型。分型面尽量取平面，避免采取挖砂、活块工艺。

(3) 铸件中重要的加工面应朝下或垂直于分型面。因为浇注时液态金属中的渣子和气泡总是上浮，铸件上表面缺陷较多。

(4) 应使铸件的全部或大部分放在同一个砂型中，以减少错箱、飞边毛刺，提高铸件尺寸精度。

2）工艺参数的确定

在铸件工艺方案初定之后，还必须选择铸件的机械加工余量、起模斜度、收缩率等具体参数。

(1) 加工余量和最小铸出孔

为了保证铸件加工面尺寸和零件精度，在铸件工艺设计时预先增加，而在机械加工时要切去的金属层厚度称为加工余量，其大小取决于铸造合金种类、铸件尺寸、生产批量、加工面与基准面的距离及加工面在浇注时的位置等。此外，铸件上待加工的孔和槽是否铸出，必须根据孔和槽的尺寸、生产批量和铸造合金种类等因素而定。这些参数均可从有关的手册中查出。一般灰铸铁小件的加工余量为 3～5 mm。加工余量在铸件图中用红色线条标出，剖面可用红色剖线或全部填红表示。对过小的孔和槽，由于铸造困难，一般不予铸出。不铸出孔、槽的最大尺寸与合金的种类与生产条件有关。单件小批量生产的小铸件上，直径小于30 mm的孔一般不铸出。

(2) 铸件的孔、槽

为使模样从铸型中取出或型芯易于从芯盒中脱出，在平行于起模方向的模样或芯盒壁上应做出斜度，通常为 15′～3°。模样高度越高，其斜度应越小，模样内壁的斜度应大于外壁的斜度。通常上型中模样内壁的斜度取 10°，下型中内壁的斜度取 3°～5°。起模斜度用红色线条表示。

(3) 铸造圆角

在零件图上凡两壁相交处的内角和转弯处均应设计成圆角，成为铸造圆角。一般，中、小件的圆角半径可取 3～5 mm。圆角也用红色线条表示。

(4) 收缩率

由于铸造合金的收缩，铸件在冷却后要比铸型型腔尺寸小，为保证铸件应有的尺寸，制造模样时，必须使模样大于铸件尺寸。其放大的尺寸称为收缩量。收缩量的大小与金属的线收缩率有关，灰铸铁为 0.7%～1.0%，铸钢为 1.5%～2.0%，有色金属为 1.0%～1.5%。

3) 浇注系统

液态金属流入铸型型腔之前所经过的一系列通道称为浇注系统。它由外浇道、直浇道、横浇道和内浇道构成，如图 2－11 所示。浇注系统应该起到以下三方面的作用：第一，能平稳地将金属液导入并充满型腔，防止金属液冲坏型腔和型芯；第二，能防止熔渣、杂质进入型腔，发挥挡渣的作用；第三，调整铸件各部分的温度和凝固顺序，起到一定的补缩作用。从这个意义上讲，出气口或冒口也可以算作浇注系统的组成部分。浇注系统的各部分的作用见表 2－4。

表 2－4　浇注系统的组成及作用

名称	作用与说明
外浇道	又称外浇口或浇口杯，作用是接受较薄浇入的金属液，减缓金属液对铸型的冲刷，使之平稳流入直浇道，并分离熔渣。小铸件的外浇道为漏斗形，较大铸件的外浇道为盆形并带有挡渣结构
直浇道	是浇注系统中的垂直通道，截面多为圆形，并带有一定锥度，作用是将金属液从外浇道引入横浇道，并以其高度对型腔中的金属液产生一定静压力，有利于金属液充满型腔
横浇道	是浇注系统中的水平通道，截面多为梯形，作用是挡渣和减缓金属液流速，并将金属液平稳地从直浇道引入和分配给内浇道
内浇道	是引导金属液进入型腔的通道，截面多为扁梯形、三角形和半圆形等，作用是控制金属液流入型腔的方向和速度，调节铸件各部分的冷却速度

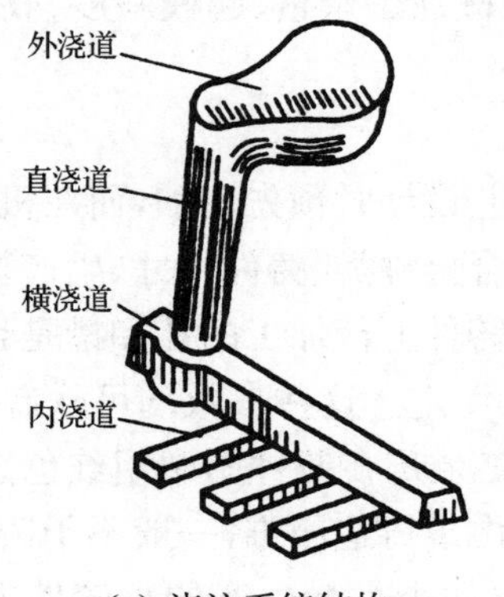

(a) 浇注系统结构

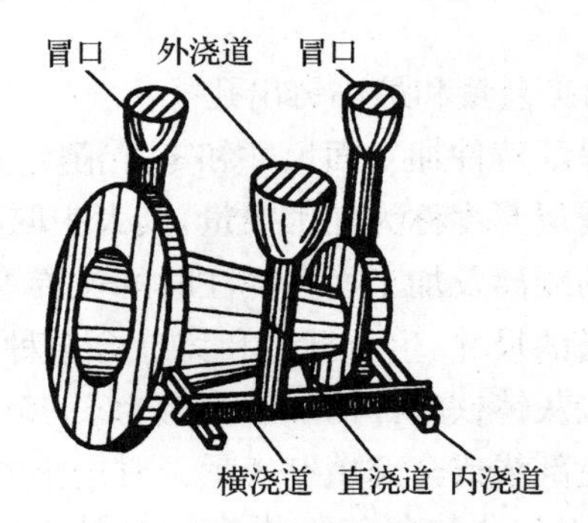

(b) 带浇注系统的铸件

图 2－11　浇注系统组成

4）砂型铸造性能对铸件结构的要求

(1) 铸件应有合理的壁厚

为了保证液态合金能充满型腔，铸件的最小壁厚受到限制。其值取决于合金种类、铸件形状和大小、铸造方法等因素。

(2) 铸件壁厚应均匀

铸件壁厚若相差过大，在厚壁处补缩困难而产生缩孔或缩松，或因冷却速度不同，而产生内应力，致使铸件变形甚至开裂。壁厚均匀，不易产生缺陷。

(3) 铸件壁与壁的连接

① 铸件的垂直壁连接处应有结构圆角

这样可以避免转角处开裂或形成缩孔。

② 铸件筋或壁的连接避免交叉和锐角

为了减少热节，避免铸件产生缩孔、缩松等缺陷，铸件上的筋或壁之间的连接应避免交叉。铸件上也应避免锐角相连。

③ 铸件厚壁与薄壁件的连接要逐步过渡

若铸件壁厚不可能完全均匀时，为了减少应力集中，防止产生裂纹，应使铸件上不同壁厚的各个部分采用逐步过渡的方法。

(4) 铸件应避免收缩时受阻

设计铸件应尽量使其能自由伸缩。

(5) 结构要依材料特性而变化

由于各类铸造合金的铸造性能不同，它们的结构也各有特点。灰铸铁因其缩孔、缩松，热裂倾向小，因此对壁厚等结构要求不像铸钢件那样严格，而铸钢件壁厚不能过薄，热节要小，筋和辐的布置要合理。

2.4.4　金属熔炼和浇注

熔炼金属的目的是为了获得具有合格化学成分且具有流动性的液态金属。常用的金属材料有铸钢、铸铁、有色金属(铸铝、铸铜)等。这里介绍铝合金的熔炼和浇注。

1）铝合金熔炼工艺过程

铝合金的熔炼一般采用坩埚电阻炉。由于铝合金的熔点低，熔炼时极易氧化、吸气，合金中的低沸点元素(如镁、锌等)极易蒸发烧损，故铝合金的熔炼应在与燃料和燃气隔离的状态下进行。熔炼时配料要精确计算。熔炼前，炉料必须进行表面清理和预热。新的熔炉在使用前应由室温缓慢升温到 900 ℃进行熔烧，旧的熔炉在使用前应检查是否损坏，并清除表面熔渣，装料前也需预热。所有熔炼用的工具(撇渣勺、钟罩、夹料钳、搅拌棒和浇包等)凡是与铝合金接触的必须进行清理，预热到 150～250 ℃喷刷涂料，然后在 300～650 ℃温度下充分干燥方可使用。

ZL102 铝合金熔炼工艺过程如下：

(1) 将坩埚预热到暗红色(约 400 ℃)，并将工具烘干。

(2) 在坩埚底部先放部分回炉料，然后将铝锭、中间合金、回炉料加入坩埚内，即可升温熔化。熔化后进行搅拌，并用钟罩将硅块压入，撒上覆盖剂，静置。

(3) 用精炼剂进行除气精炼,处理温度为720～750 ℃,分数次用钟罩压入。

(4) 用变质剂进行变质处理,处理温度为730 ℃左右。

(5) 达到浇注温度(700～750 ℃)后,扒渣进行炉前检验,合格后即可浇注。

铝合金的熔点在500～630 ℃之间,浇注温度通常为650～750 ℃。随着温度的不断升高,铝合金的吸气及金属的氧化不断增加,因此在熔炼过程中金属液温度不要超过800 ℃,同时要避免经常搅动,以减少氧化。

2) 浇注

将金属液从浇包注入铸型的操作称为浇注。浇注工序对铸件质量有很大影响,浇注不当,常引起浇不足、冷隔、气孔、缩孔和夹渣等铸造缺陷,因此浇注时应注意:

(1) 浇注温度

浇注温度低则金属流动性差,容易产生浇不足和冷隔缺陷;温度过高则铸件晶粒粗大,同时产生缩孔、裂纹和粘砂等缺陷。

(2) 浇注速度

较高的浇注速度可使金属液更好地充满铸型,但过高的浇注速度对铸型的冲刷力大,易产生冲砂;较低的浇注速度能使铸件的缩孔集中而便于补缩,但过低则导致型砂易脱落,铸件产生冷隔、夹砂、砂眼等缺陷。

(3) 浇注方法

浇注前迅速将金属液表面的氧化层、熔渣除尽,应估计好铝合金溶液的体积。开始时应细流浇注防止飞溅;快满时,也应以细流浇注;浇注中间不能停顿,应始终使外浇道保持充满,以便熔渣上浮。

(4) 浇注安全

进行浇注的人员必须按要求穿戴好防护用品;浇包不能装太满,以免抬运时溢出,飞溅伤人;不准将冷铁棒插入金属液中扒渣、挡渣;剩余金属液要倒在指定位置。

3) 铸件落砂及清理

使铸件和型砂、砂箱分开的操作称为落砂。落砂是铸件在铸型中凝固并适当冷却到一定温度后进行的。落砂后从铸件上清除表面粘砂、型砂、多余金属(包括浇冒口、飞边和氧化皮)等的过程称为清理。浇冒口可用铁锤、锯子、气割等清理,粘砂用清理滚筒、喷砂器、抛丸设备清理。

2.5 特种铸造

随着生产力的提高以及对铸件质量的要求提升,铸造方法也有了长足的发展。特种铸造是指有别于砂型铸造的铸造工艺。目前,特种铸造已经发展到了几十种,常用的有熔模铸造、金属型铸造、离心铸造、压力铸造、低压铸造、陶瓷型铸造,另外还有实型铸造、磁型铸造、石墨型铸造、反压铸造、连续铸造和挤压铸造。

特种铸造不但提高了铸件的尺寸精度和表面质量,从而提高了铸件的物理和力学性能,而且也提高了金属的利用率以及工艺成品率。有些方法更适合高熔点、低流动性、易氧化合金铸件的铸造,能改善劳动条件,便于实现机械化和自动化生产。

不同铸造方法对铸件结构有着不同要求，如熔模铸造型壳易变形，应尽量避免有大的平面；压铸件应尽量消除侧凹和深腔结构。

2.5.1 熔模铸造

熔模铸造亦称失蜡铸造，是利用易熔材料制成精确的模样，在其上涂挂耐火材料制成型壳，熔去模样得到中空的耐火型壳，型壳经过焙烧后浇入熔融金属，金属冷凝后敲掉型壳而获得铸件的一种铸造方法，如图 2-12 所示。熔模铸造的优点是无分型面，蜡模尺寸精确，表面光洁，因此铸件的尺寸精度较高，适用于熔点高、形状复杂、难以切削的零件。不过熔模铸造亦存在不足，其工序较多、生产周期长、成本高、铸件质量一般不超过 25 kg。熔模铸造既可用于小批量生产，也可用于大批量生产。

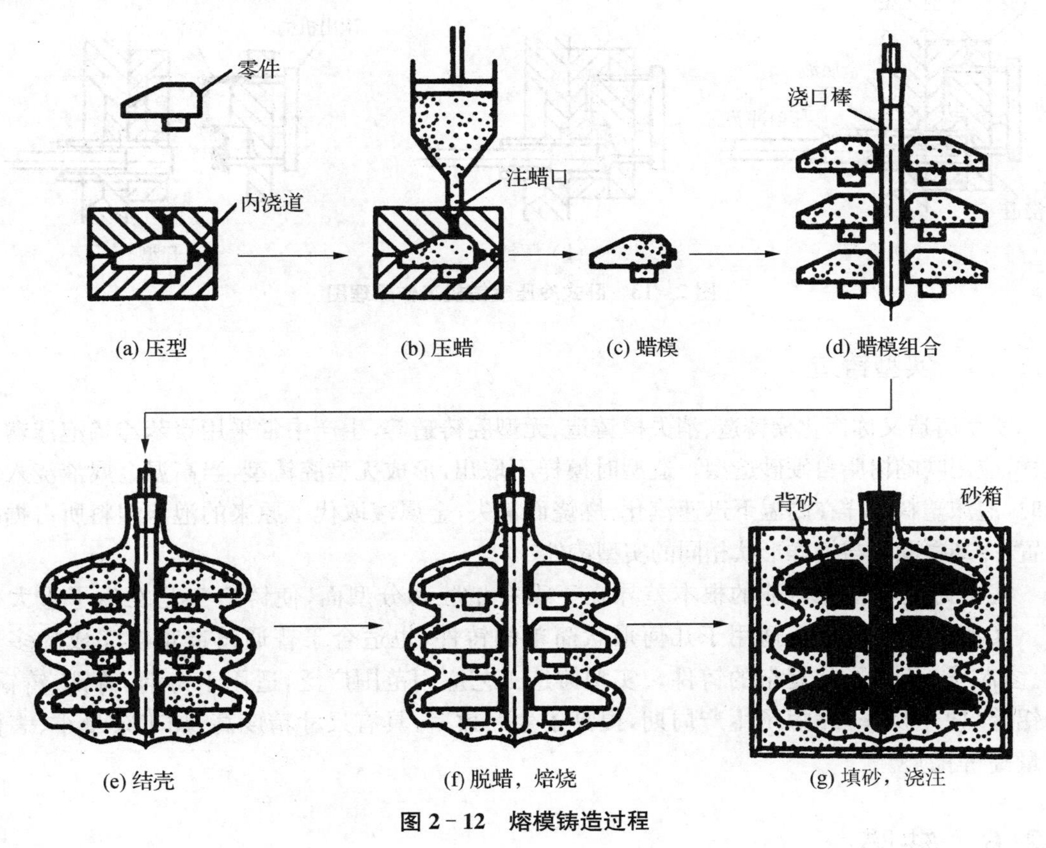

图 2-12 熔模铸造过程

2.5.2 金属型铸造

金属型铸造是将熔融金属在重力作用下浇入金属铸型内，以获得铸件的一种铸造方法。金属型一般是用铸铁或耐热钢制成。金属型可反复使用，所以又称为永久型。由于熔融金属在金属型中冷凝成型，铸件的晶粒细小，力学性能得到改善，尺寸也较精确，减少了加工余量。但是金属型铸造周期长，成本高，铸件的壁厚和形状有所限制，目前多用于有色金属的大量生产。

2.5.3　压力铸造

压力铸造是将熔融金属在高压作用下高速填充金属铸型，并在压力下凝固形成铸件的一种铸造方法，简称压铸。图 2-13 为卧式冷压室铸机工作原理图。

压铸常用的压力为 5～70 MPa，最高达到 200 MPa，充型速度为 5～100 m/s，充型时间仅 0.1～0.5 s。压铸是一种高效的铸造方法，特别适用于形状复杂的薄壁铸件，可直接铸出齿形、小孔及螺纹。铸件组织细密、尺寸精度高、表面光洁、铸件上的大多数表面可不需要切削加工。压铸主要用于有色金属铸件的大批量生产，不但在机械、汽车和航空领域普遍应用，也涉及无线电、电器、仪表和轻工业部门。

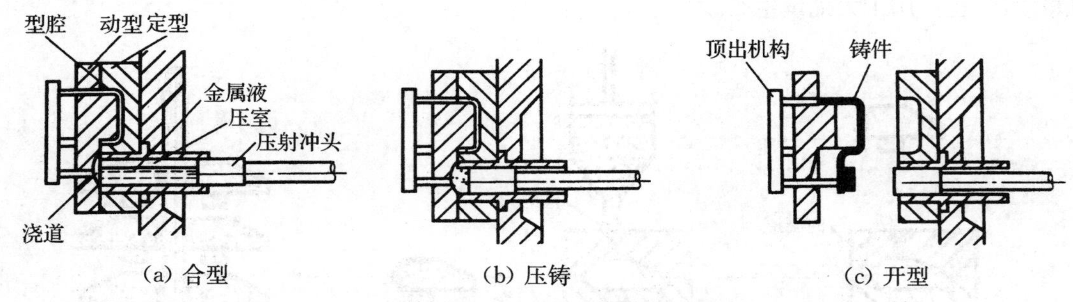

图 2-13　卧式冷压室铸机工作原理图

2.5.4　实型铸造

实型铸造又称汽化模铸造、消失模铸造、无型腔铸造等，生产中常采用聚苯乙烯泡沫塑料模样，应用呋喃树脂自硬砂造型。造型时模样不取出，形成无型腔铸型，当高温金属液浇入铸型时，泡沫塑料模样在高温下迅速汽化、燃烧而消失，金属液取代了原来的泡沫塑料所占据的位置，冷却凝固成与模样形状相同的实型铸件。

实型铸造和普通铸造的根本差异在于没有型腔和分型面，使铸造工艺发生了重大变革。实型铸造工艺不仅适用于几何形状简单的铸件，也适合于普通铸造难以完成的多开边、多芯子、几何形状复杂的铸件。实型铸造工艺应用范围广泛，适用于铸钢、铸铁、铸铜、铸铝等，便于操作，缩短了生产周期，提高了生产效率，具有尺寸精度高、加工余量小、表面质量高等优势。

2.6　缺陷

铸件质量包括铸件内在质量、外在质量、使用质量等几个方面。铸件质量的具体要求，一般在零件图和有关技术文件中都有明确规定。为了保证铸件质量，铸造生产各个环节，特别是清理后，都要进行质量检验。

铸件缺陷就是铸件的瑕疵，即质量不能满足技术要求。凡是有缺陷的铸件，经修补后能满足要求，不影响使用者均可被采纳。

2.6.1　缺陷检验

铸件只有经过最后检验工序方能对其是否符合要求做出结论，这种要求被载入检验规程和技术规范中，其内容之一就是铸件上允许的缺陷类型、出现的程度，甚至检验的设备和方法也列入规范中。检验缺陷主要从三个方面进行：(1) 外观缺陷的检验；(2) 表面缺陷检验；(3) 内部缺陷检验。

检验铸件质量最常用的方法是宏观法，它是通过肉眼观察或借助工具找出铸件表面和皮下缺陷，如气孔、砂眼、缩孔、浇不足、冷隔等。铸件内部缺陷可用耐压试验、磁粉探伤、超声波探伤等方法检测，必要时，还可以进行解剖检验、金相检验、力学性能检验和化学成分分析等。

2.6.2　缺陷诊断

铸造生产过程工序繁多，缺陷原因也比较复杂。常见的铸件缺陷特征及产生的主要原因如表 2-5 所示：

表 2-5　常见铸件缺陷特征及产生原因

缺陷名称	特征	产生的主要原因
气孔	铸件内部表面有大小不等的孔眼，孔的内壁光滑，多呈圆形	造型材料发气量过大、熔料不净、熔炼工艺不当、舂砂太紧、型砂水分太大、砂型未烘干、型芯通气孔被堵、金属液温度过低
缩孔	缩孔多分布在铸件厚断面处，形状不规则，孔内粗糙	铸件结构不合理，如壁厚相差过大，造成金属集聚；浇注系统和冒口位置不对，或冒口过小；浇注温度过高，或金属化学成分不合格，收缩过大等
砂眼	孔眼内充满了型砂，多产生在铸件的上表面或砂芯的表面	砂型和砂芯强度太低，型腔内有薄弱部分，内浇道开设不当，砂型和砂芯烘干不当，铸型摆放时间太长，合型工作不细致
粘砂	铸件表面粗糙，粘有砂粒	型砂和芯砂的耐火度不够，浇注温度太高，未刷涂料或涂料太薄
错箱	铸件在分型面处错开	模样、模板、砂箱定位固定不良或上、下砂箱定位不准
偏芯	铸件局部形状和尺寸由于砂芯位置产生偏移而变动，造成铸件产生尺寸偏差	砂芯变形，下芯放偏，砂芯未固定好，合型时被碰歪或浇注时被冲偏
浇不足	多出现在远离浇口部位及薄壁处，铸件残缺不全	金属液流动性差，浇注温度低，速度慢，浇注系统尺寸不合理；浇注时金属量不够；浇注时液态金属从分型面流出；铸件太薄
裂纹	裂纹分热裂和冷裂两种。热裂的裂口多呈曲折和不规则的形状，其断口表面呈黑色，有较深的氧化色。冷裂的裂口较直，铸件断口表面有金属光泽而且比较干净，有时出现轻微的氧化色	金属凝固收缩时受到阻碍而产生内应力，当内应力大于金属材料的强度时，铸件就开裂形成裂纹。主要原因是铸件结构不合理，壁厚相差太大；砂型和型芯的退让性差；落砂过早等

2.6.3 缺陷修补

铸件检验时经常会发生诸如裂纹、缩松、气孔、尺寸不合格等内部和外部缺陷，从而影响铸件的外观、使用性能和寿命。然而，有缺陷存在的铸件并不都是废品。只要进行认真修补，去除缺陷，满足铸件的技术要求，那么大部分经修补后的铸件仍可作为正品使用。铸件修补的目的就在于，避免重新铸造，而使有缺陷的铸件恢复达到验收标准规定的外观质量和内在质量要求，从而赢得时间，保证工期，提高产品合格率，创造更好的经济效益。铸件缺陷修补是铸造生产过程中必不可少的一道重要工序。

铸件修补的原则是：经修补铸件的外观、性能和寿命均能满足要求，且经济上合算，即应修补；反之，技术上无把握，经济上得不偿失，就不做修补。

铸件缺陷修补的方法很多，适用范围不同。可根据铸件材质、铸件种类（如泵体、缸体、轴承或导轨）和铸件缺陷类型来选择不同的修补方法。表 2－6 列出了几种常用的铸件修补方法及适用范围。

表 2－6 铸件修补方法及适用范围

序号	修补方法	适用范围
1	矫正	用于矫正变形的铸件
2	电焊	主要用于铸钢件，其次用于铸铁与非铁合金铸件
3	气焊	多用于铸铁与有色合金铸件的孔洞与裂纹等，但零件使用温度不能过高
4	钎焊	修补铸铁和有色合金铸件的孔洞与裂纹等，但零件使用温度不能过高
5	熔补	多用于熔补铸铁件的大孔洞与浇不到等局部缺陷
6	浸渗	修补非加工面上的渗漏缺陷，用于承受水压检验。压力不高的容器铸件，或渗漏不很严重的铸件
7	填腻修补	修补不影响使用性能的小孔洞与渗漏缺陷，修补后零件使用温度低于 200 ℃
8	塞补	修补不影响使用性能的孔洞、偏析等缺陷
9	金属喷镀	修补非加工表面上的渗漏处，修补后零件工作温度应低于 400 ℃
10	粘接	粘补不承受冲击载荷与受力很小的部位的表面缺陷

思考题

1. 型砂、芯砂需要具备哪几种性能？
2. 浇注系统一般由哪几部分组成？作用是什么？
3. 模样、铸件、零件三者有何联系？在形状和尺寸上又有哪些区别？
4. 砂型铸造的优缺点有哪些？
5. 列举几种常见的特种铸造工艺及其应用范围。

本章参考文献

[1]　刘颖辉，韦荔甫．工程训练[M]．西安：西安电子科技大学出版社，2020.

[2]　张立红．机械制造工程训练教程[M]．2版．武汉：武汉理工大学出版社，2017.

[3]　杨进德．工程训练[M]．成都：西南交通大学出版社，2019.

[4]　任国成，崔明铎．工程训练[M]．北京：化学工业出版社，2017.

[5]　陈铮．工程训练教程[M]．上海：东华大学出版社，2019.

第三章　压力加工

3.1　知识点及安全要求

3.1.1　知识点

（1）了解锻压生产工艺过程、特点及其应用；

（2）了解自由锻工艺的主要内容：坯料加热、碳素钢的锻造温度范围、空气锤的大致结构、主要基本工序（镦粗、拔长、冲孔）的特点和常见锻造缺陷；

（3）了解胎模锻的特点和胎模结构；

（4）了解冲床和冲模的结构及冲压基本工序的特点；

（5）了解锻压生产环境保护及安全技术。

3.1.2　安全要求

锻压生产中发生的事故一般有碰伤、弹伤、烫伤及压伤等。为避免工伤事故的发生，必须有秩序地组织生产，严格执行工艺纪律，合理组织工作场地，严格遵守设备和工具的使用规则，熟悉本工种的安全操作技术。

1）*锻造实习安全技术*

（1）锻造前必须仔细检查设备及工具，看楔铁、螺钉等有无松动，火钳、摔子、垫铁、冲头等有无开裂或其他损坏现象；

（2）锻造过程中思想应集中，严格按照钳工指令进行操作，严禁在操作过程中谈笑打闹、下蹲；

（3）手钳钳口开关必须与坯料的截面形状、尺寸相符，以保证夹持牢固。手钳夹牢工件后，放在下砧中央，且要求确保放正、放平、放稳，以防飞出；

（4）严禁将手钳或其他工具的柄部对准身体正面，应置于体侧，以防止工具受力后退时戳伤身体；

（5）脚踩踏杆时脚跟不许悬空，以便稳定地操作踏杆。非锤击时，应随即将脚离开踏杆，以防误踏出事；

（6）放置及取出工件、清除氧化皮时，必须用手钳、长扫帚等工具，严禁将手伸入锤头的行程中；

（7）不要直接用手去触摸锻件和钳口；

（8）不要在锻造时易飞出毛刺、料头、火星、铁渣的危险区停留。

2）*冲压实习安全技术*

（1）未经老师允许，不得擅自开动设备；

(2) 无论在运转或停车中,都不许把手伸进模具中间;

(3) 严禁连冲,不许把脚一直放在离合器踏板上进行操作,应该每冲一次踩一下,随即脚脱离踏板;

(4) 禁止用手直接取、放冲压件,清理坯料、废料或工件时,需戴好手套,以免划伤手指,且最好采用工具取放冲压件;

(5) 两人以上操作一台设备时,要分工明确,协调配合;

(6) 当设备处于运转状态时,操作者不得离开操作岗位,操作停止时,要切断电源,使设备停止运转。

3.2 概述

3.2.1 压力加工方法及特点

在外力作用下金属材料产生塑性变形,获得具有一定形状、尺寸和力学性能的原材料、毛坯或零件的加工方法称为金属塑性成形,金属塑性成形在工业生产中称为压力加工,通常分为:自由锻、模锻、板料冲压、挤压、轧制、拉拔等,锻造和冲压又统称为锻压,它们的成形方式如图 3－1 所示。

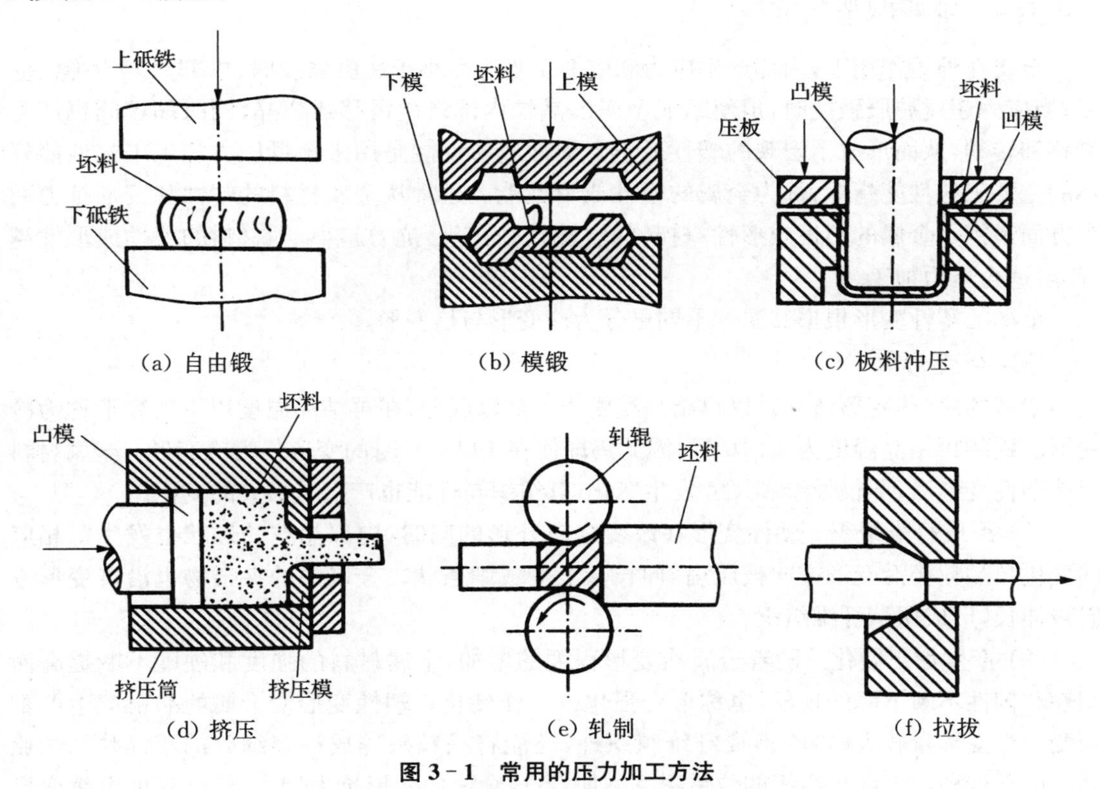

图 3－1　常用的压力加工方法

压力加工的特点有:

(1) 改善金属的组织、提高力学性能。金属材料经过压力加工后,其组织、性能都得到改善和提高，塑性加工能够消除金属铸锭内部的气孔、缩孔和树枝状晶体等缺陷，并由于金属的塑性变形和再结晶，可使粗大晶粒细化，得到致密的金属组织，从而提高金属的力学性能。

(2) 提高材料的利用率。金属塑性成形主要是靠金属的体积重新分配，而不需要切除金属，材料利用率提高。如利用多工位冷镦工艺加工内六角螺钉，比用棒料切削加工工效提高约400倍以上。

(3) 较高的生产效率。塑性成形加工一般是利用压力机和模具进行，生产效率高。

(4) 毛坯或零件精度高。应用先进的技术和设备，可实现无屑加工。如精密锻造的伞齿轮齿形部分可不经切削加工直接使用，复杂曲面形状的叶片精密锻造后只需磨削便可达到所需精度。

(5) 不能加工脆性材料(铸铁)和形状特别复杂(特别是内腔形状复杂)或体积特别大的零件或毛坯。

压力加工的应用范围很广，几乎所有承受冲击或交变应力的重要零件(如机床主轴、齿轮、曲轴、连杆等)都应采用锻件毛坯加工。所以压力加工在机械制造、军工、航空、轻工、家用电器等行业都得到广泛应用。如飞机上的锻压零件占85%，汽车占60%～70%，农机、拖拉机占70%。

3.2.2 金属的塑性变形

金属在外力作用下，内部产生应力和应变。当应力小于屈服强度时，内部只发生弹性应变；当应力超过屈服强度时，迫使组成金属的晶粒内部产生滑移或孪晶，同时晶粒间也产生滑移和转动，从而形成了宏观的塑性变形。塑性成形性能是用来衡量压力加工工艺性能好坏的主要工艺性能指标，称为金属的塑性成形性能。通常从金属材料的塑性和变形抗力两个方面来衡量金属的塑性成形性，材料的塑性越好，变形抗力越小，则材料的塑性成形性越好，越适合压力加工。

金属的塑性变形根据其温度不同可分为冷变形与热变形。

1) 冷变形

金属的冷、热变形通常是以再结晶温度为界加以区分，在再结晶温度以下的变形称为冷变形。钨的再结晶温度为1 210 ℃，因此钨即使在1 000 ℃时的变形仍为冷变形。金属材料经冷塑性变形后，不仅外形和尺寸发生变化，其组织与性能也产生了很大的变化。

(1) 形成纤维组织。塑性变形在改变金属外形的同时，内部晶粒的形状也发生了相应的变化。晶粒将沿变形方向被压扁、伸长甚至变成细条状。金属中的夹杂物也沿着变形方向被伸长，形成所谓纤维组织。

(2) 产生加工硬化。随着金属冷变形程度的增加，金属材料的强度和硬度不断提高而塑性和韧性不断下降的现象，也称形变强化或冷作硬化。塑性变形使金属的晶格产生严重畸变。当变形量较大时，除形成纤维组织外，还能将晶粒破碎成许多细碎的小晶块——亚晶。由于这种加工硬化组织的位错密度增加，造成金属的变形抗力增大，给金属的继续变形造成困难。

加工硬化组织是一种不稳定的组织状态，具有自发地向稳定状态转化的趋势。常温下，多数金属的原子活动能力很低，这种转化难以实现。生产中，经常采用“中间退火”的处理方法，对加工硬化组织进行加热，增强金属原子的活动能力，加速金属组织向稳定状态转化。随着加热温度的升高，变形金属将相继发生回复、再结晶和晶粒长大三个阶段的变化，如图3-2所示。

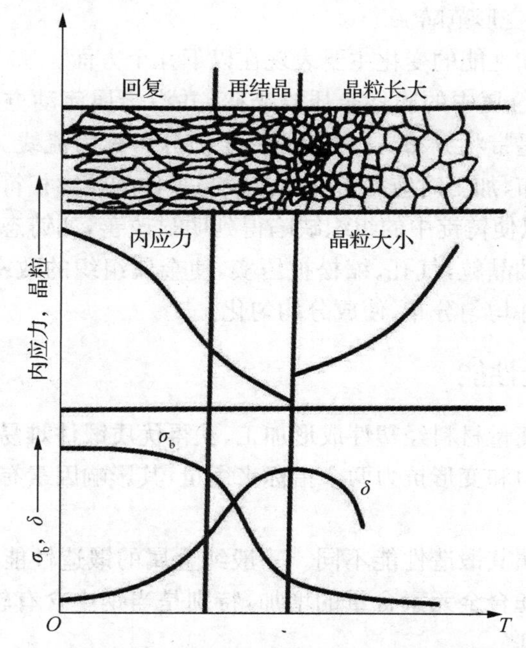

图3-2 冷塑性变形金属材料加热时组织与性能的变化

(1) 回复。当加热温度较低时，变形金属处于回复阶段。此时原子活动能力不大，变形金属的纤维组织不发生显著变化，强度、硬度略有下降，塑性、韧度有所回升，内应力有较明显的降低。在工业生产中，利用低温加热的回复过程，在保持变形金属很高强度的同时降低它的内应力。

(2) 再结晶。当加热温度较高，进入再结晶阶段时，变形金属的纤维组织发生了显著的变化，破碎的、被伸长和压扁的晶粒将向均匀细小的等轴晶粒转化。金属的强度、硬度明显下降，塑性、韧性显著提高。因为这一过程类似于结晶过程，也是通过形核和长大的方式完成的，故称为“再结晶”。

开始产生再结晶现象的最低温度称为再结晶温度。纯金属的再结晶温度与熔点之间的大致关系为 $T_{再} \approx 0.4T_{熔}$(K)，式中温度均用热力学温度表示。金属再结晶过程的特点是：① 再结晶不是在恒温下进行的，而是在一定温度范围内进行的过程；② 金属变形程度越大，晶体缺陷越多，组织越不稳定；③ 在其他条件相同时，金属的熔点越高，最低再结晶温度越高；④ 金属中的杂质或合金元素起到阻碍金属原子扩散和晶界迁移的作用，使再结晶温度提高。

(3) 晶粒长大。在变形晶粒完全消失，再结晶晶粒彼此接触后继续延长加热时间或提高加热温度，则晶粒会明显长大，成为粗晶组织，金属的力学性能下降。

冷变形产品具有尺寸精度高、表面质量好、力学性能好的特点，广泛应用于板料冲压、冷挤压、冷镦及冷轧等常温变形加工。

2）热变形

热变形指坯料温度高于再结晶温度状态下进行的变形加工。加工过程中产生的加工硬化随时被再结晶软化和消除，使金属塑性显著提高，变形抗力明显减小。因此，可以用较小的能量获得较大的变形量。适合于尺寸较大、形状比较复杂的工件变形加工。自由锻、热模锻、热轧等工艺都属于热变形范畴。

金属热变形时组织和性能的变化主要表现在以下几个方面。

（1）热变形加工时，金属中的脆性杂质被破碎，并沿金属流动方向呈粒状或链状分布；塑性杂质则沿变形方向呈带状分布，这种杂质的定向分布称为流线。通过热变形可以改变和控制流线的方向与分布，加工时应尽可能使流线与零件的轮廓相符合而不被切断。

（2）热变形加工可以使铸锭中的组织缺陷得到明显改善，如铸态时，粗大柱状晶经热变形加工能变成较细的等轴晶粒，气孔、缩松被压实，使金属组织的致密度增加。某些合金钢中的大块碳化物被打碎并均匀分布，使成分均匀化。

3.2.3　金属的锻造性能

金属的锻造性能是衡量材料经塑性成形加工，获得优质锻件难易程度的一项工艺性能。常用金属的塑性变形能力和变形抗力两个指标来衡量，其影响因素有以下几个方面。

（1）化学成分

不同化学成分的金属其锻造性能不同。一般纯金属的锻造性能优于合金；钢中的含碳量越低，锻造性能越好；随合金元素含量的增加，特别是当钢中含有较多碳化物（铬、钨、钒、钼等）时铸造性能显著下降。

（2）金属组织

对于同样成分的金属，组织结构不同，其锻造性能也存在较大的区别。固溶体的锻造性能优于金属化合物，钢中碳化物弥散分布的程度越高、晶粒越细小均匀，其锻造性能越好，反之则差。

（3）变形温度

在一定变形温度范围内，随着变形温度升高，锻造性能提高。若加热温度过高，会使金属出现过热、过烧等缺陷，塑性反而下降，受外力作用时易产生脆断和裂纹，因此必须严格控制锻造温度。

（4）变形速度

变形速度指单位时间内变形程度的大小。变形速度增大，金属在冷变形时的冷变形强化趋于严重；当变形速度很大时，热能来不及散发，会使变形金属的温度升高，这种现象称为“热效应”，它有利于金属的塑性提高，变形抗力下降，塑性变形能力变好。

3.3　锻造方法

锻造是对金属坯料施加外力进行锻打，使之产生塑性变形，从而获得一定形状、尺寸、组织和力学性能的毛坯或零件的加工方法。锻造生产过程主要包括下料、加热、锻打成形、冷却和热处理等。

用于锻造的金属材料必须具有良好的塑性,以便在较大的压力下产生塑性变形而不发生破坏。常用的金属中,低碳钢和低碳合金钢有很好的塑性变形能力,易于锻造,含碳量或合金元素含量较多的材料塑性差,锻造性能也差。锻造时,作用在金属坯料上的外力有两种:一种是冲击力(如空气锤),其特点是间断地作用在工件上,打击速度快;另一种是静压力(如各种压力机),它连续作用在毛坯上,使变形过程连续进行,能够提高工件的锻造性。常用的锻造方法有自由锻、胎膜锻和模锻,经过锻打,毛坯内原有的缺陷(如气孔、粗晶、缩松等)得以消除,细化晶粒,使组织更加致密,力学性能大大提高。机器上的一些重要零件(特别是承受重载和冲击载荷的零件)的毛坯,通常采用锻造方法生产。如机床的主轴、连杆、齿轮、模具、刀具等。锻造广泛应用于国防、机械、电器等行业中。

3.3.1　自由锻

利用简单的通用性工具或在锻造设备的上、下铁块之间直接使坯料变形而获得所需的几何形状、尺寸及内部质量的锻件的加工方法称为自由锻,自由锻可分为手工自由锻和机器自由锻两类。手工自由锻主要是依靠人力利用简单工具对坯料进行锻打,从而改变坯料的形状和尺寸获得所需锻件。手工自由锻生产率低,劳动强度大,锤击力小,在现代工业生产中已被机器自由锻所代替。机器自由锻主要依靠专用的自由锻设备和专用工具对坯料进行锻打,改变坯料的形状和尺寸,从而获得所需锻件。自由锻使用的工具简单、操作灵活,但锻件精度低、生产效率低,只适合单件、小批生产。

1) 自由锻造设备

(1) 加热设备。锻造前要对金属坯料加热,目的是提高金属的塑性成形能力,按热源的不同,常用的锻造加热设备分为火焰加热和电加热两类。火焰加热是利用燃料燃烧时产生的含有大量热能的高温火焰将金属加热,常用的火焰加热设备有手工炉和反射炉,在学生实习中,给学生演示实习的一般是手工炉(图 3-3),其特点是结构简单、使用方便,但容易加热不均,燃料消耗大、生产率不高。在实际生产中,广泛使用的是反射炉(图 3-4)。与手工炉相比,它的结构较复杂、燃料消耗少、热效率高。

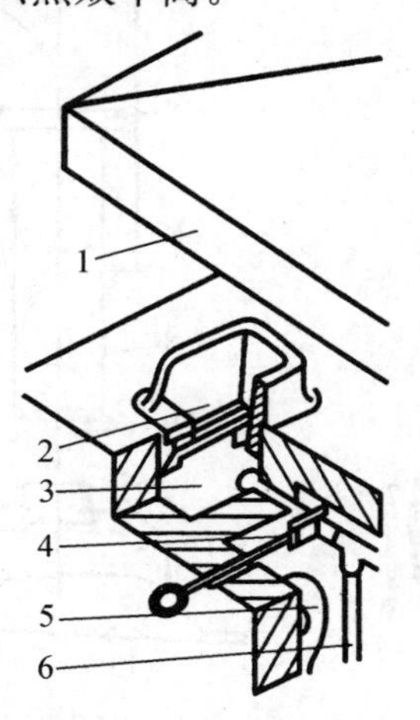

图 3-3　手工炉结构

1—烟罩;2—炉膛;3—灰洞;4—风门;5—鼓风机;6—风管

电加热是通过把电能转换成热能对金属进行加热的一种加热方法，有电阻加热、电接触加热和感应加热等几种方式。

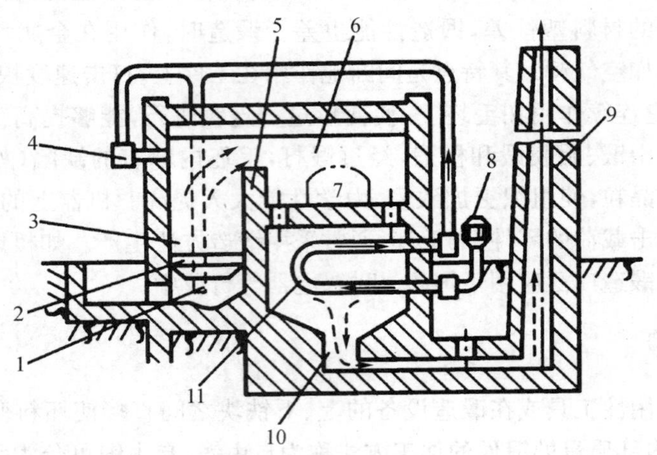

图 3-4　反射炉结构

1—一次送风管；2—水平炉箅；3—燃烧室；4—二次送风管；5—火墙；
6—加热室；7—装、出料炉门；8—鼓风机；9—烟囱；10—烟道；11—换热器

(2) 机锻设备。机器自由锻设备有空气锤、蒸汽-空气锤和水压机。空气锤是锻造实习常用的设备，其结构和工作原理如图 3-5 所示，它由锤身、压缩缸、工作缸、传动机构、操纵机构、锤杆等几部分组成。工作时，电动机通过减速装置带动曲柄连杆机构运动使压缩缸中的压缩活塞做上下往复运动，产生压缩空气，再通过脚踏杆或手柄操纵上下旋阀，利用上下旋阀的配气作用，控制压缩空气进入工作缸的上部或下部或直接与空气连通，使工作活塞连同锤杆和锤头一起实现空转、上悬、下压、单击和连击等动作，完成锻造过程。空气锤的吨位用其工作活塞、锤杆等落下部分的质量表示，常用的空气锤吨位一般在 65～750 kg 之间，它们的锤击力度小，只能锻造质量不超过 100 kg 的小型锻件。

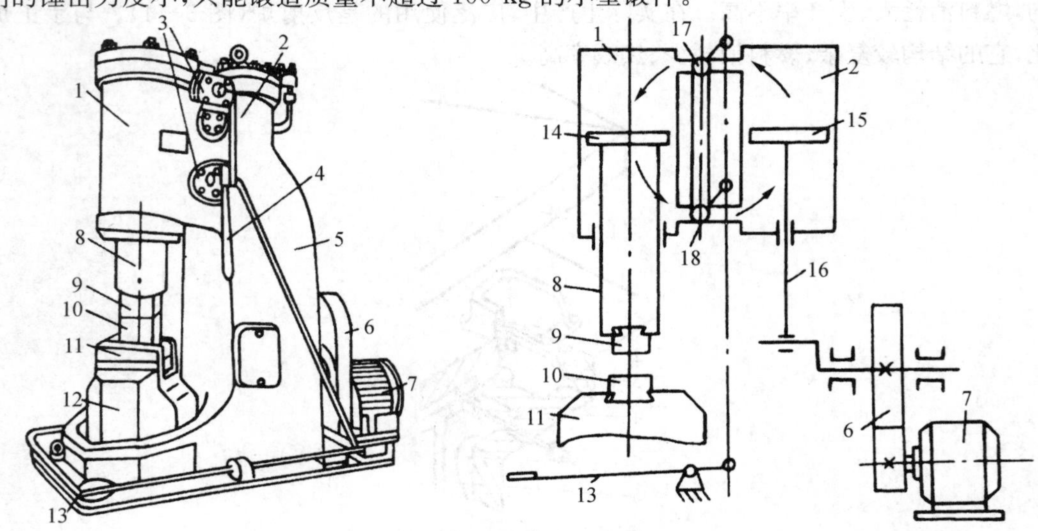

图 3-5　空气锤外形结构及工作原理示意图

1—工作缸；2—压缩缸；3—控制旋阀；4—手柄；5—锤身；6—减速机构；7—电动机；8—锤杆；9、10—上下砧块；11—砧垫；12—砧座；13—脚踏杆；14—工作活塞；15—压缩活塞；16—连杆；17、18—上、下旋阀

（3）手锻工具。常用的手锻工具有大锤、手锤、夹具等。在手工锻造时，需两手握紧进行锻打的锤子称为大锤；一只手使用的锤子称为手锤。操作时，掌钳工左手握钳，用以夹持、移动和翻转工件；右手握手锤，用以指挥打锤工的锻打。锻造时夹持坯料所使用的工具称为夹钳，它由钳口和钳把组成，夹持工件时，用左手拇指和虎口处夹住夹钳的一个钳把，用其余四指控制另一个钳把，不能把手指放在钳把之间，以防夹伤手指。

2）自由锻的工序

（1）基本工序。自由锻基本工序是实现锻件变形的基本成形工序，自由锻基本工序有镦粗、拔长、冲孔、弯曲、错移、扭转和切割等，前三种工序的应用最广，基本工序如表 3 - 1 所示。

（2）辅助工序。为使基本工序操作方便而进行的预变形工序称为辅助工序。例如，为方便地夹持工件而进行的压钳口、局部拔长时先进行的切肩等工序都属于辅助工序。

（3）整修工序。用以减少锻件表面缺陷而进行的工序，如校正、滚圆、平整等，整修工序的变形量一般较小，而且为了不影响锻件的内部质量，一般都在终锻温度或接近终锻温度下进行。

表 3 - 1　自由锻基本工序

工序名称及简图		定义	操作技术	应用
镦粗	全镦粗 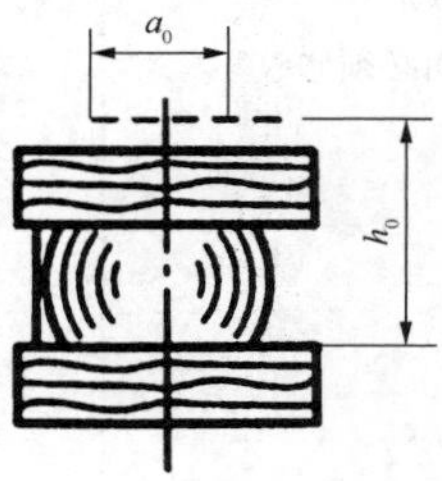 a_0 h_0	使毛坯高度减小，横截面积增大的锻造工序	坯料的高度与直径之比应小于 2.5，以防镦弯； 镦粗部分的加热要均匀，以防锻件畸形或镦裂； 锻件端面应平整，并与轴线垂直，并且每击打一次应绕其轴线旋转一次锻件，以防镦歪，镦偏	1. 制造齿轮、圆盘等高度小、截面大的工件； 2. 作为冲孔的准备工序； 3. 增加后续拔长的锻造比
	局部镦粗 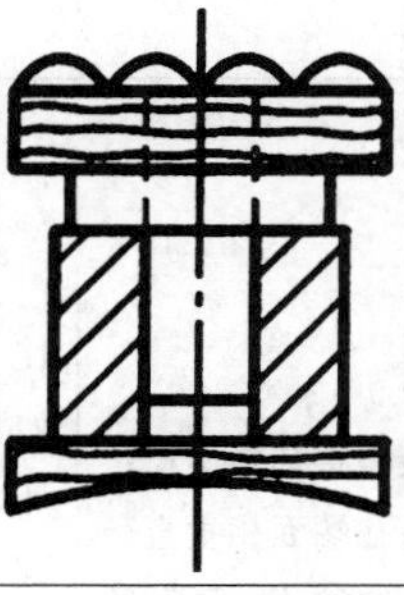	在坯料上某一部位进行的镦粗		
	垫环镦粗 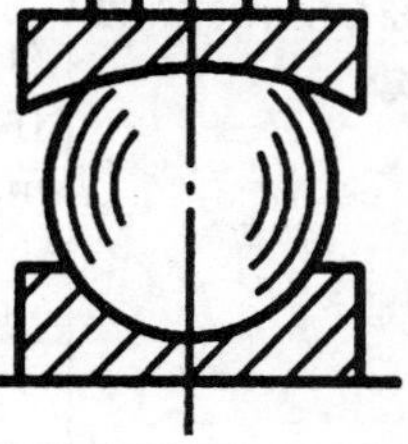	坯料在单个垫环上或两个垫环间进行的镦粗		

续表

<table>
<tr><th colspan="2">工序名称及简图</th><th>定义</th><th>操作技术</th><th>应用</th></tr>
<tr><td rowspan="3">拔长</td><td>拔长 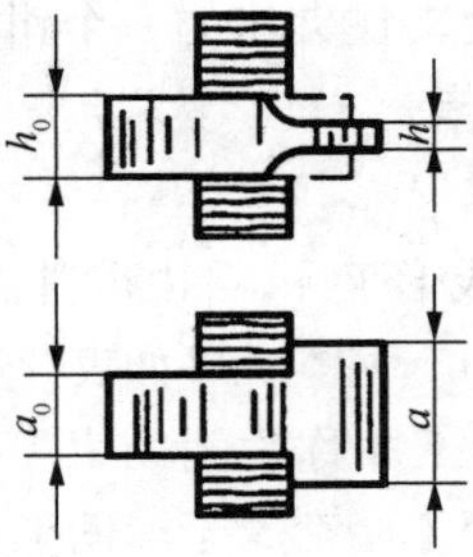</td><td>使毛坯横截面积减小，长度增大的锻造工序</td><td rowspan="3">每次送进量应为砧铁宽度的$\frac{3}{10}\sim\frac{7}{10}$；坯料在拔长过程中应作90°翻转，以保证各部分温度均匀；
圆形截面坯料拔长时应先锻成方形截面，在拔长至方形边长接近工件要求的直径时，将方形锻成八角形再倒棱滚打成圆形；
拔长后表面必须修整</td><td rowspan="3">1. 制造轴类等长而截面小的工件；
2. 制造长轴类空心件</td></tr>
<tr><td>芯棒拔长 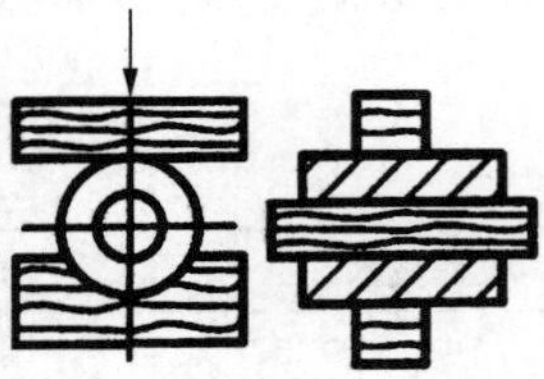</td><td>减小空心毛坯外径（壁厚）而增加其长度的工序</td></tr>
<tr><td>芯棒扩孔 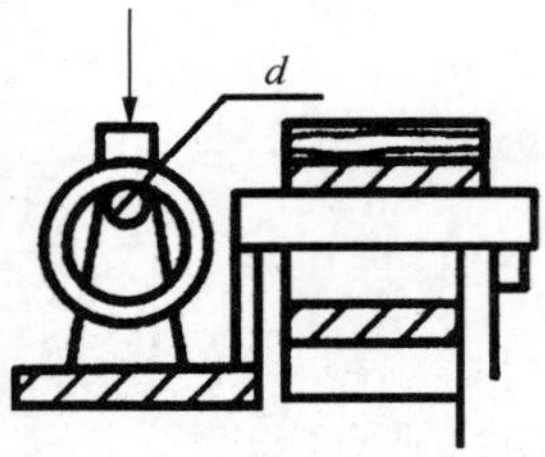</td><td>减小空心坯料的壁厚，增加内径和外径，以芯棒代替下砧</td></tr>
<tr><td rowspan="2">冲孔</td><td>冲孔 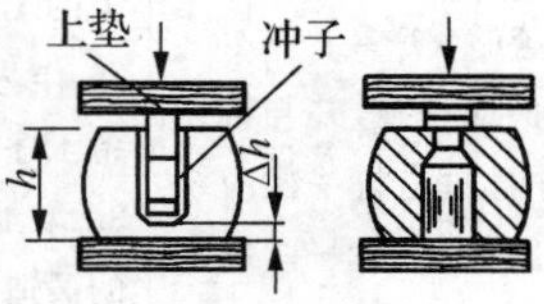
上垫 冲子</td><td>在坯料上冲出通孔或不通孔的锻造方法</td><td rowspan="2">冲孔前一般需将坯料镦粗；
冲子必须与孔端面相垂直；
翻转冲孔时须找正孔的中心；
冲子头需经常浸水冷却，以防受热变软</td><td rowspan="2">1. 制造空心件，如齿轮毛坯、圆环、套筒等；
2. 芯轴拔长前的准备工序；
3. 去除质量要求高的大型空心锻件的质量较差的中心部分</td></tr>
<tr><td>扩孔 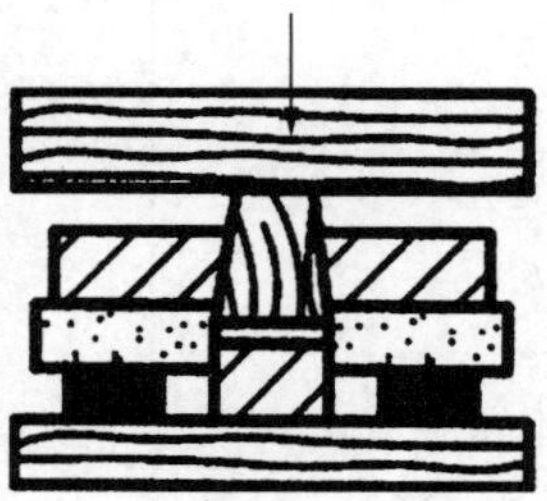</td><td>减小空心毛坯的壁厚而增加其内、外径的锻造工序</td></tr>
</table>

续表

工序名称及简图		定义	操作技术	应用
弯曲	弯曲 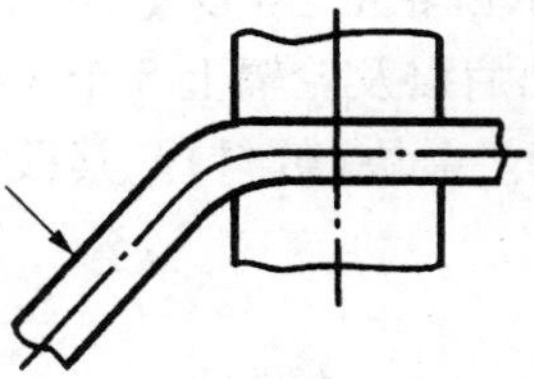	将毛坯弯成所规定外形的锻造工序	弯曲前将弯曲部分局部镦粗并修出凸肩； 仅需将被弯部分加热	锻制弯曲形零件，如吊钩、角尺、U形弯板等
	胎模中弯曲 	在胎模中改变坯料曲线成为所需外形的锻造工序		
错移	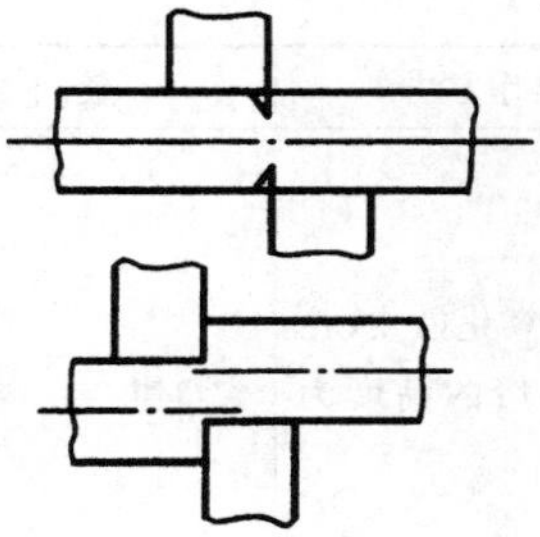	将坯料一部分相对于另一部分错移开，但仍保持轴心平行的锻造工序	锻前先在错移部位压肩，然后锻打错开，最后修正	曲轴类锻件的生产
扭转	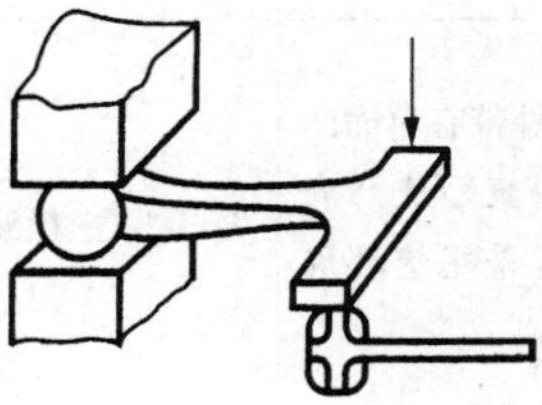	将坯料的一部分相对于另一部分绕其轴线旋转一定角度的锻造工序	受扭部分应沿全长截面均匀一致且表面光滑无缺陷； 受扭部位应加热到较高温度并均匀热透	曲轴、麻花钻等类锻件的生产
切割	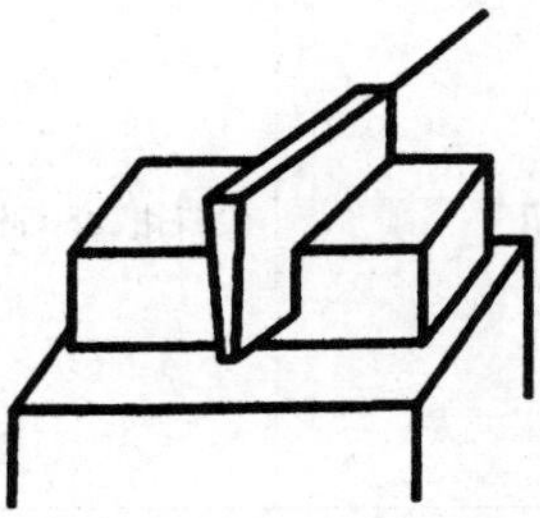	分割坯料或切除锻件余料的锻造工序	切断后应在较低温度下去除端面毛刺	分割毛坯、切去锻件端头

3）自由锻工艺示例

锻造锻件都要预先制订锻造工艺规程。自由锻的工艺规程应根据锻件的形状、尺寸等要求，参考长期累积的生产实践经验绘制锻件图，确定坯料的尺寸，安排锻造工序，选择锻造设备和吨位以及锻造温度范围等。如需铸造如图 3－6 所示齿轮毛坯，该零件为空心类锻件，应采用镦粗—冲孔等变形工序，零件上的齿形、小凹槽、凸肩以及轮辐上 8 个 ϕ30 的自由锻难以锻出，应增加一部分金属，该部分多余的金属称为工艺余块（敷料）。其锻件图如图 3－7 所示，锻造工艺如表 3－2 所示。

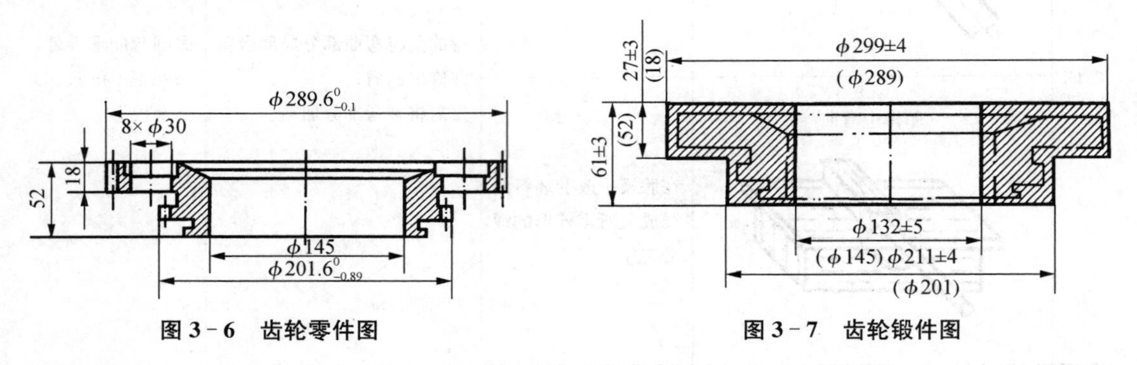

图 3－6　齿轮零件图　　　　图 3－7　齿轮锻件图

表 3－2　齿轮坯自由锻工艺过程

序号	工序名称	简图	操作方法	使用工具
1	镦粗	ϕ160；124	为去除氧化铁皮，控制镦粗后的高度为 32 mm	尖口钳
2	垫环局部镦粗	ϕ288；40；ϕ160	由于锻件带有单面凸肩，坯料直径比凸肩直径小，采用垫环局部镦粗	尖口钳、镦粗漏盘
3	冲孔	ϕ80	双面冲孔	尖口钳、ϕ80 冲子

续表

序号	工序名称	简图	操作方法	使用工具
4	冲子扩孔	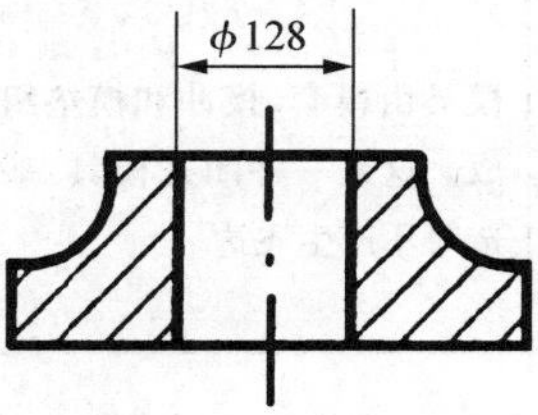 $\phi128$	扩孔分两次进行，每次径向扩孔量分别为 25 mm，23 mm	尖口钳、$\phi105$ 和 $\phi128$ 冲子
5	滚圆	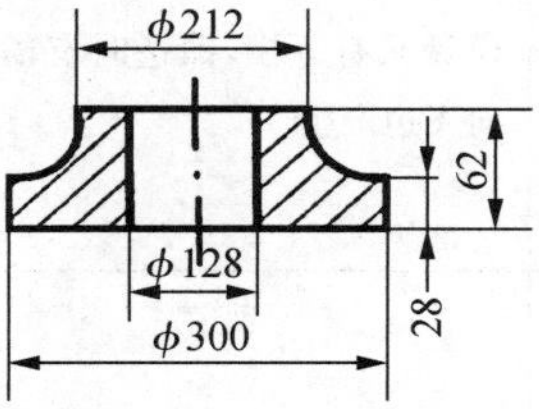 $\phi212$；62；$\phi128$；28；$\phi300$	边旋边轻打至外圆，$\phi300^{+3}_{-4}$后，轻打平面至 62^{+2}_{-3}	尖口钳、冲子、镦粗漏盘

自由锻使用的工具简单，不需要昂贵的模具，可以锻造小到几千克大到数百吨的锻件，对于大型锻件，自由锻几乎是唯一的锻造方法。但是，自由锻件的尺寸精度低，加工余量大，锻件形状要求简单，锻工的操作技术要求较高，劳动强度大，生产率低。因此，自由锻仅适用于单件、小批量生产，而现代化大批量生产条件的锻件则应进行模锻。自由锻广泛用于品种多、产量少的单件小批生产，在重型机械制造中具有特别重要的意义。

3.3.2 胎膜锻

胎膜锻是在自由锻设备上使用可移动的模具生产模锻件的一种锻造方法，通常是用自由锻方法使坯料初步成形，然后在胎膜中终锻成型。胎膜不固定在锤头上，只有在使用时才放上去。胎膜锻与自由锻相比，具有生产率高，锻件质量好，且能锻造复杂形状锻件的优点；与模锻相比，它不需要昂贵的设备，模具制造简单，成本低。胎膜锻主要适用于中、小批量小型锻件的生产。常用的胎膜锻的种类、结构以及适用范围如表 3-3 所示。

表 3-3 常用胎模锻的种类、结构及适用范围

序号	名称	结构简图	结构及使用特点	适用范围
1	摔模	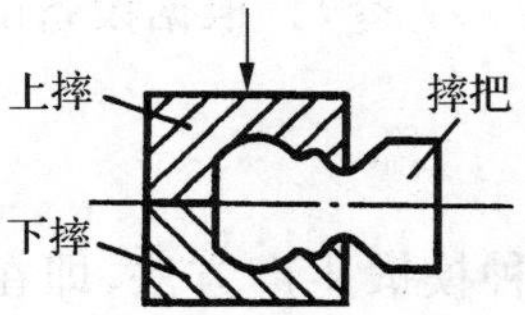 上摔；摔把；下摔	模具由上摔、下摔及摔把组成。锻造时，锻件在上、下摔中不断旋转，使其产生径向锻造，锻件无毛刺、无飞边	常用于回转体、轴类锻件的成形或精整，或为合模制坯
2	扣模	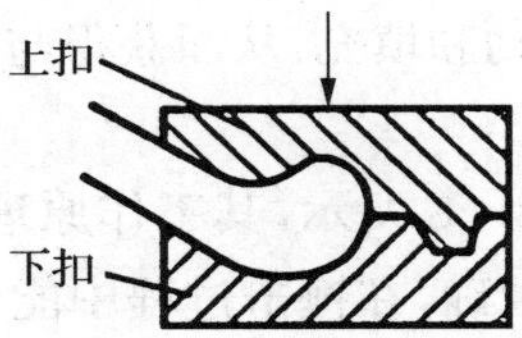 上扣；下扣	模具由上扣和下扣组成，有时仅有下扣。锻造时，锻件在扣模中不作转动，只作前后移动	非回转体锻件的整体或局部成形或为合模锻造制坯

续表

序号	名称	结构简图	结构及使用特点	适用范围
3	套模	模冲 模套 锻件 模垫 纵向毛刺	模具由模套、模冲和模垫组成。这是一种闭式模具，锻造时不产生飞边	齿轮、法兰等盘类锻件的成形
4	垫模	上砧铁 锻件 模垫 横向飞边	模具只有下模，锻造时有横向飞边产生	圆轴及带法兰盘类锻件的成形
5	合模	上模 导销 下模 飞边	模具由上、下模及导向装置组成，锻造时沿分模面横向产生飞边	连杆、拨叉等形状较复杂的非回转体锻件终锻成形
6	漏模	上冲 锻件 凹模 飞边	模具由冲头、凹模及定位导向装置组成	切除锻件的飞边、连皮或冲孔

3.3.3 模锻

利用模具使坯料变形而获得锻件的锻造方法称为模锻。与自由锻相比，模锻能锻出形状复杂、精度较高、表面粗糙度值低的锻件，且生产率高，劳动条件好。模锻设备及模具投资大、费用高，适用于大批量生产的中、小型锻件（质量≤150 kg）。根据设备的不同，模锻分为锤上模锻和压力机上模锻两大类。

1）锤上模锻

锤上模锻是在自由锻基础上最早发展起来的一种模锻生产方法，即在模锻锤上模锻。它是将上、下模锻分别固紧在锤头与砧座上，将加热透的金属坯料放入下模型腔中，借助于上模向下的冲击作用，迫使金属在锻模型槽中塑性流动和填充，从而获得与型腔形状一致的锻件。

锤上模锻的常用设备是蒸汽-空气模锻锤，如图 3-8 所示，其工作原理与蒸汽-空气自由锻锤基本相同，蒸汽-空气模锻锤的锤头上下运动精确，在锤击过程中能保证上下模具具有良好的对中性。

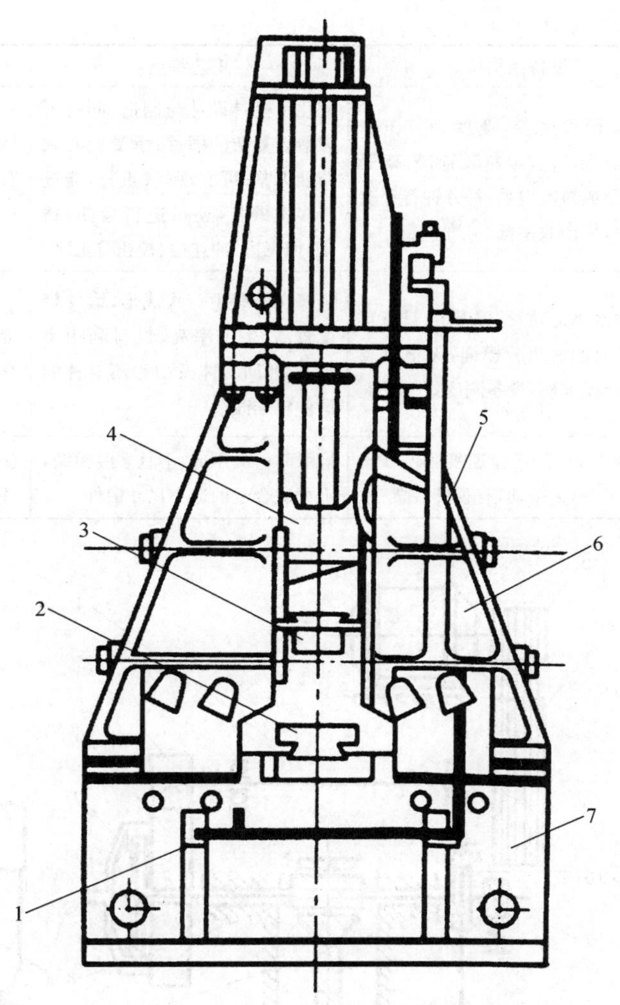

图 3－8　蒸汽-空气模锻锤

1—踏杆；2—下锻模；3—上锻模；4—锤头；5—控制杆；6—锤身；7—砧座

2）压力机上模锻

常用压力机上模锻有曲柄压力机上模锻、摩擦压力机上模锻、平锻机上模锻、液压机上模锻等，图 3－9 是曲柄压力机的结构及工作原理图，表 3－4 是常用压力机上模锻的设备、工艺特点及适用范围。

表 3－4　常用压力机上模锻的设备、工艺特点及适用范围

锻造方法	设备结构特点	工艺特点	适用范围
曲柄压力机上模锻	工作时滑块行程固定，无振动，噪声小，合模准确，有顶杆装置，设备刚度好	金属在模锻中一次成形，氧化皮不易除掉，终锻前常采用预成形及预锻工步，不宜拔长、滚挤，可进行局部镦粗，锻件精度较高，模锻斜度小，生产率高	短轴类锻件的大批量生产

续表

锻造方法	设备结构特点	工艺特点	适用范围
摩擦压力机上模锻	滑块行程可控，速度为 0.5～1.0 m/s，带有顶料装置，机架受力，形成封闭力系，每分钟行程次数少，传动效率低	简化了模具设计与制造，同时可锻造更复杂的锻件；承受偏心载荷能力差；可实现轻、重打，能进行多次锻打，还可进行弯曲、精压、切飞边、冲连边、校正等工序	特别适合于低塑性合金钢有色金属的中、小型锻件的小批和中批生产
平锻机上模锻	滑块水平运动，行程固定，具有互相垂直的两组分模面，无顶出装置，合模准确，设备刚度好	金属在模锻中一次成形，锻件精度较高，生产率高，材料利用率高，对非回转体及中心不对称的锻件较难锻造	带头的杆类和有孔的各种合金锻件的大批量生产
液压机上模锻	行程不固定，工作速度为 0.1～0.3 m/s，无振动，有顶杆装置	模锻时一次压成，不宜多膛模锻，不太适合于锻造小尺寸锻件	镁铝合金大锻件和深孔锻件的大批量生产

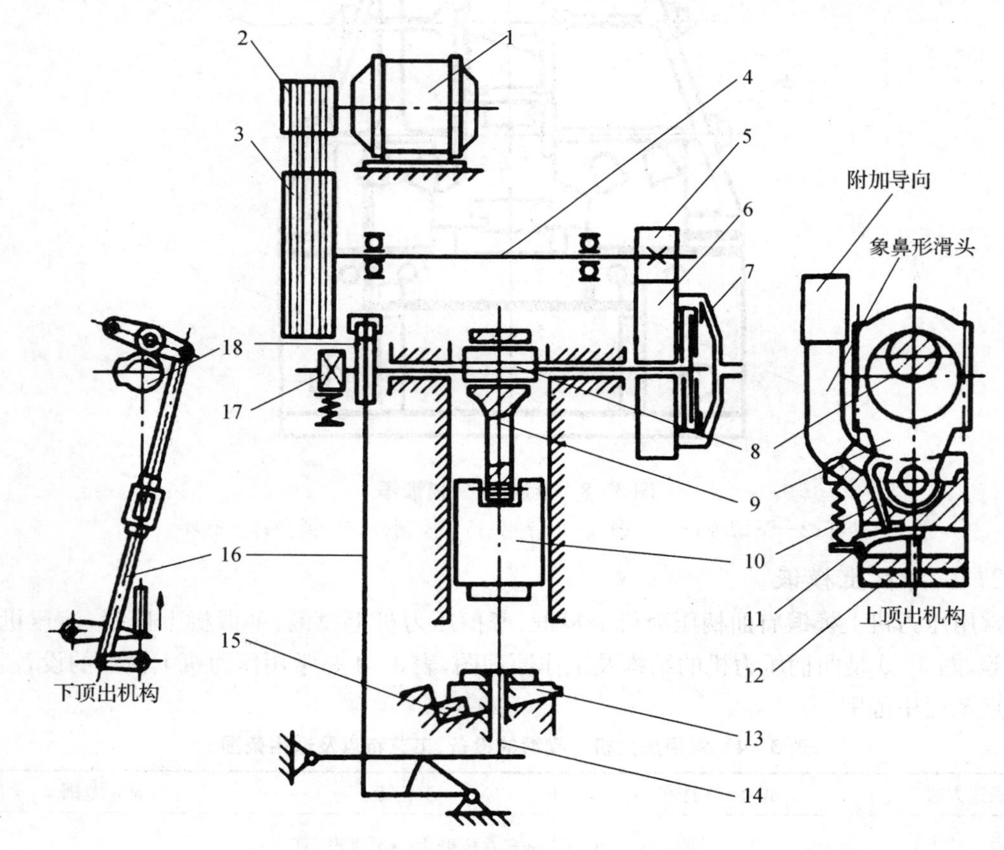

图 3-9　曲柄压力机的结构及工作原理图

1—电动机；2—小皮带轮；3—飞轮；4—传动轴；5—小齿轮；6—大齿轮；7—圆盘摩擦离合器；8—曲柄；9—连杆；10—滑块；11—上顶出机构；12—上顶杆；13—楔形工作台；14—下顶杆；15—斜楔；16—下顶出机构；17—带式制动器；18—凸轮

3.4 板料冲压及其他压力加工方法

冲压是利用冲模在冲压设备上对板料施加压力或拉力使其产生分离或变形,从而获得一定形状、尺寸和性能的制件的加工方法。冲压加工的对象一般为金属板料、薄壁管、薄型材料等,其板厚方向的变形一般不侧重考虑,故也称为板料冲压,且一般在室温下对制件进行加工(一般在再结晶温度以下),也称作冷冲压。

冲压的优点是:生产率高、成本低;成品的形状复杂、尺寸精度高、表面质量好且刚度大、强度高、重量轻,无需切削加工即可使用。因此其在汽车、拖拉机、电机、电器、日常生活用品及国防等工业中有广泛应用。

3.4.1 冲压设备和冲模

1) 冲压设备

冲压生产中常用的设备有剪床和冲床。

(1) 剪床

剪床是下料用的基本设备,用来把板料剪成一定宽度的条料,供下一步冲压工序使用。常用的剪床有:龙门剪、滚刀剪、振动剪等。使用较多的龙门剪也称剪板机,其外形及传动如图 3-10 所示。

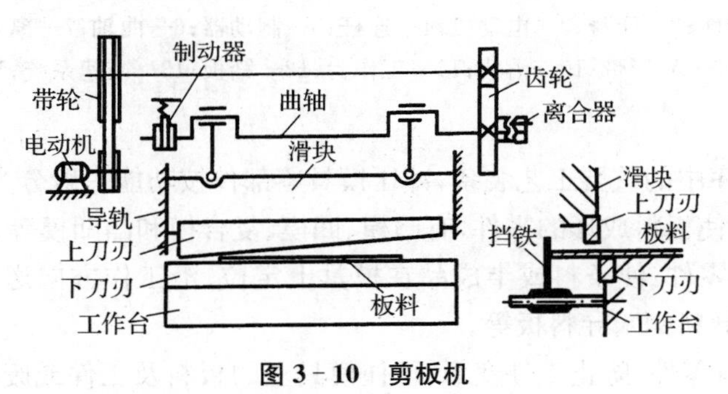

图 3-10 剪板机

工作时电动机带动带轮和齿轮转动,离合器闭合使曲轴旋转,带动装有上刀刃的滑块沿导轨作上下运动,与装在工作台上的下刀刃相剪切而进行工作。为了减小剪切力和利于剪切宽而薄的板料,一般将上刀刃做成具有斜度 6°~9°的斜刀,对于窄而厚的板料则用平刃剪切。

(2) 冲床

冲床是进行冲压加工的基本设备,作用是完成冲压的各道工序,生产出合格的产品,常用的开式双柱冲床如图 3-11 所示。

电动机通过减速系统带动带轮转动。踩下踏板后,离合器闭合带动曲轴旋转,经连杆使滑块沿导轨作上、下往复运动,进行冲压加工。如果踩下踏板后立即抬起,滑块冲压一次后在制动器的作用下停止在最高位置上;如果踩下踏板不抬起,滑块就进行连续冲压。

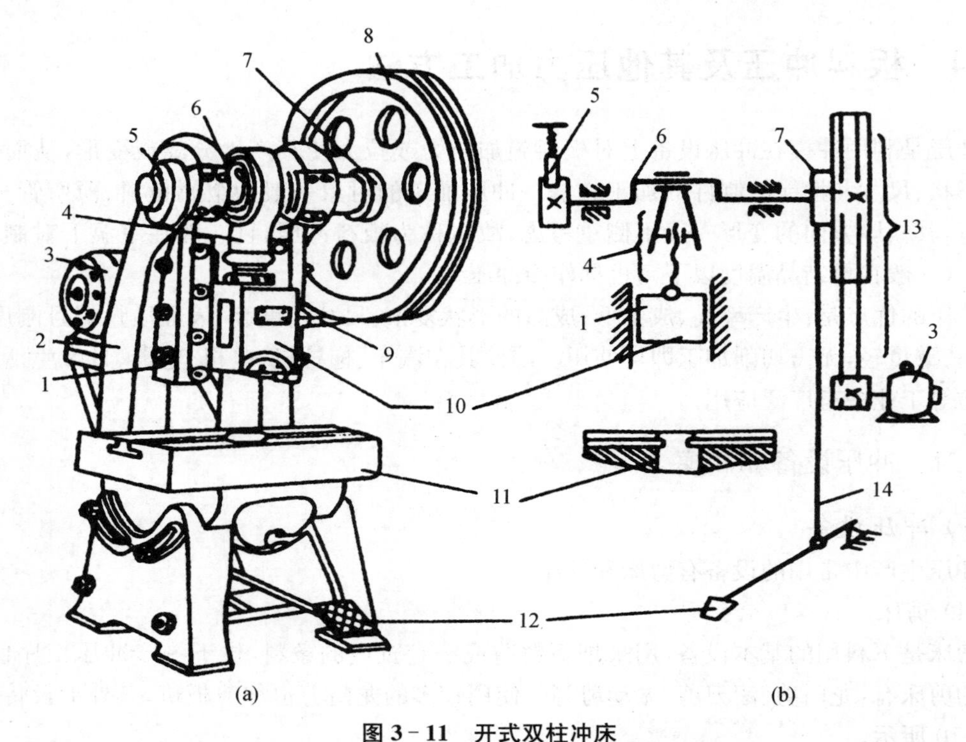

图 3－11　开式双柱冲床

1—导轨；2—床身；3—电动机；4—连杆；5—制动器；6—曲轴；7—离合器；
8—带轮；9—V 形带；10—滑块；11—工作台；12—踏板；13—减速系统；14—拉杆

2）冲模

冲模是冲压工序中的重要工艺装备，冲压模具零部件按功能一般分为以下几个部分。

(1) 工作零件：使板料成形的零件，有凸模、凹模、复合模和凸凹模等。

(2) 定位、送料零件：使条料或半成品在模具上定位、沿工作方向送进的零部件。主要有挡料销、导正销(导料销)、导料板等。

(3) 卸料及压料零件：防止工件变形，压住模具上的板料及工件或废料从模具上卸下或推出的零件，主要有卸料板、顶件器、压边圈、推板、推杆等。

(4) 结构零件：在模具的制造和使用中起装配、固定作用的零件，以及在使用中起导向作用的零件，主要有上、下模座，模柄，凸、凹模固定板，垫板，导柱，导套，导筒，导板螺钉，销钉等。

冲模有简单冲模、连续冲模和复合冲模三类。

(1) 简单冲模

它是指在冲床的一次行程中只完成一道冲压工序的冲模，如图 3－12 所示。

凹模用压板固定在下模板上，下模板用螺栓固定在冲床的工作台上。凸模用压板固定在上模板上，上模板则通过模柄与冲床的滑块连接，使凸模可随滑块作上下运动。采用导柱和套筒的结构使条料在凹模上沿两个层板之间送进，碰到定位销为止。凸模向下冲压时，冲下的零件进入凹模孔，而条料则夹住凸模并随凸模一起回程向上运动。条料碰到固定在凹模上的卸料板时被推下，条料继续在层板间送进。重复上述动作，冲下所需数量的零件。

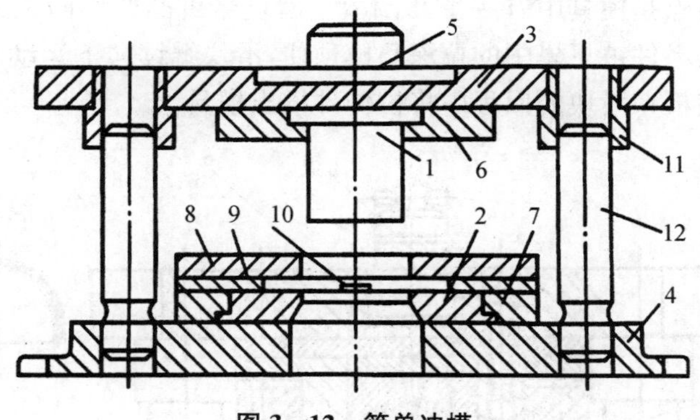

图 3-12　简单冲模

1—凸模；2—凹模；3—上模板；4—下模板；5—模柄；6—压板；
7—压板；8—卸料板；9—导板；10—定位销；11—套筒；12—导柱

简单冲模结构简单，容易制造，适用于冲压件的小批量生产。

(2) 连续冲模

它是指压力机在一次行程中，依次在几个不同的位置上同时完成多道工序的冲模，如图 3-13 所示。

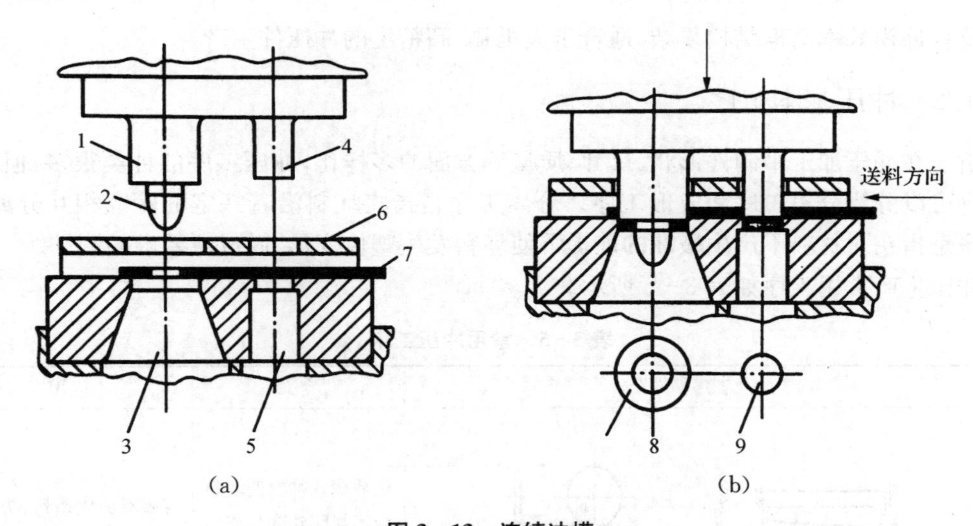

图 3-13　连续冲模

1—落料凸模；2—定位销；3—落料凹模；4—冲孔凸模；
5—冲孔凹模；6—卸料板；7—坯料；8—成品；9—废料

工作时定位销对准预先冲出的定位孔，上模向下运动，落料凸模进行落料，冲孔凸模进行冲孔。当上模回程时，卸料板从凸模上推下残料，再将坯料向前送进，执行第二次冲裁。如此循环进行。

连续冲模生产效率高，易于实现自动化，但要求定位精度高，制造复杂，成本较高。

(3) 复合冲模

它是指压力机在一次行程中，在同一中心位置上，同时完成几道工序的冲模，如图 3-14 所示。

复合冲模最大特点是模具中有一个凸凹模。滑块带着凸凹模向下运动时，条料首先在落料凹模中落料。落料件被下模中的拉深凸模顶住，滑块继续向下运动时，凸凹模随之向下运动进行拉伸。顶出板在滑块的回程中将拉伸件推出模具。

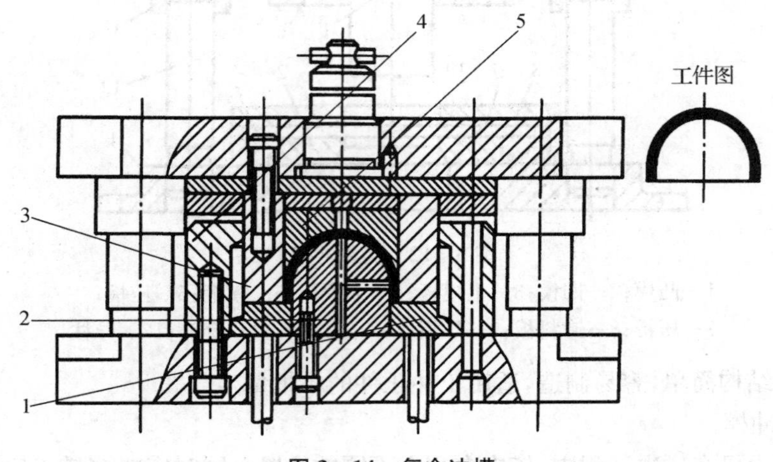

图 3-14　复合冲模

1—弹性压模圈；2—拉深凸模；3—凸凹模；4—落料凹模；5—顶出板

复合冲模效率高但结构复杂，适合于大批量、高精度的冲压件生产。

3.4.2　冲压基本工序

由于在冲压加工中制件形状、尺寸、质量等方面的多样化，冲压工序的种类很多，但从基本上讲可以分为分离工序和成形工序。分离工序是指将坯料沿着一定的轮廓相互分离；成形工序是指在对材料不产生破坏的前提下使坯料发生塑性变形，做成所要求的制件。

冲压生产常用工序如表 3-5 所示。

表 3-5　常用冲压工序

名称	工序简图	定义	应用
剪切	(a) 斜刃剪切　(b) 圆盘剪切	用剪床或冲模使坯料沿不封闭轮廓分离的工序	将板料剪成条料、块料作为其他工序的毛坯
冲裁	1—工件；2—冲头；3—凹模；4—冲下部分；5—成品；6—废料	使板料沿封闭轮廓分离的冲压工序	制造各种具有一定平面形状的产品，或为后续变形工序准备毛坯

续表

名称	工序简图	定义	应用
弯曲	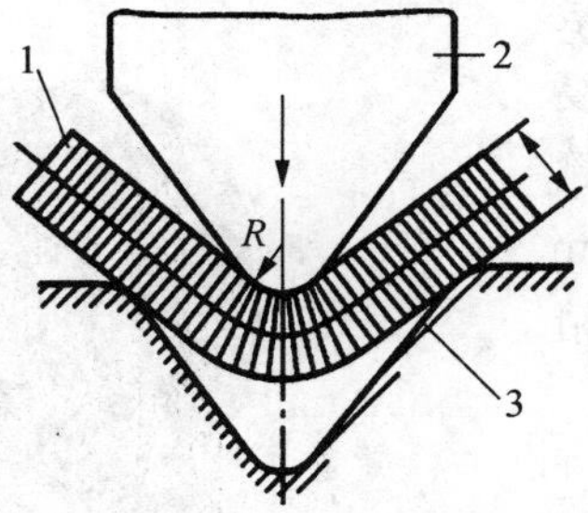 1—坯料；2—凸模；3—凹模	将工件弯成具有一定曲率和角度的冲压工序	制造各种形状的弯曲件
拉深	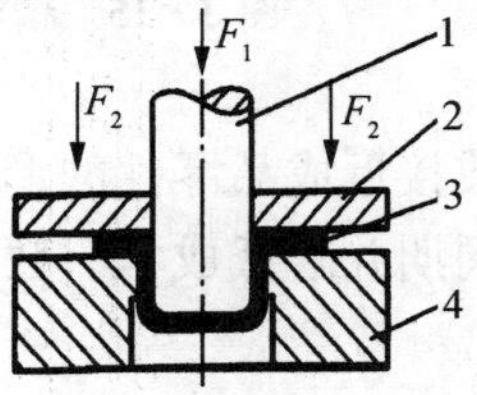 1—凸模；2—压边圈；3—坯料；4—凹模	将平直板料加工成空心开口工件的冲压成形工序	制造各种形状的中空件
翻边	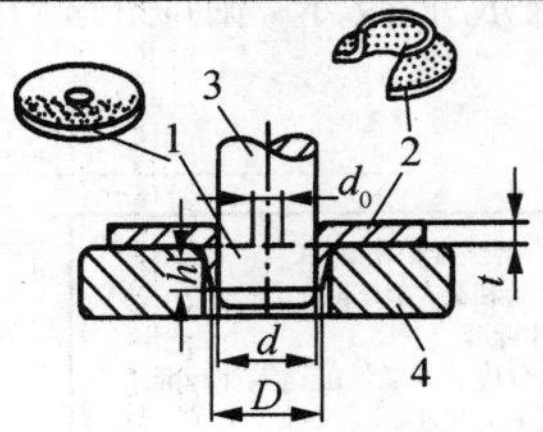 1—坯料；2—成品；3—凸模；4—凹模	在板料或半成品上沿一定的曲线翻起竖立边缘的冲压工序	制造带凸缘的环类或套筒类零件
胀形	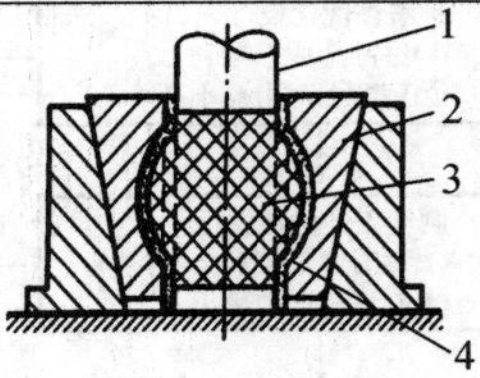 1—凸模；2—分块凹模；3—硬橡胶；4—工件	将拉伸件局部增大的成形工序	制造局部有凸起的冲压件
压肋	 1—硬橡胶；2—工件	压制出各种形状的凸起和凹陷的工序	制造刚性筋条，增加制件刚性

3.4.3 精密模锻技术及其发展

精密模锻是指利用某些刚度大、精度高的模锻设备(曲柄压力机、摩擦压力机等)锻造出形状复杂、高精度锻件的模锻工艺。如锻制伞齿轮、汽轮叶片、航空及电器零件等,锻件公差可在±0.02 mm以下,达到少切削或无切削的目的,如图3-15是精密模锻零件图。

图3-15 精密模锻零件

近些年来,我国精锻成形技术取得了长足的进步,精锻成形技术向数字化方向发展,数字化精锻成形技术是新材料技术、现代模具技术、计算机技术和精密测量技术同传统的锻造(含挤压)成形工艺方法相结合的产物。它使成形加工出的制件达到或接近成品零件的形状和尺寸精度以及力学性能,实现质量与性能的控制和优化,缩短制造周期并降低成本。数字化精锻成形技术是智能化精锻成形技术的基础。

基于数值模拟技术为平台的思路,可将数字化精锻成形技术分为正向模拟为平台的数字化精锻成形技术和逆向模拟为平台的数字化精锻成形技术,相应的程序框图如图3-16所示。

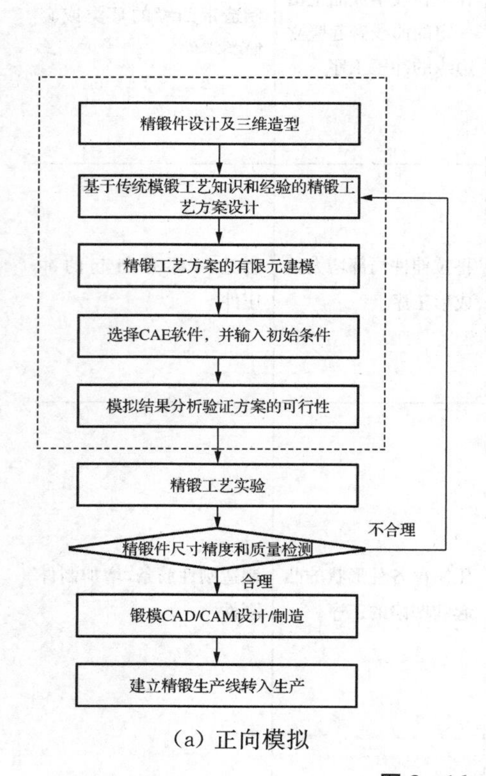

(a) 正向模拟

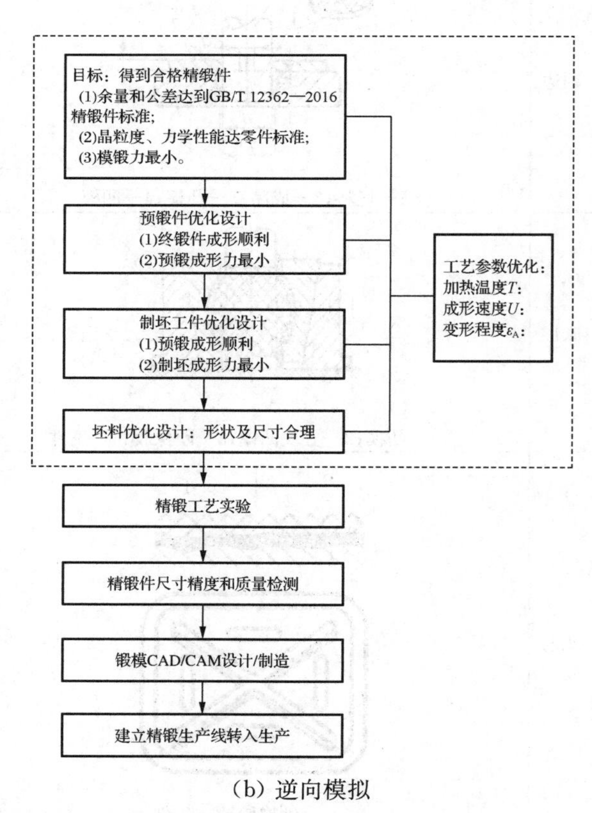

(b) 逆向模拟

图3-16 数字化精锻成形程序框图

正向模拟为平台的数字化精锻成形是目前业内工程技术人员较为熟悉的方法。其作用主要为：

（1）验证所设计的精锻工艺方案的可行性；

（2）针对企业在精锻生产中出现的技术问题，如锻件折叠、充不满、模具破损等现象找出存在的原因，并提出改进措施；

（3）为模具结构的优化设计，如强度和刚度的优化选择提供科学依据；

（4）为精锻设备吨位大小的选择提供可靠依据等。

通过逆向模拟平台的优化设计，可以达到控形和控性的效果。通过对两种模拟方法的比较不难发现：正向模拟主要对工程技术人员设计的方案进行验证，为进一步优化打下基础，而逆向模拟可直接得到优化的结果。

应用实例——结合齿轮数字化精锻成形。

某型自动变速器结合齿轮的三维实体造型如图 3-17 所示。

图 3-17　结合齿轮三维造型图

此零件的传统加工方法是沿齿圈外侧环形沟槽处将其分为两个齿轮，分别加工后再焊接为一整体。这种加工方法存在材料利用率仅 40%左右、焊接变形和后续热处理稳定性差、生产效率低、生产成本高的问题。整体精锻成形的技术方案为：精锻出环形沟槽中难于机械加工的锥形结合齿圈，外圆斜齿锻成表面仅留 1 mm 的圆柱体，锻后精车再加工出斜齿，中心锻成盲孔，锻后冲去连皮再机加工，其余部位均锻到零件要求。其具体数字化成形方法及步骤为：第 1 步，采用中空分流锻造原理与经典塑性成形理论相结合，建立结合齿轮整体精锻终锻件及预锻件的优化设计模型，即建立锻件包括已知尺寸及待求尺寸同分流面直径的相互关系式；第 2 步，求解终锻件上所需未知尺寸，本例为锻件内径；第 3 步，采用软件模拟计算出优化的终锻工艺参数；第 4 步，按照上图逆向模拟顺序，依次求出预锻、制坯及坯料的优化工艺参数。

3.4.4　新型锻压工艺技术

随着市场需求的不断变化以及基础科学研究的不断进步，锻压技术也正在进行着不断的突破和创新。

1）温锻——介于热锻与冷锻之间的技术

对于钢质锻件，通常将再结晶温度以上的锻压称为热锻，再结晶温度以下的锻压称为温锻，常温锻压称为冷锻。温锻是介于热锻和冷锻之间的锻压技术，通常预锻温度≤950 ℃，终锻温度≤750 ℃,成形阻力显著低于冷锻;和热锻比,氧化皮少,表面脱碳现象轻微,锻件尺寸变化小,可以获得精密锻件,因而得到了越来越广泛的应用。图 3－18 为温锻示意图,温锻成形工艺流程:下料→预锻→终锻(成形)→检验。温锻工艺的应用与锻件材料、锻件大小、锻件复杂程度有密切的关系,对于结构复杂,精度要求高的零件,还需实践摸索最优的温锻工艺,有时甚至采用热锻粗成形、温锻成形、冷锻整形三种工艺相结合的成形方式。

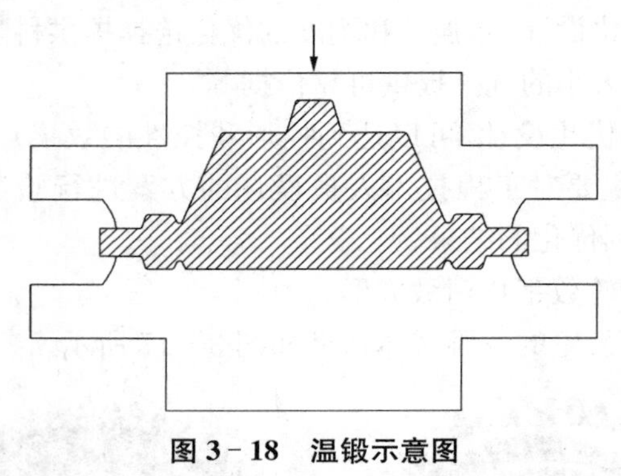

图 3－18　温锻示意图

2）半固态模锻——锻压与压铸原理的结合

半固态模锻就是将固态-液态金属混合浆料模锻成形的方法,即通过将坯料加热到有50%左右体积液相的半固态的材料,然后在具有略高预热温度的模具模膛内进行半固态成形,获得所需的接近成品尺寸零件的最经济工艺方法,其是介于压力铸造和普通模锻之间的一种近净成形技术。半固态成形工艺流程:金属液→搅拌、凝固→半固态坯料→输送→成形→检测。如图 3－19 是半固态模锻成形原理。半固态模锻有诸多优势,第一,由于半固态金属坯料在充足压力下凝固结晶,组织致密,晶粒细小,可获得更高力学性能。第二,此工艺可实现高度自动化,成品率极高。第三,由于半固态合金材料黏度比熔融的金属高,在压力下金属可形成层流,能均匀填充模膛,特别是模锻终期的高压作用下,可使薄壁部分得到很好的填充,故可成形结构复杂的薄壁零件。第四,成形零件接近成品尺寸,大幅减少了加工余量,材料利用率得到极大提高。第五,与普通模锻比,成形压力小得多,可采用小吨位压力机,同时,模具寿命得以提高。

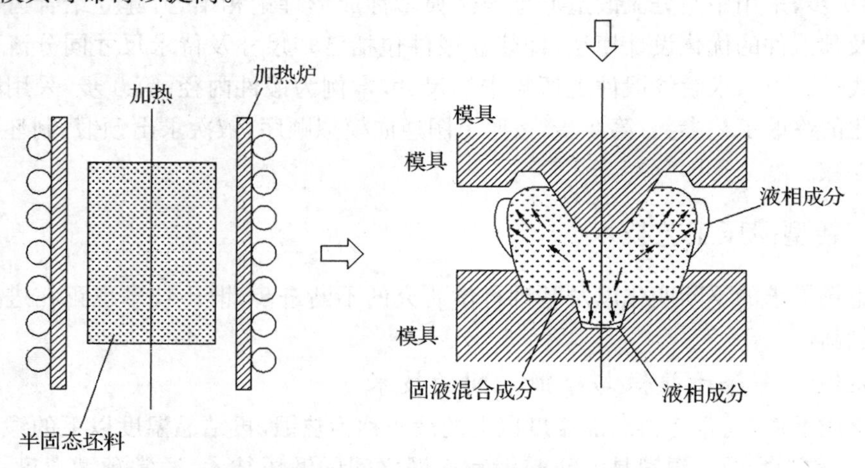

图 3－19　半固态模锻成形原理

3）旋锻——模锻与振动挤压原理的结合

旋锻即旋转锻压，也叫径向锻压，常采用两个或两个以上的模具，在使其环绕坯料外径周围旋转的同时，也向坯料轴心施加高频率的脉冲径向力，使坯料受径向压缩而按模具型线成形和沿轴向拉伸的过程。它是一种局部而连续、无屑而精密的金属成形加工工艺。旋锻技术有其独有特点，首先，旋锻零件具有连续的纤维流线，强度优于切削加工件。其次，旋锻零件表面粗糙度质量随坯料横截面压缩量的增大而提高，一般胜过切削表面，可提高配合精度。再次，旋锻零件表面产生压缩应力，提高了锻件的抗弯强度。可采用抗拉强度低的廉价材料通过旋锻后代替一些高价材料。最后，利用旋锻技术可以简便地获得一些独特的工艺效果，如图 3－20 所示，管壁向内外局部增厚，内外非圆形管端的成形，管件与实心轴的旋锻结合等。

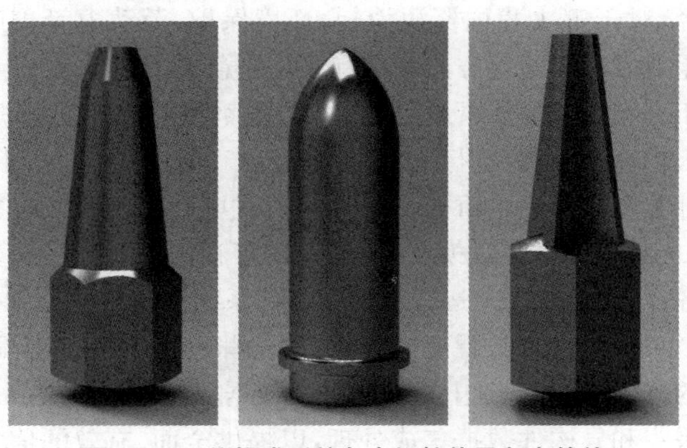

图 3－20 旋锻成形的复杂短柱体及复杂管件

4）液压成形——模锻与吹塑原理的结合

液压成形是指利用液体作为传力介质或模具使工件成形的一种塑性加工技术。如图 3－21 所示，这种技术的成形原理与吹塑成形原理非常接近，不同的是介质不用气体改用液体，介质传递压力远高于吹塑。成形过程中，仅需要凹模或凸模，液体介质相应地作为凸模或凹模，省掉一半模具，且可成形很多刚性凸模无法成形的复杂零件，比如腔大口小的零件等。另外，液压成形工艺中，液体作为传力介质具有实时可控性，通过压力闭环伺服控制可以按给定的程序精确控制压力。液压成形适用于复杂管材、板材、壳体类零件的成形，在机械制造行业具有广泛应用前景。对于形状更为复杂，室温难成形的管材、板材等，还可以通过把管材或板材与模

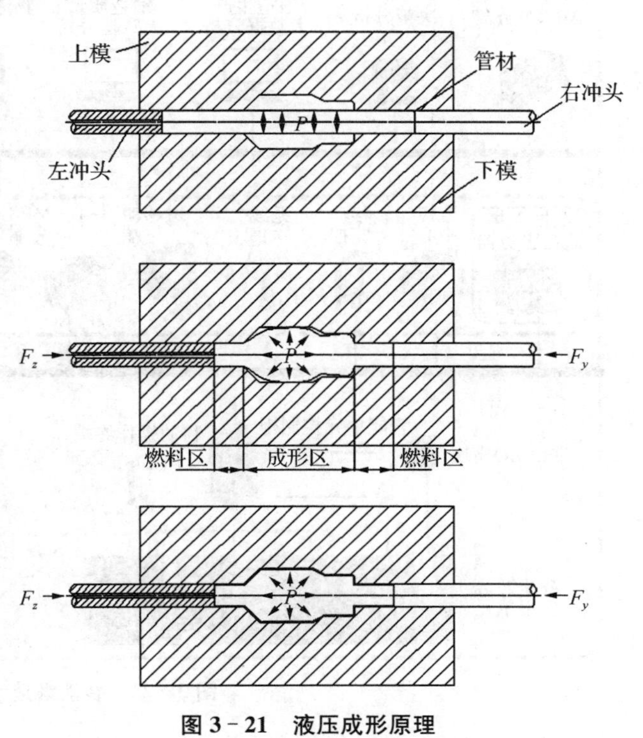

图 3－21 液压成形原理

具一起加热到一定温度后再实施液压成形，这又形成了一门新技术，即热态液压成形技术。

3.5 智能锻造技术及其发展

3.5.1 智能锻造技术

《中国制造 2025》从国家层面确定了我国建设制造强国的总体战略，在战略计划中明确指出，要以加快新一代信息技术与制造业深度融合为主线，以推进智能制造为主攻方向，实现制造业由大变强的历史跨越。智能锻造技术为实现高质量、低成本、短周期、高性能精确成形提供了可行途径，对于解决我国资源消耗、环境保护、劳动力等生产成本上涨的问题，以及改变锻造行业粗放发展模式等方面均具有重要的意义。

智能锻造是基于分布式多层体系结构技术、数据感知技术、数据分析及智能决策等核心技术，结合物联网、云计算，面向锻造行业所建立的生产运行智能化管理系统，如图 3-22 所示。针对锻造企业部署生产过程中重要设备的嵌入式中间件及其数据接口等基础设施，研发包括数据采集接口、数据安全保障模块、数据仓库等在内的智能锻造数据中心；根据生产制造企业的实际业务流程，研发生产运行各业务组件系统及其相应的软件接口；通过搭建智能化综合管控平台，实现设备监控、智能防错、部件跟踪、产线控制、物流分拣、品质管理、生产排程等生产过程的应用；在此基础上搭建生产大数据智能分析与决策平台，实现基于嵌入式的生产现场数据采集和异构件数据集成处理，以提供全面、有效的信息服务和决策支持，来满足企业对数据管理的个性化需求。

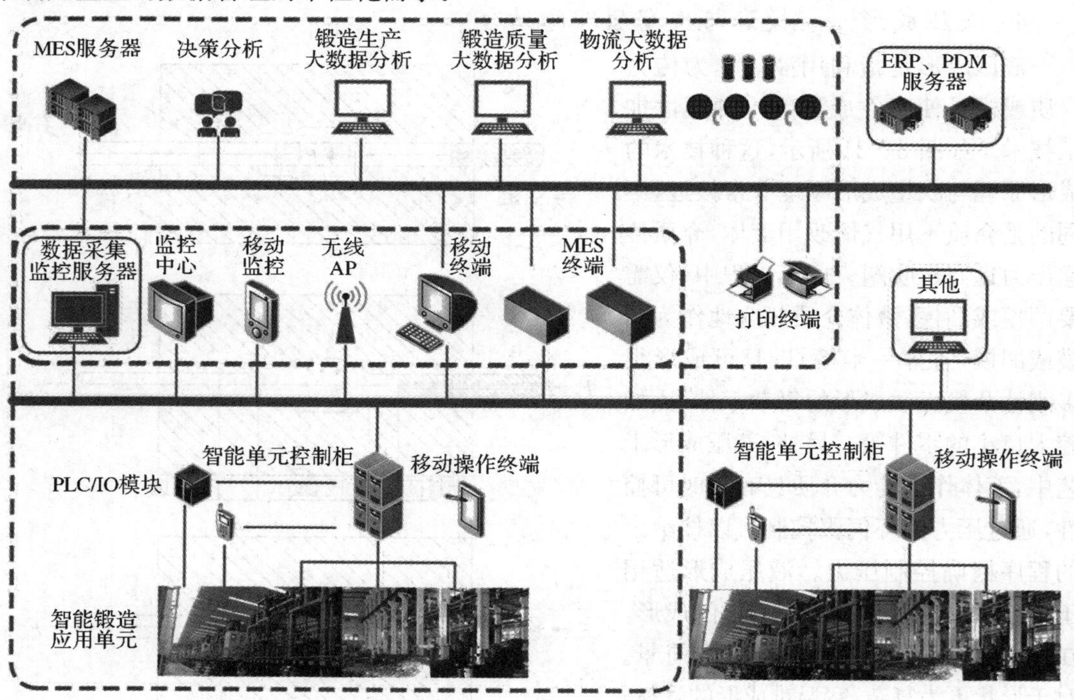

图 3-22 智能锻造示意图

机器人自动化锻造生产线是智能锻造的初级阶段，总体来看，智能锻造系统可分为 4 个模块，包括机器人自动化生产线及集成控制系统、多机器人协作优化系统、锻造生产线实时数据存储及分析系统和新锻件工艺快速开发系统，4 个模块之间相互交叉和关联。智能锻造系统在机器人自动化生产线的基础上，加上了生产线数据采集和数据反馈的功能，通过数据分析结果实时调节生产线设备及机器人的运动，使生产线能够稳定高效地运行，在设计层面对生产线大数据进行分析，从而优化已有的锻件设计，更新锻件设计知识库。

在锻造企业中，通过整合 ERP、PDM、MES 等系统实现信息化，与制造融合，从而打通各个"信息孤岛"。从下料开始，每件产品都有属于自己的数据信息，并在研发、生产、物流等环节中不断丰富。一个流程下来，每件产品产生几千条信息，为系统积累了大量的数据资源。把材料参数录入系统，操作员在电脑上发号施令，智能化流水线就能"心领神会"，"按部就班"地生产出合格产品，废品率能下降 16%，智能化锻造生产线如图 3 - 23 所示。

图 3 - 23　智能化锻造生产线

3.5.2　锻压技术发展趋势

随着现代技术的迅速发展，锻压技术也在不断完善和创新，技术的发展逐渐上升到一定高度，其未来的发展趋势也是向轻量化、整体化、精密化、低成本化方向前进。

首先，锻压技术将逐渐朝轻量化方向过渡，在可持续发展战略的影响下，锻压技术也在未来的发展趋势中走上绿色之路，尽可能减少生产污染，降低工业消耗，这就对锻压技术在应用中的整体质量和轻量化提出了更高的要求，以汽车行业为例，其车身制造的重量正在不断减轻，与传统工艺相比降低了 45%左右，同时也用一些清洁能源代替了原先污染严重的能源。在航空航天领域，锻压技术也逐渐将钛合金等复合材料应用到生产中，不仅仅充分满足了生产要求，还大大减少了生产中的污染。

其次，锻压技术逐渐朝整体化方向发展，主要是指在某些大型机械设备中，整体化更能够实现工作的高效率和高质量，例如航空领域中的飞机在制造时，将零碎的梁、框等构件结合成一个整体，就能够在很大程度上解决螺栓接触面薄弱问题，还能够适当降低飞机的整体重量，为机身的安全性提供了重要保障。

然后，锻压技术逐渐朝精密化方向发展，随着智能制造技术的快速发展，智能化精锻技术逐渐有了更深入的研究，如精锻工艺参数大数据采集、处理及传输系统建立；精锻生产线上技术参数感知系统的建立；锻件计算机辅助设计(CAD)、精锻工艺规划(CAPP)、锻模计算机辅助设计与制造(CAD/CAM) 和成形过程模拟(CAE)集成系统的建立等。

最后，锻压技术逐渐朝低成本化方向发展，随着科学技术的日新月异，在锻压技术的应用中大大降低了人力资源的使用，同时一些技术的完善使操作更加便捷，这对于企业来说能够在确保生产效益的基础上减少生产成本，实现经济效益与社会效益的统一。

思考题

1. 压力加工的方法有哪些?
2. 解释加工硬化、回复、再结晶、冷加工和热加工。
3. 何谓金属的锻造性能？影响金属锻造性能的因素有哪几个方面?
4. 拉深时，工件受力和变形的情况如何？拉深时基本工序有哪些?
5. 制订零件的自由锻工艺时应考虑哪些问题?
6. 冲压生产的主要特点是什么?
7. 分析冲模的组成及其作用?
8. 试确定下图所示零件的锻造工艺。

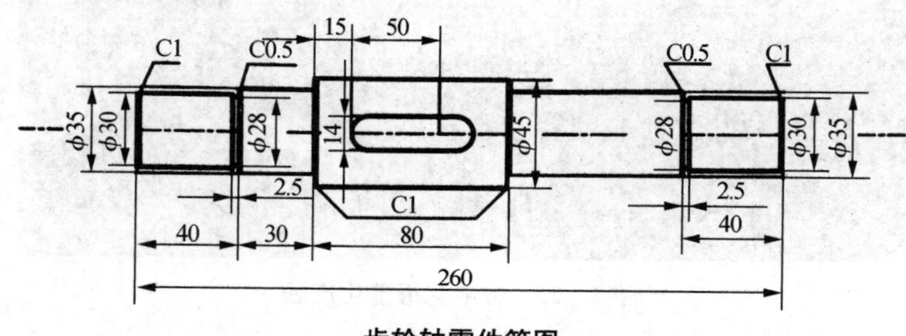

齿轮轴零件简图

本章参考文献

[1] 周伟. 锻压技术发展现状及问题研究[J]. 科技风，2014(21)：81.
[2] 赵震，白雪娇，胡成亮. 精密锻造技术的现状与发展趋势[J]. 锻压技术，2018，43(7)：90－95.
[3] 夏巨谌，邓磊，金俊松，等. 我国精锻技术的现状及发展趋势[J]. 锻压技术，2019，44(6)：1－16.
[4] 徐海山. 新型锻压技术的发展趋势[J]. 金属加工(热加工)，2017(17)：1－3.
[5] 徐文臣，徐佳炜，卞绍顺，等. 智能锻造系统的研究现状及发展趋势[J]. 精密成形工程，2020，12(6)：1－8.

第四章　焊　接

本章主要介绍各种焊接技术的特征和使用，以及焊接质量的检验和缺陷分析。

4.1　知识点及安全要求

4.1.1　知识点

(1) 了解焊条电弧焊的设备、电焊条的组成部分及其作用；
(2) 熟悉焊条电弧焊焊接工艺参数的选择及操作过程；
(3) 了解焊条电弧焊的焊接接头形式、坡口形式和焊缝的空间位置；
(4) 熟悉氧气切割原理、切割过程和金属气割的条件；
(5) 了解二氧化碳气体保护焊的特点；
(6) 了解氩弧焊的特点；
(7) 了解常见的焊接缺陷及其形成原因。

4.1.2　安全要求

(1) 实习时要穿好工作服、工作鞋，电焊时要戴好面罩、手套等防护用品；
(2) 电焊机平稳安放在通风良好、干燥的地方，不准靠近高热及易燃易爆危险的环境；
(3) 禁止在焊机上放置任何物件和工具，启动电焊机前，焊钳与焊件不能短路；
(4) 发生故障时，应立即切断焊机电源，及时进行检修；
(5) 电焊工操作完毕或临时离开工作场地时，必须及时切断焊机电源；
(6) 检查氧气和乙炔气导管接头处，不允许漏气，以免引起意外事故；
(7) 氧气瓶须和乙炔瓶相距 5 m 以上放置，附近严禁烟火；
(8) 乙炔瓶严禁在地面上卧放并直接使用，必须竖立放稳；
(9) 气焊、气割前应仔细检查焊炬或割炬的气路顺畅性、射吸能力、气密性等技术性能；
(10) 气焊、气割时注意不要把火焰喷到身上和胶皮管上；
(11) 刚焊好或气割好的工件不许用手触及，以防烫伤；
(12) 气割、气焊操作完毕，及时按顺序关闭各气源气阀，清理现场。

4.2　概述

焊接是通过加热或加压，或两者并用，并且需要用填充材料，使焊件达到原子结合的一种加工方法。焊接不同于其他机械连接，它是利用原子间结合作用实现连接的，连接后不可拆卸。与机械连接、粘接等其他连接方法比较，焊接具有质量可靠(如密封性好)、生产率高、成本低、工艺性好等优点。

焊接广泛应用于金属材料之间、非金属材料(石墨、陶瓷、玻璃、塑料等)之间、金属材料与非金属材料之间的连接。在现代化工业生产中,铆接件已逐步被焊接件取代,因为与铆接相比较,焊接有节省金属、生产效率高、质量好、劳动条件好等优点。另外,焊接在修补铸件、锻件的缺陷以及在磨损零件等修复方面也发挥着其他加工方法不可替代的作用。

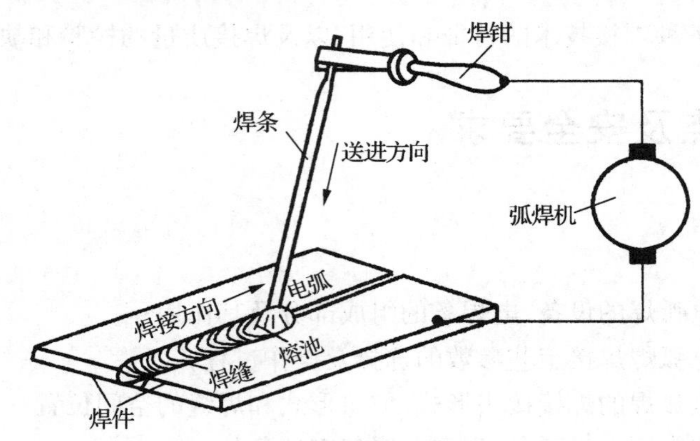

图 4-1　电弧焊操作

某些简单的焊接方法,例如,把两块熟铁(钢)加热到红热状态以后用锻打的方法连接在一起的锻接,用火烙铁加热低熔点铅锡合金的软钎焊,已经有几百年甚至更长的应用历史。但是现代工业中广泛采用的焊接方法几乎都是 19 世纪末期以来现代工业的产物。

随着我国国民经济建设的迅速发展,焊接作为一种重要的制造工艺,已广泛应用于机械制造、石油化工、交通运输、海洋船舶、建筑桥梁、采矿冶金、能源动力、航空航天、电子信息等工业部门。随着科学技术的不断发展,焊接已发展为一门独立的学科。

三峡水利工程、西气东输工程和"神舟"号载人飞船,均采用了焊接结构。以西气东输工程项目为例,全长约 4 300 km 的输气管道,焊接接头的数量达 350 000 个,整个管道上焊缝的长度至少为 15 000 km。

随着许多最新科研成果、前沿技术和高新技术,如计算机、微电子、数字控制、信息处理、工业机器人和激光技术等,被广泛应用于焊接领域,焊接的技术含量得到了空前的提高,并在此过程中创造了极高的附加值。

计算机在焊接技术中的应用已取得了很多成果,并获得了较好的经济效益。例如,电弧焊的跟踪自动控制,就是一种利用计算机以焊枪、电弧或熔池中心相对接缝或坡口中心位置的偏差为检测量,以焊枪位移量为操作量的调节控制系统。利用此系统可以提高焊接质量和效率。此外焊接优化自适应控制、CAD/CAM、焊接机器人等技术,都是计算机在焊接技术中的具体应用。可以说,计算机正逐步成为提高焊接机械化、自动化和智慧化的关键,也是目前焊接技术发展的主要方向之一。

现代焊接技术的发展方向体现在以下方面:

1) 先进材料的连接

现代制造业的发展使得材料应用有从黑色金属向有色金属、从金属材料向非金属材料、从结构材料向功能材料、从单一材料向复合材料变化的趋势。金属中超高强度钢、超低温钢、钛合金、高强度轻质铝(或镁)合金等应用越来越多,高性能工程塑料、新型陶瓷因其特殊的性能在现代工程中起着极为重要的作用，而复合材料则是材料发展中的一个重要方向。这些先进的材料往往具有特殊的组织结构和性能，其焊接性通常很差，必须研究和开发一些特殊的连接方法以满足先进材料的连接要求。例如，陶瓷材料与金属材料焊接时，接头区域会产生残余应力，残余应力较大时还会导致接头处产生裂纹，甚至引起断裂。为了减小陶瓷与金属焊接接头的应力，可以在陶瓷材料与金属材料之间加入塑性材料或线膨胀系数接近陶瓷线膨胀系数的金属作为中间层。常用于中间层的金属主要有铜、镍、铌、钛、钨、钼、铜镍合金等。

2）焊接方法与电源技术的发展

焊接方法主要有氩气-钨极惰性气体（Argon-Tungsten Inert Gas，A-TIG）、双丝及多丝埋弧焊、搅拌摩擦焊、激光-熔化极惰性气体（Metal Inert Gas，MIG）复合焊接等。

新型电源的弧焊逆变器，经历了开关器件从晶闸管式到晶体管式、场效应管式、绝缘栅双极型晶体管（Insulated Gate Bipolar Transistor，IGBT）式的发展，主电路从硬开关型到软开关型的改进，使逆变电源的节能、轻量、性能优异的特点更突出。电源控制技术也经历了从集成电路到单片机控制系统，再到数字信号处理器（Digital Signal Processor，DSP）控制系统的发展过程，电源可以实现最佳焊接工艺参数输出，并能控制熔滴短路过渡过程的电流波形，电源控制有智能化趋势。

3）焊接自动化水平的提高

焊接自动化水平提高体现在以下几个方面。

（1）熔化极气体保护焊逐渐取代手工电弧焊，成为焊接工艺的主流。

（2）焊接机器人的出现突破传统的刚性自动化，为建立柔性焊接生产线提供了技术基础，可以实现小批量产品的焊接自动化，也可以替代人完成恶劣条件下的焊接工作。目前焊接机器人主要应用在汽车、摩托车、工程机械、铁路机车等行业。

（3）焊接装备如焊接操作机 、变位器、滚轮架在采用计算机控制后运动精度高，另外人工智能如模糊控制、人工神经网络等用于焊缝熔透控制、焊缝跟踪，结合焊接机器人的使用，使空间曲线焊缝也能实现自动焊接。

按焊接过程的特点不同可分为熔化焊、压力焊和钎焊三大类。而在各种焊接方法中，最常用的是熔化焊。

焊接加工时，被焊的工件材料称为母材。焊接中，母材局部受热熔化形成熔池，熔池随后冷却凝固形成的结合部分称为焊缝，而焊缝两侧部分的母材受焊接加热影响而引起金属内部组织和力学性能发生变化的区域称为热影响区，焊缝向热影响区过渡的区域称为熔合区，焊接的接头由焊缝、熔合区和热影响区三个部分组成（图 4-2）。

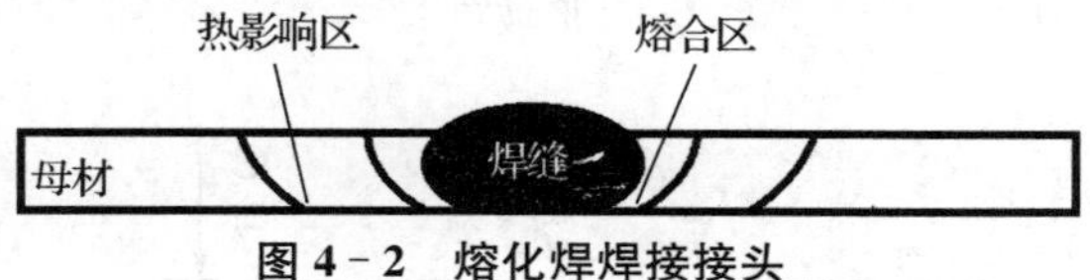

图 4-2　熔化焊焊接接头

4.3　熔化焊

4.3.1　焊条电弧焊

焊条电弧焊是用手工操纵焊条进行焊接的电弧焊接方法（图 4-3）。它是利用电弧产生的高温、高热量进行焊接的。

焊条电弧焊的设备有交流弧焊机和直流弧焊机。交流弧焊机结构简单、体积小、操作及维修简便、价格低、使用比较广泛。直流弧焊机是将交流电变压、整流成直流的焊接电源，具有重量轻、结构简单、噪声小、稳弧性好、维修方便、效率高、成本低等优点，而且焊接质量稳定，应用也广泛。直流弧焊机有正接和反接之分。正接是工件接正极，焊条接负极；反接是工件接负极，焊条接正极。若要加快熔化速度，采用正接，若要焊接薄板或有色金属，为防止烧穿，采用反接。

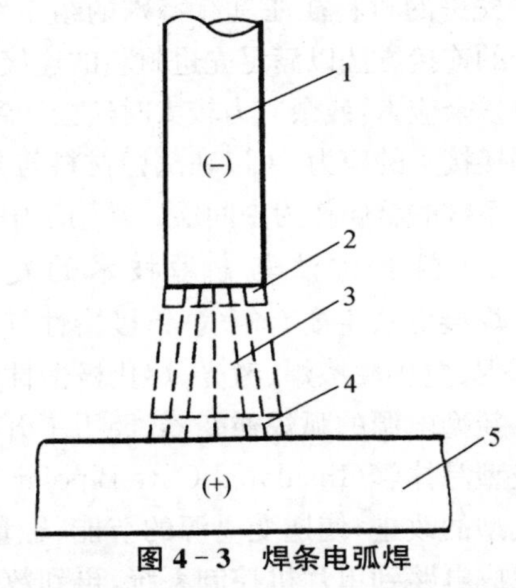

图 4-3 焊条电弧焊

1—焊条；2—阴极区；3—弧柱区；4—阳极区；5—工件

焊条电弧焊工具包括：夹持焊条的焊钳，避免灼伤皮肤；保护操作者眼睛的焊接手套和面罩；清除渣料的敲渣锤及钢丝刷。

焊条是电弧焊的焊接材料，由焊芯和药皮组成。焊芯有两个作用：一是作为电极，以保证电弧在焊条与工件间稳定燃烧；二是熔化后作为填充材料与熔化母材一起形成焊缝。药皮由多种矿石粉和铁合金粉配制而成，用水玻璃作黏结剂包裹在金属焊芯外面。药皮有稳弧、保护熔池、渗合金、脱氧等作用。药皮可分为碱性药皮和酸性药皮。

焊接参数有焊条直径、焊接电流、焊接速度、焊接电弧、电压及线能量等。

坡口是指根据设计或工艺需要，在焊接的待焊部位加工并装配成的一定几何形状（如 I 形、Y 形、双 Y 形、U 形和双 U 形）的沟槽，如图 4-3 所示。

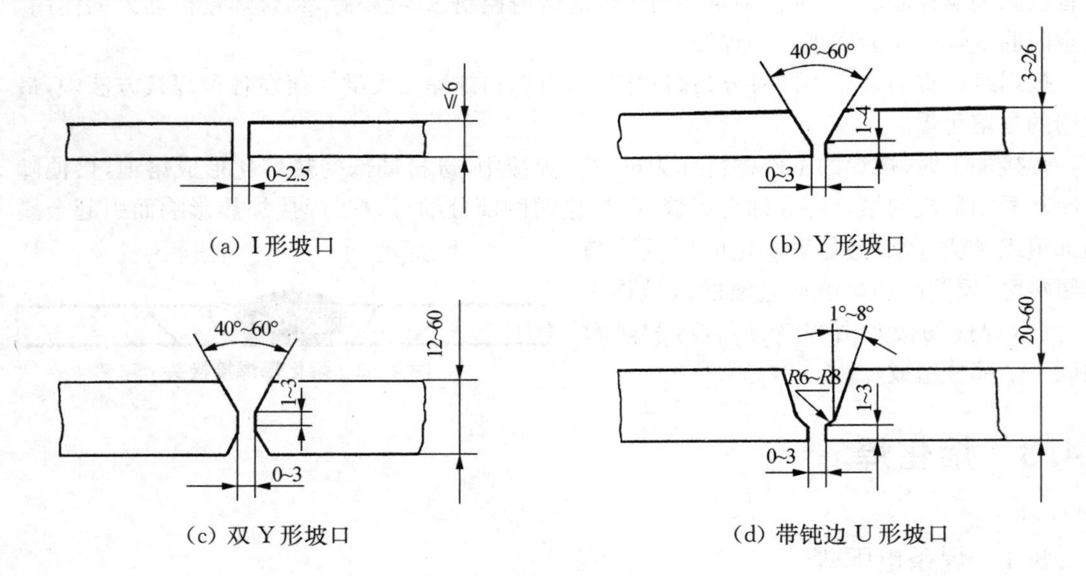

图 4-4 坡口的形式

常见的焊接接头形式有：对接接头、搭接接头、角接接头和 T(丁字)形接头(图 4-5)。

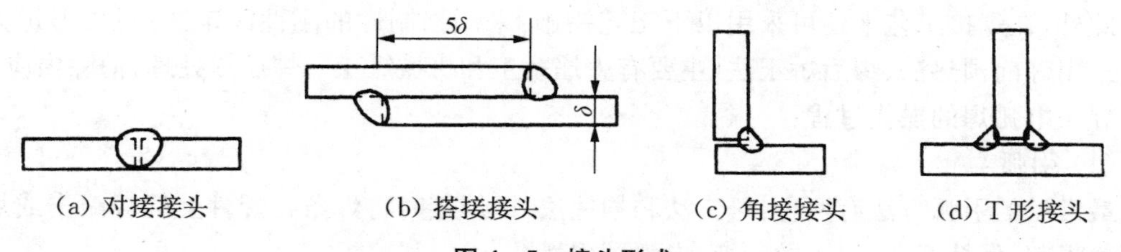

图 4-5　接头形式

焊接形式按空间位置分布有四种：平焊、立焊、横焊及仰焊（图 4-6）。焊缝处于水平位置或倾斜度不大的焊接叫平焊。平焊生产效率高，操作易于掌握，是最常用的焊接形式。

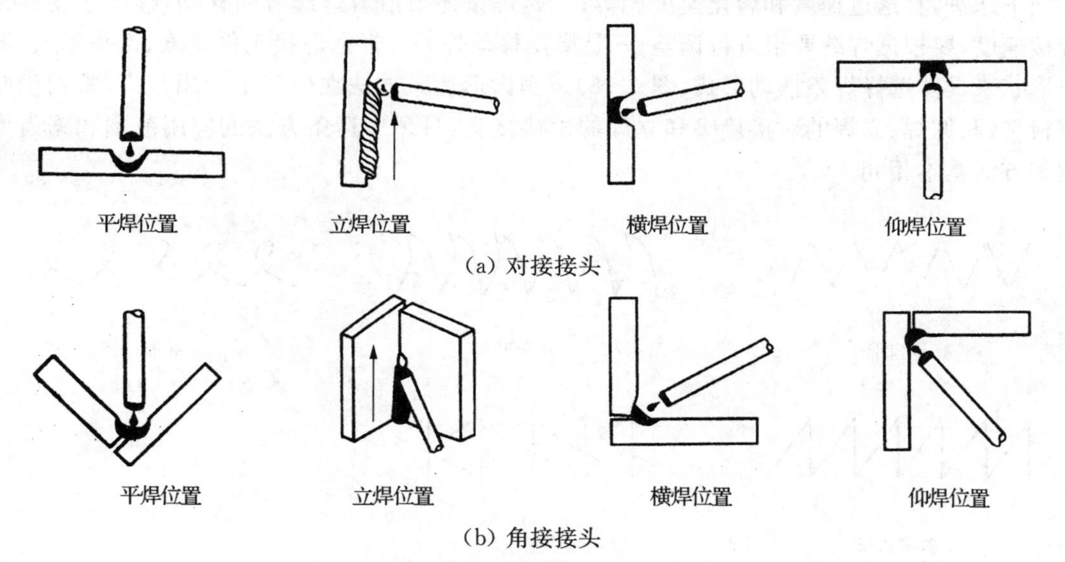

图 4-6　焊接的空间位置

在焊接过程中，产生应力和变形是不可避免的，但是可以通过合理布置焊缝的结构，合理的工艺措施，尽量减少和消除应力变形。在设计结构时，在保证使用性能的前提下，要尽量减少焊缝数量，合理布置焊缝的位置，尽量避免焊缝交叉，以达到减小应力的目的。接头形式的选择与焊缝布置有以下要求：焊缝布置要避免交叉；接头的形式要避免尖角；多焊缝组合焊接要考虑焊接顺序；多层焊接也要考虑焊接顺序。接头选择范例如图 4-7 所示。

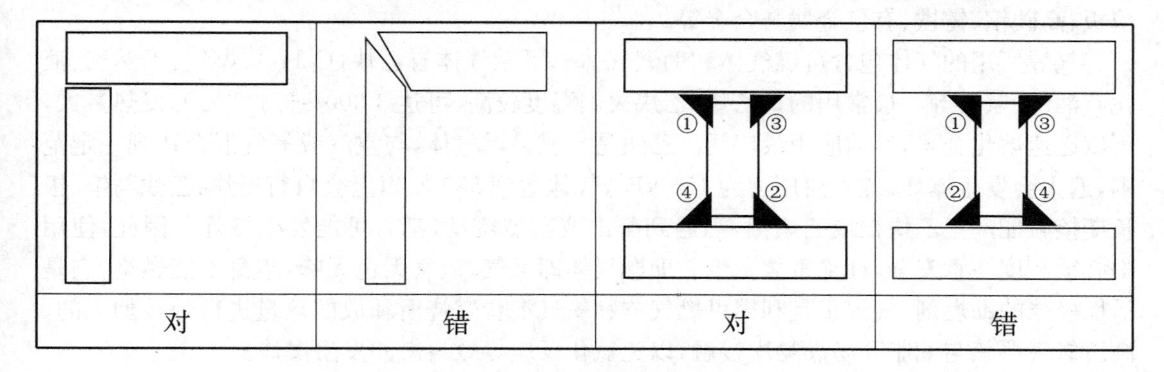

图 4-7　接头选择范例

此外，在焊接工艺上还可采用以下工艺措施：采用强制性的刚性固定法；对变形量大的材料采用焊前预热法、焊后矫正法（主要有火焰矫正和机械矫正）；焊后热处理，消除内应力。

焊条电弧焊的操作过程：

(1) 引弧

最常见的引弧方法有两种：敲击法和划擦法，即焊接时将焊条在焊件上轻轻敲击或划擦后迅速提起，保持 2～4 mm 的距离，电弧即引燃。

(2) 焊条的运动

焊条的运动由三个运动合成：一是随着焊条不断熔化，为保持弧长距离必须把焊条沿中心向下送进，且送进速度和熔化速度相等；二是焊条还要沿着焊缝方向移动，移动速度称为焊接速度，要根据焊缝要求进行调整；三是横摆移动焊条。根据焊接工件厚度、接头形式、坡口形状来具体选择焊条摆动形式（图 4－8）。锯齿形运条方法在生产中运用较广，常用于厚钢板平焊、仰焊、立焊的对接接头和立焊的角接接头，月牙形运条方法的应用范围和锯齿形运条方法基本相同。

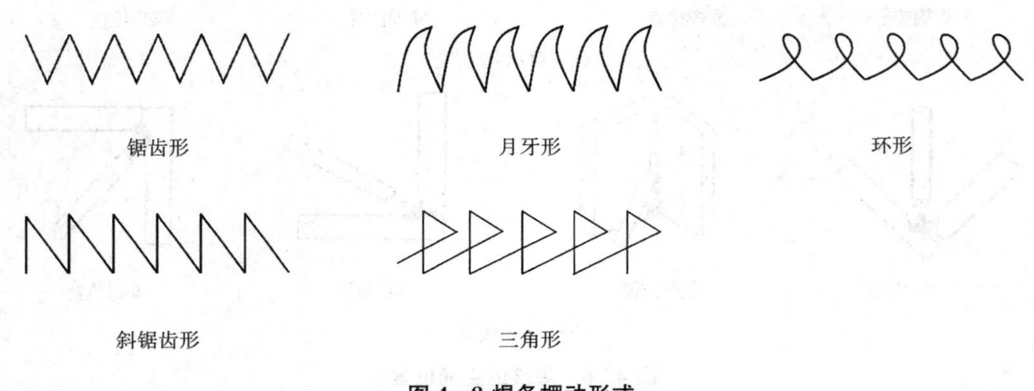

图 4－8 焊条摆动形式

4.3.2　气焊

气焊是利用气体燃烧形成高温火焰作为热源进行焊接的方法。气焊具有加热均匀、速度慢、设备简便、易于操作、成本较低、实用性广等特点。虽然气焊在焊接中使工件变形大、生产率低，但在目前的工业生产中仍得到广泛利用。气焊适用于焊接 3 mm 以下的低碳钢薄板、高碳钢、铸铁、有色金属与合金等。

气焊所用的气体包含可燃气体和助燃气体。可燃气体有乙炔（C_2H_2）、煤气、天然气、液化石油气、氢气等。最常用的是乙炔，乙炔火焰温度较高（可达 3 000～3 300 ℃），发热量大，可以迅速熔化金属，目前应用最广泛。乙炔是易燃易爆气体，与空气或氧气混合达到一定范围，遇火会发生爆炸；纯乙炔压力为 150 kPa，气体达到 580 ℃以上会自行爆炸；乙炔与铜、银长期接触能产生乙炔铜或乙炔银，当遇到敲击或剧烈震动，都有可能发生爆炸。因此，使用中必须高度注意安全，杜绝事故发生。助燃气体即氧气，氧气无色无味，本身不能燃烧，它是活性极强的助燃剂，气焊正是利用可燃气体和氧气混合燃烧所释放的热量进行焊接加工的。高压氧气严禁与油脂和易燃物质接触，以免氧化反应导致自燃并发生爆炸。

气焊设备包括：氧气瓶、乙炔瓶、焊炬。乙炔焊炬的构造如图 4－9 所示。

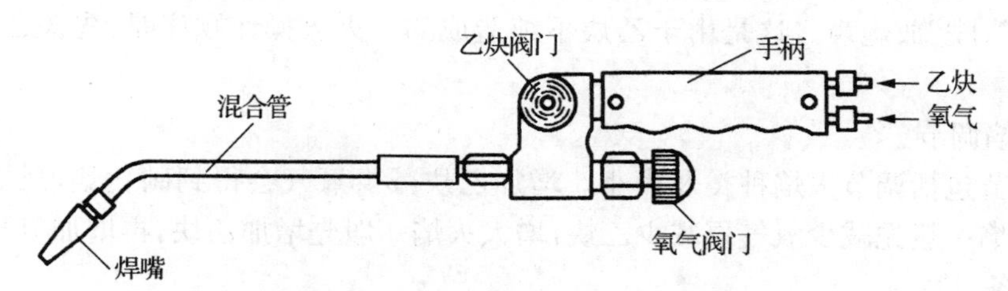

图 4-9 乙炔焊炬的构造

气焊时经焊炬调整氧气和乙炔的比例，可获得三种性质不同的火焰，即中性焰、碳化焰和氧化焰。氧乙炔火焰的比较见表 4-1，其火焰的分类及中性焰的温度分布如图 4-10、图 4-11 所示。

表 4-1 氧乙炔火焰的比较

	氧气/乙炔	火焰外观	焊接材料
中性焰	1.1～1.2	由焰心、内焰、外焰组成，靠近喷嘴处为焰心，呈白亮色，其次为内焰，呈蓝紫色，最外层为外焰，呈橘红色	低碳钢、中碳钢、不锈钢及有色金属材料
碳化焰	<1.1	火焰比中性焰长，由焰心、内焰、外焰组成，焰心呈蓝白色，内焰成白色，外焰呈橙黄色；当乙炔过多时，会冒黑烟	高碳钢、铸铁和硬质合金材料
氧化焰	>1.2	火焰明显缩短，分为焰心和外焰两部分，焰心呈锥形，火焰几乎消失，并有较强的嘶嘶声	一般不宜采用，只在焊接黄铜和镀锌铁板时才会使用

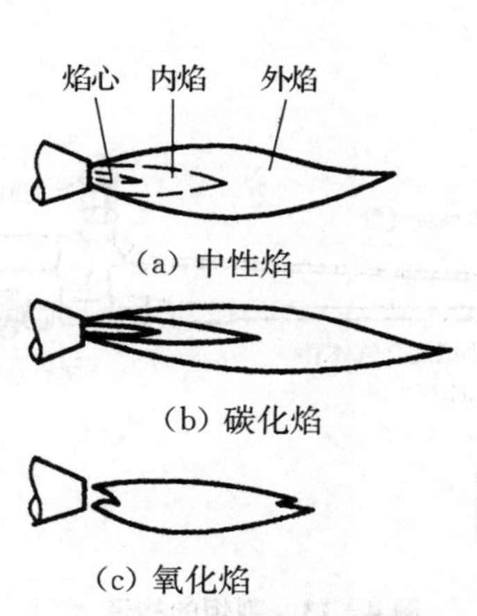

图 4-10 氧乙炔火焰的分类

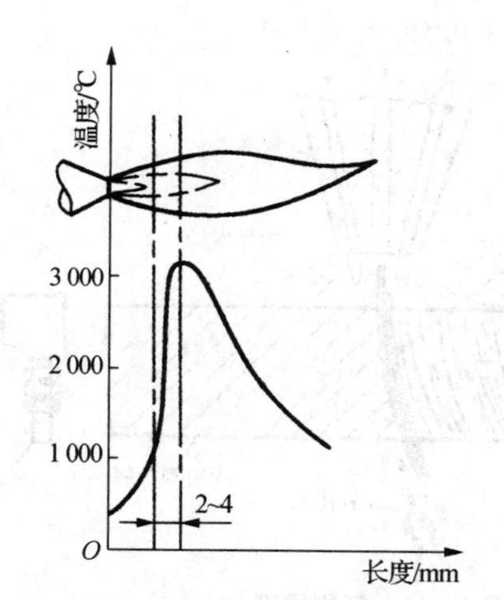

图 4-11 中性焰的温度分布

气焊工艺参数包括焊丝牌号及直径大小、气焊溶剂、焊接时焊嘴与工件的倾斜角度及焊接速度、火焰性质及能率等。合理选择气焊工艺参数是焊接质量的保证。

气焊操作方法：

(1) 点火、灭火

点火时，先稍开氧气阀，再打开乙炔阀，将焊嘴口靠近明火点燃火焰。开始时会发出轻微的连续"噗、噗"放炮声。这是由于乙炔不纯造成的。灭火操作顺序是:先关乙炔阀,再关氧气阀。

(2) 火焰调节

火焰调节包括调节火焰种类及大小。增加乙炔减少氧气会得到碳化焰,反之得到氧化焰。减小火焰一般先减少氧气再减少乙炔,增大火焰一般先增加乙炔,再增加氧气。

(3) 运条

气焊焊接时一般右手拿焊炬,左手拿填充焊丝,焊炬焊嘴指向待焊位置,从右向左慢慢移动。焊接时要调整好焊嘴的倾斜角度,正常的情况下,开始加热时倾斜角应大些,正常焊接时保持在 30°~50°之间。焊件较厚时,选择倾角偏大,而收尾阶段,倾角应当减小。其次就是把握好加热的温度,中性焰的最高温度在距焊芯 2~4 mm 处,用中性焰加热焊件,应利用内焰火焰,先将焊件局部加热到熔化后,再将焊丝端插入熔池熔化,并要注意控制熔池温度。焊炬在沿焊接方向移动的速度要保证焊件及焊丝熔化,并保持熔池具有一定的大小。

4.3.3 气割

氧气切割简称气割,是利用某些金属在纯氧中燃烧的原理来实现金属切割的方法,其原理如图 4-12 所示。气割开始时,用气体火焰将割件待切处的金属加热到燃点,然后打开切割氧阀门,纯氧气射流使高温金属燃烧,生成的金属氧化物被燃烧热熔化,并被氧气流吹掉。金属燃烧产生的热量和火焰同时又将邻近的金属预热到燃点,沿切割线方向慢慢移动割炬便形成割口。在整个气割过程中,割件金属没有熔化,因此,金属气割过程实际上是金属在纯氧中的燃烧过程。气割所需的设备除了割炬外,其他均和气焊相同。割炬的构造如图 4-13 所示。

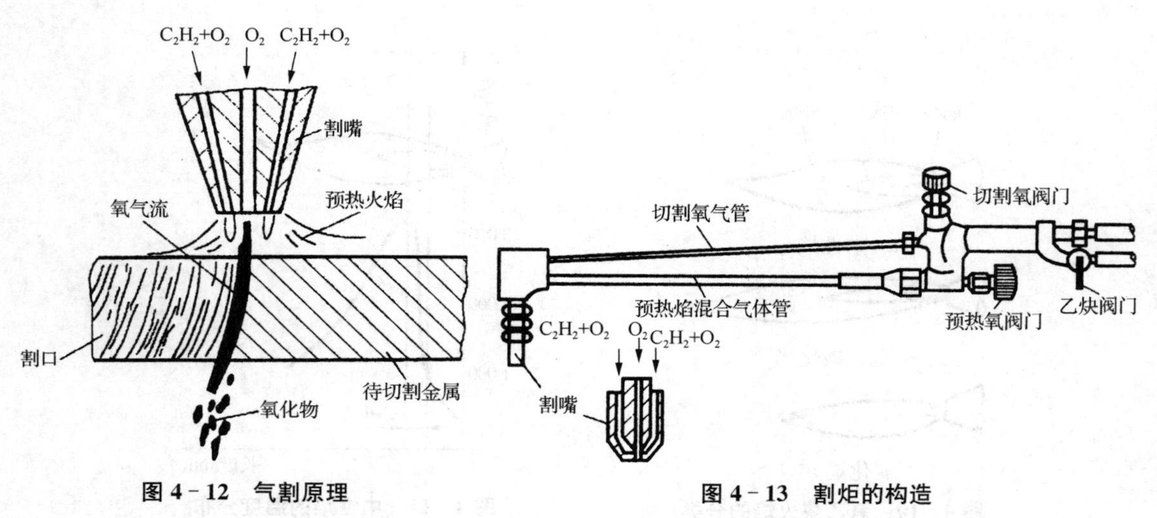

图 4-12　气割原理　　　**图 4-13　割炬的构造**

金属材料进行气割必须具备三个条件:金属材料的燃点必须低于其熔点,这样才能保证金属气割过程是燃烧过程,而不是熔化过程;金属氧化物的熔点应低于金属本身的熔点,同时流动性要好,否则气割过程形成的高熔点金属氧化物会阻碍下层金属与切割氧射流的接触,使气割困难;金属燃烧时释放出大量的热,而且金属材料本身的导热性要低,这样才能保证气割处的金属具有足够的预热温度,使气割过程能继续进行。综上所述,适合进行气割的金属材料有纯铁、低碳钢、中碳钢和低合金结构钢等，而铸铁、不锈钢和铜、铝及其合金均不能进行气割。

气割的操作如下：

(1) 先将被切割的工件置于割架上，或将其垫高，与地面保持一定距离，以保证气割时顺利排出氧化物及金属渣。清除金属材料表面的污垢、锈渍、油漆等脏物。

(2) 根据材料厚度，将氧气调节到所需要工作压力(0.4～0.5 MPa)。点燃预热火焰并调节火焰到中性焰。打开切割氧阀门检查切割氧射流喷出时的风线，风线应是笔直、清晰的圆柱体，且有适当的长度，然后关闭切割氧阀门进行切割操作。

(3) 气割须从工件的边缘开始，如果要在工件中间切割孔，可在开始气割处先钻一个排渣孔，孔径<5 mm，以方便排出氧化物，使氧气流能吹到工件的整个厚度上。

批量切割时，可采用切割机操作，在切割机上割炬能沿着轨道作直线、曲线和圆弧运动，能准确切割出所要求的工件形状和大小。

4.3.4　气体保护焊

1) 二氧化碳气体保护焊

二氧化碳气体保护焊是利用二氧化碳作为保护气体的气体保护焊，简称为 CO_2 焊。它用可熔化的焊丝作电极，并兼做填充金属，以自动或半自动方式进行焊接，目前应用较多的是半自动 CO_2 焊。CO_2 焊的优点是：采用廉价的 CO_2 气体，焊接成本低、电流密度大、电弧热量利用率高、焊后不需清渣、生产率高。由于电弧加热集中，所以焊件受热面小、焊接变形小、焊缝的抗裂性能好、焊接质量好。焊接薄板时，与气焊比较，速度要快、操作灵活，适宜于各种空间位置的焊接，而且易于实现机械化与自动化焊接，现广泛用于机械、车辆、船舶及锅炉制造行业。CO_2 焊的缺点是：焊缝表面成形较差，飞溅较多。此外，由于 CO_2 在高温时会分解，使电弧气氛具有强烈的氧化性，导致合金元素氧化烧损，故不能焊接有色金属和高合金钢。

2) 氩弧焊

用氩作为保护气体的气体保护焊称为氩弧焊。手工钨极氩弧焊是各种氩弧焊方法中应用最多的一种。焊接时，在钨极和焊件间产生电弧，填充金属焊丝从一侧送入，在电弧热的作用下，填充金属与焊件熔融在一起，形成金属熔池，从喷嘴流出的氩气在电弧及熔池周围形成连续的封闭气流起保护作用。随着电弧慢慢前移，熔池金属冷却，凝固形成焊缝。氩弧焊还分为直流钨极氩弧焊、交流钨极氩弧焊、脉冲钨极氩弧焊，此外还有熔化极氩弧焊。

氩弧焊的特点：氩气是惰性气体，不与金属发生反应，被焊金属及合金元素不会损失，不溶于金属，不会产生气孔，故能获得高质量的焊缝；氩气导热系数小，是单分子气体，高温时不被分解吸热，电弧热量损失小，电弧稳定；焊接时便于观察熔池和进行控制，操作方便灵活，可进行各种空间位置焊接，易实现自动化控制操作；氩气价格相对其他气体较高，焊接成本高，另外，氩弧焊设备较为复杂，维修较困难。

氩弧焊目前主要用于焊接易于氧化的非铁金属(铝、镁、钛及其合金)高强度合金钢及某些特殊性能钢(不锈钢、耐热钢)等。

4.3.5　电渣焊、电子束焊、激光焊

电渣焊是利用电流通过液体熔渣所产生的电阻热进行熔焊的方法。可用于焊接大厚度工件(通常大于 36 mm,最厚达到 2 m),生产效率比电弧焊高,不开坡口,只在接缝处保持 20～40 mm 的间隙,节省钢材和焊接材料,因此经济效益好,可以以焊代铸、以焊代锻,减轻结构质量。缺点是焊接接头晶粒粗大,对于重要结构,可通过焊后热处理来细化晶粒结构,改善力学性能。

电子束焊是在真空环境中,从炽热阴极发射的电子被高压静电场加速,并经磁场聚集成高能量密度的电子束,以极高的速度轰击焊接表面,由于电子运动受阻而被制动,遂将动能变为热能而使焊件熔化,从而形成牢固接头的熔焊方法。其特点是焊速很快、焊缝窄而深、热影响区和焊接变形极小、焊缝质量很高。电子束焊能焊接其他焊接工艺难以焊接的形状复杂的焊件,能焊接特种金属和难熔金属,也适于异种金属及金属与非金属的焊接等。

激光焊是以聚焦的激光束作为热源轰击焊件所产生的热量进行焊接的方法。其特点是焊缝窄、热影响区小、变形小。在大气中能远距离穿射到焊件上,不像电子束那样需要真空,但穿透能力不及电子束。激光焊可进行同种金属或异种金属间的焊接,其中包括铝、铜、银、钼、锆、铌及难熔金属材料等,甚至还可焊接玻璃钢等非金属材料。

4.4　压力焊

压力焊是指焊接过程中必须对焊件施加压力,有时还需要加热,以完成焊接的方法。压力焊广泛应用于航空、航天、原子能、电子技术、汽车、拖拉机制造及轻工业等工业部门。用压力焊方法完成的焊接量,每年约占世界总焊量的三分之一,并有继续增加的趋势。

4.4.1　电阻焊

电阻焊是利用电流通过焊件接头的接触面积及邻近区域产生的电阻热,把工件局部加热到高塑性或熔化状态,再在压力作用下形成牢固接头的一种压焊方法。

电阻焊生产效率高,不需要填充金属,焊接变形小,操作简单、方便,容易实现机械化和自动化操作。其主要特点如下:

(1) 焊接电压很低(只有几伏),但焊接电流大(几千安至几千万安),故要求电源功率大。其加热时间短、热影响区小、焊接变形小。

(2) 焊接时,加热和加压同时进行,接头在压力作用下焊接结合。

(3) 不需要任何填充金属、物质药剂及气体,成本低。

电阻焊有三种形式:点焊、缝焊和对焊(图 4 - 14)。

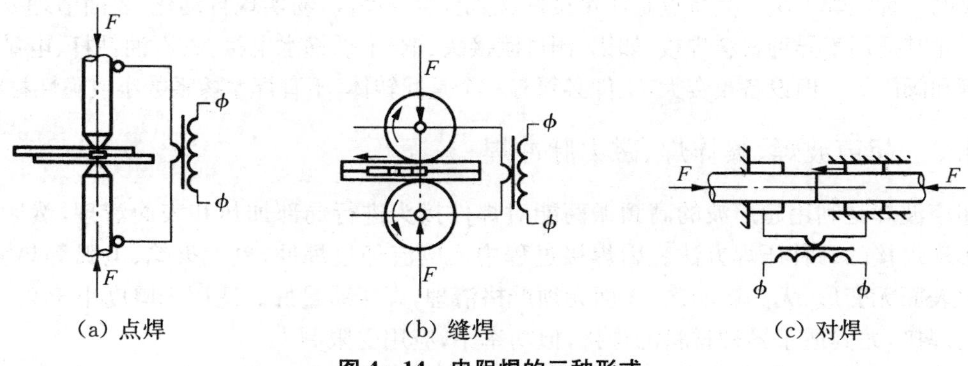

(a) 点焊　　(b) 缝焊　　(c) 对焊

图 4-14　电阻焊的三种形式

1) 点焊

点焊主要适合于薄板搭接结构、金属网筛及交叉钢筋构件焊接等，使工件在电极间的有限接触面(点)上形成扁球状熔核的焊接方法。焊接时，必须清理焊件表面锈渍、油漆等脏物，把焊件板料搭接配好，再放在两极之间，略施压力压紧，当通过足够大的电流时，在板接触处产生极大的电阻热，接触中心的金属被迅速加热到熔化状态，形成一个液态熔池，保持压力，切断电流，冷却后形成焊点。

2) 缝焊

工件装备成搭接对接接头，并置于两滚轮电极之间，滚轮加压，同时工件转动，连续或断续通电，形成一条连续的焊缝的电阻焊方法称为缝焊。缝焊时焊接重合 50％以上，密封性好，主要用于制造有密封要求的薄壁结构，如油箱、小型容器与管道等。

缝焊焊接过程分流现象较严重，焊接相同板厚的工件时，焊接电流为点焊的 1.5～2 倍，因此要使用大功率焊机，采用精确的电气设备控制通电时间，缝焊焊接只适宜于 3 mm 以下的薄板材。

3) 对焊

对焊按照焊接过程和操作方法不同，分为电阻对焊和闪光对焊两种。

电阻对焊过程的操作关键在于控制加热温度和顶锻速度。当工件接触面附近加热至黄白色(1 300 ℃左右)时，即可断电，同时两端施加压力。电阻对焊操作简单，焊接接头表面光滑，但内部质量不高。焊接时若加热温度不够或顶锻不及时、顶锻力不够，焊接接头就不好；若顶锻力太大，可能产生开裂；加热温度过高，也会产生过烧现象，影响接头强度。

闪光对焊与电阻对焊操作的不同之处在于闪光加热阶段。当电流通过两工件对焊面接触点时，接触点附近的金属被迅速加热而熔化，空气也剧烈受热，使熔化的金属以火花的形式从接口处喷发，工件继续接近，接触点不断产生，即火花喷射不断，待工件接头全面熔化，且距离端面有一定深度的内部有足够高的温度时，马上施加挤压力，使工件焊接成形。

对焊前必须仔细清理对接端面，尽量保证对焊面平整，去除锈渍、污垢，避免因端面不平整造成接头面加热不均匀、接头面不洁净、残留杂质等缺陷，从而影响焊接质量。

4.4.2　摩擦焊

摩擦焊是利用焊件表面相互摩擦所产生的热，使端面达到热塑性状态，然后迅速顶锻，完成焊接的一种压焊方法。其特点是质量良好、稳定，生产率高，易实现自动化，表面清理要求不高等。尤其适用于异种材料焊接，如铝-铜过渡接头、铜-不锈钢水电接头、石油钻杆、电站锅炉蛇形管和阀门等。但设备投资大，工件必须有一个是回转体，不宜焊摩擦系数小或脆性材料。

4.4.3 超声波焊、爆炸焊、磁力脉冲焊

超声波焊是利用超声波的高频振荡能对焊件接头进行局部加热和表面清理，然后施加压力实现焊接的一种压焊方法。因焊接过程中无电流经过焊件，也无火焰、电弧等热源，所以焊件表面无变形、无热影响区，表面无须严格清理，焊接质量好。适用于厚度小于 0.5 mm 工件的焊接，尤其适于异种材料的焊接，但功率小，应用受限制。

爆炸焊是利用炸药爆炸产生的冲击力造成的焊件的迅速碰撞，实现连接焊件的一种压焊方法。任何具有足够强度和塑性并能承受工艺过程所要求的快速变形的金属，均可以进行爆炸焊。主要用于材料性能差异大而用其他方法难焊接的场合，如铝-铜、钛-不锈钢等焊接，也可用于制造复合板。爆炸焊无须专用设备、工件形状、尺寸不限，但以平板、圆柱、圆锥为宜。

磁力脉冲焊是依靠被焊工件之间脉冲磁场相互作用而产生冲击的结果来实现金属之间的连接。其作用原理与爆炸焊相似。可用来焊接薄壁管材、异种金属如铜-铝、铝-不锈钢、铜-不锈钢、锆-不锈钢等。

4.5 钎焊

钎焊是采用比母材熔点低的金属材料，将焊件和钎料加热到高于钎料熔点，低于母材熔点的温度，利用液态钎料浸润母材，填充接头间隙，并与母材相互扩散实现连接焊件的方法。钎焊可一次性焊接多条焊缝，还可连接其他焊接方法难以连接的复杂接头（封闭结构、蜂窝结构）、加热温度低、母材不熔化、焊接应力和变形小、尺寸精度高，但接头强度较低、耐热性差、焊接准备工作要求高、多用搭接接头。广泛用于仪器、仪表、微电子仪器、真空器件的焊接。钎焊分为硬钎焊和软钎焊。

1）硬钎焊

钎料熔点高于 450 ℃的钎焊称为硬钎焊。硬钎焊常用钎料有铜基钎料和银基钎料等。硬钎焊接头强度高于 200 MPa，适用于焊接受力较大、工作温度较高的焊件，如自行车三脚架、车刀刀头与刀杆、双层卷焊管、工艺品等。

2）软钎焊

钎料熔点低于 450 ℃的钎焊称为软钎焊。软钎焊常用钎料有锡、铅等。软钎焊接头强度低于 70 MPa，适用于焊接受力不大、工作温度较低的焊件，如半导体器件引脚、大功率管芯片等。

钎焊一般使用钎剂，钎剂的作用是清除钎料和母材表面的氧化物，保护焊件和液态钎料在焊接中免于氧化，改善液态钎料对焊件的润湿性（即液态钎料对母材的浸润及附着能力）。硬钎焊的常用钎剂有硼砂及硼砂和硼酸的混合物等，软钎焊的常用钎剂有松香、氯化锌溶液等。

钎焊按加热过程不同分为烙铁钎焊、火焰钎焊、电阻钎焊、感应钎焊和炉中钎焊等。

钎焊的工艺过程为：焊前准备(除油、机械清理)→装配零件、安置钎料→加热、钎料熔化→冷却形成接头→焊后清理→检验。

4.6　焊接的质量检验与缺陷分析

4.6.1　焊接接头的质量检验

焊后检验是对焊接质量的综合评定，尤其是对有特殊性能要求的产品，焊后检验成为决定其质量和能否投入使用的关键。焊接接头的常用检测方法有外观检验、着色检验、无损检验、密封性检验、力学检验等。

(1) 外观检验：利用肉眼或借助于标准样板、量具等，必要时用低倍放大镜，观测焊缝表面有无缺陷，直接观其外形。

(2) 着色检验：利用着色剂检查焊缝的细小缺陷。

(3) 无损检验：检查焊缝内部及表层有无缺陷，一般有X射线探伤、γ射线探伤和超声波探伤等。

(4) 密封性检验：用于检验要求密封和承受压力的管道及构件。密封性检验分为煤油检验、气压检验和水压检验等。

另外，对设计有要求的焊件，可将焊接接头制成试件，进行力学性能检测及其他性能检测。

4.6.2　焊接缺陷分析

焊接缺陷降低工件的承载能力，使工件产生应力集中而引起焊缝开裂，降低工件的疲劳强度。在焊件的焊接接头处常存在焊缝外尺寸不符合要求，焊缝中存在气孔、夹渣、裂纹，或未焊透等缺陷。这些缺陷的产生一般是因为结构设计不合理、原材料不符合要求、接头焊接准备不仔细、焊接工艺选择不当或焊接操作技术不高等原因造成。表4-2对各种常见的焊接缺陷及产生的原因进行了分析。

表4-2　焊接缺陷及产生的原因

缺陷种类	产生的原因
焊瘤	焊条熔化太快；电弧过长；电流过大；焊速太慢；运条不当
夹渣	施焊中焊条未搅拌熔池；焊条不洁；电流过小；分层焊时，各层渣未去除
裂纹	焊件中含碳、硫、磷高；焊接结构设计不合理；焊接程序不当；焊缝冷却太快；应力过大；存在咬边、气泡、夹渣；未焊透
气孔	焊件不洁；焊条潮湿；电弧过长；焊速太快；电流过大；焊件含碳量高
咬边	电流过大；焊条角度不对；运条不当；电弧过长
未焊透	装配间隙过小；坡口开得太小；钝边太大；电流过大；焊速过快；焊条未对准焊缝；焊件不洁

4.6.3 应力与变形

在焊接过程中,焊件受热不均匀及熔化金属急剧冷却收缩,将导致焊接工件产生应力。应力导致工件变形,使焊件力学性能变化,形状及尺寸均受影响。最基本的焊接变形是收缩变形、扭曲变形、弯曲变形及角变形等。

因焊接应力与变形是在焊接过程中形成的,所以应在工艺设计时从焊缝位置布置、焊接规范选定等方面考虑尽量减少和消除焊接应力和变形。常用的工艺措施包括:合理选用焊接顺序;对称焊接;刚性固定。若已焊接成形且产生了变形,则焊后应加热矫正或敲击矫正,这样可以减少焊件应力和变形。

思考题

1. 进行电焊机实习操作时,如何引燃电弧?
2. 气焊与气割的点火及灭火操作顺序是什么?
3. 乙炔火焰根据氧气/乙炔的比例可分为哪三种?各有什么特点?
4. 手工电弧焊操作时,焊接方向与运送方向各指什么?
5. 焊接应力形成的主要原因是什么?对构件有何影响?如何减少或消除焊接应力和变形?

本章参考文献

[1] 郭烈恩,罗丽萍. 机械制造工程训练[M]. 北京:高等教育出版社,2017.
[2] 陈珊,李国明. 工程训练[M]. 北京:科学出版社,2020.
[3] 曹国强. 工程训练教程[M]. 北京:北京理工大学出版社,2019

第五章　车　削

5.1　知识点及安全要求

5.1.1　知识点

（1）了解车削加工的应用范围；
（2）掌握车削加工中，切削用量的选择；
（3）学会对阶梯轴的车削加工；
（4）能对车削质量缺陷进行分析。

5.1.2　安全要求

（1）工作中要注意安全，做到文明生产，在工作场所不打闹嬉戏；
（2）在工作场所要穿戴工作服，女同学要戴工作帽，不允许戴手套；
（3）工作时要将工件装夹牢固，防止砸伤；
（4）在工作时注意量具的使用方法，防止量具的不正常损坏。

5.2　概述

车削加工是指在车床上利用工件的旋转和刀具的移动，从工件表面切除多余材料，使其成为符合一定形状、尺寸和表面质量要求的零件的一种切削加工方法。如图 5-1 所示，其中工件的旋转为主运动，刀具的移动为进给运动。

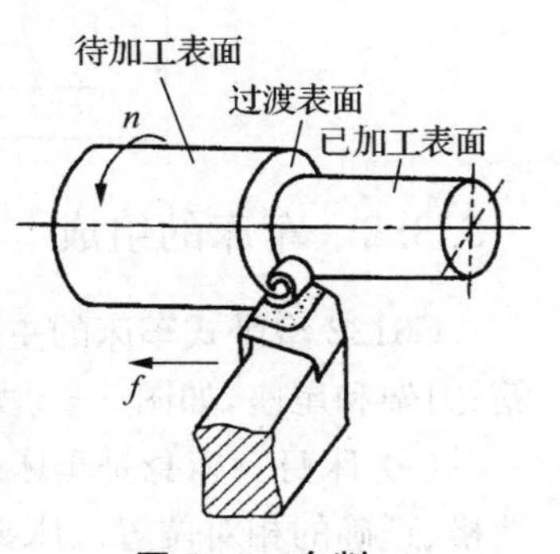

图 5-1　车削

车削加工主要用来加工零件上的回转表面，加工精度达 IT11～IT6，表面粗糙度 R_a 值达 12.5～0.8 μm。

车床是金属切削机床中数量最多的一种，大约占机床总数的一半，其中大部分为卧式车床。

车削加工应用范围很广泛，它可完成的主要工作如图 5-2 所示。

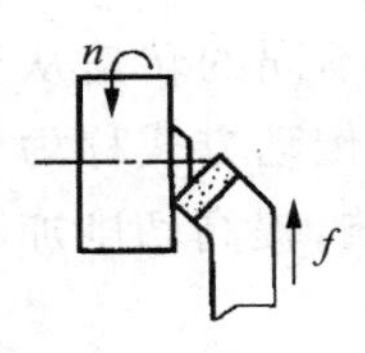

(a) 车端面

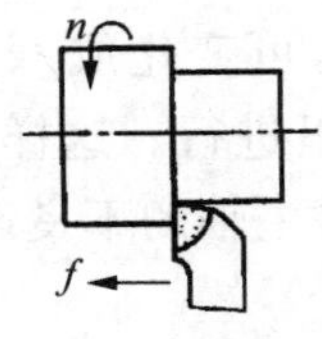

(b) 车外圆

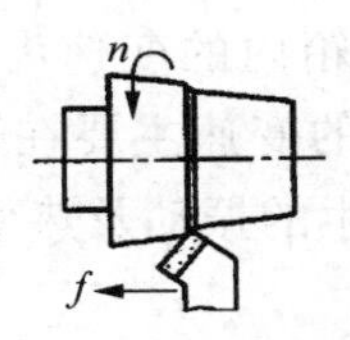

(c) 车外锥面

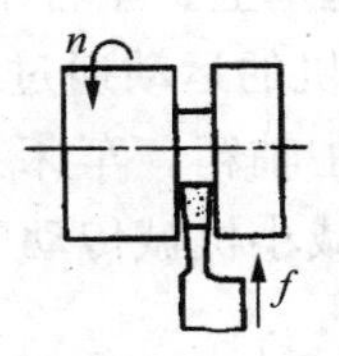

(d) 切槽、切断

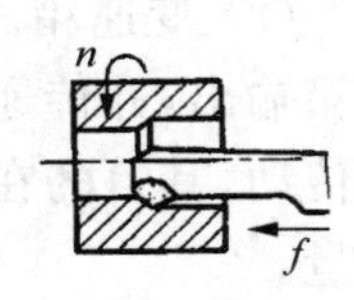

(e) 镗孔

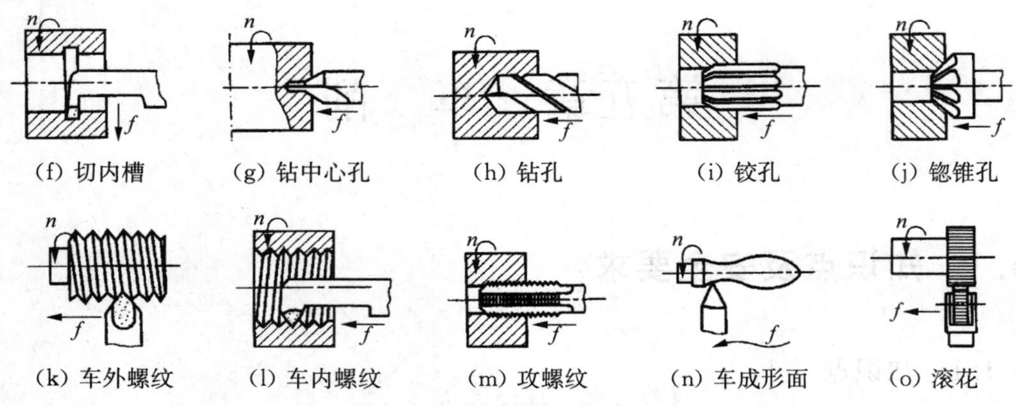

图 5-2　车床可完成的主要工作

5.3　普通车床

普通车床的种类很多，下面主要介绍常用的 C6132 型卧式车床。

5.3.1　车床的型号

车床型号是按 GB/T 15375—2008《金属切削机床型号编制方法》规定的，由汉语拼音字母和阿拉伯数字组成。C6132 型卧式车床的型号含义如下：

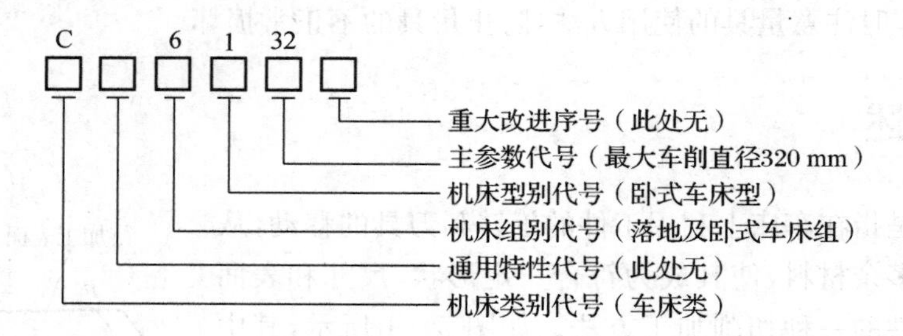

5.3.2　车床的组成

C6132 型卧式车床的主要组成部分有床身、变速箱、主轴箱、进给箱、光杠和丝杠、溜板箱、刀架和尾座，如图 5-3 所示。

(1) 床身。床身是车床的基础零件，用来支承和连接各主要部件并保证各部件之间有严格、正确的相对位置。床身的上面有内、外两组平行的导轨。外侧的导轨用于大拖板的运动导向和定位，内侧的导轨用于尾座的移动导向和定位。床身的左右两端分别支承在左右床脚上，床脚固定在地基上。左右床脚内分别装有变速箱和电气箱。

(2) 变速箱。电机的运动通过变速箱内的变速齿轮，可变化成六种不同的转速从变速箱输出，并传递至主轴箱。车床主轴的变速主要在这里进行。这样的传动方式称为分离传动，其目的在于减小机械传动中产生的振动及热量对主轴的不良影响，提高切削加工质量。

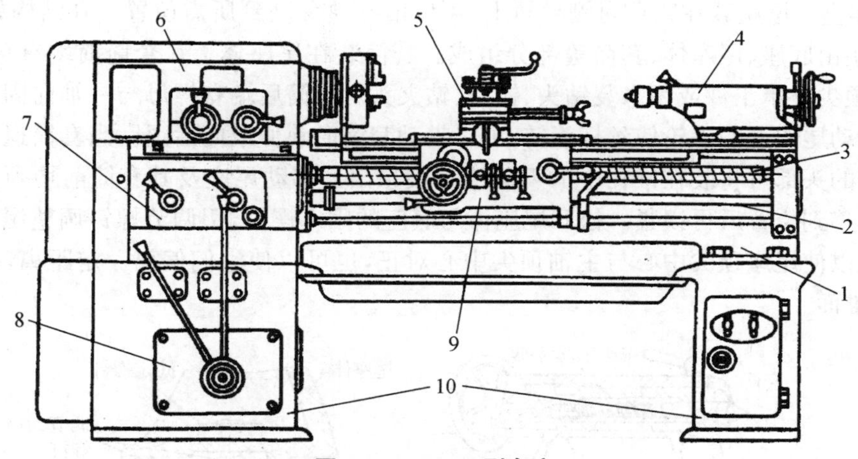

图 5－3　C6132 型车床

1—床身；2—光杠；3—丝杠；4—尾座；5—刀架；6—主轴箱；7—进给箱；8—变速箱；9—溜板箱；10—床脚

(3) 主轴箱。主轴箱安装在床身的左上端，主轴箱内装有一根空心的主轴及部分变速机构。变速箱传来的六种转速通过变速机构，变成主轴十二种不同的转速。主轴的通孔中可以放入工件棒料。主轴右端(前端)的外锥面用来装夹卡盘等附件，内锥面用来装夹顶尖。

车削过程中主轴带动工件实现旋转(主运动)。

(4) 进给箱。进给箱内装有进给运动的变速齿轮。主轴的运动通过齿轮传入进给箱，经过变速机构带动光杠或丝杠以不同的转速转动，最终通过溜板箱而带动刀具实现直线的进给运动。

(5) 光杠和丝杠。光杠和丝杠将进给箱的运动传给溜板箱。车外圆、车端面等自动进给时，用光杠传动；车螺纹时用丝杠传动。丝杠的传动精度比光杠高。光杠和丝杠不得同时使用。

(6) 溜板箱。溜板箱与大拖板连在一起，它将光杠或丝杠传来的旋转运动通过齿轮、齿条机构(或丝杠、螺母机构)带动刀架上的刀具作直线进给运动。

(7) 刀架。刀架是用来装夹刀具的，刀架能够带动刀具作多个方向的进给运动。为此，刀架做成多层结构，如图 5－4，从下往上分别是大拖板、中拖板、转盘、小拖板和四方刀架。

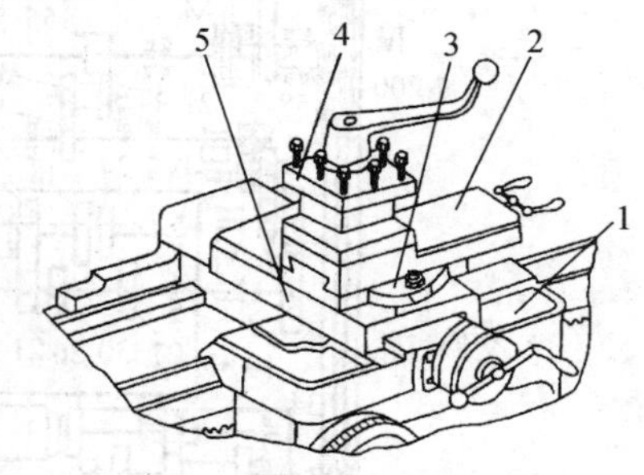

图 5－4　刀架的组成

1—大拖板；2—小拖板；3—转盘；4—四方刀架；5—中拖板

大拖板可带动车刀沿床身上的导轨作纵向移动。中拖板可以带动车刀沿大拖板上的导轨(与床身上导轨垂直)做横向运动。转盘与中拖板用螺栓相连，松开螺母，转盘可在水平面内转动任意角度。小拖板可沿转盘上的导轨做短距离移动。当转盘转过一个角度，其上导轨亦转过一个角度，此时小拖板便可以带动刀具沿相应的方向作斜向进给运动。最上面的四方刀架专门夹持车刀，最多可装四把车刀。逆时针松开锁紧手柄可带动四方刀架旋转，选择所用刀具；顺时针旋转时四方刀架不动，但将四方刀架锁紧，以承受加工中各种力对刀具的作用。

(8) 尾座。尾座装在床身内侧导轨上,可以沿导轨移动到所需位置。其结构如图 5-5 所示。尾座由底座、尾座体、套筒等部分组成。套筒装在尾座体上。套筒前端有莫氏锥孔,用于安装顶尖支承工件或用来装钻头、铰刀、钻夹头。套筒后端有螺母与一轴向固定的丝杆相连接,摇动尾座上的手轮使丝杆旋转,可以带动套筒向前伸或向后退。当套筒退至终点位置时,丝杆的头部可将装在锥孔中的刀具或顶尖顶出。移动尾座及其套筒前均须松开各自锁紧手柄,移到位置后再锁紧。松开尾座体与底座的固定螺钉,用调节螺钉调整尾座体的横向位置,可以使尾座顶尖中心与主轴顶尖中心对正,也可以使它们偏离一定距离,用来车削小锥度长锥面。

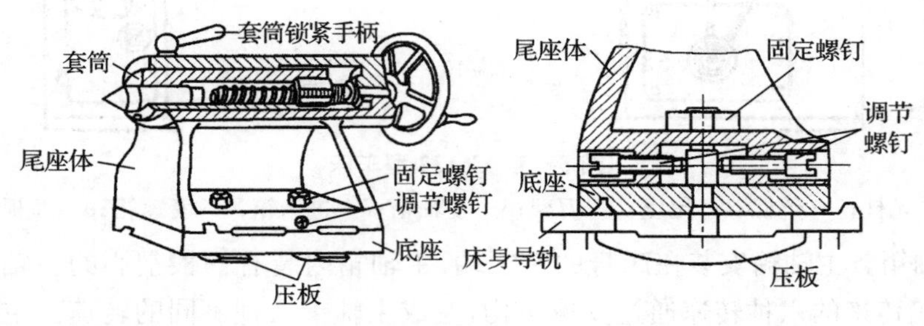

图 5-5　尾座

5.3.3　C6132 车床的传动系统

C6132 车床的传动系统如图 5-6 所示。

C6132 车床的传动系统由主运动传动系统和进给运动传动系统两部分组成(图 5-7)。

1) 主运动传动系统

在车床上主运动是指主轴带动工件所做的旋转运动。主轴的转速常用 n 来表示,单位为 r/min。主运动传动系统是指从电机到主轴之间的传动系统,如图 5-6 所示。

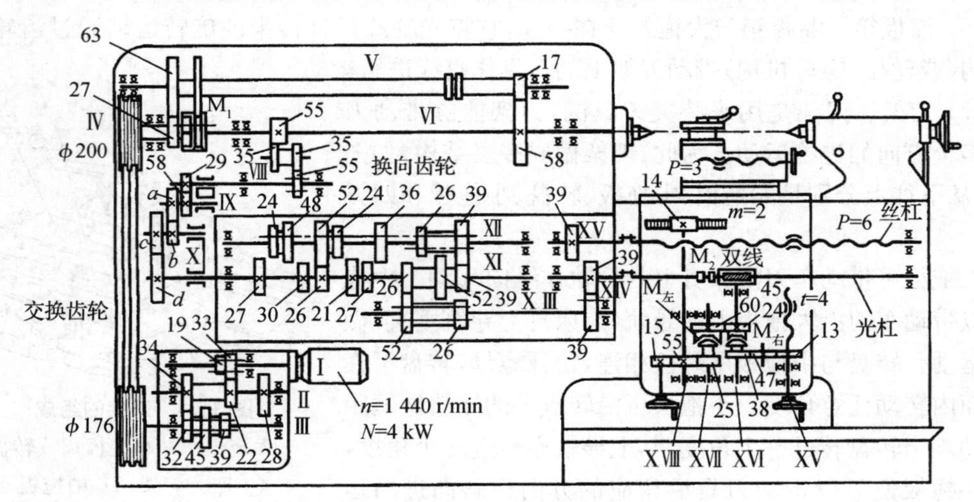

图 5-6　C6132 车床传动系统

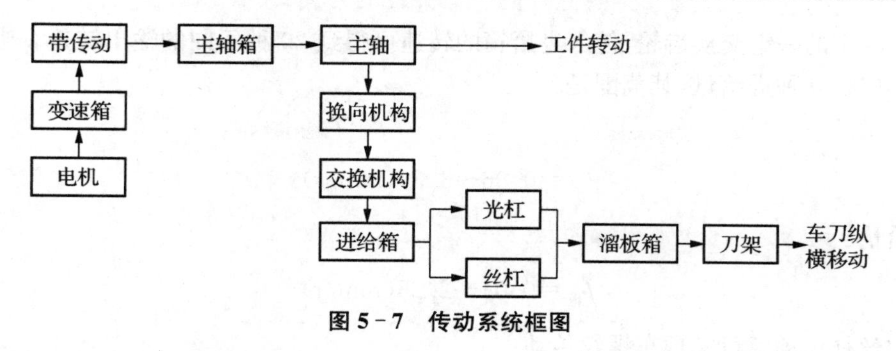

图 5－7　传动系统框图

主运动的传动路线如下：

$$\begin{matrix}\text{电动机}\\(1\ 440\ \text{r/min})\end{matrix}-\mathrm{I}-\underbrace{\left\{\begin{matrix}\frac{33}{22}\\ \frac{19}{34}\end{matrix}\right\}\mathrm{II}-\left\{\begin{matrix}\frac{34}{32}\\ \frac{28}{39}\\ \frac{22}{45}\end{matrix}\right\}}_{\text{变速箱}}-\mathrm{III}-\underbrace{\frac{\phi176}{\phi200}}_{\text{V带}}-\mathrm{IV}-\underbrace{\left\{\begin{matrix}\frac{27}{63}-\mathrm{V}-\frac{17}{58}\\ \frac{27}{27}\end{matrix}\right\}}_{\text{主轴箱}}\mathrm{IV}(\text{主轴})$$

可以算出，主轴有 2×3×1×(1×1＋1)＝12 种转速。主轴的最高转速是 1 440×33÷22×34÷32×176÷200×ε×27÷27＝1 980 r/min(取 V 带传动打滑系数 ε＝0.98)；最低转速为 43 r/min。

此外，主轴的反转是通过电机来实现的。主轴有 12 种与正转相应的反向转速。

2) *进给运动传动系统*

车床上的进给运动是指刀具相对于工件的移动。进给运动用进给量 f 来描述，单位是 mm/r，意指主轴旋转一周，刀具相对工件沿纵向(或横向)移动的距离。进给量不是指进给速度的大小，而是指刀具运动与主轴运动的关系。进给运动传动系统是指从主轴到刀架之间的传动系统。进给运动传动路线为：

$$\text{主轴}\mathrm{IV}-\left\{\begin{matrix}\frac{55}{55}\\ \frac{55}{35}-\frac{35}{55}\end{matrix}\right\}-\mathrm{VIII}-\frac{29}{58}-\mathrm{IX}-\frac{a}{b}-\frac{c}{d}-\mathrm{XI}-\left\{\begin{matrix}\frac{27}{24}\\ \frac{30}{48}\\ \frac{26}{52}\\ \frac{21}{24}\\ \frac{27}{36}\end{matrix}\right\}-\mathrm{XII}-\left\{\begin{matrix}\frac{26}{52}\times\frac{26}{52}\\ \frac{39}{39}\times\frac{52}{26}\\ \frac{26}{52}\times\frac{52}{26}\\ \frac{39}{39}\times\frac{26}{52}\end{matrix}\right\}-$$

$$\mathrm{XIII}-\left\{\begin{matrix}\frac{39}{39}-\mathrm{XV}(\text{丝杠 }P_{丝}=6\text{ 车螺纹})\\ \frac{39}{39}-\mathrm{XIV}(\text{光杠})-\frac{2}{45}-\mathrm{XVI}-\left\{\begin{matrix}\frac{24}{60}-\text{离合器(左)}-\mathrm{XVII}-\frac{25}{55}-\mathrm{XVIII}(\text{齿轮齿条})-\text{纵向自动进给}\\ \text{离合器(右)}-\frac{38}{47}\times\frac{47}{13}(\text{丝杠螺母})-\text{横向自动进给}\end{matrix}\right.\end{matrix}\right.$$

对于给定的一组交换齿轮，传入进给箱的转速可得到20种不同的输出转速。当用光杠传动时，可获20种进给量，其范围是：

纵向进给量

$$f_{纵}=0.06\sim3.34(\mathrm{mm/r})$$

横向进给量

$$f_{横}=0.04\sim2.25(\mathrm{mm/r})$$

如用丝杠传动就可实现车螺纹传动。

另外，调节正反走刀手柄还可以获得相对应的反向进给的进给量。

5.3.4 其他车床

在生产上，除了使用普通卧式车床外，还使用六角车床、立式车床、自动车床、数控车床等，以满足不同形状、不同尺寸和不同生产批量的零件的加工需要。

1）六角车床

六角车床有转塔式六角车床和回轮式六角车床。图5-8所示为转塔式六角车床，其结构与卧式车床相似，但没有丝杠，并且由可转动的六角刀架代替尾座。六角刀架可以同时装夹六把(组)刀具，既能加工孔，又能加工外圆和螺纹。这些刀具按零件加工顺序装夹。六角刀架每转60°就可以更换一把(组)刀具。四方刀架上亦可以装夹刀具进行切削。机床上设有定程挡块以控制刀具的行程，操作方便迅速。

六角车床主要用在成批生产中加工轴销、螺纹套管以及其他形状复杂的工件，生产率高。

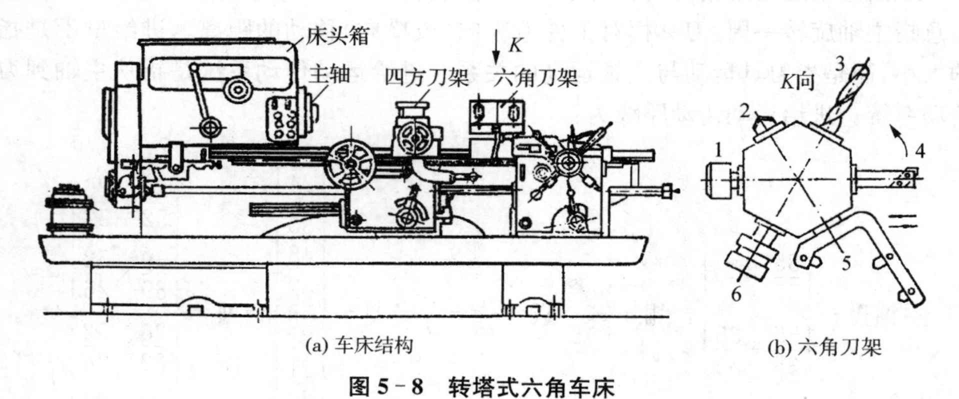

(a) 车床结构　　(b) 六角刀架

图5-8　转塔式六角车床

2）立式车床

立式车床的外形如图5-9所示。装夹工件用的工作台绕垂直轴线旋转。在工作台的后侧立柱上装有横梁和一个横刀架，它们都能沿立柱上的导轨上下移动。立刀架溜板可沿横梁左右移动。溜板上有转盘，可以使刀具斜成需要的角度，立刀架可作竖直或斜向进给。立刀架上的转塔有五个孔，可以装夹不同的刀具。旋转转塔即可以迅速准确地更换刀具。

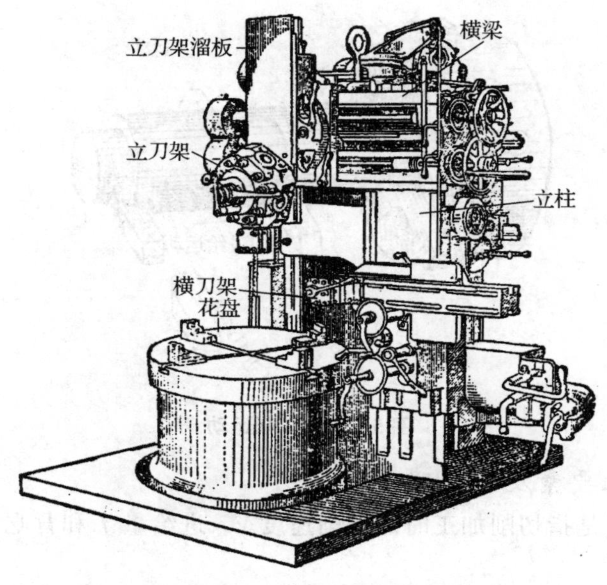

图 5-9 立式车床外形图

利用立刀架可进行车内、外圆柱面，内、外圆锥面，车端面，切槽，还可以进行钻孔、扩孔和铰孔等加工。横刀架上的四方刀台夹持刀具，可沿立柱导轨和刀架滑座导轨作竖直或横向进给，完成车外圆、端面、切外沟槽和倒角等工作。

由于工作台面处于水平位置，工件的装夹、找正和夹紧都比较方便。立式车床适用于径向尺寸大、横向尺寸相对较小及形状复杂的大型和重型工件的加工。

5.4 车削基础

在生产中，要以一定的生产率加工出质量合格的零件，就要合理选择切削加工工艺参数，合理地使用刀具、夹具、量具，并采用合理的加工方法。

5.4.1 切削用量

1) 车削加工运动

切削时，没有刀具和工件的相对运动，切削加工就无法进行。切削运动可分为主运动和进给运动。

(1) 主运动：由机床或人力提供的主要运动，它促使刀具和工件之间产生相对运动，从而使刀具前面接近工件。在车削加工中，工件随车床主轴的旋转就是主运动，如图 5-10 所示。

(2) 进给运动：由机床和人力提供的运动，它使刀具和工件之间产生附加的相对运动，加上主运动即可不断地或连续地切除切屑，并得到具有所需几何特性的已加工表面。在车削加工中，进给运动是刀具沿车床纵向或横向的运动。进给运动的运动速度较低。

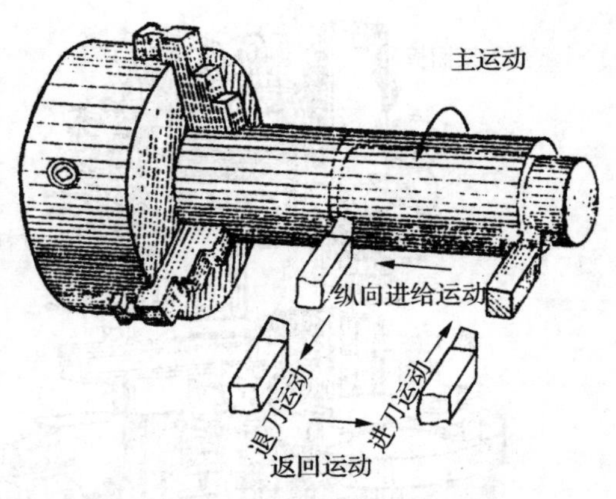

图 5-10 车削运动

2) 切削用量三要素及其合理选用

切削用量三要素是指切削加工时的切削速度 V_c、进给量 f 和背吃刀量 a_p，如图 5-11 中所示。

(1) 切削速度 V_c：切削刃选定点相对于工件的主运动的瞬时速度。在车削加工中为工件旋转线速度

$$V_c = \pi n D / (1\,000 \times 60)\ (\mathrm{m/s})$$

其中：n——工件的转速，单位：r/min；

D——工件待加工表面直径，单位：mm。

(2) 进给量 f：刀具在进给运动方向上相对工件的位移量，在车削加工时为工件每转一周刀具在进给方向的相对移动量，其单位为 mm/r。

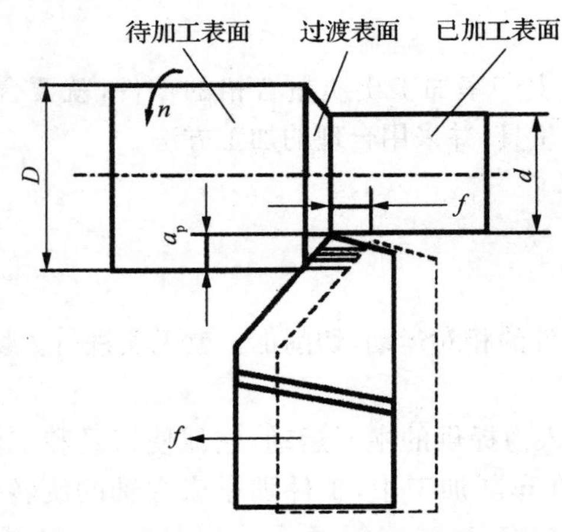

图 5-11 切削用量三要素

(3) 背吃刀量 a_p：在通过切削刃基点并垂直于工件平面的方向上测量的吃刀量。在车削加工中，是指工件的已加工表面与待加工表面之间的垂直距离，即

$$a_p = (D - d)/2\ (\mathrm{mm})$$

切削速度、进给量和背吃刀量之所以称为切削用量三要素，是因为它们对切削加工质量、生产率、机床的动力消耗、刀具的磨损有着很大的影响，是重要的切削参数。粗加工时，为了提高生产率，尽快切除大部分加工余量，在机床刚度允许的情况下选择较大的背吃刀量和进给量，但考虑到刀具耐用度和机床功率的限制，切削速度不宜太高。精加工时，为保证工件的加工质量，应选用较小的背吃刀量和进给量，可选择较高的切削速度。根据被加工工件的材料、切削加工条件、加工质量要求，在实际生产中可由经验或参考《机械加工工艺人员手册》选择合理的切削用量三要素。

5.4.2　车刀及其安装

1）车刀

车刀的种类很多，根据工件和被加工表面的不同，常用的车刀有左刃直刀、外圆车刀、端面车刀、螺纹车刀、通孔镗刀等，如图 5－12 所示。

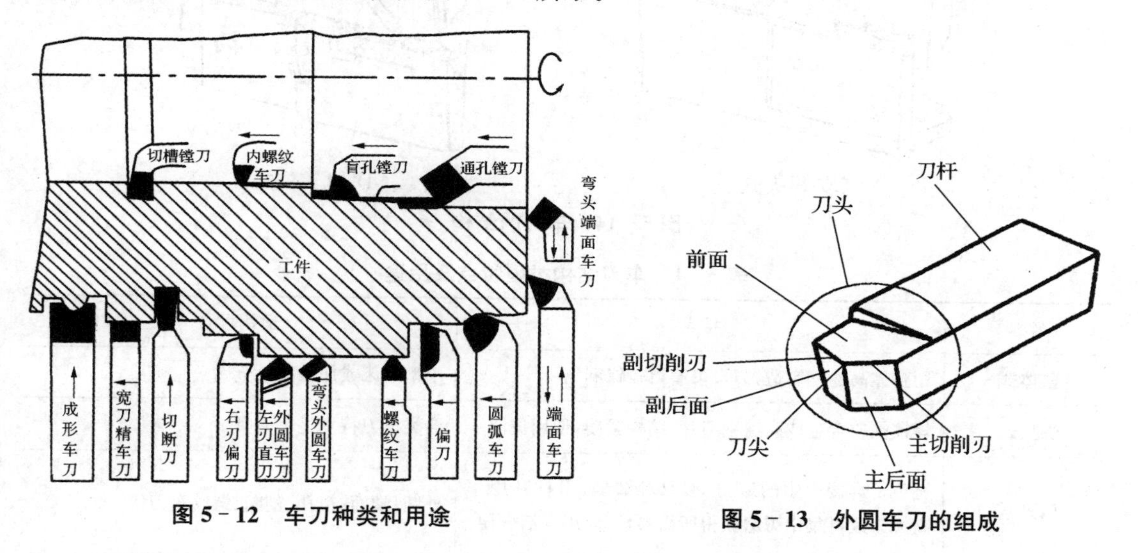

图 5－12　车刀种类和用途　　**图 5－13　外圆车刀的组成**

（1）车刀的组成

车刀由刀头和刀杆组成，如图 5－13 所示。刀头直接参加切削工作，故又称切削部分。刀杆是用来将车刀夹持在刀架上的，故又称为夹持部分。

车刀的切削部分一般由三个面、两条切削刃和一个刃尖所组成，分别是：

① 前面：刀具上切屑流过的表面。

② 主后面：刀具上同前面相交成主切削刃的后面。该面与工件上的过渡表面相对。

③ 副后面：刀具上同前刀面相交形成副切削刃的后面。该面与工件上的已加工表面相对。

④ 主切削刃：起始于切削刃上主偏角为零的点，并至少有一段切削刃拟用来在工件上切出过渡表面的那个整段切削刃。它担负主要的切削工作。

⑤ 副切削刃：切削刃上除主切削刃以外的刃。它担负部分切削工作。

⑥ 刀尖：指主切削刃与副切削刃的连接处相当少的一部分切削刃，通常是一小段圆弧或一小段直线。

按照刀头与刀杆的连接形式可将车刀分为四种结构形式，如图 5－14 所示。

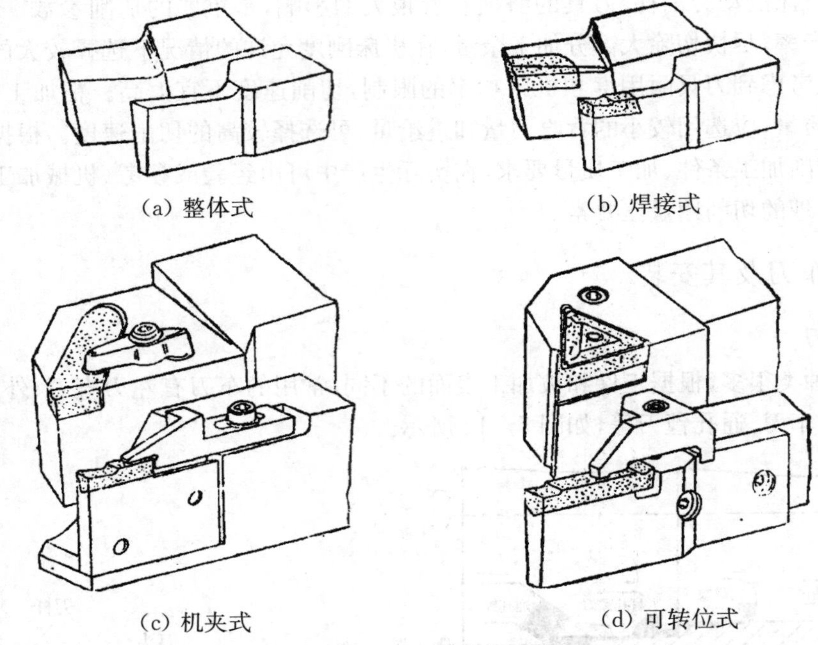

(a) 整体式　(b) 焊接式　(c) 机夹式　(d) 可转位式

图 5－14　车刀的结构

表 5－1　车刀结构类型特点及用途

名称	特点	适用场合
整体式	用整体高速钢制造，刃口可磨得较锋利	小型车床或加工有色金属
焊接式	焊接硬质合金或高速钢刀片，结构紧凑，使用灵活	各类车刀特别是小刀具
机夹式	避免了焊接产生的应力、裂纹等缺陷，刀杆利用率高。刀片可集中刃磨获得所需参数，使用灵活方便	外圆、端面、镗孔、割断、螺纹车刀等
可转位式	避免了焊接刀的缺点，切削刃磨钝后刀片可快速转位，无需刃磨刀具，生产率高，断屑稳定，可使用涂层刀片	大中型车床加工外圆、端面、镗孔，特别适用于自动线、数控机床

(2) 车刀的角度及合理选用

刀具的几何形状、刀具的切削刃及前后面的空间位置都是由刀具的几何角度所决定的。

这里给定一组辅助平面作为标注、刃磨和测量车刀角度的基准，称为静止参考坐标系。它是由基面、主切削平面和正交平面三个相互垂直的平面所构成，如图 5－15 所示。

① 基面：过切削刃选定点的平面，它平行或垂直于刀具，在制造、刃磨及测量时适合于装夹或定位的一个平面或轴线，一般来说其方位要垂直于假定的主运动方向。

② 主切削平面：通过切削刃上选定点与主切削刃相切并垂直于基面的平面。

③ 正交平面：通过切削刃选定点并同时垂直于基面和主切削平面的平面。

假定进给速度 $V_f=0$，且主切削刃上选定点与工件旋转中心等高时，该点的基面正好是水平面，而该点的切削平面和正交平面都是铅垂面。

在刀具静止参考系内，车刀切削部分在辅助平面中的位置形成了车刀的几何角度。车刀的几何角度主要有前角 γ_0、后角 α_0、主偏角 κ_r、副偏角 κ_r'和刃倾角 λ_s，如图 5-16 所示。

① 前角 γ_0：它是在正交平面中测量的，是前面与基面的夹角。前角越大，刀具越锋利，切削力减小，有利于切削，工件的表面质量好。但前角太大会降低切削刃的强度，容易崩刃。一般情况下，工件材料的强度、硬度较高，刀具材料硬脆时，工件材料为脆性材料或断续切削时及粗加工时，γ_0 均取小值。若反之，γ_0 可以取得大一些。用高速钢车刀车削钢件时，γ_0 取 15°～25°；用硬质合金刀具车削钢件时，γ_0 取 10°～15°；用硬质合金刀具车削铸铁件时，γ_0 取为 5°～8°。

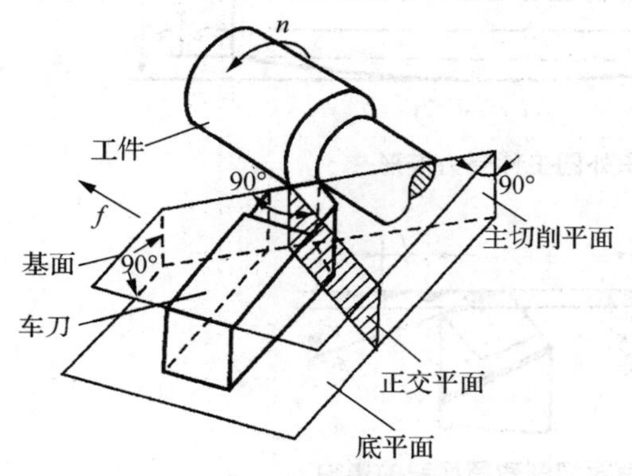

图 5-15　车刀的辅助平面

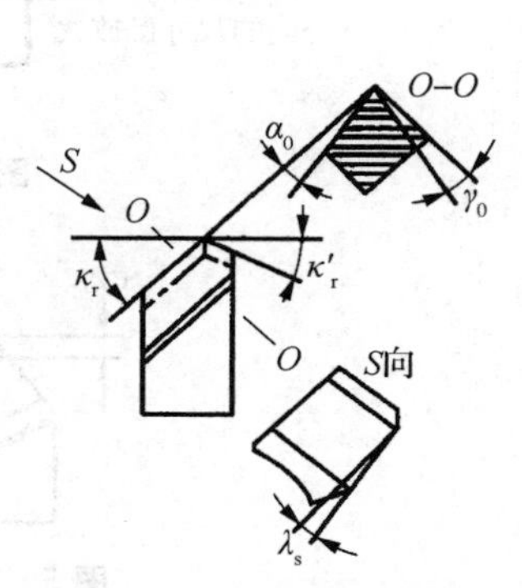

图 5-16　车刀的主要角度

② 后角 α_0：它也在正交平面中测量，是主后面与切削平面间的夹角。后角影响主后面与工件过渡表面的摩擦，影响刀刃的强度。α_0 一般取 6°～12°。粗加工或切削较硬材料时取小些；精加工或切削较软材料时取大些。

③ 主偏角 κ_r：它是在基面中测量的，是主切削平面与假定工作平面间的夹角。主偏角的大小影响切削刃实际参与切削的长度及切削力的分解。减小主偏角会增加刀刃的实际切削长度，总切削负荷增加，但单位长度切削刃上的负荷减小，使刀具耐用度得以提高，但会加大刀具对工件的径向作用力，易将细长工件顶弯，如图 5-17 所示。通常 κ_r 选择 45°、60°、75°和 90°几种。

④ 副偏角 κ_r'：它也在基面中测量，是副切削平面与假定工作平面间的夹角，副偏角影响副后面与工件已加工表面之间的摩擦以及已加工表面粗糙度数值的大小，如图 5-18 所示。κ_r'较小时，可减小切削的残留面积，减小表面粗糙度数值。通常 κ_r'的取值为 5°～15°，精加工时取小值。

⑤ 刃倾角 λ_s：它在主切削平面中测量，是主切削刃与基面的夹角。刃倾角主要影响切屑的流向和刀头的强度。当 $\lambda_s=0°$时，切屑沿垂直于主切削刃的方向流出，如图 5-19(a)所示；当刀尖为切削刃的最低点时，λ_s为负值，切屑流向已加工表面，如图 5-19(b)所示；当刀尖为主切削刃上最高点时，λ_s为正值，切屑流向待加工表面，如图 5-19(c)所示，此时刀头强度较低。一般 λ_s取$-5°\sim+5°$。精加工时取正值或零，以避免切屑划伤已加工表面；粗加工或切削硬、脆材料时取负值以提高刀尖强度。断续车削时 λ_s可取$-12°\sim-15°$。

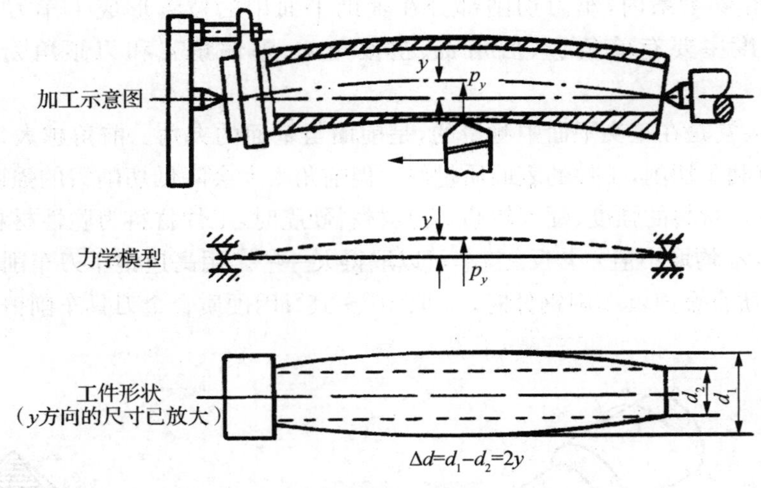

图 5-17　车外圆工件受力变形

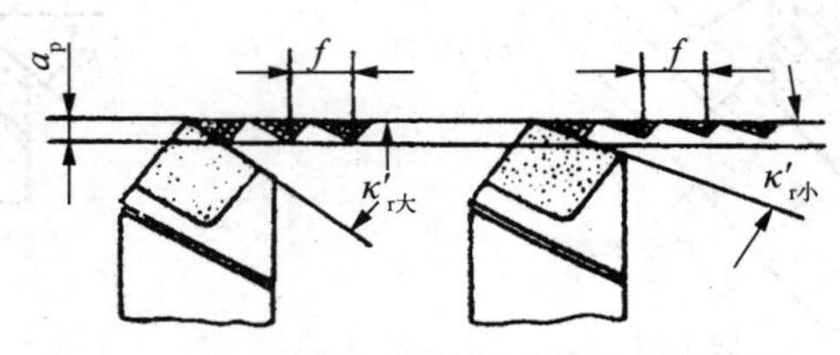

图 5-18　副偏角对切削残留面积的影响

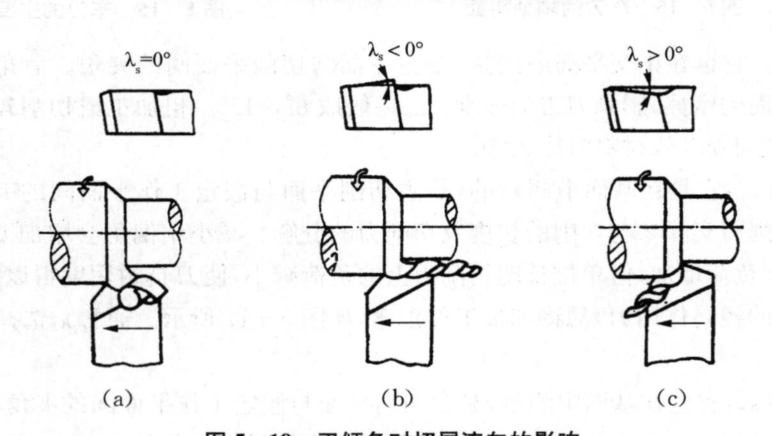

图 5-19　刃倾角对切屑流向的影响

刀具静止参考系角度主要在刀具的刃磨与测量时使用。在实际的工作过程中刀具的角度可能会有一定程度的改变。

(3) 车刀材料及选用

车刀的材料必须具有特殊的力学性能。具体要求如下：

① 高硬度及良好的耐磨性，这是能作为刀具材料的基本要求。车刀材料的硬度必须在60 HRC以上。硬度越高，其耐磨性越好。

② 高的热硬性，即刀具材料在高温时保持原有强度、硬度的能力。

③ 足够的强韧性，保证刀具在一定的切削力或冲击载荷作用下不产生崩刃等损坏。

另外，刀具材料还要有较好的工艺性和经济性。

车刀材料用得最多的是高速钢和硬质合金。

高速钢是合金元素很多的合金工具钢，硬度在 63 HRC 以上，耐热 600 ℃，常用的牌号为 W18Cr4V。高速钢的强韧性好，刀具刃口锋利，可以制造各种形式的车刀，尤其是螺纹精车刀具、成形车刀等。高速钢车刀可以加工钢、铸铁、有色金属材料。高速钢车刀的切削速度不能太高。

硬质合金是由 WC、TiC、Co 等进行粉末冶金而成的，其硬度很高，达 89～94 HRA，耐热 800～1 000 ℃。质脆，没有塑性，成形性差，通常制成硬质合金刀片装在 45 钢刀体上使用。由于其硬度高、耐磨性好、热硬性好，允许采用较大的切削用量。实际生产中一般性车削用车刀大多数采用硬质合金。

常用硬质合金有钨钴类(YG 类)和钨钴钛类(YT 类)两大类。YG 类硬质合金较 YT 类硬度略低，韧性稍好一些，一般用于加工铸铁件。YT 类常用来车削钢件。常用的硬质合金中：YG8 用于铸铁件粗车，YG6 用于半精加工，YG3 用于精车；YT5 用于钢件粗车，YT15 用于半精车，YT30 用于精车。

除上述材料外，车刀材料还有硬质合金涂层刀片、陶瓷等。

(4) 车刀的刃磨

未经使用的新刀或用钝后的车刀需要进行刃磨(不重磨车刀除外)，得到所需的锋利刀刃后才能进行车削。车刀的刃磨一般在砂轮机上进行，也可以在车刀磨床或工具磨床上进行。刃磨高速钢车刀时应选用白刚玉(氧化铝晶体)砂轮，刃磨硬质合金车刀时则选用绿色碳化硅砂轮。车刀的刃磨包括刃磨三个刀面和刀尖圆弧，如图 5－20 所示，最后达到所需形状和角度的要求。

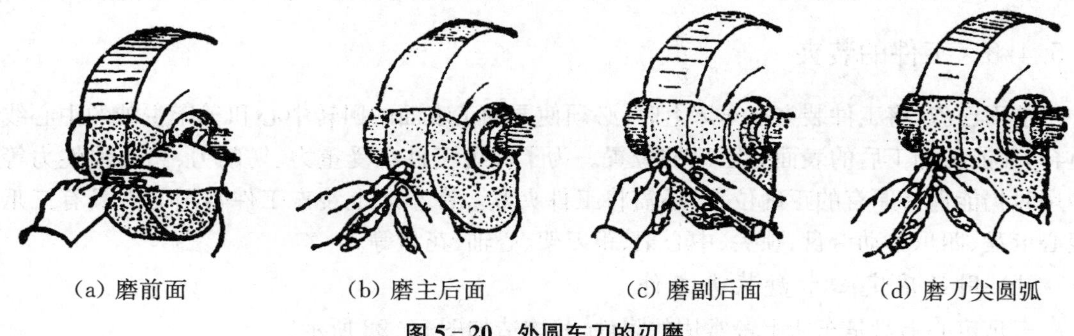

(a) 磨前面　(b) 磨主后面　(c) 磨副后面　(d) 磨刀尖圆弧

图 5－20 外圆车刀的刃磨

刃磨车刀时应注意下列事项：

① 启动砂轮或刃磨车刀时，磨刀者应站在砂轮侧面，以防砂轮破碎伤人；

② 刃磨时，两手握稳车刀，使刀柄靠近支架，刀具轻轻接触砂轮，接触过猛会导致砂轮碎裂或手拿车刀不稳而飞出；

③ 被刃磨的车刀应在砂轮圆周面上左右移动，使砂轮磨耗均匀，不出沟槽。应避免在砂轮侧面用力粗磨车刀，以防砂轮受力偏摆、跳动，甚至碎裂；

④ 刃磨高速钢车刀时，发热后应将刀具置于水中冷却，以防车刀升温过高而回火软化。而磨硬质合金车刀时不能蘸水，以免产生热裂纹，缩短刀具使用寿命。

2）正确装夹车刀

车刀应正确地装夹在车床刀架上，这样才能保证刀具有合理的几何角度，从而提高车削加工的质量。

车刀的装夹正、误对比如图 5－21 所示。

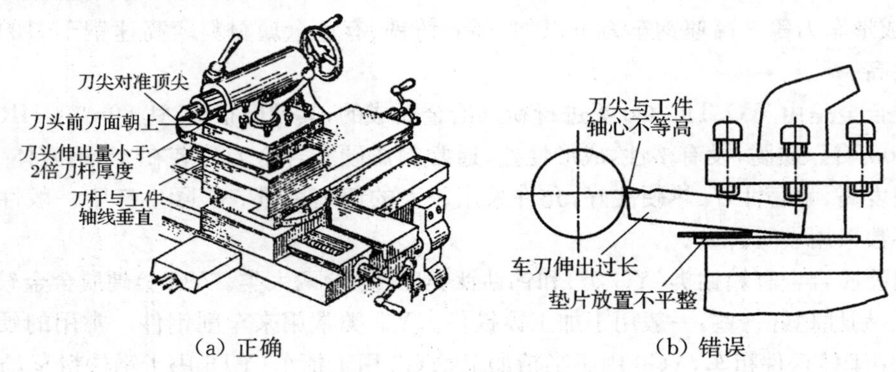

(a) 正确 (b) 错误

图 5－21 车刀的装夹

装夹车刀应注意下列事项：

① 车刀的刀尖应与车床主轴轴线等高。装夹时可根据尾座顶尖的高度来确定刀尖高度；

② 车刀刀杆应与车床轴线垂直，否则将改变主偏角和副偏角的大小；

③ 车刀刀头悬伸长度一般不超过刀杆厚度的两倍，否则刀具刚性下降，车削时容易产生振动；

④ 垫刀片要平整，并与刀架对齐，垫刀片一般使用 2～3 片，太多会降低刀杆与刀架的接触刚度；

⑤ 车刀装好后应检查车刀在工件的加工极限位置时是否会产生运动干涉或碰撞。

5.4.3 工件的装夹

前面已叙，将工件装夹在车床上时，必须使要加工表面的回转中心和车床主轴的中心线重合，才能使加工后的表面有正确的位置。为了保证工件在受重力、切削力、离心惯性力等作用时仍能保持原有的正确位置，还需将工件夹紧。在车床上装夹工件常用的夹具有三爪定心卡盘、四爪单动卡盘、顶尖、中心架、跟刀架、心轴、花盘等。

1）用三爪定心卡盘装夹工件

三爪定心卡盘是车床上最常用的附件，其构造如图 5－22 所示。

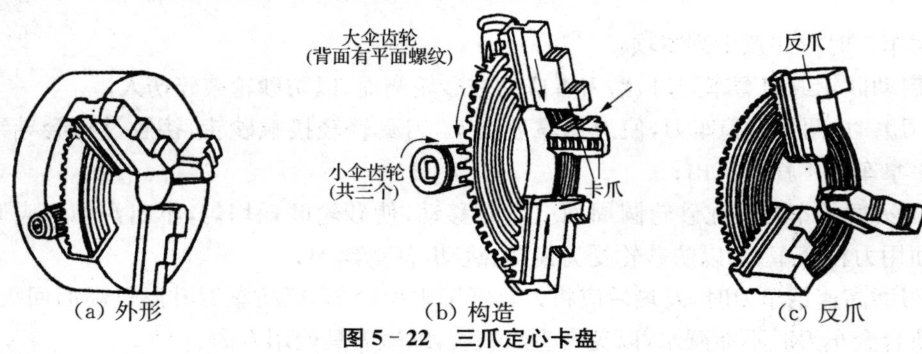

(a) 外形 (b) 构造 (c) 反爪

图 5－22 三爪定心卡盘

当转动小伞齿轮时，与之相啮合的大伞齿轮随之转动，大伞齿轮背面的平面螺纹带动三个卡爪沿卡盘体的径向槽同时作向心或离心移动，以夹紧或松开不同直径的工件。由于三个卡爪是同时移动的，夹持圆形截面工件时可自行对中，其对中的准确度约为 0.05～0.15 mm。三爪定心卡盘装夹工件一般不需找正，方便迅速，但不能获得高的定心精度，而且夹紧力较小。其主要用来装夹截面为圆形、正六边形的中小型轴类、盘套类工件。当工件直径较大，用正爪不便装夹时，可换上反爪，如图 5－22(c)，进行装夹。

工件用三爪定心卡盘装夹必须装正夹牢。夹持长度一般不小于 10 mm，在机床开动时，工件不能有明显的摇摆、跳动，否则需要重新找正工件的位置，夹紧后方可进行加工。图 5－23 为三爪定心卡盘装夹工件举例。

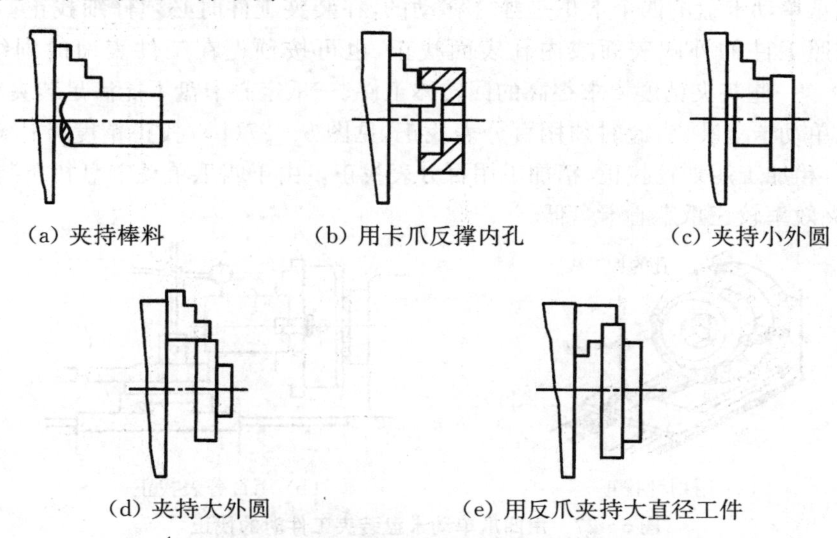

图 5－23　三爪定心卡盘装夹工件举例

三爪定心卡盘与机床主轴的连接如图 5－24 所示。卡盘以孔和端面与卡盘座相连接，并用螺钉紧固。卡盘座以锥孔与主轴前端的圆锥体配合定位，用键传递扭矩，并用圆环形螺母将卡盘座紧固在主轴轴端。除上述方式之外，卡盘与主轴的连接还有其他形式。

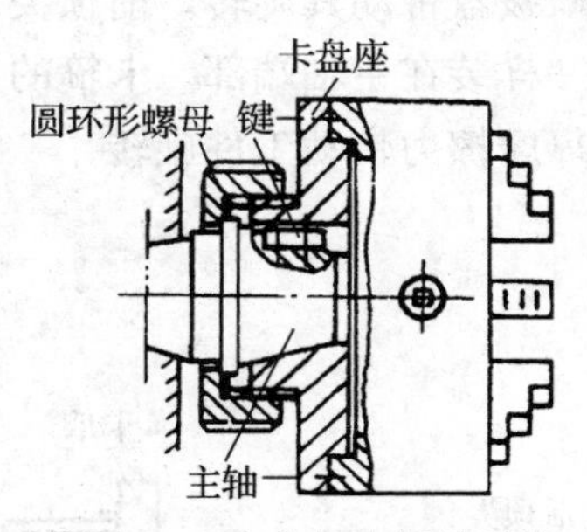

图 5－24　卡盘与主轴的连接

2) 用四爪单动卡盘装夹工件

四爪单动卡盘的外形如图 5－25 所示，它的四个单动卡爪的径向位置是由四个螺杆单独调节的。因此，四个单动卡爪在装夹工件时不会自动定心。四爪单动卡盘可以用来装夹圆形工件，内、外圆偏心工件，方形工件，长方形工件，椭圆形或其他不规则形状的工件，如图

5-26 所示。此外，四爪单动卡盘较三爪定心卡盘的夹紧力大，夹紧更可靠。

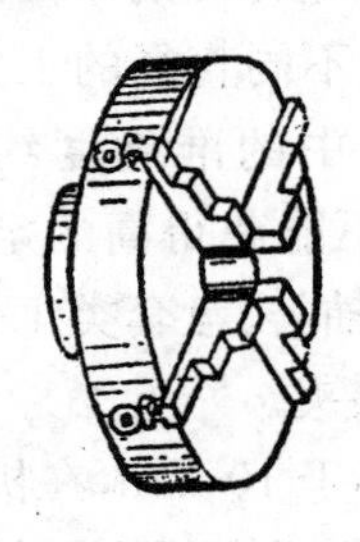

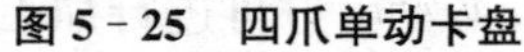

图 5-25　四爪单动卡盘

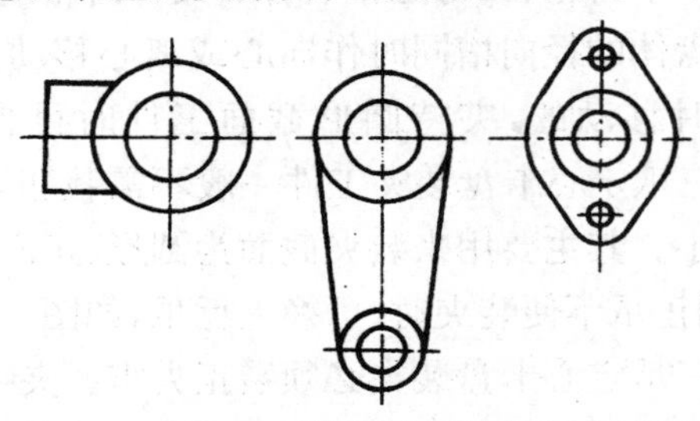

图 5-26　适合四爪单动卡盘装夹的工件举例

由于四爪单动卡盘的四个卡爪是独立移动的，在装夹工件时必须仔细找正。找正时可用划针盘按照工件的外圆表面或内孔表面找正，也可按预先在工件表面的划线找正，见图 5-27(a)。一些装夹精度要求很高的回转体工件，三爪定心卡盘不能满足装夹精度要求，可采用四爪单动卡盘装夹，此时须用百分表找正，见图 5-27(b)，找正精度可达 0.01 mm。一般情况下，粗加工用划针找正，精加工用百分表找正。由于四爪单动卡盘找正装夹花费时间多，其装夹效率较三爪定心卡盘低。

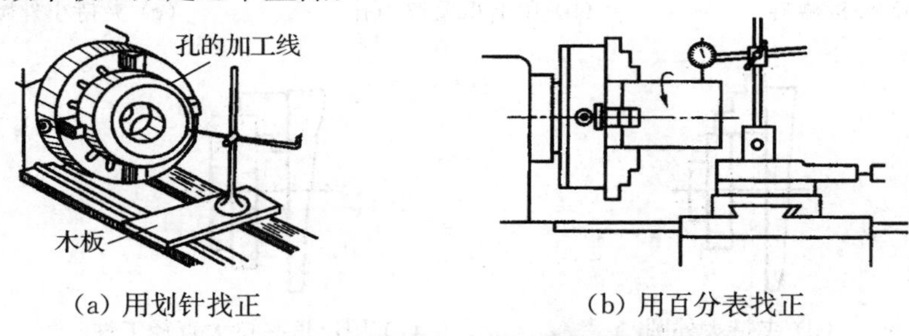

(a) 用划针找正　　(b) 用百分表找正

图 5-27　用四爪单动卡盘装夹工件时的找正

3) 用顶尖装夹工件

在车床或磨床上加工较长或工序较多的轴类工件时，为保证各工序加工的表面位置精度，通常采用工件两端的中心孔作为统一的定位基准，用两顶尖装夹工件。如图 5-28 所示，工件装在前后顶尖间，由卡箍、拨盘带动其旋转。前顶尖装在主轴锥孔中，后顶尖装在尾座套筒中，拨盘同三爪定心卡盘一样装在主轴端部。卡箍的尾部伸入拨盘的槽中，拨盘带动其转动。卡箍套在工件的端部，靠摩擦力带动工件旋转。

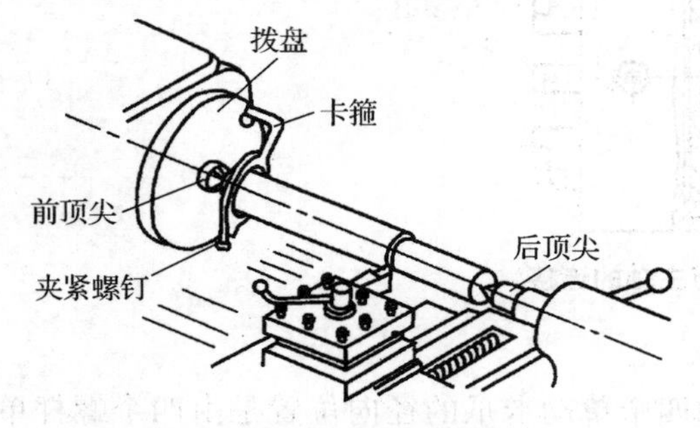

图 5-28　用两顶尖装夹工件

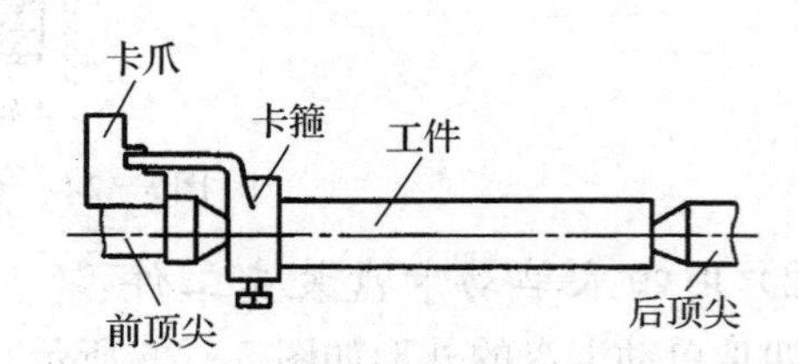

图 5-29　用三爪定心卡盘代替拨盘装夹工件

生产中有时用一般钢料夹在三爪定心卡盘中车成 60°圆锥体作前顶尖，用三爪定心卡盘代替拨盘，见图 5－29。

用顶尖装夹轴类工件步骤如下：

(1) 在轴的两端打中心孔

中心孔是轴类工件在顶尖上安装的定位基准，其形状如图 5－30 所示。中心孔有 A、B 两种类型。A 型由 60°锥孔和里端小圆柱孔形成，60°锥孔与顶尖的 60°锥面配合，里端的小孔用以保证锥孔与顶尖锥面配合贴切，并可贮存少量润滑油。B 型中心孔的外端比 A 型多一个 120°的锥面，用以保证 60°锥孔的外缘不被碰坏，另外也便于在顶尖上精车轴的端面。

中心孔通常用相应的中心钻在车床上钻出，也可在专用机床上加工。钻中心孔之前要将轴端加工平整。因中心孔直径小，钻孔时应选择较高的转速，并缓慢进给，待钻到尺寸后让中心钻稍作停留，以降低中心孔的表面粗糙度。

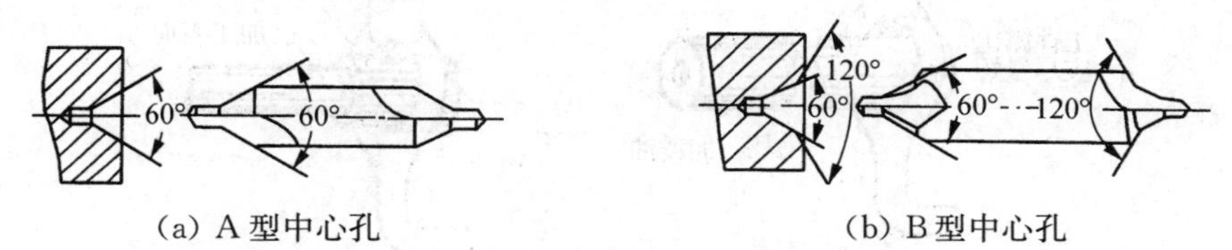

(a) A 型中心孔　　(b) B 型中心孔

图 5－30　中心钻与中心孔

(2) 顶尖的选用与装夹

常用的顶尖有死顶尖和活顶尖两种，如图 5－31 所示。车床上的前顶尖装在主轴锥孔内随主轴及工件一起旋转，与工件无相对运动，故采用死顶尖。为了防止高速切削时后顶尖与工件中心孔摩擦发热过多而磨损或烧坏，后顶尖常采用活顶尖。活顶尖能与工件一起旋转。

由于活顶尖的准确度不如死顶尖高，一般用于粗加工或半精加工。轴的精度要求比较高时，后顶尖也应该用死顶尖，但要合理选用切削速度。当工件轴端直径很小不便钻中心孔时，可将工件轴端车成 60°圆锥，顶在反顶尖的中心孔中，如图 5－31(a)所示。

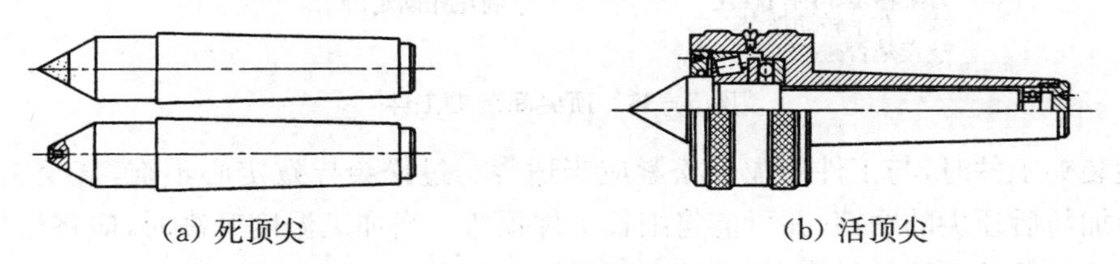
(a) 死顶尖　　(b) 活顶尖

图 5－31　顶尖

顶尖是利用尾部的锥面与主轴或尾座套筒的锥孔配合而装紧的，因此，安装顶尖时必须擦净锥孔和顶尖，然后用力推紧，否则装不牢或装不正。

顶尖装牢后必须检查前后两个顶尖的轴线是否重合，如不重合，必须将尾座体作横向调节，使之符合要求，如图 5－32 所示。

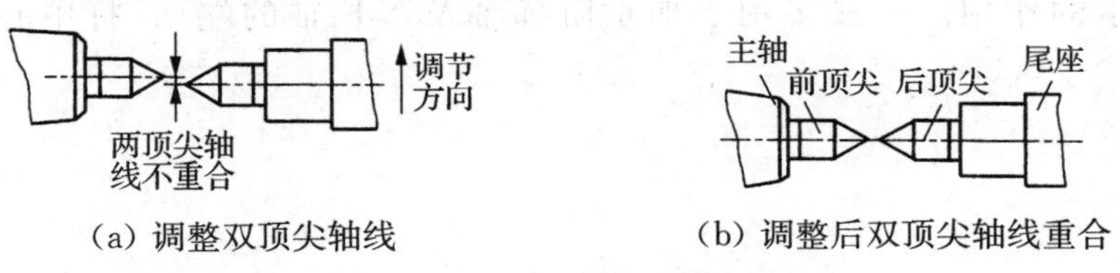

(a) 调整双顶尖轴线　　(b) 调整后双顶尖轴线重合

图 5－32　校正顶尖

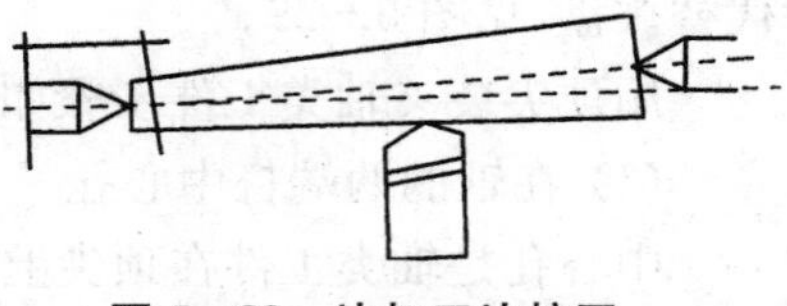
图 5－33　边加工边校正

对于精度要求较高的轴，加工前只凭眼睛观察来校正顶尖是不行的。这时可采用边加工、边度量、边调整的方法来校正。如图 5－33 所示，如果两顶尖不重合，加工出的工件会出现锥度。当加工没有锥度出现时，前后顶尖便校正重合了。

(3) 工件的装夹步骤

工件在装夹时先将靠近主轴箱的一端装上卡箍。如果尾座一端用死顶尖支承，还须涂上黄油。装夹过程如图 5－34 和图 5－35 所示。

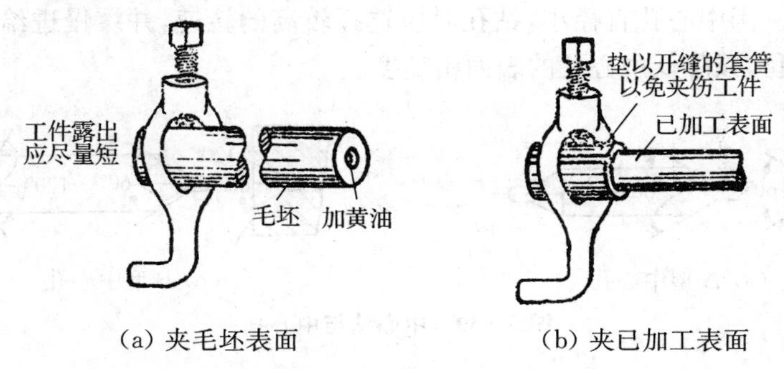

(a) 夹毛坯表面　　(b) 夹已加工表面

图 5－34　装卡箍

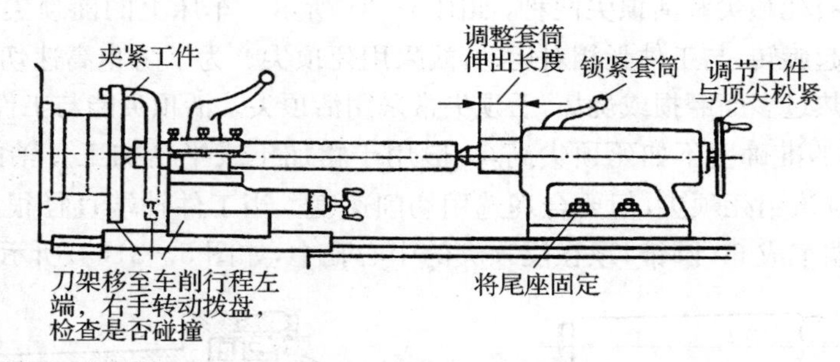

图 5－35　顶尖间装夹工件

顶尖装夹工件时，与工件的配合松紧应当适度。过松会导致定心不准，甚至工件飞出；太紧会增加与后顶尖的摩擦，并可能将细长工件顶弯。当加工温度升高时，应将后顶尖稍许松开一些。对于较重工件的粗车、半精车可采用一端卡盘、一端顶尖的装夹方法。

4) 中心架与跟刀架

在加工细长轴时，为防止工件被车刀顶弯或防止工件振动，需要用中心架或跟刀架增加工件的刚性，减少工件的变形。

如图 5－36 所示，中心架固定在车床床身上，其三个爪支承在预先加工好的工件外圆上，起固定支承的作用。一般多用于加工阶梯轴及车长轴的端面、打中心孔及加工内孔等。

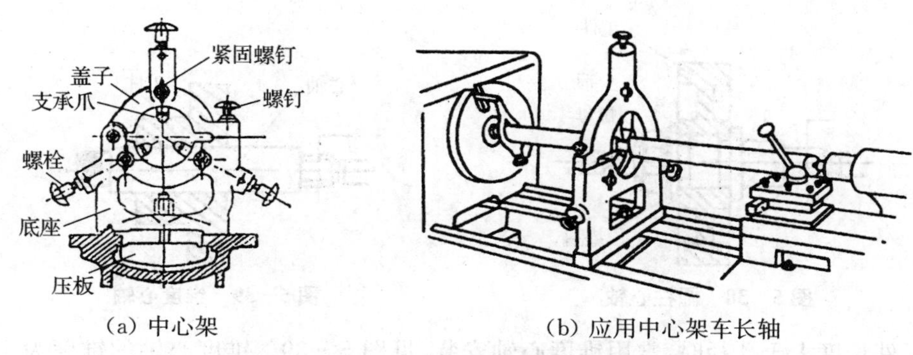

(a) 中心架　　(b) 应用中心架车长轴

图 5－36　中心架及其应用

与中心架不同的是跟刀架固定在大拖板上，并随之一起移动。使用跟刀架时，首先在工件的右端车出一小段圆柱面，根据它来调整支承爪的位置和松紧，然后车出被加工面的全长。跟刀架一般在车削细长光轴或丝杠时起辅助支承作用。跟刀架及其应用见图 5－37 所示。

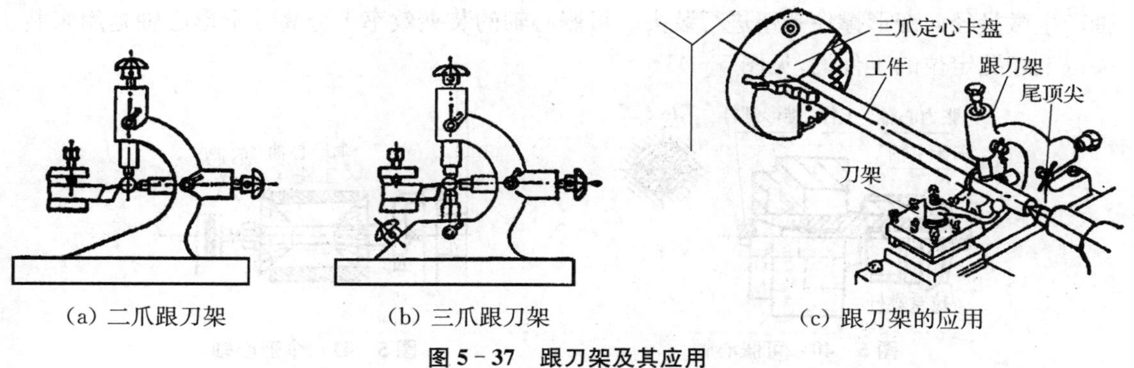

(a) 二爪跟刀架　　(b) 三爪跟刀架　　(c) 跟刀架的应用

图 5－37　跟刀架及其应用

使用中心架或跟刀架时，工件被其支承的部分应是加工过的外圆表面，并且要加注机油进行润滑。工件的转速不能太高，以防工件与支承爪之间摩擦过热而烧坏工件表面以及造成支承爪的磨损。

5）用心轴装夹工件

盘、套类零件的外圆和端面对内孔常有同轴度及垂直度要求，若有关的表面在三爪定心卡盘的一次装夹中不能与孔一起加工出来，则先将孔精加工出来（IT9～IT7），再以孔定位将工件装到心轴上加工其他有关表面，以保证上述要求。心轴在车床上的装夹方法如同轴类工件。

心轴种类很多，可根据工件的形状、尺寸、精度要求以及加工数量的不同选择不同结构的心轴。最常用的心轴有圆柱心轴和锥度心轴。

当工件的长度比孔径小时，常用圆柱心轴进行装夹，见图 5－38。工件左端紧靠心轴轴肩，右端由螺母和垫圈压紧，夹紧力较大。由于圆柱心轴装夹工件时，孔与心轴之间有一定的配合间隙，对中性较差。因此，应尽可能减小孔与心轴的配合间隙，提高加工精度。

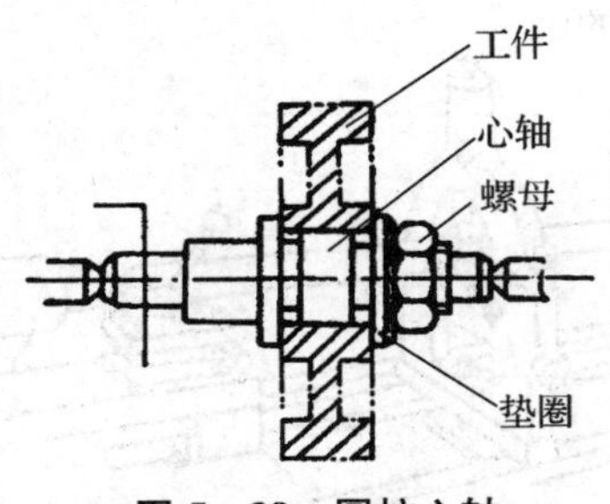

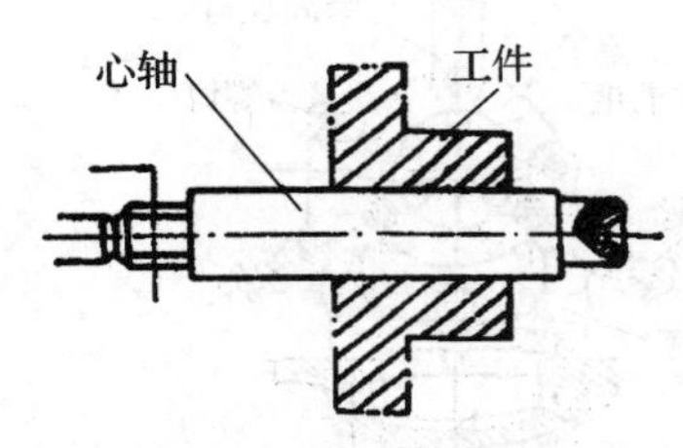

图 5-38　圆柱心轴　　　　图 5-39　锥度心轴

当工件长度大于孔径时，常用锥度心轴安装，见图 5-39。锥度心轴的锥度为 1∶1 000 至 1∶5 000，因锥度很小，故又称之为微锥心轴。锥度心轴对中准确，拆卸方便，但由于切削力是靠心轴锥面与工件孔壁压紧后的摩擦力传递的，故背吃刀量不宜太大。主要用于盘、套类工件精车外圆和端面。

除上述两种心轴外，生产中还使用可胀心轴、伞形心轴等。可胀心轴是利用锥面的轴向移动使弹性心轴胀开而撑住孔壁进行装夹工件，见图 5-40，也有用液压油的压力使空心心轴产生微量径向变形撑住孔壁进行装夹。可胀心轴的装夹效率十分高。伞形心轴是用来装夹以毛坯孔定位的工件的，见图 5-41。

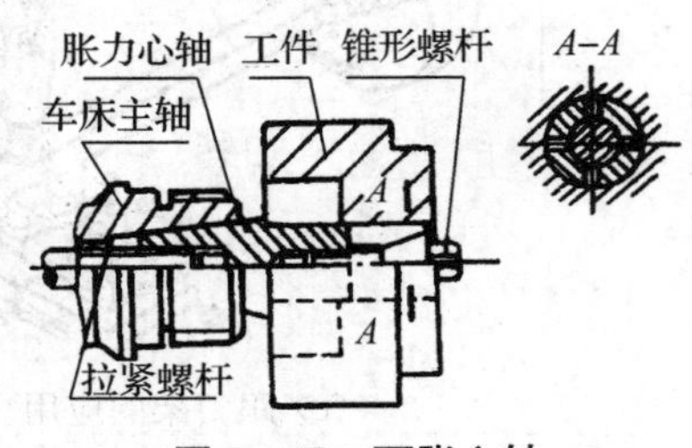

图 5-40　可胀心轴

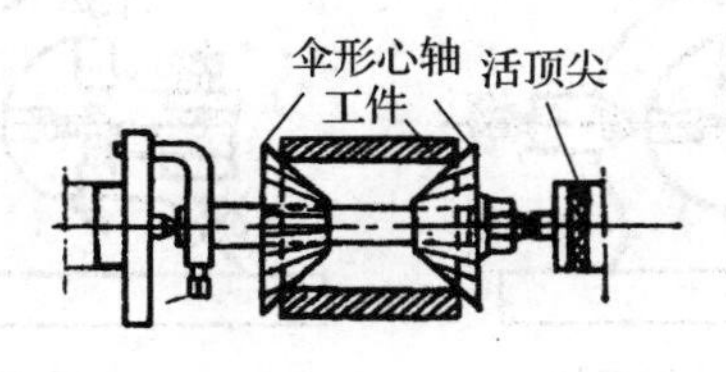

图 5-41　伞形心轴

6）用花盘装夹工件

花盘是一个装在车床主轴上的大直径铸铁圆盘。花盘的端面上有许多长槽用以穿放螺栓，工件可用螺栓直接安装在花盘上。花盘的端面必须平整，并与主轴轴线垂直。

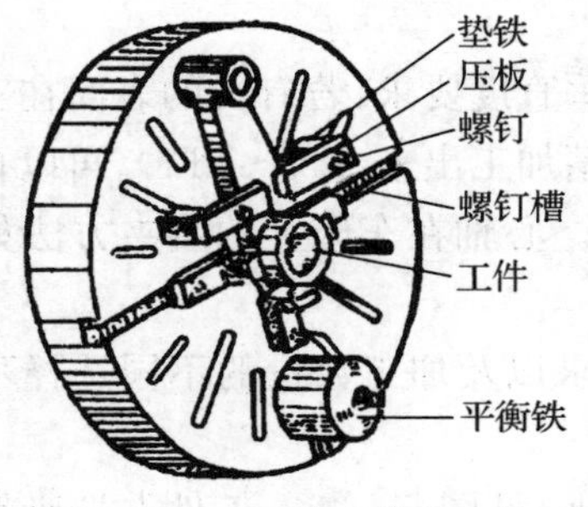

图 5-42　用花盘装夹工件

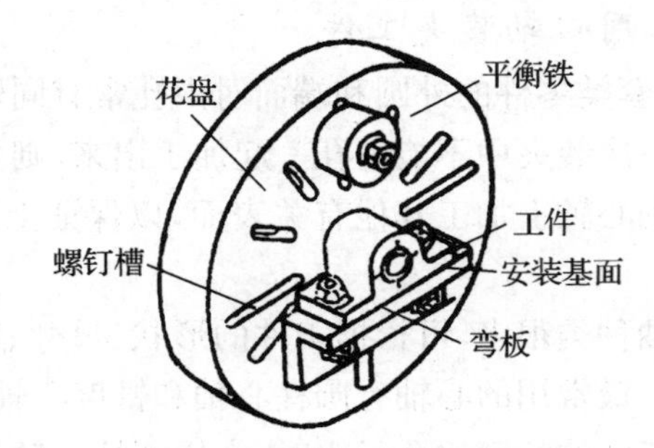

图 5-43　用花盘、弯板装夹工件

花盘适用于装夹待加工孔或外圆与装夹基准面垂直的工件，如图 5-42 所示。

当待加工孔或外圆与定位基准面平行或要求两孔垂直时，则可将工件配以弯板装夹，如图 5-43 所示。弯板上用以与工件定位基准和花盘表面接触的面必须垂直。

花盘装夹工件必须仔细找正。弯板必须有足够的强度和刚度。用花盘、弯板装夹工件，由于重心偏向一边，故要在另一边上加平衡铁进行平衡，这样可以减少由于质量偏心引起的切削加工振动。

5.5　基本车削工作

5.5.1　基本车削加工

1）车外圆

将工件车削成圆柱形表面的加工称为车外圆，这是车削加工最基本，也是最常见的操作。

(1) 外圆车刀

常用外圆车刀主要有以下几种：

① 尖刀：主要用于粗车外圆和车削没有台阶或台阶不大的外圆。

② 45°弯头刀：既可车外圆，又可车端面，还可以进行45°倒角，应用较为普遍。

③ 右偏刀：主要用来车削带直角台阶的工件。由于右偏刀切削时产生的径向力小，常用于车削细长轴。

④ 刀尖带有圆弧的车刀：一般用来车削母线带有过渡圆弧的外圆表面。这种刀车外圆时，残留面积的高度小，可以降低工件表面粗糙度。

(2) 车削外圆时径向尺寸的控制

① 刻度盘手柄的使用：要准确地获得所车削外圆的尺寸，必须正确掌握好车削加工的背吃刀量 a_p。车外圆的背吃刀量是通过调节中拖板横向进给丝杠获得的。

横向进刀手柄连着刻度盘转一周，丝杠也转一周，带动螺母及中拖板和刀架沿横向移动一个丝杠导程。由此可知，中拖板进刀手柄刻度盘每转一格，刀架沿横向的移动距离为：

刀架沿横向的移动距离＝丝杠导程÷刻度盘总格数

对于C6132车床，此值为0.02 mm/格。所以，车外圆时当刻度盘顺时针转一格，横向进刀0.02 mm，工件的直径减小0.04 mm。这样就可以按背吃刀量 a_p 决定进刀格数。

车外圆时，如果进刀超过了应有的刻度，或试切后发现车出的尺寸太小而须将车刀退回时，由于丝杠与螺母之间有间隙，刻度盘不能直接退回到所要的刻度线，应按图5-44所示的方法进行纠正。

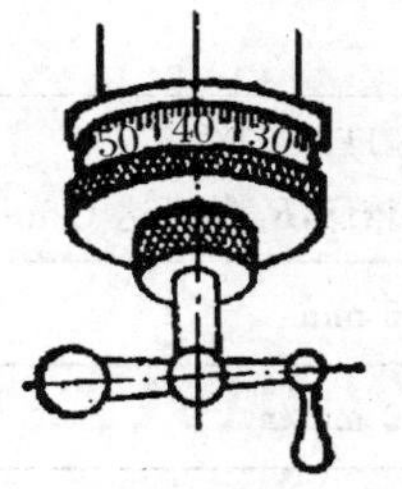

(a) 要求手柄转至30，但摇过头成40

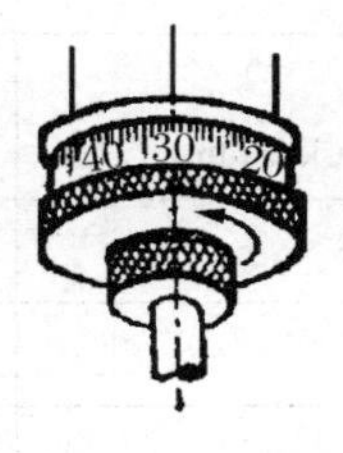

(b) 错误：直接退至30

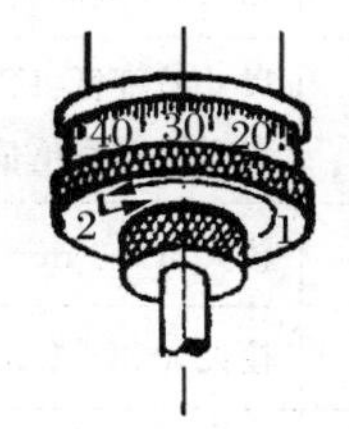

(c) 正确：反转约一圈后，再转至所需位置30

图5-44　手柄摇过头后的纠正方法

② 试切法调整加工尺寸:工件在车床上装夹后,要根据工件的加工余量决定走刀的次数和每次走刀的背吃刀量。因为刻度盘和横向进给丝杠都有误差,在半精车或精车时,往往不能满足进刀精度要求。为了准确地确定吃刀量,保证工件的加工尺寸精度,只靠刻度盘进刀是不行的,这就需要采用试切的方法。试切的方法与步骤如图 5-45 所示。

如果按照背吃刀量 a_{p1} 试切后的尺寸合格,就按 a_{p1} 车出整个外圆面。如果尺寸还大,要重新调整背吃刀量 a_{p2} 进行试切,如此直至尺寸合格为止。

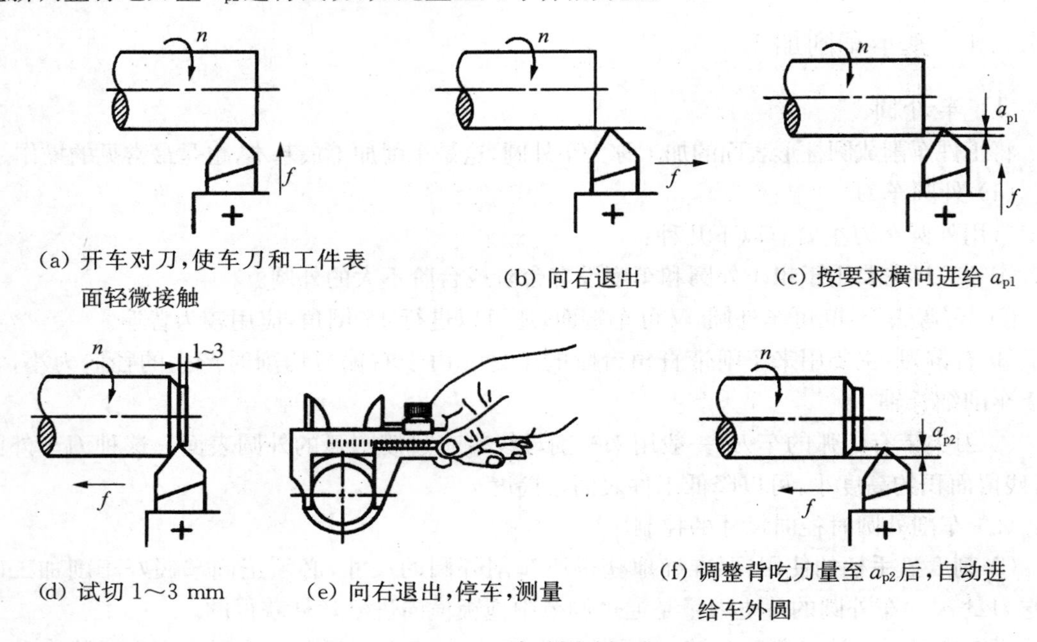

(a) 开车对刀,使车刀和工件表面轻微接触　(b) 向右退出　(c) 按要求横向进给 a_{p1}

(d) 试切 1～3 mm　(e) 向右退出,停车,测量　(f) 调整背吃刀量至 a_{p2} 后,自动进给车外圆

图 5-45　车外圆试切法

(3) 外圆车削

工件的加工余量需要经过几次走刀才能切除,而外圆加工的精度要求较高,表面粗糙度值要求低,为了提高生产效率,保证加工质量,常将车削分为粗车和精车。这样可以根据不同阶段的加工,合理选择切削参数。两者加工特点如表 5-2 所示。

表 5-2　粗车和精车的加工特点

	粗车	精车
目的	尽快去除大部分加工余量,使之接近最终的形状和尺寸,提高生产率	切去粗车后的精车余量,保证零件的加工精度和表面粗糙度
加工质量	尺寸精度低:IT14～IT11 表面粗糙度值偏高,R_a 值 12.5～6.3 μm	尺寸粗度较高:IT8～IT6 表面粗糙度值较低,R_a 值可达 1.6～0.8 μm
背吃力量	较大,1～3 mm	较小,0.3～0.5 mm
进给量	较大,0.3～1.5 mm/r	较小,0.1～0.3 mm/r
切削速度	中等或偏低的速度	一般取高速
刀具要求	切削部分有较高的强度	切削刃锋利、光洁

在粗车铸件、锻件时，因表面有硬皮，可先倒角或车出端面，然后用大于硬皮厚度的背吃刀量(图 5-46)粗车外圆，使刀尖避开硬皮，以防刀尖磨损过快或被硬皮打坏。

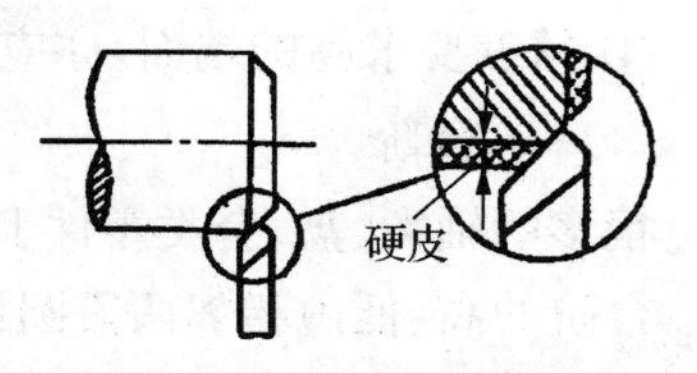

图 5-46　粗车铸、锻件的背吃刀量

用高速钢车刀低速精车钢件时用乳化液润滑，用高速钢车刀低速精车铸铁件时用煤油润滑，都可降低工件表面粗糙度值。

2）车端面

轴类、盘、套类工件的端面经常用来作轴向定位、测量的基准，车削加工时，一般都先将端面车出。端面的车削加工见图 5-47。

弯头刀车端面使用较多。弯头车刀车端面对中心凸台是逐步切除的，不易损坏刀尖，但 45°弯头车刀车端面，表面粗糙度值较大，一般用于车大端面，如图 5-47(a)所示。右偏刀由外向中心车端面时，如图 5-47(b)所示，凸台是瞬时去掉的，容易损坏刀尖。右偏刀向中心进给切削时前角小，切削不顺利，而且背吃刀量大时容易引起扎刀，使端面出现内凹。所以，右偏刀一般用于由中心向外车带孔工件的端面，如图 5-47(c)所示，此时切削刃前角大，切削顺利，表面粗糙度值小。有时还需要用左偏刀车端面，如图 5-47(d)所示。

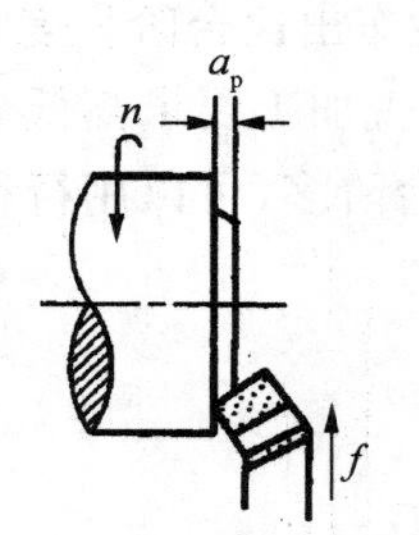

(a) 弯头刀车端面

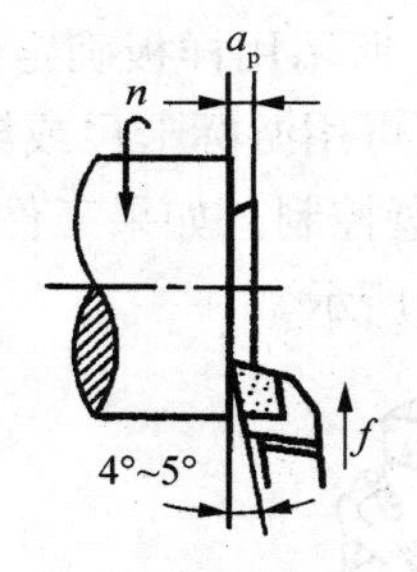

(b) 右偏刀车端面(由外向中心)

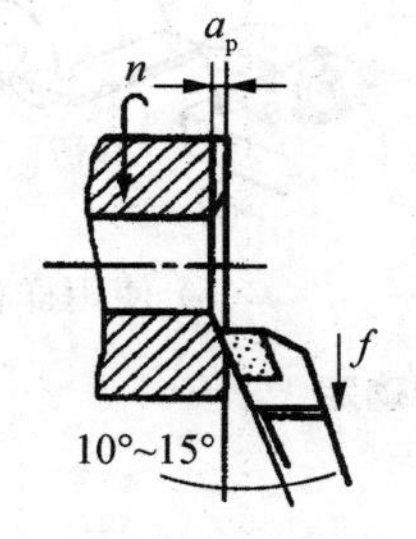

(c) 右偏刀车端面(由中心向外)

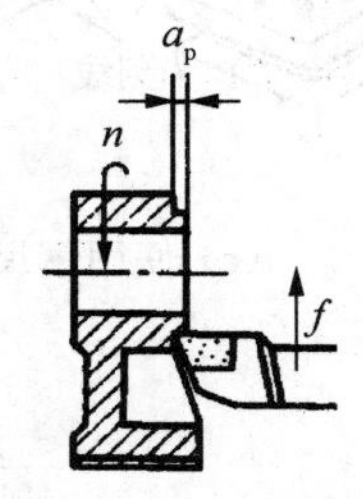

(d) 左偏刀车端面

图 5-47　车端面

车端面时应注意以下几点：

① 车刀的刀尖应对准工件的回转中心，否则会在端面中心留下凸台；

② 工件中心处的线速度较低，为获得整个端面上较好的表面质量，车端面的转速要比车外圆的转速高一些；

③ 直径较大的端面车削时应将大拖板锁紧在床身上，以防由大拖板让刀引起的端面外凸或内凹，此时用小拖板调整背吃刀量；

④ 精度要求高的端面，亦应分粗、精加工。

3）车台阶

很多的轴类、盘、套类零件上有台阶面。台阶面是有一定长度的圆柱面和端面的组合。

台阶的高、低由相邻两段圆柱体的直径所决定。高度小于 5 mm 的为低台阶，加工时由正装的 90°偏刀车外圆时车出；高度大于 5 mm 的为高台阶，高台阶在车外圆几次走刀后用主偏角大于 90°的偏刀沿径向向外走刀车出，见图 5-48。

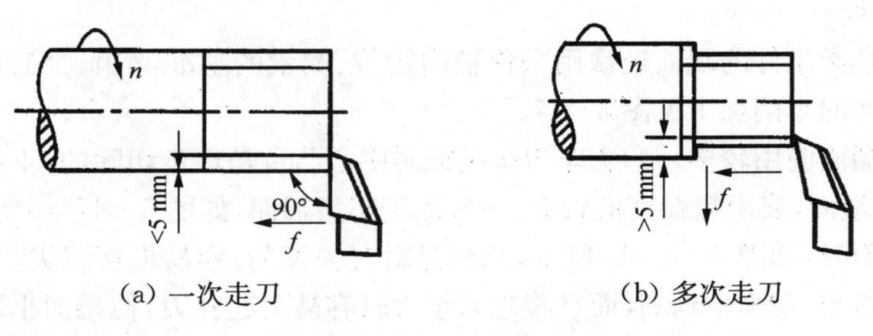

(a) 一次走刀　　(b) 多次走刀

图 5-48　车台阶

台阶长度的确定可视生产批量而定，批量较小时，台阶的长度可用如图 5-49(a)所示钢尺，或如图 5-49(b)所示用样板确定位置，车削时先用刀尖车出比台阶长度略短的刻痕作为加工界限，准确长度可用游标卡尺或深度尺获得，进刀长度视加工要求高低分别用大拖板刻度盘或小拖板刻度盘控制。如果工件的加工数量多，工件台阶多，可以用行程挡块来控制走刀长度，如图 5-50 所示。

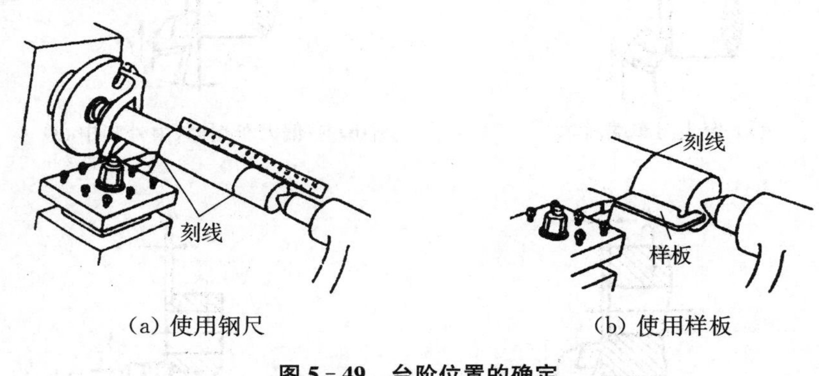

(a) 使用钢尺　　(b) 使用样板

图 5-49　台阶位置的确定

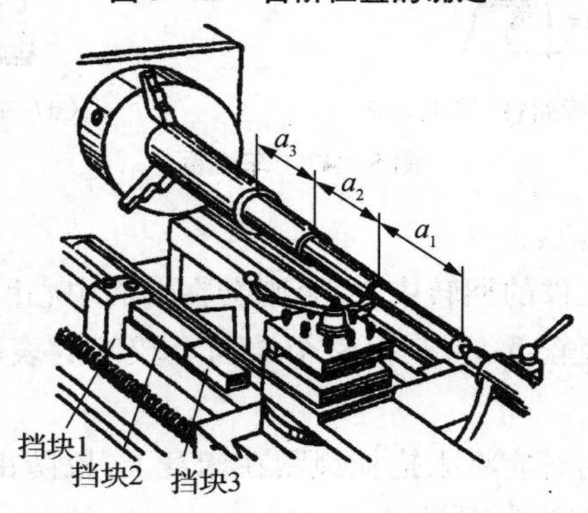

图 5-50　挡块定位车台阶

4）车槽与切断

（1）车槽

回转体工件表面经常存在一些沟槽，这些槽有螺纹退刀槽、砂轮越程槽、油槽、密封圈槽等，分布在工件的外圆表面、内孔或端面上。车槽加工形式见图 5 - 51。

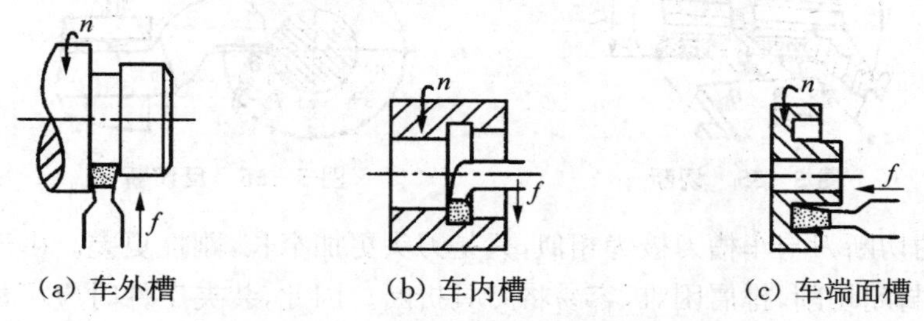

(a) 车外槽　(b) 车内槽　(c) 车端面槽

图 5 - 51　车槽加工的形式

在轴的外圆表面车槽与车端面有些类似。车槽所用的刀具为车槽刀，如图 5 - 52 所示，它有一条主切削刃、两条副切削刃、两个刀尖，加工时沿径向由外向中心进刀。

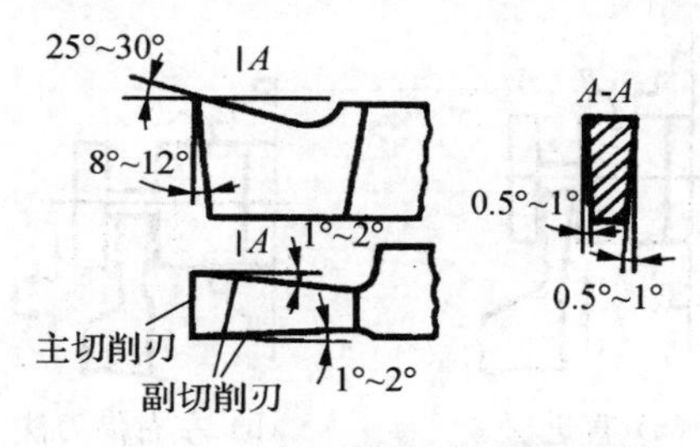

图 5 - 52　车槽刀及其角度

宽度小于 5 mm 的窄槽，用主切削刃尺寸与槽宽相等的车槽刀一次车出；车削宽度大于 5 mm 的宽槽时，先沿纵向分段粗车，再精车，车出槽深及槽宽，如图 5 - 53 所示。

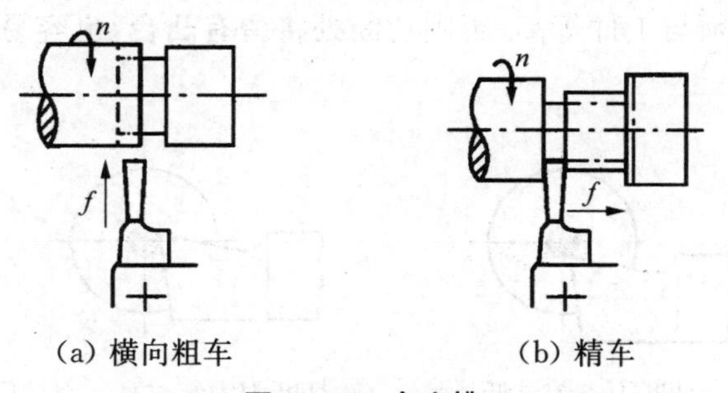

(a) 横向粗车　(b) 精车

图 5 - 53　车宽槽

当工件上有几个同一类型的槽时，槽宽应一致，如图 5 - 54 所示，以便用同一把刀具切削。

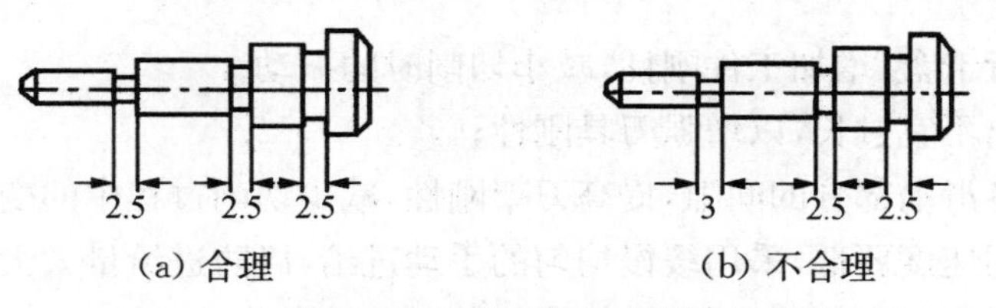

(a) 合理　(b) 不合理

图 5 - 54　槽宽的工艺性

(2) 切断

切断是将坯料或工件从夹持端上分离下来，如图 5－55 所示。

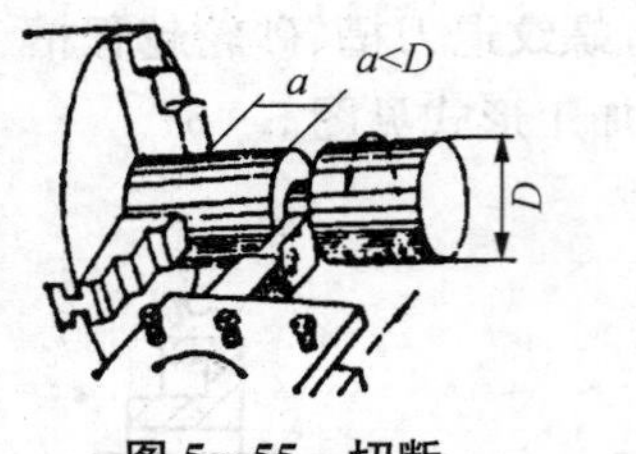

图 5－55 切断

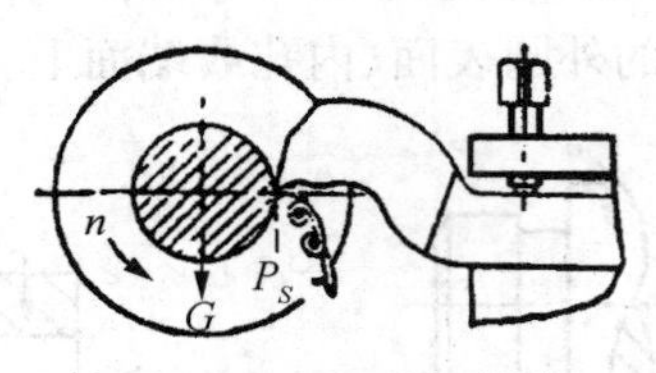

图 5－56 反切断

切断所用的切断刀与车槽刀极为相似，只是刀头更加窄长，刚性更差。由于刀具要切至工件中心，呈半封闭切削，排屑困难，容易将刀具折断。因此，装夹工件时应尽量将切断处靠近卡盘，以增加工件刚性。对于大直径工件有时采用反切断法，如图 5－56 所示，目的在于排屑顺畅。此时卡盘与主轴连接处必须有保险装置，以防倒车使卡盘与主轴脱开。切断铸铁等脆性材料时常采用直进法切削，切断钢等塑性材料时常采用左右借刀法切削，如图 5－57 所示。

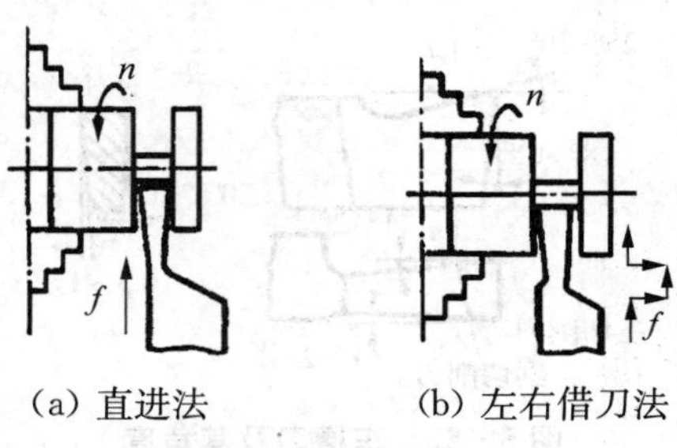

(a) 直进法 (b) 左右借刀法

图 5－57 切断方法

切断时应注意下列事项：

① 切断时刀尖必须与工件等高，否则切断处将留有凸台，也容易损坏刀具，如图 5－58 所示；

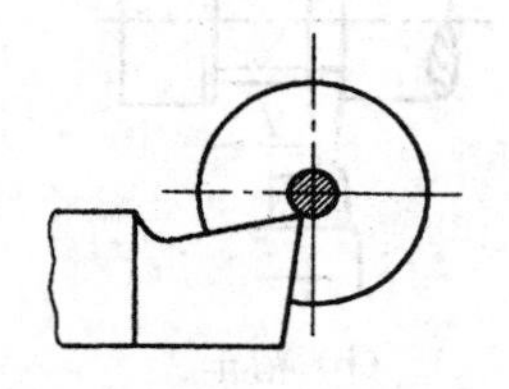

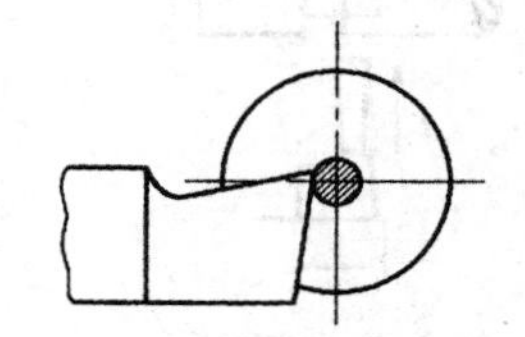

(a) 切断刀安装过低，刀头易被压断 (b) 切断刀安装过高，刀具后面顶住工件，无法切削

图 5－58 刀尖应与工件中心等高

② 切断处靠近卡盘，增加工件刚性，减小切削时的振动；

③ 切断刀伸出不宜过长，以增强刀具刚性；

④ 减小刀架各滑动部分的间隙，提高刀架刚性，减少切削过程中的变形与振动；

⑤ 切断时切削速度要低，采用缓慢均匀的手动进给，以防进给量太大造成刀具折断；

⑥ 切断钢件时应适当使用切削液，加快切断过程的散热。

5.5.2　孔加工

车床上孔的加工方法有钻孔、扩孔、铰孔和镗孔。

1）钻孔

在车床上钻孔时，工件的回转运动为主运动，尾座上的套筒推动钻头所作的纵向移动为进给运动。车床上的钻孔加工见图 5-59。

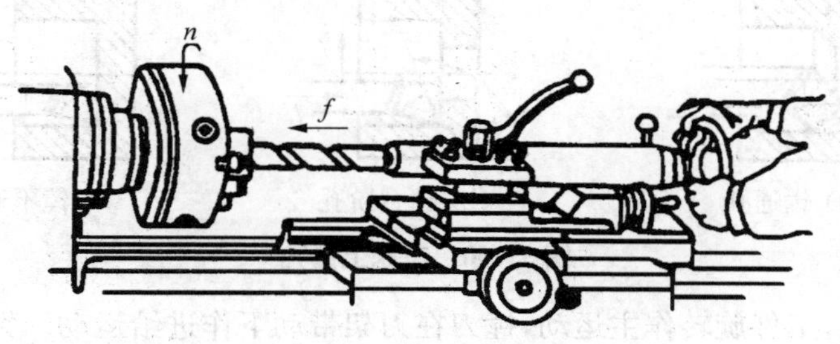

图 5-59　车床上钻孔

钻孔所用的刀具为麻花钻。

车床上钻孔，孔与工件外圆的同轴度比较高，与端面的垂直度也较高。车床钻孔的步骤如下：

① 车平端面：为便于钻头定心，防止钻偏，应先将工件端面车平。

② 预钻中心孔：用中心孔钻在工件中心处先钻出麻花钻定心孔，或用车刀在工件中心处车出定心小坑。

③ 装夹钻头：选择与所钻孔直径对应的麻花钻，麻花钻工作部分长度略长于孔深。如果是直柄麻花钻，则用钻夹头装夹后插入尾座套筒。锥柄麻花钻用过渡锥套或直接插入尾座套筒。

④ 调整尾座纵向位置：松开尾座锁紧装置，移动尾座直至钻头接近工件，将尾座锁紧在床身上。此时要考虑加工时套筒伸出不要太长，以保证尾座的刚性。

⑤ 开车钻孔：钻孔是封闭式切削，散热困难，容易导致钻头过热，所以，钻孔的切削速度不宜高，通常取 $V_c=0.3\sim0.6$ m/s。开始钻削时进给要慢一些，然后以正常进给量进给。钻盲孔时，可利用尾座套筒上的刻度控制深度，亦可在钻头上做深度标记来控制孔深。孔的深度还可以用深度尺测量。对于钻通孔，快要钻通时应减缓进给速度，以防钻头折断。钻孔结束后，先退出钻头，然后停车。

钻孔时，尤其是钻深孔时，应经常将钻头退出，以利于排屑和冷却钻头。钻削钢件时，应加注切削液。

2）扩孔

扩孔是在钻孔基础上对孔的进一步加工。在车床上扩孔的方法与车床钻孔相似，所不同的是用扩孔钻，而不是用钻头。扩孔的余量与孔径大小有关，一般为 0.5～2 mm。扩孔的尺寸公差等级可达 IT10～IT9，表面粗糙度 R_a 值为 6.3～3.2 μm，属于孔的半精加工。

3）铰孔

铰孔是用铰刀扩孔后或半精车孔后的精加工，其方法与车床上钻孔相似。铰孔的余量为 0.1～0.2 mm，尺寸公差等级一般为 IT8～IT7，表面粗糙度 R_a 值为 1.6～0.8 μm。在车床上加工直径小而精度和表面粗糙度要求较高的孔，通常采用钻—扩—铰联用的方法。

4）镗孔

镗孔是利用镗孔刀对工件上铸出、锻出或钻出的孔做进一步的加工。图 5－60 所示为车床上镗孔加工。

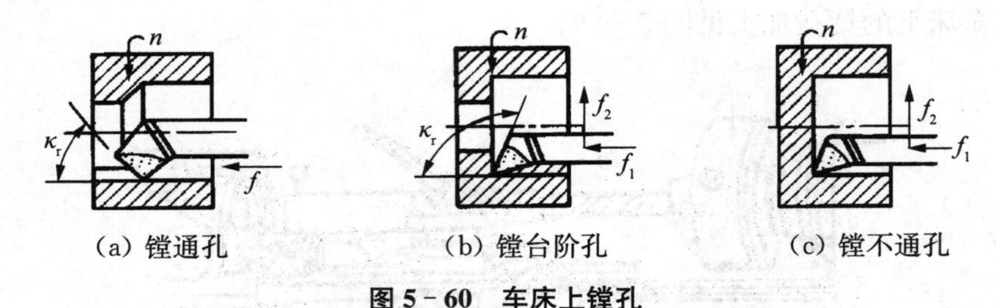

图 5－60　车床上镗孔

在车床上镗孔，工件旋转作主运动，镗刀在刀架带动下作进给运动。镗孔主要用来加工大直径孔，可以进行粗加工、半精加工和精加工。镗孔可以纠正原来孔的轴线偏斜，提高孔的位置精度。镗刀的切削部分与车刀是一样的，形状简单，便于制造。但镗刀要进入孔内切削，尺寸不能大，导致镗刀杆比较细，刚性差，因此加工时背吃刀量和走刀量都选得较小，走刀次数多，生产率不高。镗削加工的通用性很强，应用广泛。镗孔加工的精度接近于车外圆加工的精度。

车床镗孔的尺寸获得与外圆车削基本一样，也是采用试切法，边测量，边加工。孔径的测量也是用游标卡尺。精度要求高时可用内径百分尺或内径百分表测量孔径。在大批量生产时，工件的孔径可以用量规来进行检验。

镗孔深度的控制与车台阶及车床上钻孔相似，如图 5－61 所示。镗孔深度可以用游标卡尺或深度尺进行测量。

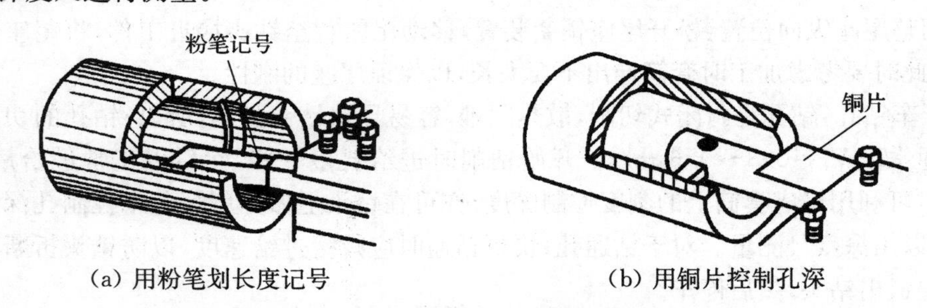

图 5－61　控制车床镗孔深度的方法

由于镗孔加工是在工件内部进行的，操作者不易观察到加工状况，所以操作比较困难。

在车床上镗孔时应注意下列事项：

① 镗孔时镗刀杆应尽可能粗一些，但在镗不通孔时，镗刀刀尖到刀杆背面的距离必须小于孔的半径，否则孔底中心部位无法车平，见图 5－60(c)；

② 镗刀装夹时，刀尖应略高于工件回转中心，以减少加工中的颤振和扎刀现象，也可以减少镗刀下部碰到孔壁的可能性，尤其在镗小孔的时候；

③ 镗刀伸出刀架的长度应尽量短些，以增加镗刀杆的刚性，减少振动，但伸出长度不得

小于镗孔深度；

④ 镗孔时因刀杆相对较细，刀头散热条件差，排屑不畅，易产生振动和让刀，所以选用的切削用量要比车外圆小些，其调整方法与车外圆基本相同，只是横向进刀方向相反；

⑤ 开动机床镗孔前使镗刀在孔内手动试走一遍，确认无运动干涉后再开车切削。

车床上的孔加工主要是针对回转体工件中间的孔。对非回转体上的孔可以利用四爪单动卡盘或花盘装夹在车床上加工，但更多的是在钻床和镗床上进行加工。

5.5.3　螺纹加工

机械结构中带有螺纹的零件很多，如机器上的螺钉、车床的丝杠。按不同的分类方法可将螺纹分为多种类型：按用途可分为连接螺纹与传动螺纹；按标准分为公制螺纹与英制螺纹；按牙型分为三角螺纹、梯形螺纹、矩形(方牙)螺纹等，见图 5-62。其中公制三角螺纹应用最广，称为普通螺纹。

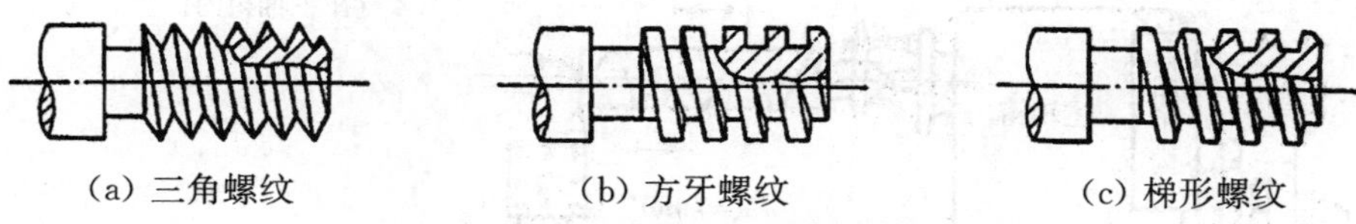

图 5-62　螺纹按牙型分类

车床上加工螺纹主要是用车刀车削各种螺纹。对于小直径螺纹也可用板牙或丝锥在车床上加工。这里只介绍普通螺纹的车削加工。

1) 螺纹车刀

各种螺纹的牙型都是靠刀具切出的，所以螺纹车刀切削部分的形状必须与将要车的螺纹的牙型相符。这就要求螺纹车刀的刀尖角 ε_r(两切削刃的夹角)与螺纹的牙型角 α 相等(用对刀板检验)。车削普通螺纹的螺纹车刀几何角度如图 5-63 所示，刀尖角 $\varepsilon_r=60^\circ$，其前角 $\gamma_0=0^\circ$，以保证工件螺纹牙型角的正确，否则将产生形状误差。粗加工螺纹或螺纹要求不高时，其前角 γ_0 取 $5^\circ\sim20^\circ$。

螺纹车刀装夹时，刀尖必须与工件中心等高，并用样板对刀，保证刀尖角的角平分线与工件轴线垂直，以保证车出的螺纹牙型两边对称，如图 5-64 所示。

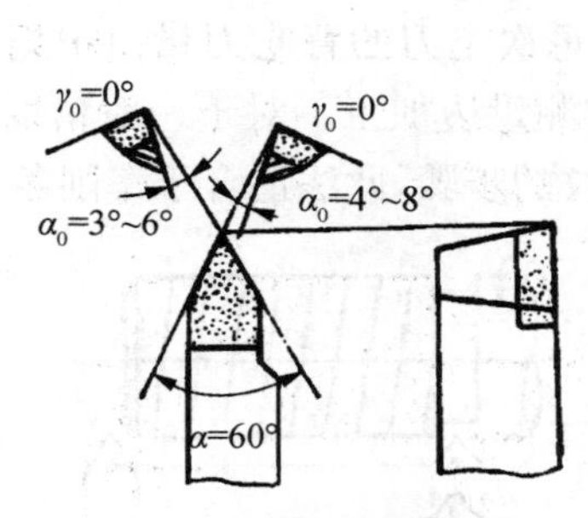

图 5-63　螺纹车刀的角度

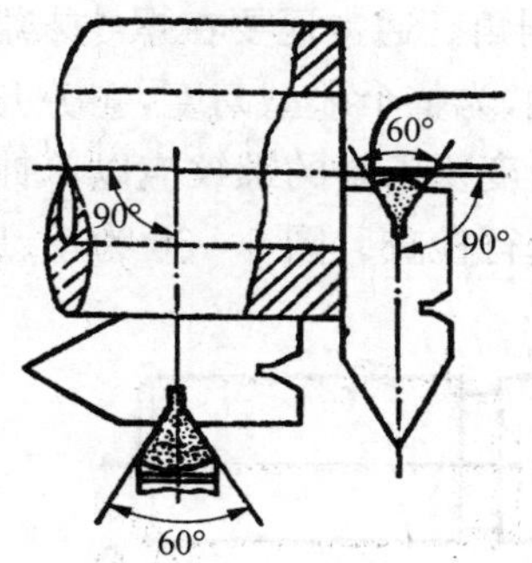

图 5-64　螺纹车刀的对刀方法

2) 车床的调整

螺纹的直径可以通过调整横向进刀获得，螺距则需要由严格的纵向进给来保证。所以，车螺纹时,工件每转一周,车刀必须准确而均匀地沿进给运动方向移动一个螺距或导程(单头螺纹为螺距,多头螺纹为导程)。为了获得上述关系,车螺纹时应使用丝杠传动。因为丝杠本身的精度较高,且传动链比较简单,减少了进给传动误差和传动积累误差。图 5-65 为车螺纹的进给传动系统。

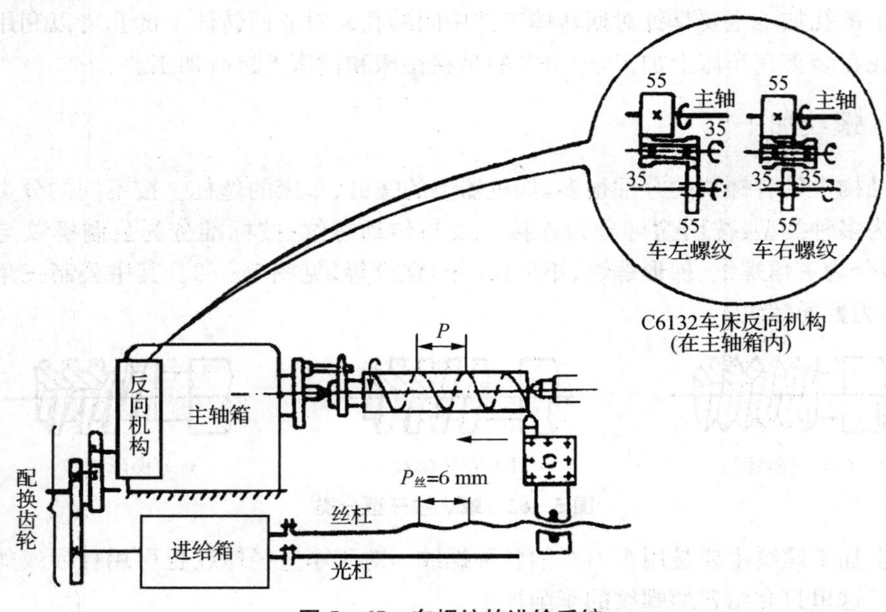

图 5-65　车螺纹的进给系统

标准螺纹的螺距可根据车床进给箱的标牌调整进给箱手柄获得。对于特殊螺距的螺纹有时需更换配换齿轮才能获得。

与车外圆相比,车螺纹时的进给量特别大,主轴的转速应选择得低些,以保证进给终了时,有充分的时间退刀停车。否则可能会造成刀架或溜板与主轴箱相撞的事故。刀架各移动部分的间隙应尽量小,以减少由于间隙窜动所引起的螺距误差,从而提高螺纹的表面质量。

3) 车削螺纹的方法与步骤

以车削外螺纹为例,在正式车削螺纹之前,先按要求车出螺纹外径,并在螺纹起始端车出 45°或 30°倒角。通常还要在螺纹末端车出退刀槽,退刀槽比螺纹槽略深。螺纹车削的加工余量比较大,为整个牙型高度,应分几次走刀切完,每次走刀的背吃刀量由中拖板上刻度盘来控制。精度要求高的螺纹应以单针法或三针法边测量边加工。对于一般精度螺纹可以用螺纹环规进行检查。图 5-66 为正、反车法车削螺纹的步骤,此法适合于车削各种螺纹。

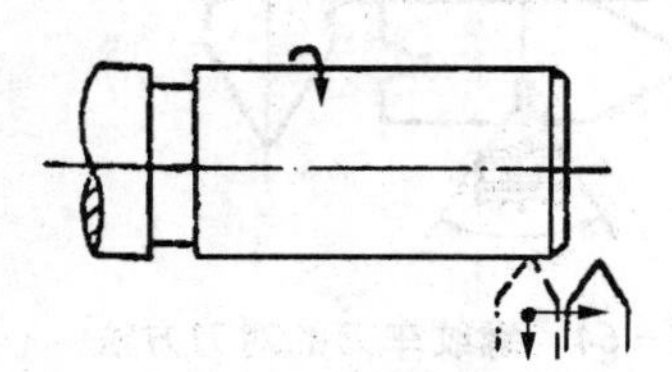

(a) 开车,使车刀与工件轻微接触,记下刻度盘读数,向右退出车刀

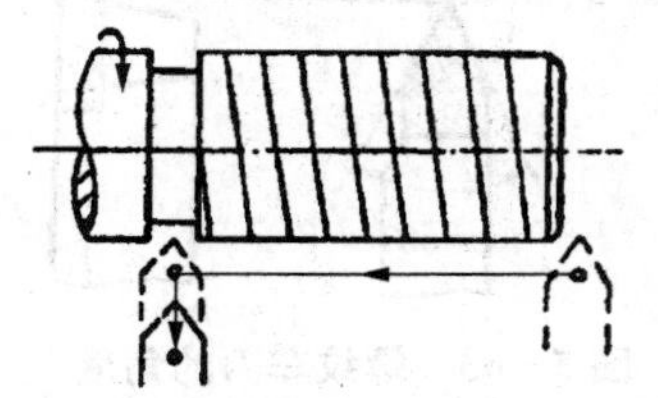

(b) 合上对开螺母,在工件表面上车出一条螺旋线,横向退出车刀,停车

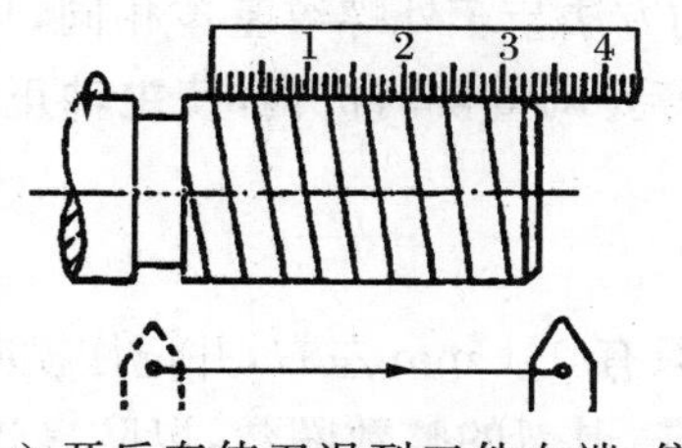

(c) 开反车使刀退到工件右端，停车，用钢尺检查螺距是否正确

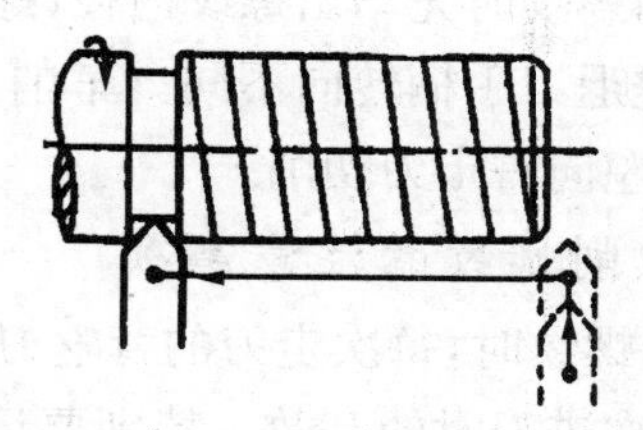

(d) 利用刻度调整 a_p，开车切削

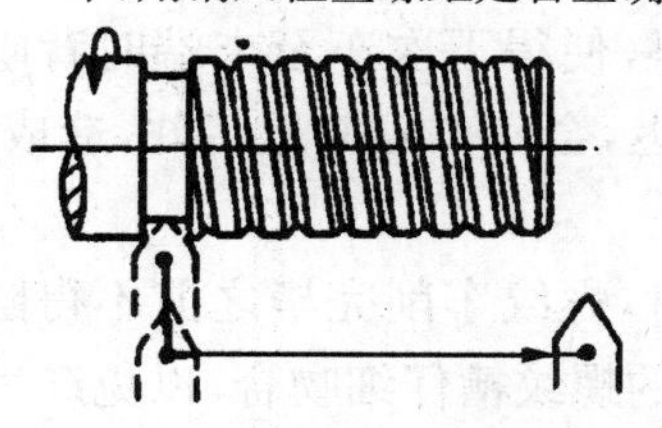

(e) 车刀将至行程终了时，应做好退刀停车准备，先快速退出车刀，然后停车，开反车退回刀架

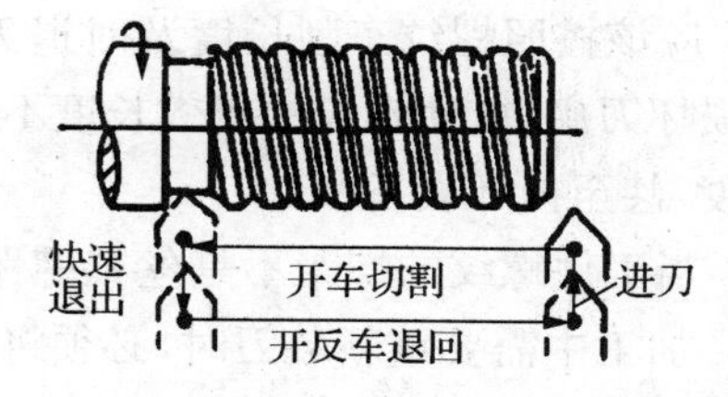

(f) 再次横向进 a_p，继续切削，逆时针方向

图 5-66　螺纹车削方法与步骤

另外一种车螺纹的方法为抬闸法，就是利用开合螺母的压下或抬起来车削螺纹。这种方法操作简单，但容易出现乱扣（即前后两次走刀车出的螺旋槽轨迹不重合），只适合于加工车床丝杠螺距是工件螺距整数倍的螺纹。与正、反车法的主要不同之处是车刀行至终点时，横向退刀后不开反车返回起点，而是抬起开合螺母手柄使丝杠与螺母脱开，手动纵向退回，再进刀车削。

车削螺纹的进刀方式主要有以下两种（如图 5-67 所示）：

① 直进法：用中拖板垂直进刀，两个切削刃同时进行切削。此法适用于小螺距或最后精车。

② 左右切削法：除用中拖板垂直进刀外，同时用小拖板使车刀左右微量进刀（借刀），只有一个刀刃切削，因此车削比较平稳。此法适用于塑性材料和大螺距螺纹的粗车。

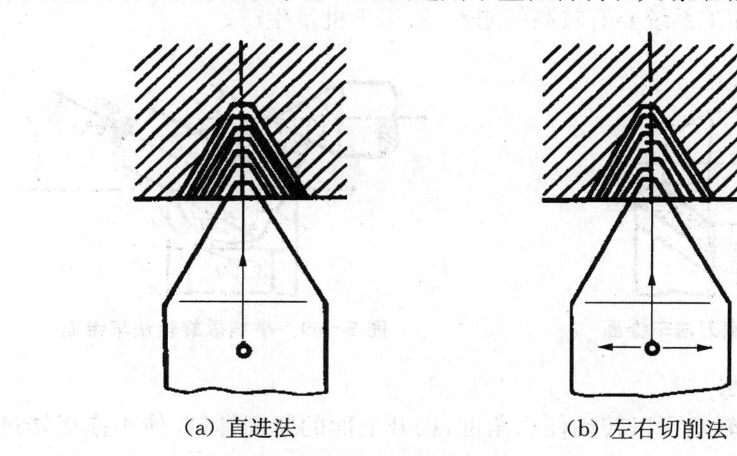

(a) 直进法

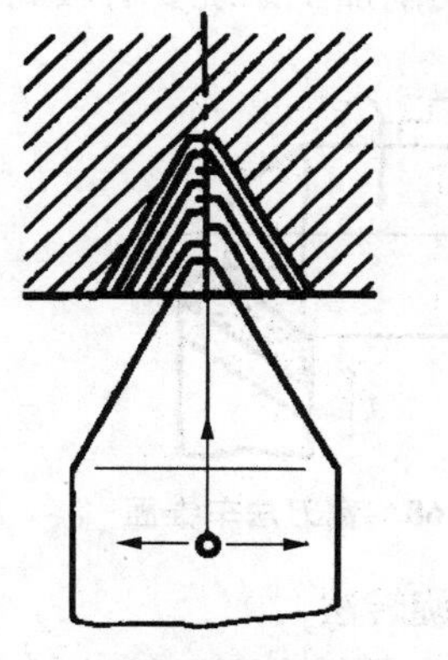

(b) 左右切削法

图 5-67　车螺纹时的进刀方式

车削内螺纹时先车出螺纹内径，螺纹本身切削的方法与车外螺纹基本相同，只是横向进给手柄的进退刀手柄转向不同。车削左旋螺纹时，需要调整换向机构，使主轴正转，丝杠反转，车刀从左向右走刀切削。

4) 车削螺纹的注意事项

(1) 车螺纹时，每次走刀的背吃刀量要小，通常只有 0.1 mm 左右，并记住横向进刀的刻度，作为下次进刀时的基数。特别要记住刻度手柄进、退刀的整数圈数，以防多进一圈导致背吃刀量太大，刀具崩刃损坏工件。

(2) 应该按照螺纹车削长度及时退刀。退刀过早，使得下次车至末端时背吃刀量突然增大而损坏刀尖，或使螺纹的有效长度不够。退得过迟，会使车刀撞上工件，造成车刀损坏，工件报废，甚至损坏设备。

(3) 当工件螺纹的螺距不是丝杠螺距的整数倍时，螺纹车削完毕之前不得随意松开开合螺母。加工中需要重新装刀时，必须将刀头与已有的螺纹槽仔细吻合，以免产生乱扣。

(4) 车削精度较高的螺纹时应适当加注切削液，减少刀具与工件的摩擦，降低螺纹表面的粗糙度数值。

5.5.4 成形面的加工

1) 锥面的车削

在各种机械结构中，还广泛存在圆锥体和圆锥孔的配合。如顶尖尾柄与尾座套筒的配合；顶尖与被支承工件中心孔的配合；锥销与锥孔的配合。圆锥面配合紧密，装拆方便，经多次拆卸后仍能保证有准确的定心作用。小锥度配合表面还能传递较大的扭矩。正因如此，大直径的麻花钻都使用锥柄。在生产中常遇到圆锥面的加工。车削锥面的方法常用的有宽刀法、小拖板旋转法、偏移尾座法和靠模法。

(1) 宽刀法

宽刀法就是利用主切削刃横向直接车出圆锥面，如图 5-68 所示。此时，切削刃的长度要略长于圆锥母线长度，切削刃与工件回转中心线成半锥角 α。这种加工方法方便、迅速，能加工任意角度的内、外圆锥。车床上倒角实际就是宽刀法车圆锥。此种方法加工的圆锥面很短，而且要求切削加工系统要有较高的刚性，适用于批量生产。

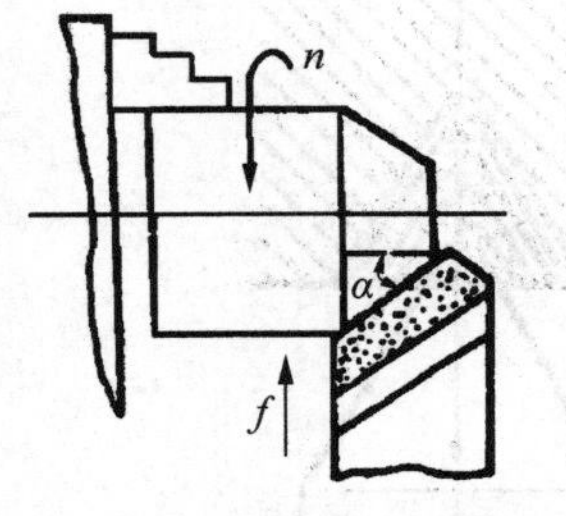

图 5-68 宽刀法车锥面

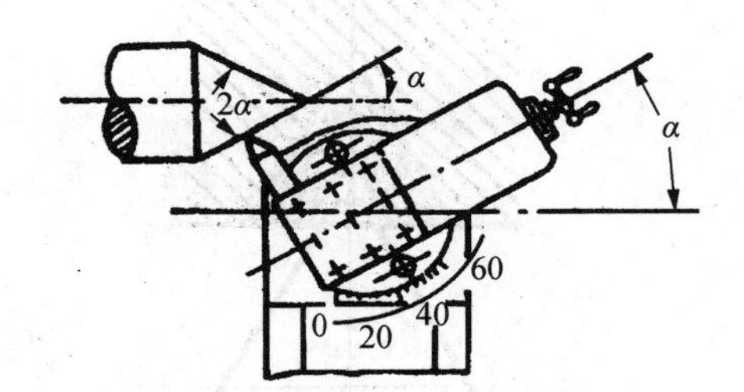

图 5-69 小拖板旋转法车锥面

(2) 小拖板旋转法

车床中拖板上的转盘可以转动任意角度，松开上面的紧固螺钉，使小拖板转过半锥角，如图 5-69 所示，将螺钉拧紧后，转动小拖板手柄，沿斜向进给，便可以车出圆锥面。这种方法操作简单方便，能保证一定的加工精度，能加工各种锥度的内、外圆锥面，应用广泛。但受小拖板行程的限制，不能车太长的圆锥。而且，小拖板只能手动进给，锥面的粗糙度数值大。小拖板旋转法在单件、小批生产中用得较多。

(3) 偏移尾座法

如图 5-70 所示，将尾座带动顶尖横向偏移距离 S，使得安装在两顶尖间的工件回转轴线与主轴轴线成半锥角，这样车刀作纵向走刀车出的回转体母线与回转体中心线成斜角 α，形成锥角为 2α 的圆锥面。

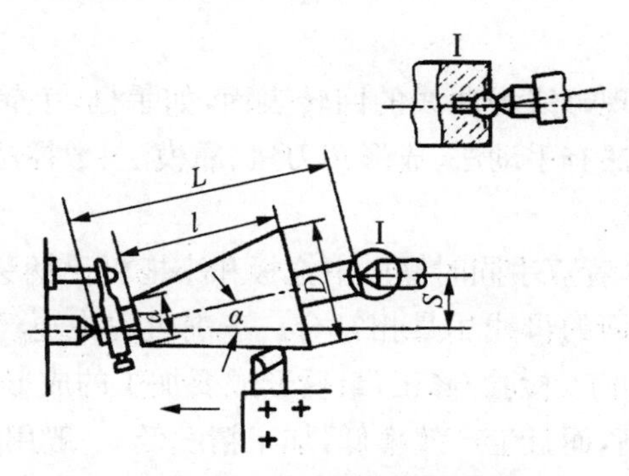

图 5-70　偏移尾座法车锥面

尾座的偏移量

$$S=L\sin\alpha$$

当 α 很小时

$$S=L\tan\alpha=l(D-d)/2l$$

偏移尾座法能切削较长的圆锥面，并能自动走刀，表面粗糙度值比小拖板旋转法小，与自动走刀车外圆一样。由于受到尾部偏移量的限制，一般只能加工小锥度圆锥，不能加工内锥面。

(4) 靠模法

在大批量生产中还经常用靠模法车削圆锥面，如图 5-71 所示。

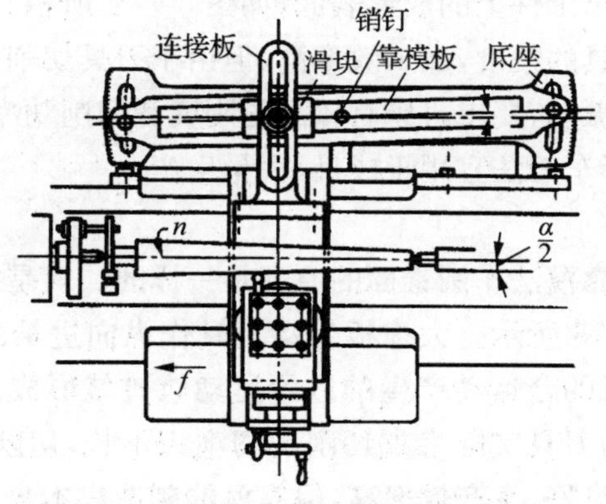

图 5-71　靠模法车锥面

靠模装置的底座固定在床身的后面，底座上装有锥度靠模板。松开紧固螺钉，靠模板可以绕定位销钉旋转，与工件的轴线成一定的斜角。靠模上的滑块可以沿靠模滑动，而滑块通过连接板与拖板连接在一起。中拖板上的丝杠与螺母脱开，其手柄不再调节刀架横向位置，而是将小拖板转过 90°，用小拖板上的丝杠调节刀具横向位置，以调整所需的背吃刀量。

如果工件的锥角为 α，则将靠模调节成 $\alpha/2$ 的斜角。当大拖板作纵向自动进给时，滑块就沿着靠模滑动，从而使车刀的运动平行于靠模板，车出所需的圆锥面。

靠模法加工进给平稳，工件的表面质量好，生产效率高，可以加工 $\alpha<12°$ 的长圆锥。

2）成形面车削

在回转体上有时会出现母线为曲线的回转表面，如手柄、手轮、圆球等。这些表面称为成形面。成形面的车削方法有手动法、成形车刀法、靠模法、数控法等。

(1) 手动法

如图 5－72 所示，操作者双手同时操纵中拖板和小拖板手柄移动刀架，使刀尖运动的轨迹与要形成的回转体成形面的母线尽量相符合。车削过程中还经常用成形样板检验，如图 5－73所示。通过反复的加工、检验、修正，最后形成要加工的成形表面。手动法加工简单方便，但对操作者技术要求高，而且生产效率低，加工精度低，一般用于单件小批生产。

图 5－72　双手控制法车成形面

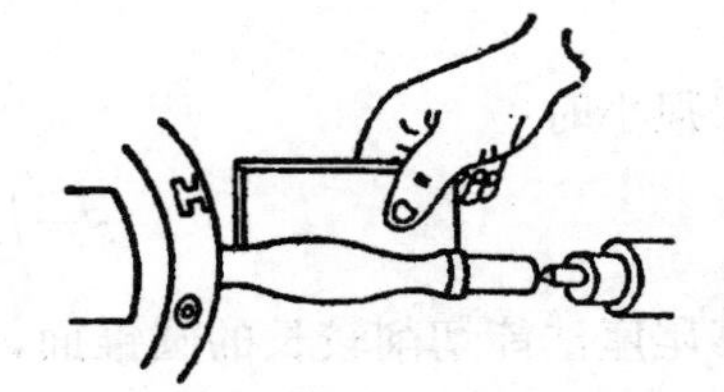

图 5－73　用成形样板检验

(2) 成形车刀法

切削刃形状与工件表面形状一致的车刀称为成形车刀(样板车)。用成形车刀切削时，只要作横向进给就可以车出工件上的成形表面，如图 5－74 所示。用成形车刀车削成形面，工件的形状精度取决于刀具的精度，加工效率高，但由于刀具切削刃长，加工时的切削力大，加工系统容易产生变形和振动，要求机床有较高的刚度和切削功率。成形车刀制造成本高，且不容易刃磨。因此，成形车刀法宜用于成批、大量生产。

(3) 靠模法

用靠模法车成形面与靠模法车圆锥面的原理是一样的。只是靠模的形状是与工件母线形状一样的曲线，如图 5－75 所示。大拖板带动刀具作纵向进给的同时靠模带动刀具作横向进给，两个方向进给形成的合运动产生的进给运动轨迹就形成工件的母线。靠模法加工采用普通的车刀进行切削，刀具实际参加切削的切削刃不长，切削力与普通车削相近，变形小，振动小，工件的加工质量好，生产效率高，但靠模的制造成本高。靠模法车成形面主要用于成批或大量生产。

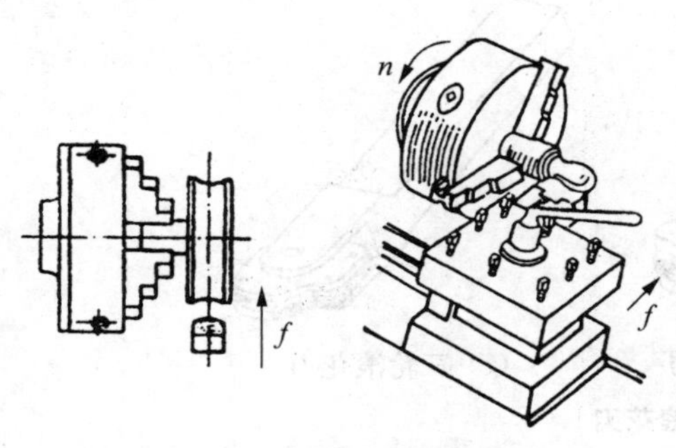

图 5-74　用成形车刀车成形面

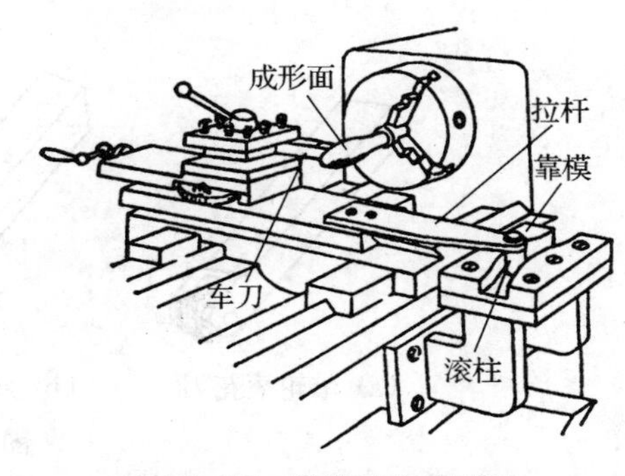

图 5-75　靠模法车成形面

(4) 数控法

数控法将在后面相关小节详细介绍。

5.5.5　车床加工的其他形式

在车床上不但可以进行回转表面加工,还可进行滚花、车凸轮、铲背、滚压等加工。

1) 滚花

许多工具和机器零件的手握部分,为了便于握持和增加美观,常常在表面滚压出各种不同的花纹,如百分尺的套管,铰杠扳手及螺纹量规等。这些花纹一般都是在车床上用滚花刀滚压而成的,如图 5-76 所示。

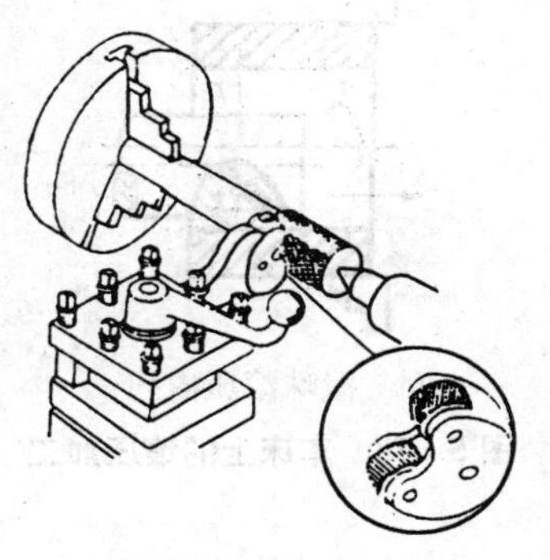

图 5-76　滚花

滚花的实质是用滚花刀在原本光滑的工件表面挤压,使其产生塑性变形而形成凸凹不平但均匀一致的花纹。由于工件表面一部分下凹,而另一部分凸出,从大的范围来说,工件的直径有所增加。滚花时工件所受的径向力大,工件装夹时应使滚花部分靠近卡盘。滚花时工件的转速要低,并且要有充分的润滑,以减少塑性流动的金属对滚花刀的摩擦和防止产生乱纹。

滚花的花纹有直纹和网纹两种,按滚花轮的数量又分为单轮、双轮和三轮三种,如图 5-77 所示。花纹亦有粗细之分,工件上花纹的粗细取决于滚花刀上滚轮花纹的粗细。

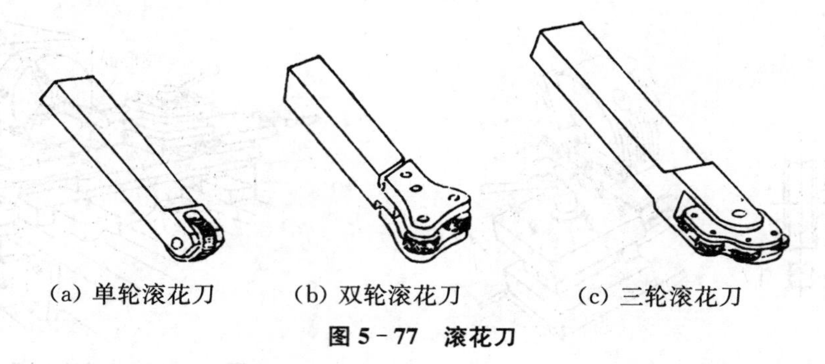
(a) 单轮滚花刀　(b) 双轮滚花刀　(c) 三轮滚花刀

图 5－77　滚花刀

2）滚压

滚压是利用滚轮或滚珠等工具在工件的表面施加压力进行加工的。在车床上用滚轮滚压工件外圆与滚花的加工形式十分接近。滚压加工可以加工外圆、内孔、端面、过渡圆弧等，如图 5－78 所示。

在车床上滚压时，工具可以装在刀架上或装在尾座上，工件作低速旋转，滚压工具作缓慢进给。

滚压加工时，工件表面产生微量塑性变形，表面硬化，硬度提高，形成残余应力，疲劳强度提高。经过滚压加工的零件表面粗糙度 R_a 值达 0.4～0.1 μm，精度达 IT7～IT6，可代替精密磨削。

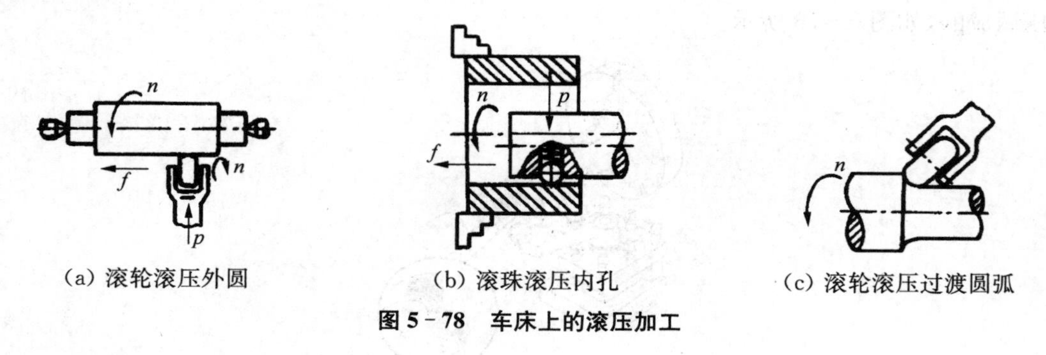

(a) 滚轮滚压外圆　(b) 滚珠滚压内孔　(c) 滚轮滚压过渡圆弧

图 5－78　车床上的滚压加工

5.6　先进车削工艺与技术

随着加工技术的发展，普通车削加工逐步和先进制造技术相结合，向绿色化、精密化、微细化等方向发展，形成现代先进车削工艺与技术。在普通车床加工零件时复杂零件和精密零件的加工是现代普通车床加工的难点。

5.6.1　车削加工绿色化

绿色化是制造业一个重要的发展方向，而车削加工工艺与技术也向着绿色化方向发展。车削加工的绿色化主要包括：(1) 车床结构的绿色化；(2) 车削加工工艺的绿色化，采用计算机虚拟仿真技术，仿真车削加工过程，优化毛坯形状，优化车削加工工艺；(3) 车削切削液绿色化，加工不用切削液或减少切削液的使用，例如现代高速干式车削技术和微量润滑车削加工技术。

1) 现代高速干式车削加工

干式车削加工是指在车削加工中为了保护环境和降低成本而有意识地不使用切削液的加工方法。干式车削加工过程中为了弥补不使用切削液而导致的切削温度升高，排屑不畅，刀具使用寿命缩短和加工表面质量降低等缺陷，需要应用车削加工新工艺和新技术。

(1) 新型刀具材料的选择

干式切削时刀具材料应具有更高的强度和韧性，较高的高温硬度和耐磨性，否则，刀具将很快磨损或破损。此外要求刀具的材料与被加工对象的化学亲和力小。干式切削时，常用的刀具材料有纳米级颗粒硬质合金、黏结硬质合金、涂层硬质合金、陶瓷、立方氮化硼、聚晶金刚石等。

(2) 刀具几何参数优化

① 增大前角和后角。选择增大前角和后角，可以使刀具锋利，减少刀具后刀面与工件之间的摩擦阻力，通过减小切削力达到降低切削热的效果。

② 减小主偏角，增大负刃倾角。减小主偏角，能够使切削刃在单位长度上所承受的力减小；增大负刃倾角，可以使有效切削刃长度增加，刀具和切屑之间接触面积减少，降低切削区的温度，延长刀具寿命。

③ 改良刀具刃口。为了提高刀具的强度，常采用形状为T形的刃带，就是倒棱，即在刃口上磨出窄的平面，改善了刀具的切削性能，延长刀具的耐用度。

2) 微量润滑车削加工

微量润滑车削加工是一种绿色湿式切削加工技术，是指在车削中，切削工作处在最佳状态下(即不缩短刀具使用寿命，不降低已加工表面质量)，切削液的使用量达到最少。所使用的切削液无毒无害，绿色环保。

工作原理是以植物油作为切削液，并通过一个泵供给，植物油和空气被自动混合在喷嘴里，形成纳米级气雾并喷射在切削区，起到冷却和润滑作用。它的切削液消耗量在50 mL/h以下，而正常射流润滑的切削液消耗量可达6 L/min。图5-79是静电微量润滑装置的喷嘴结构图，喷嘴上设置接触充电电极，连接高压静电发生器，构成微量润滑喷嘴单元；切削液经过充电电极高压接触电荷，压缩空气的作用下雾化成切削液滴液，喷射到车削加工区。

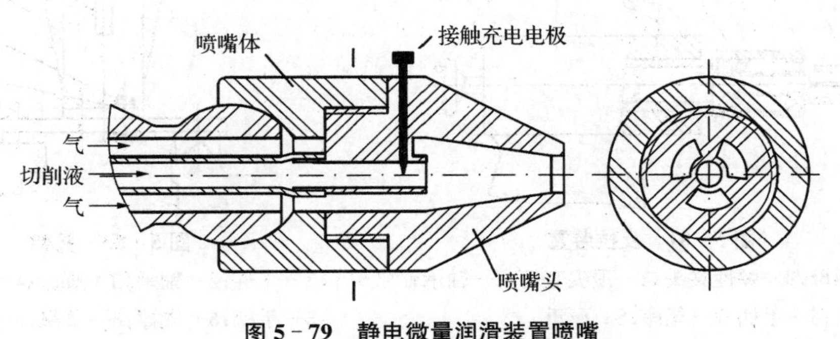

图5-79　静电微量润滑装置喷嘴

5.6.2　车削加工精密化

根据精密零件加工要求，确定合适的加工工艺参数，选择合适的加工工艺方法，或者改变车床结构的方法，普通车床也可以完成精密车削。如车削高精密钛合金凸透镜旋转轴，可以通过选择合适车刀、主轴转速，选择合适加工工艺完成普通车床的车削加工。

1）普通车床精密车削细长轴

细长轴是一种低刚度零件，是机械加工中的难题，尤其是精密车削长径比大于 80∶1 的细长轴。可以通过以下方法改进工艺和技术完成普通车床加工。

(1) 改进车削方法和车刀

粗车余量大，采用反车法，使工件所受轴向切削力由压力变拉力，呈拉伸变形。使工件在轴向自由伸长，可减小工件的振动和弯曲变形，粗车使用的刀具采用反偏刀，主偏角 $\kappa_r = 75° \sim 85°$，减小径向切削分力，从而减小车削振动。

精车采用图 5-80 所示的宽刃弹簧车刀，弹性刀杆有利于减振和避免扎刀，与粗车相反，主偏角很小 $\kappa_r = 3°$，精车余量小，径向分力也很小，保证表面粗糙度要求。

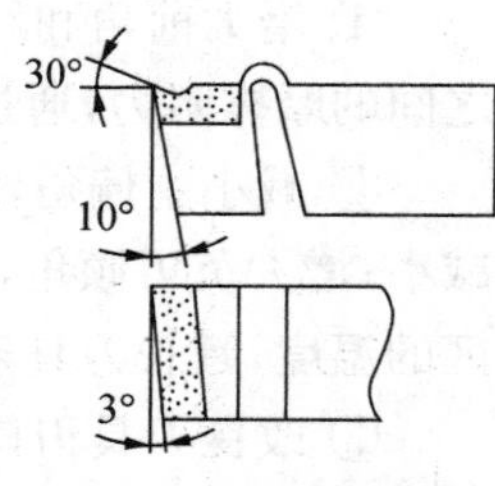

图 5-80　弹簧车刀

(2) 改进装夹方法和尾座

传统车削选择顶卡法车削细长轴，在高速和大切削量切削时，有使工件脱离顶尖的危险。为避免这种现象的产生，采用卡拉法。卡拉法是在车头一端用卡盘夹紧工件，尾座一端设计如图 5-81 所示的弹性反拉装置拉紧工件。

(3) 改进机床附件

跟刀架是加工细长轴的重要附件，但对于 80∶1 以上的精密细长轴单靠跟刀架往往是不够的，需配合如图 5-82 所示的可调式滚动托架。托架在床身的水平位置均可调节，当调节好后，工件被支撑在滚动轴承上面。

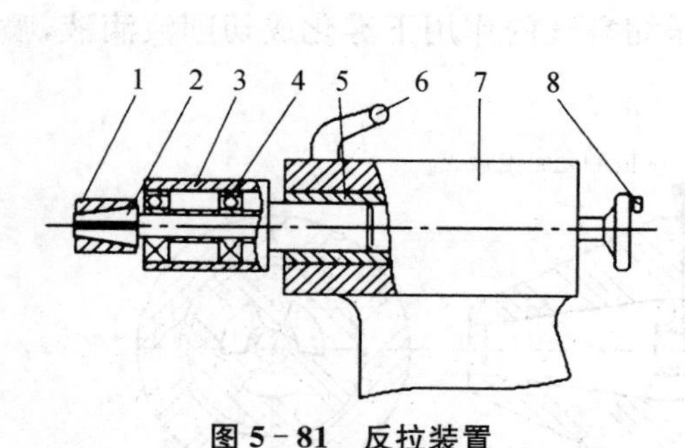

图 5-81　反拉装置

1—螺母；2—弹性夹头；3—顶尖套筒；4—轴承；5—套；6—手柄；7—尾座；8—配重

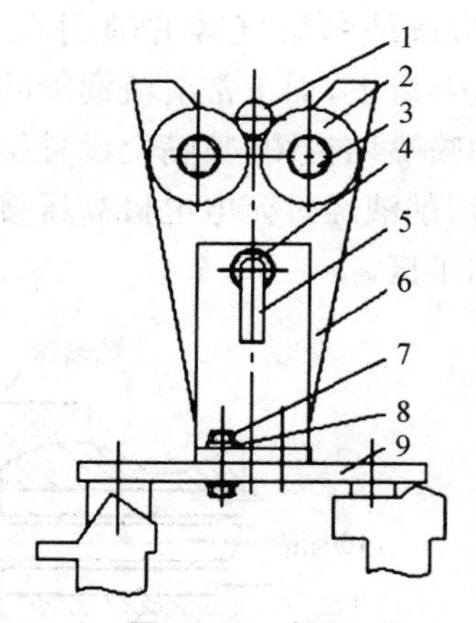

图 5-82　托架

1—工件；2—轴承；3—螺母；4、7—螺栓；5—手柄；6—支撑；8—垫圈；9—板

2）普通车床精密车削异形零件

可在普通车床上根据复杂或异形零件要求，通过安装特殊工艺装置，达到加工精度要求，完成零件加工。如可以在普通车床上加工一端封闭的盂状内球面的装置，还可以加工精密异形球形轴，加工球面蜗杆等。

以普通车床车削精密球面蜗杆为例。图 5－83 所示为普通车床上装置的加工球面蜗杆机构结构。可调中心距的回转盘 8 固定在床身上。回转工作台上安装有纵、横向进刀架 9 和 3，球面蜗杆轴 2 的右端上有传动齿轮 4，通过固定在床身上的齿轮支持架 6 与回转工作台齿轮 7 相啮合，从而使回转盘 8 作相应转动，对球面蜗杆进行切削加工。这里的进给导程是根据球面蜗杆的模数、头数和回转盘固定的传动比计算出来的。

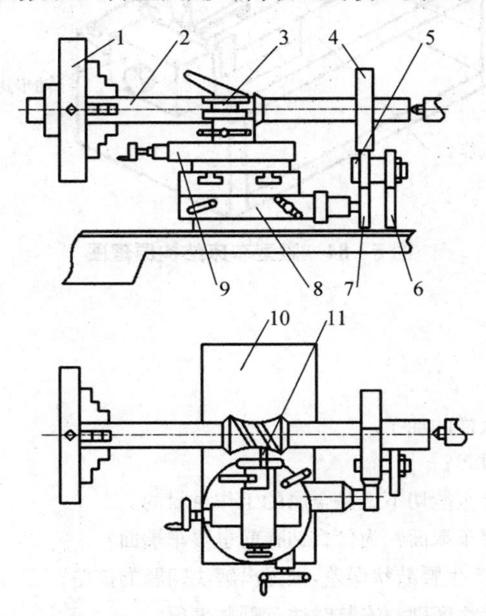

图 5－83　车床上装置的加工球面蜗杆机构结构

1—四爪卡盘；2—球面蜗杆轴；3—横向进刀架；4、5、7—传动齿轮；
6—支持架；8—回转盘；9—纵向进刀架；10—平板；11—车刀

5.6.3　车削加工微细化

微纳车削属于一种纳米切削加工。由于车削量极其微小，微纳加工对加工车床、工艺、刀具有特定的要求。例如车削凸形表面，车削的车刀一般为单晶金刚石车刀，刀尖半径为 100 μm，同时刀具有极高的安装精度要求。

日本研究了一套微型车削系统。该系统由微型车床、控制单元、光学显微装置和监视器组成，其中机床长约 200 mm。该系统采用了一套光学显微装置来观察切削状态，还配备了专用的工件装卸装置。图 5－84 为微型车床的结构原理图。主轴用两个微型滚动轴承支承。主轴沿 z 方向进给，刀架固定不动，车刀与工件的接触位置是固定的，便于用光学显微装置观察。因为工件的直径很小，车削时沿 $x-y$ 方向移动的幅度不大，所以令刀架沿 $x-y$ 移动。车刀的刀尖材料为金刚石。驱动主轴的微电动机通过弹性联轴器与主轴连接。在这台机床上加工出了直径 10 μm 的外圆柱面，还加工出了直径 120 μm、螺距 12.5 μm 的丝杠。该机床的缺点是切削速度低，因此得不到满意的表面质量，其表面粗糙度 R_a 值大于 1 μm。利用切削加工技术也能加工出微米尺度的零件。

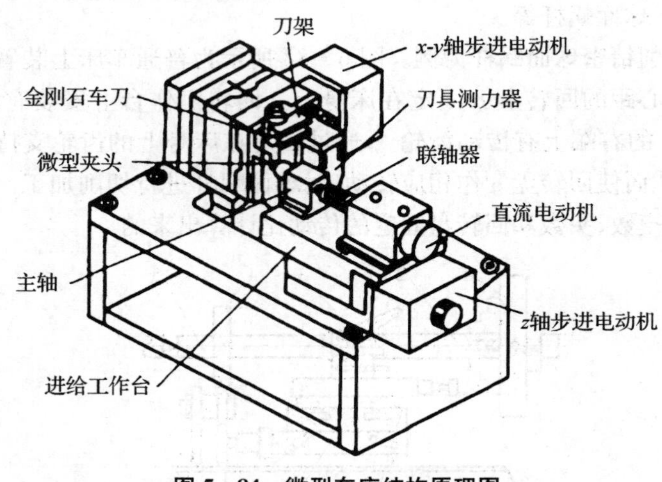

图 5-84 微型车床结构原理图

思考题

1. 试说明车床能完成什么样的加工。
2. 车削时为什么要开车对刀？
3. 说说车刀切削部分为什么能切下也是金属的工作材料的。
4. 为什么车削时一般先要车端面？为什么钻孔前也要车端面？
5. 车削细长轴时，工件易产生腰鼓状误差，试提出解决问题的措施。
6. 镗孔刀与外圆车刀有什么区别？安装时注意哪些事项？
7. 试说明车削螺纹的步骤。
8. 试说明车床钻孔的步骤。

本章参考文献

[1] 贾晓鸣，王宝中，冯喜京. 绿色切削加工技术分析[J]. 润滑与密封，2002，27(6)：83-85.
[2] 黄水泉. 静电微量润滑的润滑冷却机理及其切削加工特性研究[D]. 杭州：浙江工业大学，2018.
[3] 王丽滨. 普通车床高效精密加工球面蜗杆的工装[J]. 矿山机械，2008，36(18)：73-74.
[4] 王秋林. 在普通车床上精密车削细长轴的改进措施[J]. 制造技术与机床，2009(3)：104-105.
[5] 贾宝贤，王振龙，赵万生. 微细切削加工与微机械制造[J]. 机械制造，2003，41(8)：7-9.

第六章　铣削、刨削、磨削加工

6.1　知识点及安全要求

6.1.1　知识点

(1) 了解铣削、刨削、磨削加工的应用范围；

(2) 了解铣削、刨削、磨削加工的主要运动，附件的尺寸范围及选用等；

(3) 了解铣削、刨削、磨削机床的结构特点，熟悉相关机床的主要组成及功用；

(4) 能对产品质量缺陷进行分析。

6.1.2　安全要求

(1) 操作者应穿工作服，长头发应压入工作帽内，以防发生人身事故；

(2) 多人共同使用一台机床时，只能一人操作，并应注意他人的安全；

(3) 工件和刀具必须装夹牢固，以防发生事故；

(4) 调整工作台位置和滑枕行程时，不可超过极限位置，以防发生人身和设备事故；

(5) 在工作时注意量具的使用方法，防止量具的不正常损坏；

(6) 正确掌握进刀量，不能吃大刀，以免发生事故；

(7) 工作时不能打闹，以免碰上机床手柄造成事故。

6.2　概述

车床主要加工回转表面，包括：端面、内外圆柱面、内外圆锥面、内外螺纹、回转成形面、回转沟槽以及滚花等。但是还有平面和其他形状更为复杂的表面，如沟槽、齿面、螺旋面、自由曲面等需要加工。这些复杂表面的加工不同于内外圆表面加工，其成形过程中通常是工件不动或作直线、旋转进给，刀具或砂轮作旋转主运动，也可能是工件或刀具作直线主运动。采用这类方法可以进行非回转表面的加工。

非回转表面的加工方法主要有铣削、刨削、磨削等。本章将逐一对这几种加工方法的原理、设备、刀具等进行介绍。

非回转表面的成形加工运动比回转表面的成形加工运动更为复杂，不能由刀具轮廓或轨迹形成的母线绕工件旋转形成的导线而完成，而需要多个运动合成。主运动只有一个，可以是旋转运动或者直线往复运动，由刀具承担；进给运动有多个，可以是直线往复运动、曲线移动、旋转运动或者它们的综合，可以由刀具或工件承担或两者同时承担。

6.3 铣削加工

6.3.1 铣削的加工范围及特点

1）铣削加工范围

铣削加工范围很广，可加工水平面、台阶面、垂直面、齿轮、齿条、各种沟槽（直槽、T形槽、燕尾槽、V形槽）或成形面等。常见的铣削加工如图6.1所示。

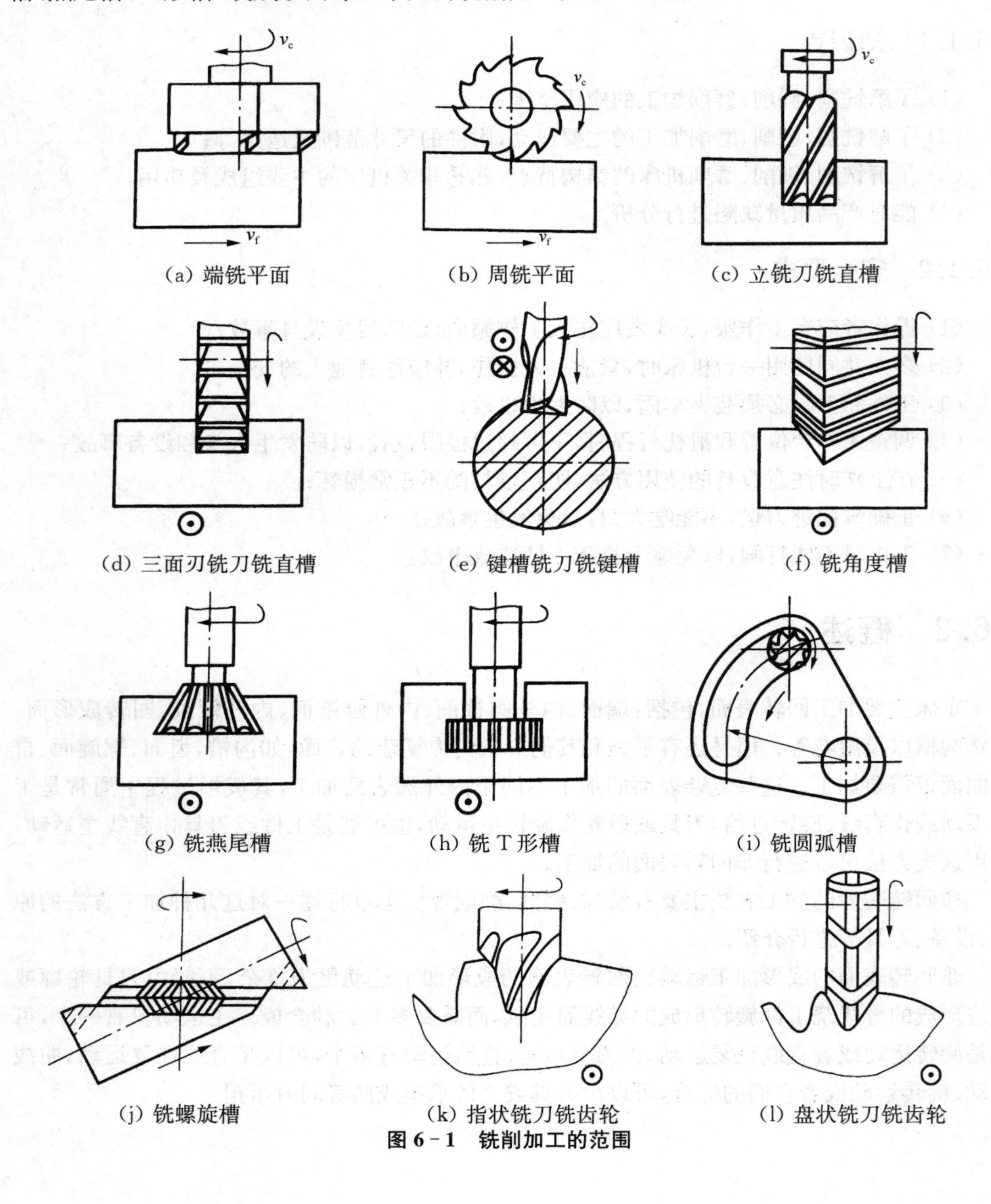

(a) 端铣平面　(b) 周铣平面　(c) 立铣刀铣直槽

(d) 三面刃铣刀铣直槽　(e) 键槽铣刀铣键槽　(f) 铣角度槽

(g) 铣燕尾槽　(h) 铣T形槽　(i) 铣圆弧槽

(j) 铣螺旋槽　(k) 指状铣刀铣齿轮　(l) 盘状铣刀铣齿轮

图6-1　铣削加工的范围

2）铣削加工特点

铣削加工范围广，适合批量加工，效率高。铣刀属多齿工具，根据刀具的不同，出现断续切削，刀齿不断切入或切出工件，切削力不断发生变化，产生冲击或振动，影响加工精度和工件表面粗糙度。

铣削加工精度为IT7～IT9，表面粗糙度 R_a 值为1.6～6.3 μm。

6.3.2　铣削加工与铣削工艺

1）铣削加工

铣削加工是在铣床上利用铣刀旋转对工件进行切削的加工方法。铣刀是旋转的多刃刃具，铣削是多刃加工，且铣刀可使用较大的切削速度，无空回程，故生产效率高。

2）铣削用量

它包括铣削速度、进给量、背吃刀量和侧吃刀量。

(1) 铣削速度 v_c(mm/s)

铣削速度即为铣刀最大直径的线速度。

(2) 进给量

刀具在进给运动方向上相对工件的位移量。有三种计量方式：

① 每齿进给量 f_z：铣刀每转过一个刀齿，工件沿进给方向移动的距离，单位为mm/齿。

② 每转进给量 f：铣刀每转过一圈，工件沿进给方向移动的距离，单位为mm/r。

③ 每分钟进给量 v_f：工件每分钟沿进给方向移动的距离，单位为mm/min。

(3) 背吃刀量

也就是切削深度 a_p，它是沿铣刀轴线方向测量的切削层尺寸，单位为mm。

(4) 侧吃刀量

就是切削宽度 a_e，它是沿垂直于铣刀轴线上的方向测量的切削层尺寸，单位为mm。

3）选择铣削用量的次序

首先选择较大的铣削宽度、深度，其次是较大的进给量，最后才是根据刀具耐用度的要求，选择适宜的铣削速度。

6.3.3　铣床

铣床的种类很多，常用的有万能卧式铣床、立式铣床、龙门铣床等。在一般工厂，万能卧式铣床和立式铣床应用最为广泛，主要用于单件、小批生产中尺寸不是太大的工件。而龙门铣床一般用于加工大型零件。

1）万能卧式铣床

铣床的主轴中心线与工作台面平行。其工作台垂直、横向都可以移动。纵向工作台在水平面内还能向左右旋转0～45°的角度。如选择合理的附件和工具，几乎可以对任何形状的机械零件进行铣削。万能卧式铣床如图6-2所示。

2）万能卧式铣床的主要组成部分及作用

万能卧式铣床型号：X6132铣床。其型号的具体意义为：

X—铣床类；6—卧式铣床；1—万能升降台铣床；32—工作台宽度 1/10。

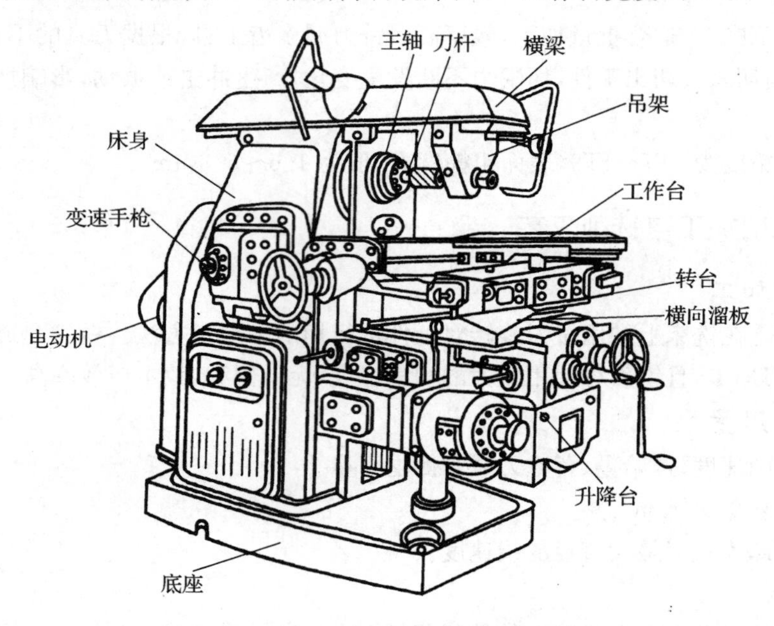

图 6-2　X6132 型万能卧式铣床

铣床的组成部分及作用：

(1) 床身：用来固定和支承铣床所有部件，内装电动机、主轴变速机构等。

(2) 横梁：用于安装吊架，支撑力杆，增强刀杆强度。

(3) 主轴：空心轴前端有 7∶24 的锥孔，用于安装铣刀或铣刀刀杆，并带动铣刀旋转，是铣床的主运动。

(4) 纵向工作台：带动工件，作纵向进给运动。

(5) 横向工作台：带动工件，作横向进给运动。

(6) 转台：可带动工作台作左右 0～45°的转动。

(7) 升降台：带动工件作垂直进给运动。

(8) 底座；用来支承床身和升降台，内装切削液。

3) 立式铣床

铣床的主轴中心线与工作台面垂直。有的立铣因为加工需要，主轴还能向左右倾斜一定角度，以便铣削倾斜面。立式铣床一般用于铣削平面、斜面或沟槽、齿轮等零件。立式铣床如图 6-3 所示。

4) 龙门铣床

此铣床具有足够的刚度，适用于强力铣削，加工大型零件的平面、沟槽等。机床装有二轴、三轴甚至更多主轴以进行多刀、多工位的铣削加工，生产效率很高。龙门铣床如图 6-4 所示。

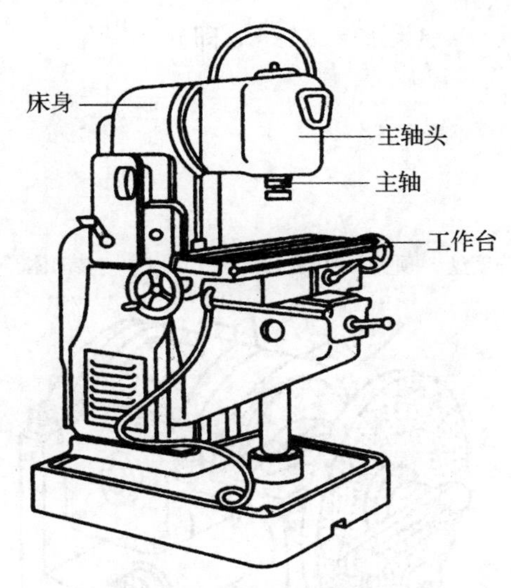

图 6-3　立式铣床

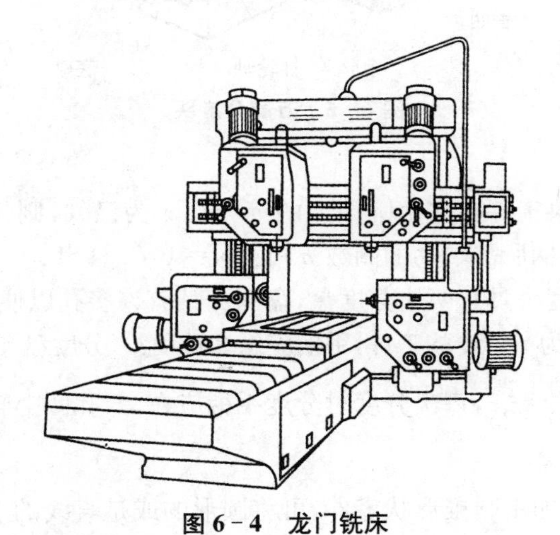

图 6-4　龙门铣床

铣镗加工中心在生产中也获得了广泛应用。它可承担中小型零件的铣削或复杂面的加工。铣镗加工中心尚可进行铣、镗、铰、钻、攻丝等综合加工，在一次工件装夹中可以自动更换刀具，进行铣、钻、铰、镗、攻丝等多工序操作。

5）铣床常用附件的功能及加工范围

常用铣床附件有：万能分度头、万能铣头、平口钳、回转工作台等。

(1) 万能分度头(图 6-5)

① 万能分度头的传动系统

如图 6-6 所示为万能分度头的传动系统图。分度头的基座上有转动体，转动体上有主轴，分度头主轴可随转动体在铅垂面内转动，可将工件装夹成水平、垂直或倾斜位置。分度时，摆动分度手柄，通过蜗杆蜗轮带动分度头主轴旋转。分度头的传动比 i = 蜗杆的头数/蜗轮的齿数 = 1/40，即当手柄通过一对直齿轮(传动比为 1∶1)带动蜗杆转动一周时，蜗轮带动转过 1/40 周。

$$1:40=1/z:n \text{ 即 } n=\frac{40}{z}$$

式中：n——手柄转数；

z——工件等分数；

40——分度头定数。

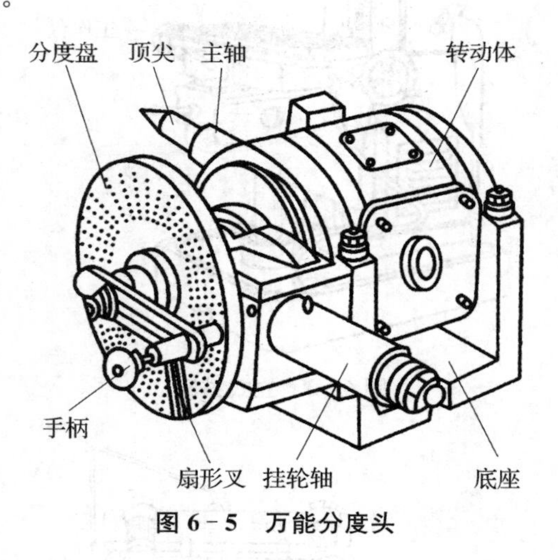

图 6-5　万能分度头

② 简单分度方法

简单分度公式。如果工件在整个圆周上的等分数 z 为已知，则每一等分对应分度头主轴 $1/z$ 圈，这时分度头手柄所需转动的圈数 n 可由 $n=40/z$ 算出。

角度分度公式。分度头具有两块分度盘，盘两面钻有许多孔以便分度时使用（图 6-7）。

例：加工一齿轮齿数为 $z=50$ 的工件，手柄应怎么转动？（分度盘孔数为 24、25、28、30、34）

根据公式 $n=\frac{40}{z}=\frac{40}{50}=\frac{20}{25}$，每次分度时分度手柄应在 25 孔圈上转过 20 个孔距。

③ 分度头的加工范围

分度头应用广泛，可加工圆锥形状零件，可将圆形的或是直线的工件精确地分割成各种等份，还可以加工刀具、沟槽、齿轮、渐升线、凸轮以及螺旋线零件等。

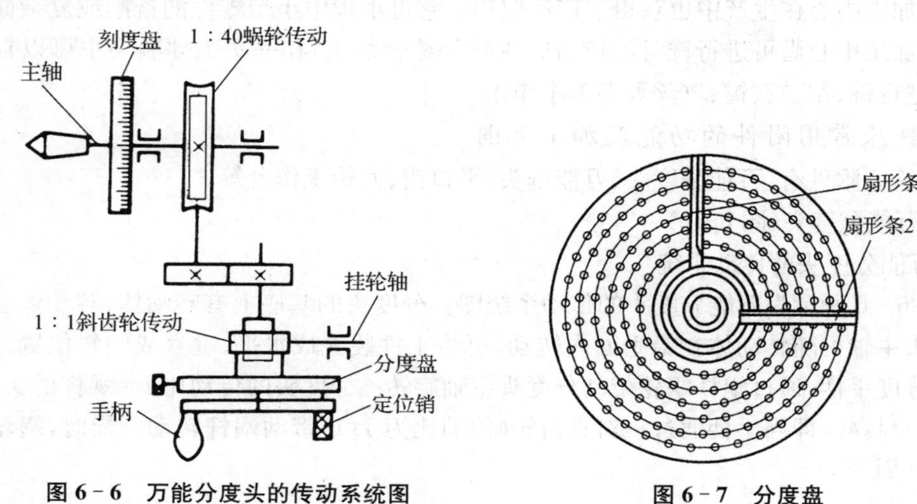

图 6-6　万能分度头的传动系统图　　**图 6-7　分度盘**

(2) 万能铣头

万能铣头是一种扩大卧式铣床加工范围的附件，利用它可以在卧式铣床上进行立铣工作，使用时卸下横梁，装上万能铣头，根据加工需要其主轴在空间可以转成任意方向。

(3) 平口钳

它有固定钳口和活动钳口，通过丝杠螺母传动，改变钳口间距离，可装夹直径不同的工件。平口钳装夹工件方便，节省时间，提高效率；适合装夹板类零件，轴类零件，方体零件。

(4) 回转工作台

在回转工作台上，首先校正工件。圆弧中心与转台中心重合铣刀旋转，工件作弧线进给运动，可加工圆弧槽、圆弧面等零件。

6) 常用铣刀、量具、刀具的选择，使用与装夹方法及铣削方法

(1) 铣刀的种类与应用

铣刀是一种多齿刀具，切削时每齿周期性切入和切出工件，对散热有利，铣削效率较高。铣刀的种类很多，根据铣刀的安装方法可将铣刀分为带孔铣刀和带柄铣刀两大类。

带柄铣刀又可分为直柄和锥柄两种(图 6-8)。一般直径小于 20 mm 的较小铣刀做成直柄。直径较大的铣刀做成锥柄。带柄铣刀可加工平面、台阶面、键槽和直槽等。还有 T 形槽、燕尾槽等带柄铣刀。

带孔铣刀有如下形式(图 6-9)：

① 圆柱铣刀——可加工平面；

② 三面刃铣刀——可加工平面、直槽；

③ 锯片铣刀——可加工直槽并切断工件；

④ 模数铣刀——可加工齿轮、齿条；

⑤ 凸圆弧铣刀——可加工凹半圆槽；

⑥ 凹圆弧铣刀——可加工凸半圆槽；

⑦ 单角铣刀——可加工斜面；

⑧ 双角铣刀——可加工斜面、V 形槽。

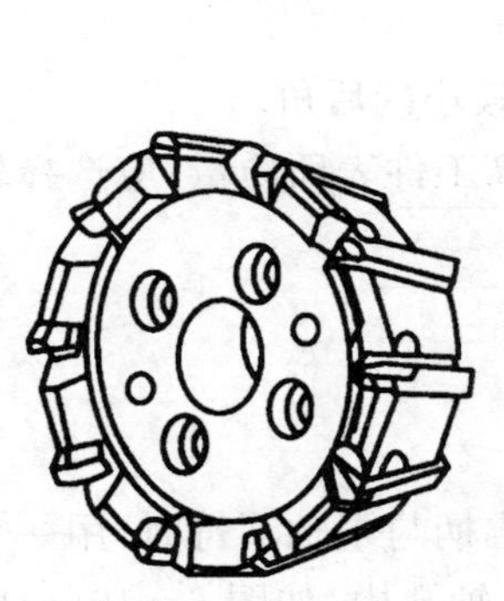
(a) 硬质合金镶齿端面铣刀

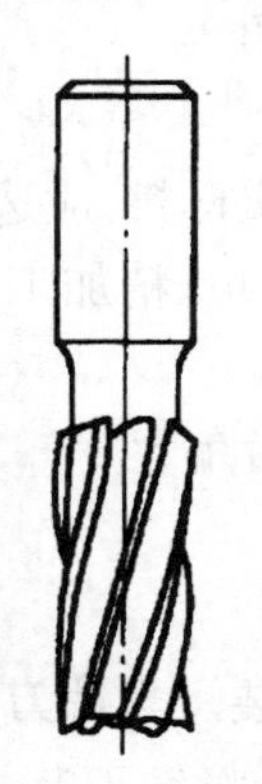
(b) 立铣刀

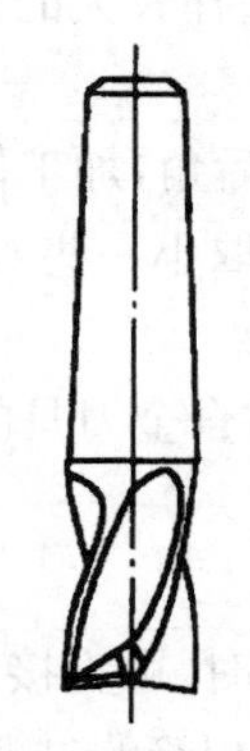
(c) 键槽铣刀

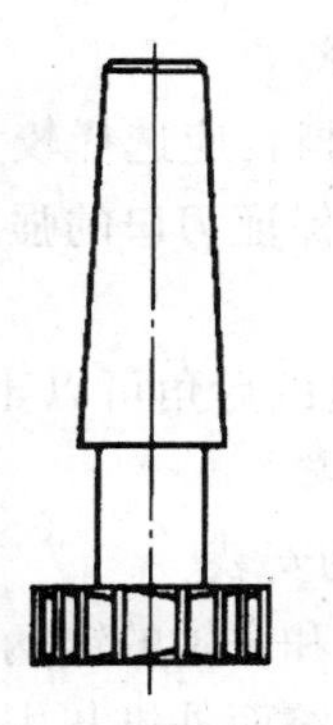
(d) T 形槽铣刀

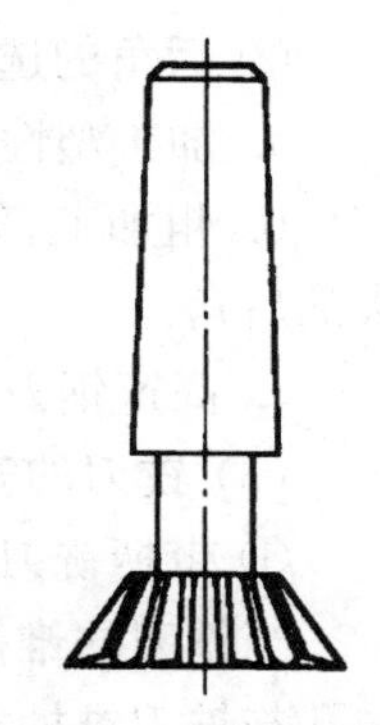
(e) 燕尾槽铣刀

图 6-8　带柄铣刀

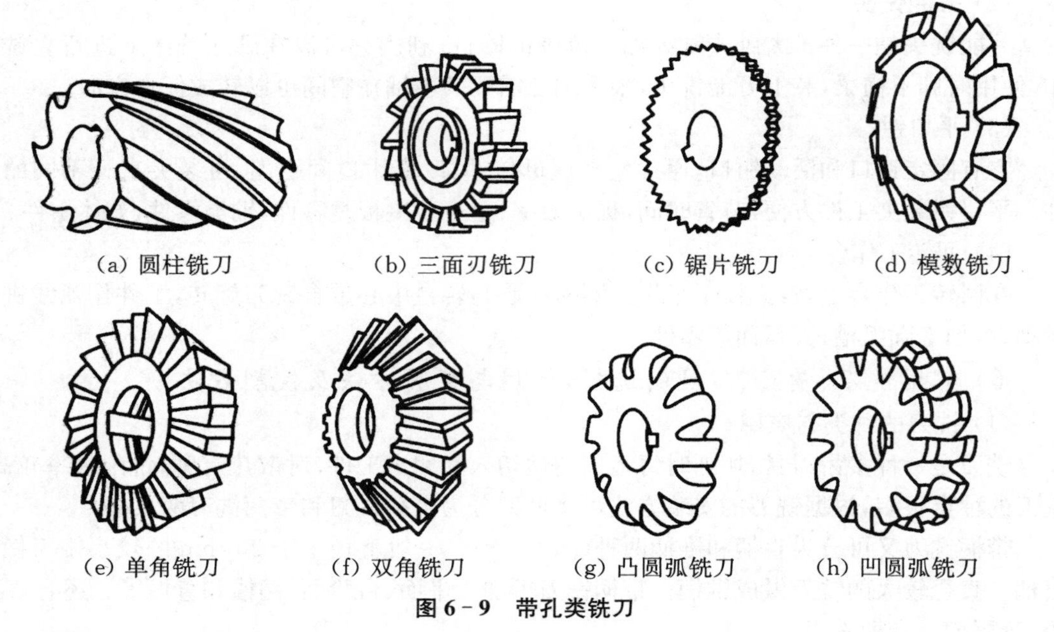

图 6－9　带孔类铣刀

(2) 铣刀角度在加工过程中的正确选择

① 前角的选择

前角是刀具上最重要的一个角度,它的大小直接影响刀刃的锐利与牢固程度,决定刀具的切削性能。

a. 加工塑性材料,应选择较大的前角;加工脆性,工件强度、硬度高的前角应选得小一些。

b. 粗加工前角选得小一些,精加工应选择较大的前角。

c. 高速钢刀抗冲击韧性好,可选择较大的前角。硬质合金刀抗冲击性较差,应选择较小的前角。

d. 机床工件,刀具刚性较差,应选择较大的前角。

② 后角的选择

a. 加工塑性材料,应选择较大的后角,加工硬质材料,应选择较小的后角。

b. 粗加工,为保证刃口的强度应取小一些的后角;精加工提高工件表面质量,应选择较大的后角。

c. 高速钢刀具的后角可以比硬质合金刀具的后角大 2°～3°。

(3) 铣刀的安装

① 带柄铣刀的安装

当铣刀的锥柄和主轴的锥柄相符时,可直接安装。当铣刀的锥柄与主轴不符时,用一个内孔与铣刀锥柄相符而外锥与主轴孔相符的过渡套将铣刀装入主轴孔内,如图 6－10(a)所示。直径较小的直柄铣刀,可用弹簧夹安装,如图 6－10(b)所示。

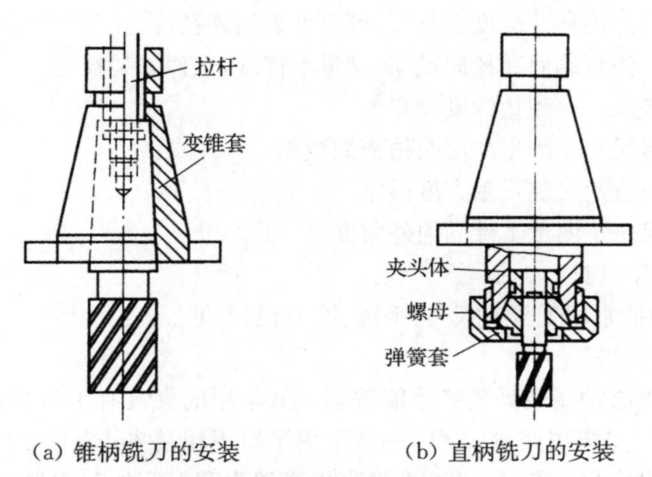

(a) 锥柄铣刀的安装　　(b) 直柄铣刀的安装

图 6-10　带柄铣刀的安装

② 带孔铣刀的安装

a. 带孔铣刀要采用铣刀杆安装，先将铣刀杆锥体一端插入主轴锥孔，用拉杆拉紧。通过套筒调整铣刀的合适位置，刀杆另一端用吊架支承。圆柱铣刀、圆盘铣刀多用长刀杆安装(图 6-11)，带孔类铣刀中的端铣刀多用短刀杆安装(图 6-12)。

b. 带孔的铣刀是靠专用的心轴安装的，如套式铣刀、面铣刀，属于短刀杆安装。

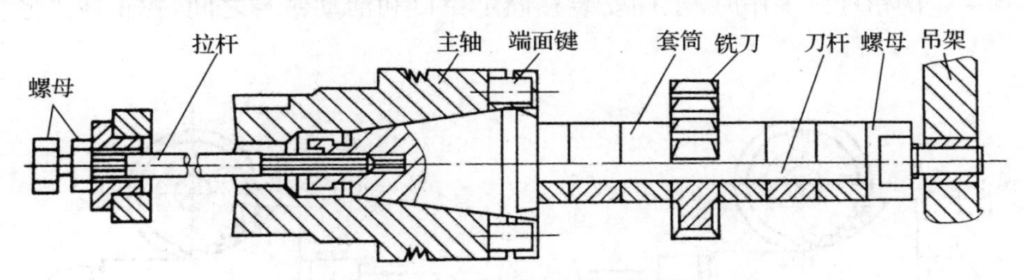

图 6-11　圆柱、圆盘铣刀的安装

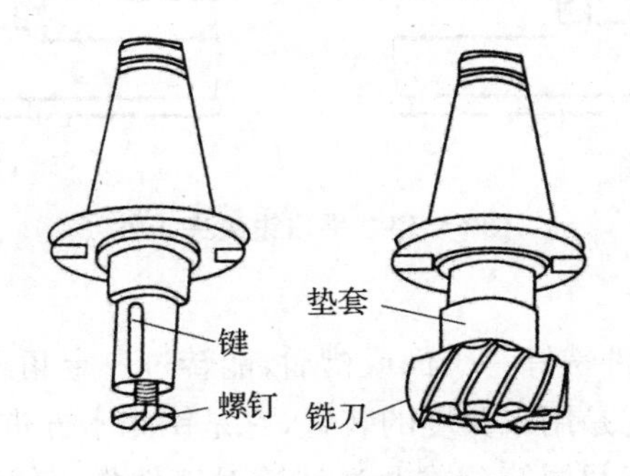

图 6-12　端铣刀的安装

(4) 铣床常用量具(操作中，讲解量具使用方法)

为了确保零件的加工质量，应对被加工的零件进行表面粗糙度、尺寸精度、形状精度和位置精度的测量，用于测量的工具称为量具。

① 游标卡尺——可测量外表面尺寸、内表面尺寸及测量深度。

② 百分尺——外内径及深度百分尺，可测外表面外径、内孔及深度。

③ 百分表——测量端面和径向跳动，测量平行度，工件安装找正。

④ 深度游标卡尺——测量深度和高度。

⑤ 高度游标卡尺——测量高度及精密划线用。

⑥ 直角尺——直角尺测量垂直度误差。

⑦ 万能角度尺——测量工件的内外角度。

(5) 铣床的常用工具

铣床在加工中的常用工具有扳手、手锤、锉刀、刮刀等。

(6) 常用装夹方法

在铣床上，工件必须用夹具装夹才能铣削。最常用的夹具有平口虎钳、压板、万能分度头和回转工作台等。对于中小型工件，一般采用平口虎钳装夹；对于大中型工件，则多用压板来装夹；对于成批大量生产的工件，为提高生产效率和保证加工质量，应采用专用夹具来装夹。

① 平口钳装夹

平口钳是铣床上常用的附件。常用的平口钳主要有回转式和非回转式两种类型，其结构基本相同，主要由虎钳体、固定钳口、活动钳口、丝杠、螺母和底座等组成。平口钳的底座上安装有两个定位键，安装时将定位键放在T形槽内即可。松开钳身上的压紧螺母，钳身就可以扳动一定的角度。工作时，工件安装在固定钳口和活动钳身之间，找正后夹紧（图6-13）。

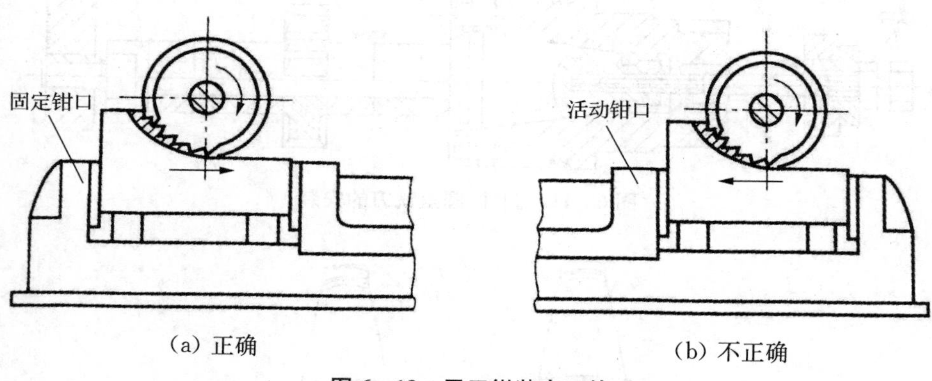

(a) 正确　　(b) 不正确

图6-13　平口钳装夹工件

② 万能分度头装夹

在铣削加工中，要求工件铣好一个面或槽后，能转过一定角度，继续加工下一个面或槽，这种转角叫分度。分度头就是用来分度的装置，它是铣床十分重要的附件。

分度头能对工件做任意圆周等分或通过挂轮对工件作直线移距分度；可将工件轴线装置成水平、垂直或倾斜的位置；使工件随纵向工作台的进给作等速旋转，从而铣削螺旋槽、等速凸轮等。

分度头安装工件一般用在等分工作中。它既可以用分度头卡盘（或顶尖）与尾架顶尖一起安装轴类零件，如图6-14(a)所示；也可以只使用分度头卡盘安装工件，图6-14(b)、(c)所示分别为分度头在垂直和倾斜位置安装工件。

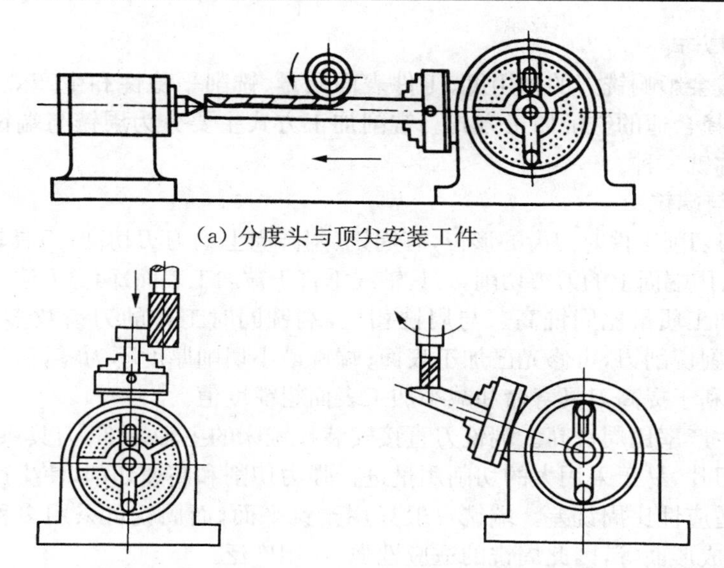

(a) 分度头与顶尖安装工件

(b) 分度头垂直安装工件　　(c) 分度头倾斜安装工件

图 6-14　用分度头装夹工件

③ 回转工作台装夹

回转工作台又称转盘或圆形工作台，是立式铣床的重要附件。回转工作台内部为蜗轮蜗杆传动，工作时，摇动手轮可使转盘作旋转运动。转台周围有刻度，可用来确定转台位置，转台中央的孔用来找正和确定工件的回转中心。回转工作台适用于较大工件的分度和非整圆弧槽、圆弧面的加工(图 6-15)。

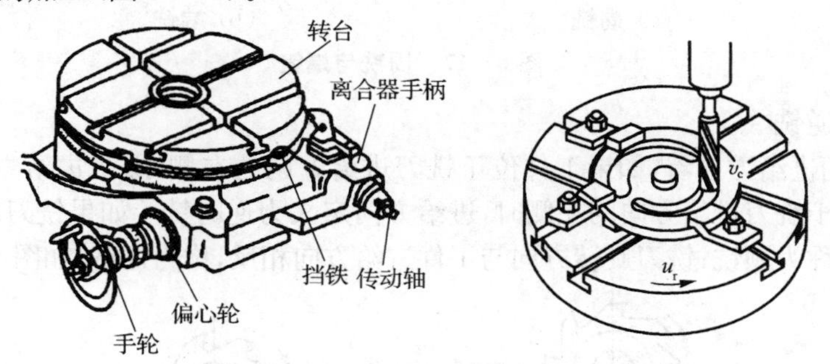

图 6-15　回转工作台装夹工件

④ 压板螺钉装夹

对于大型工件或用平口钳难以安装的工件，可用压板、螺栓和垫铁将工件直接固定在工作台上，见图 6-16。

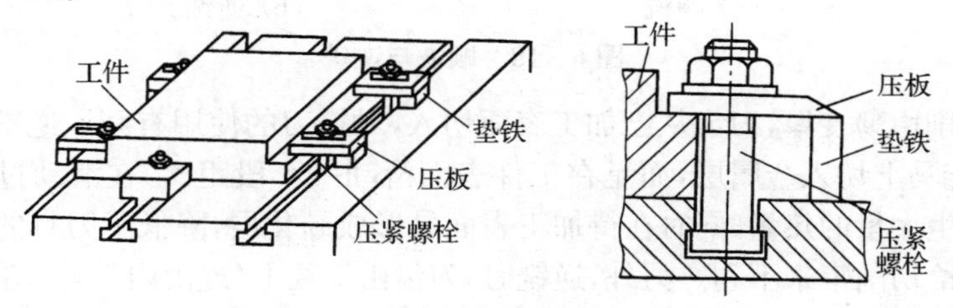

图 6-16　压板装夹工件

(7) 铣削方式

铣削方式会影响铣刀的耐用度、工件表面质量、铣削平稳性和生产效率等，因此加工工件时，必须选择合适的铣削加工方式。铣削加工方式主要分为周铣与端铣、顺铣与逆铣、对称铣与不对称铣三种。

① 周铣与端铣

按照铣刀切削工件时刀齿的形位，有周铣(用圆周上的刀刃切削，刀具轴线平行于被加工表面)和端铣(用端面上的刀刃切削，刀具轴线垂直于被加工表面)两类方法，如图 6-17 所示。

端铣的加工质量比周铣高。与周铣相比，端铣同时工作的刀齿数多，铣削过程比较平稳；端铣刀有副切削刃，可修光已加工表面；端铣最小切削厚度不为零，后刀面与工件的摩擦比周铣小，有利于提高刀具寿命和减小加工表面粗糙度值。

端铣的生产率比周铣高。端铣刀直接安装在铣床的主轴端部，刀具系统刚性好，刀齿可镶硬质合金刀片，易于采用大的切削用量进行强力切削和高速切削，使生产率得到提高。

端铣的适应性比周铣差。端铣一般只用于铣平面，而周铣可采用多种形式的铣刀加工平面、沟槽和成形面等，因此周铣的适应性强，应用广泛。

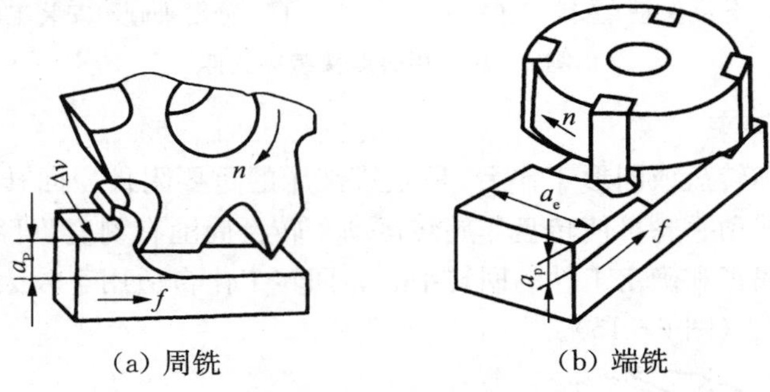

(a) 周铣　　(b) 端铣

图 6-17　周铣与端铣

② 顺铣与逆铣

沿着刀具的进给方向看，如果工件位于铣刀进给方向的右侧，那么进给方向称为顺时针。反之，当工件位于铣刀进给方向的左侧时，进给方向定义为逆时针。如果铣刀旋转方向与工件进给方向相同，称为顺铣；铣刀旋转方向与工件进给方向相反，称为逆铣，如图 6-18 所示。

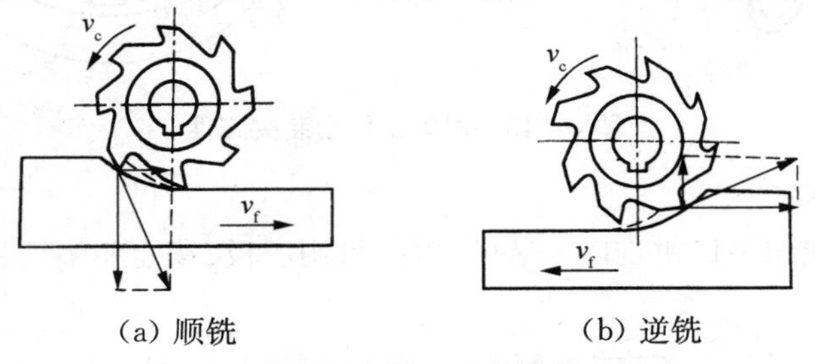

(a) 顺铣　　(b) 逆铣

图 6-18　顺铣与逆铣

逆铣时，切削由薄变厚，刀齿从已加工表面切入，对铣刀的使用有利。逆铣时，当铣刀刀齿接触工件后不能马上切入金属层，而是在工件表面滑动一小段距离，在滑动过程中，由于强烈的摩擦，就会产生大量的热量，同时在待加工表面易形成硬化层，降低了刀具的耐用度，影响工件表面光洁度，给切削带来不利。另外，逆铣时，刀齿由下往上(或由内往外)切削。

顺铣时，刀齿开始和工件接触时切削厚度最大，且从表面硬质层开始切入，刀齿受很大的冲击负荷，铣刀变钝较快，但刀齿切入过程中没有滑移现象。

顺铣的功率消耗要比逆铣时小，在同等切削条件下，顺铣功率消耗要低5%～15%，同时顺铣也更加有利于排屑。一般应尽量采用顺铣法加工，以提高被加工零件表面的光洁度(降低粗糙度)，保证尺寸精度。但是在切削面上有硬质层、积渣、工件表面凹凸不平较显著时，如加工锻造毛坯，应采用逆铣法。

顺铣和逆铣的特点：

a. 逆铣时，每个刀的切削厚度都是由小到大逐渐变化的。当刀齿刚与工件接触时，切削厚度为零，只有当刀齿在前一刀齿留下的切削表面上滑过一段距离，切削厚度达到一定数值后，刀齿才真正开始切削。顺铣使得切削厚度是由大到小逐渐变化的，刀齿在切削表面上的滑动距离也很小。而且顺铣时，刀齿在工件上走过的路程也比逆铣短。因此，在相同的切削条件下，采用逆铣时，刀具易磨损。

b. 逆铣时，由于铣刀作用在工件上的水平切削力方向与工件进给运动方向相反，所以工作台丝杆与螺母能始终保持螺纹的一个侧面紧密贴合。而顺铣时则不然，由于水平铣削力的方向与工件进给运动方向一致，当刀齿对工件的作用力较大时，由于工作台丝杆与螺母间间隙的存在，工作台会产生窜动，这样不仅破坏了切削过程的平稳性，影响工件的加工质量，而且严重时会损坏刀具。

c. 逆铣时，由于刀齿与工件间的摩擦较大，因此已加工表面的冷硬现象较严重。

d. 顺铣时，刀齿每次都是由工件表面开始切削，所以不宜用来加工有硬皮的工件。

e. 顺铣时的平均切削厚度大，切削变形较小，与逆铣相比较功率消耗要少些(铣削碳钢时，功率消耗可减少5%，铣削难加工材料时可减少14%)。

在什么情况下选用顺铣或逆铣呢?

采用顺铣时，首先要求机床具有间隙消除机构，能可靠地消除工作台进给丝杆与螺母间的间隙，以防止铣削过程中产生的振动。如果工作台是由液压驱动则最为理想。其次，要求工件毛坯表面没有硬皮，工艺系统要有足够的刚性。如果以上条件能够满足时，应尽量采用顺铣。

③ 对称铣和不对称铣

铣削时铣刀的轴线位于工件中心，这种铣削称为对称铣削。铣刀的轴线偏于工件一侧时的铣削，称为不对称铣削。对称铣削切入、切出时的切削厚度相等，有较大的平均切削厚度。当用小的每齿进给量铣削表面硬度高的工件时，为使刀齿超过冷硬层切入工件，适宜采用铣削方式。

不对称顺铣切出时的切削厚度最小，用于加工不锈钢和耐热合金等难切削材料时，可提高硬质合金铣刀的切削速度和减少剥落破损。

不对称逆铣切入时的切削厚度最小，切出时切削厚度最大，用于铣削碳钢和合金钢时，可减小切入冲击，有利于延长硬质合金铣刀寿命。

7) 铣削圆柱直齿齿轮

(1) 成型法加工——被加工齿轮齿槽相符的成形铣刀，在铣床上利用分度头逐齿加工而成的。

(2) 展成法加工——利用滚刀与被加工工件齿轮的相互啮合运动而加工出齿型的方法。(滚齿机、插齿机)

例：要加工一个直齿齿轮：$m=2$，$z=36$，压力角 $\alpha=20°$，精度10级。

(1) 根据工件要求选择机床，铣刀按要求选择6号模数铣刀。

(2) 工件安装:利用分度头、尾架,把工件装夹在心轴上,一端夹在分度头口,一端顶在尾架顶尖上。找正:利用百分表校正工件与工作台的平行度、垂直度,工件与分度头的同心度、外圆跳动度。

(3) 计算:公式 $n=40/z=10/9=60/54$,应选择孔数 54 的孔圈,每次分度手柄需转过 1 圈后再转过 6 个孔距。

(4) 对刀:可通过划线法或切痕对中法,使刀对准工件中心线,铣出符合图纸要求的齿轮。

(5) 选择切削用量:主轴转速 $n=(60\times1\,000r)/(b\times\pi)$ r/min。每分钟进给量:$r_t=f_z\times z\times n$ mm/min。切削 t 度:全齿高 $h=2.25$,$2.25\times2=4.5$ mm。可分两次加工,粗加工选 $t=3.5$ mm。公法线长度:$W=21.67$ mm。$H=1.46\times(W-W_1)$。精铣:把测量后所剩的余量一次切削。

6.4 刨削加工

刨床工作的基本内容是刨削平面、垂直面、台阶、沟槽、斜面、燕尾槽、T 形槽、V 形槽、曲面、齿条、复合表面及孔内刨削等,如图 6－19 所示。

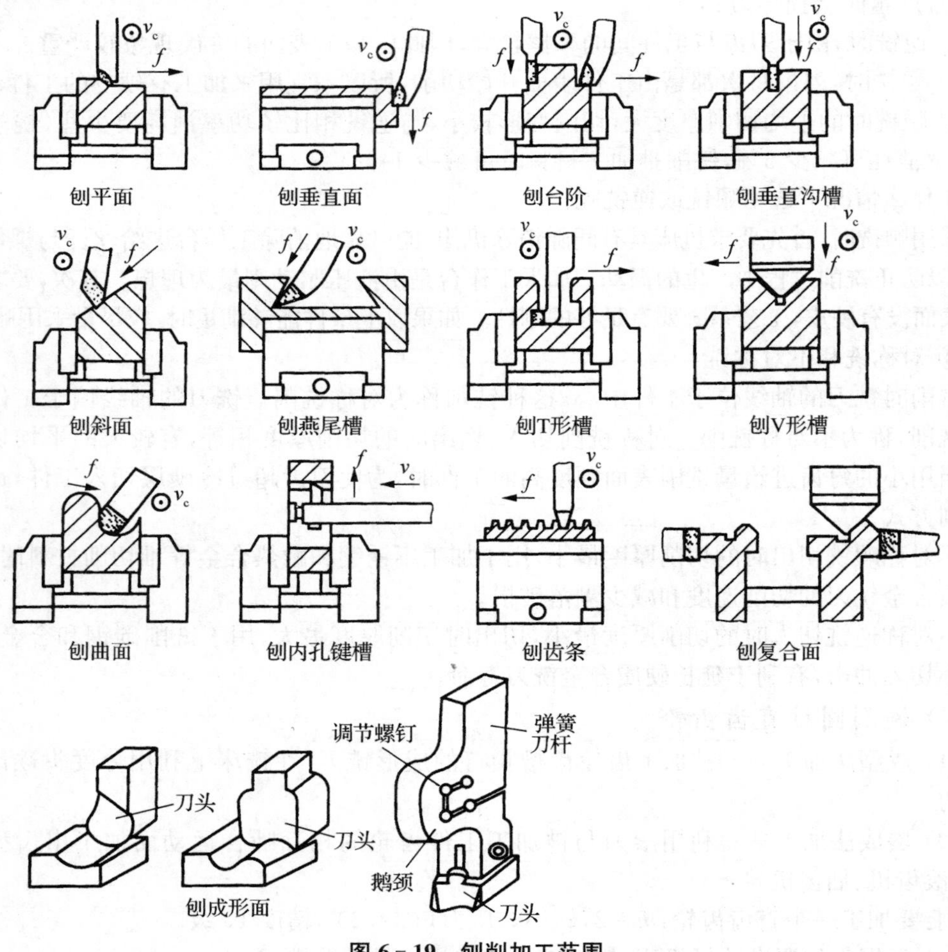

图 6－19 刨削加工范围

6.4.1　牛头刨床

1）牛头刨床的型号

按照GB/T 15375－1994《金属切削机床型号编制方法》，牛头刨床的型号采用规定的字母和数字表示，如B6065中字母和数字的含义如下；

B—类别：刨床类；

6—组别：牛头刨床组；

0—系别：普通牛头刨床型；

65—主参数：最大刨削长度的1/10，即最大刨削长度为650 mm。

2）牛头刨床的结构

牛头刨床的主要部件有：刀架、滑枕、底座、床身、横梁、工作台、摇杆机构、变速机构以及走刀机构等。

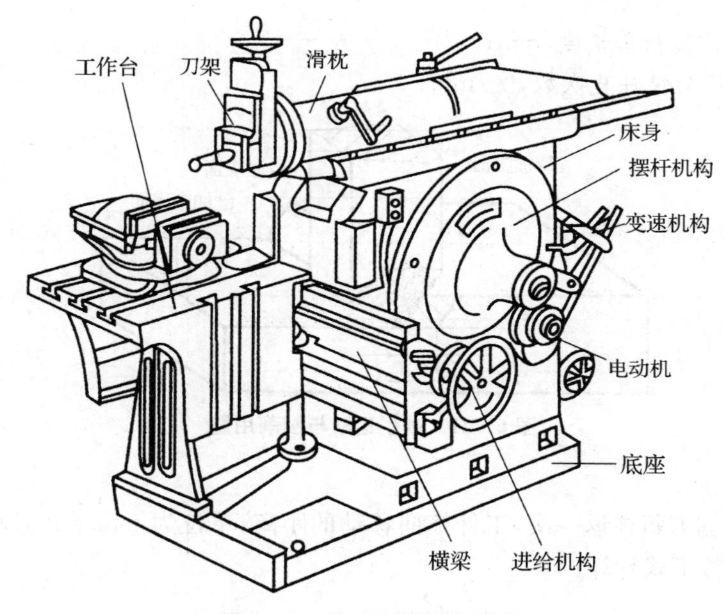

图6－20　B6065型牛头刨床

(1) 床身：床身用来支承和连接刨床的各部件，其顶面的水平导轨供滑枕作往复运动，前端面两侧的垂直导轨供横梁升降，床身内部中空，装有主运动变速机构和摆杆机构。

(2) 滑枕：滑枕的前端装有刀架，用来带动刀架和刨刀沿床身水平导轨作直线往复运动。滑枕往复运动的快慢，以及滑枕行程的长度和位置，均可根据加工需要进行调整。

(3) 刀架：刀架用来夹持刨刀。转动刀架进给手柄，滑板可沿转盘上的导轨上下移动，以此调整刨削深度，或在加工垂直面时实现进给运动。

松开转盘上的螺母，将转盘扳转一定角度后，可使刀架作斜向进给，完成斜面刨削加工。滑板上装有可偏转的刀座，合理调整刀座的偏转方向和角度，可以使刨刀在返回行程中绕抬刀板刀座上的轴向上抬起的同时，自动少许离开工件的已加工表面，以减少返程时刀具与工件之间的摩擦。

(4) 横梁与工作台：牛头刨床的横梁上装有工作台及工作台进给丝杠，丝杠可带动工作台沿床身导轨升降运动。工作台用于装夹工件，可带动工件沿横梁导轨作水平方向的连续移动或作间断进给运动，并可随横梁作上下调整。

6.4.2 刨削运动与刨削用量

在牛头刨床上刨削时的刨削运动如图 6-21 所示。刨刀的直线往复运动为主运动，工件的间歇移动为进给运动。

1) 刨削速度 v_c

刨刀或工件在刨削时主运动的平均速度称为刨削速度，它的单位为 mm/min，其值可按下式计算：

$$v_c = 2Ln/1\,000$$

式中：L——刨刀往复行程长度，mm；

n——滑枕每分钟往复次数，次/min。

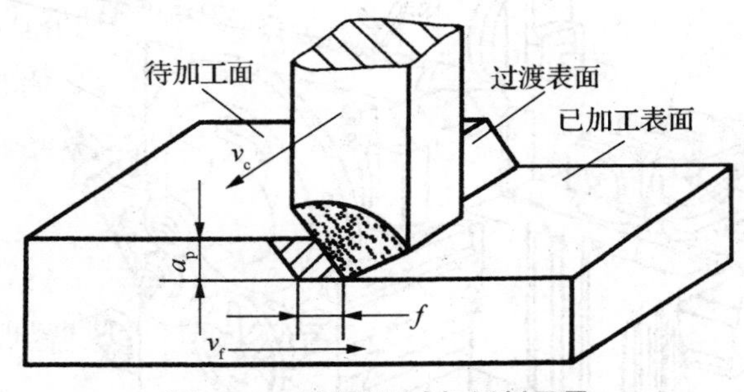

图 6-21　刨削运动与刨削用量

2) 进给量 f

进给量 f 为刨刀每往返一次，工件横向移动的距离，单位为 mm/str。B6065 型牛头刨床的进给量值可按下式计算：

$$f = k/3$$

式中，k——刨刀每往复一次，棘轮被拨过的齿数。

3) 背吃刀量(刨削深度) a_p

每次进给过程中，工件上已加工表面与待加工表面之间的垂直距离，单位为 mm。

6.4.3 牛头刨床的传动系统和调整方法

1) 牛头刨床的传动系统

B6065 牛头刨床的传动系统如图 6-22 所示，摆杆机构示意图如图 6-23 所示。

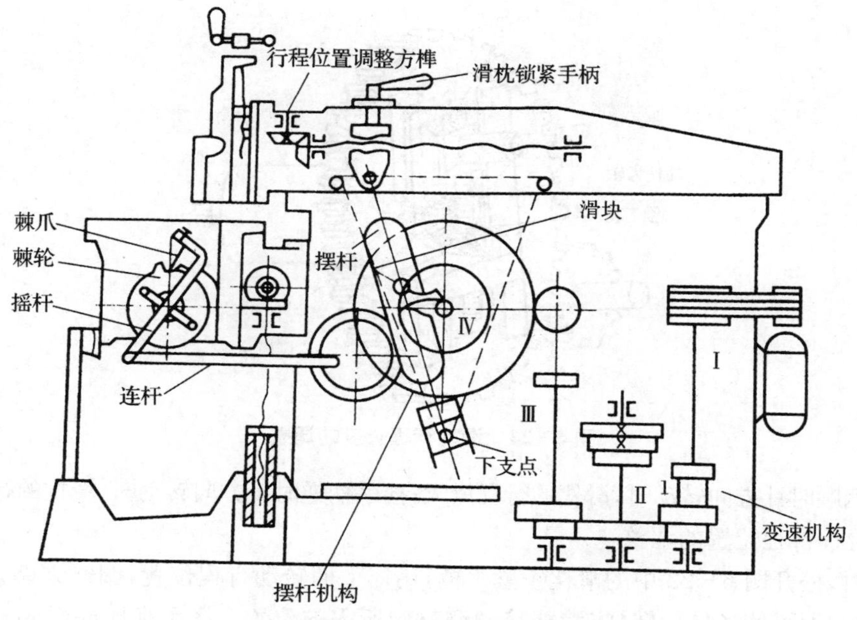

图 6-22　牛头刨床传动系统

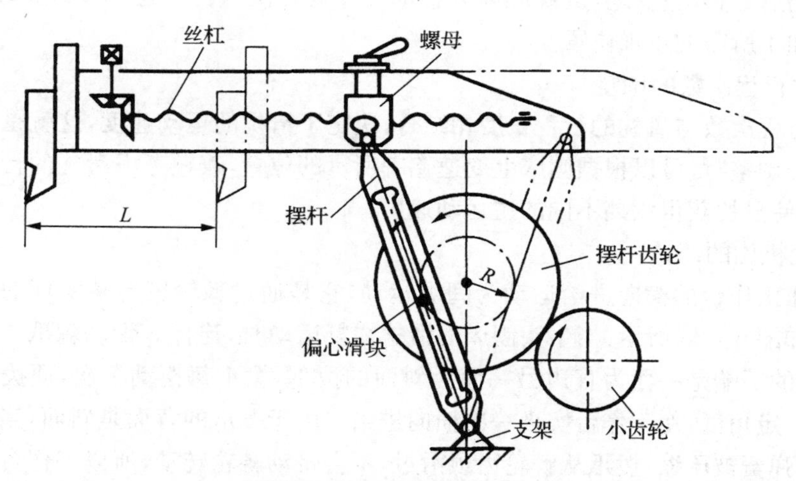

图 6-23　摆杆机构示意图

2）牛头刨床的调整方法

（1）滑枕行程长度的调整

牛头刨床工作时滑枕的行程长度，应该比被加工工件的长度大 30～40 mm 。调整时，先松开图 6-22 中的行程位置调整方榫端部的螺母，转动轴，通过锥齿轮，带动小丝杠作转动，带动偏心滑块在摇臂齿轮端面的位置改变，从而使摆杆的摆动幅度随之变化，来改变滑枕的行程长度。

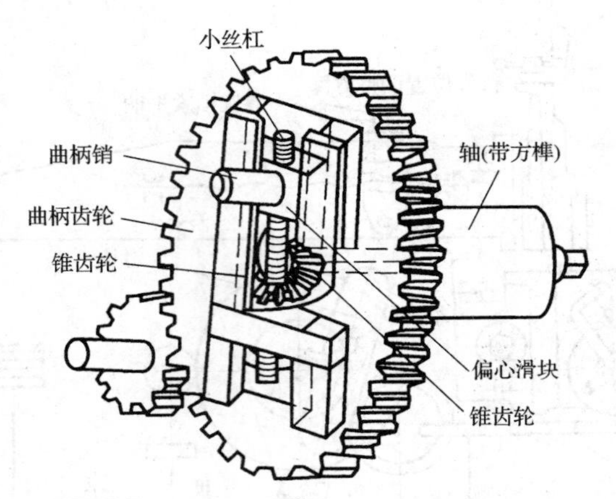

图 6－24　滑枕行程长度的调整

摇手柄顺时针方向转动时，滑枕的行程增大；摇手柄逆时针方向转动时，滑枕的行程缩短。

（2）滑枕行程位置的调整

调整时，松开图 6－22 中的滑枕锁紧手柄，用摇手柄转动行程位置，调整方榫，通过一对伞齿轮传动，即可使丝杠旋转，将滑枕移动调整到所需的位置。摇手柄顺时针转动时，滑枕的起始位置向后方移动；反之，滑枕向前方移动。反复几次执行上述两步调整动作，即可将刨刀调整到加工所需的正确位置。

（3）滑枕行程次数的调整

滑枕的行程次数与滑枕的行程长度相结合，决定了滑枕的运动速度，这就是牛头刨床的主运动速度。调整时，可以根据刨床上变速铭牌所示的位置，兼顾考虑滑枕的行程长度来扳动变速手柄，使滑枕获得六挡不同的主运动速度。

（4）棘轮机构的调整

牛头刨床工作台的横向进给运动为间歇运动，它是通过棘轮机构来实现的。棘轮机构的工作原理如图 6－25 所示：当牛头刨床的滑枕往复运动时，连杆 3 带动棘爪 4 相应地往复摆动；棘爪 4 的下端是一面为直边另一面为斜面的拨爪，拨爪每摆动一次，便拨动棘轮 5 带动丝杠转过一定角度，使工作台实现一次横向进给。由于拨爪的背面是斜面，当它朝反方向摆动时，爪内弹簧被压缩，拨爪从棘轮齿顶滑过，不会带动棘轮转动，所以工作台的横向进给是间歇的。调整棘轮护罩 6 的缺口位置，使棘轮 5 所露出的齿数改变，便可调整每次行程的进给量；当提起棘爪转动 180°之后放下，棘爪可以拨动棘轮 5 反转，带动工作台反向进给；当提起棘爪转动 90°后放下，棘爪被卡住空转，与棘轮 5 脱离接触，进给动作自动停止。

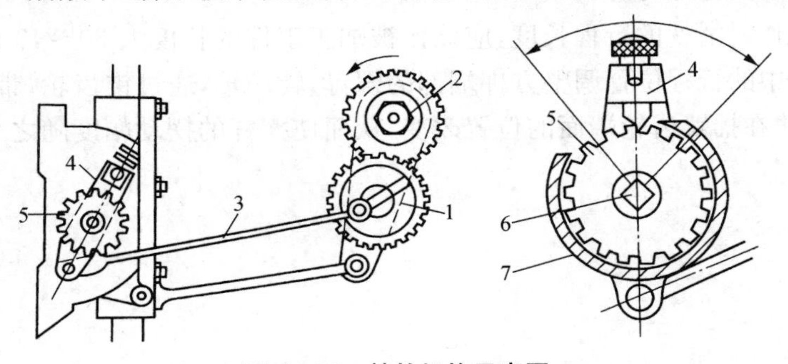

图 6－25　棘轮机构示意图

6.4.4　刨刀的结构特点及装夹方法

刨刀的好坏在刨削加工中直接影响工件的精度、表面粗糙度及生产效率。因此，要想掌握刨削加工应从认识刀具开始。

(1) 刨刀的结构特点

刨刀的结构、几何形状均与车刀相似，但由于刨削属于断续切削，刨刀切入时受到较大的冲击力，刀具容易损坏，所以刨刀刀体的横截面一般比车刀大 1.2～1.5 倍。刨刀的前角 γ_0 比车刀稍小，刃倾角 λ_s 取较大的负值(－10°～－20°)以增强刀具强度。

刨刀一般做成弯头形式，这是刨刀的又一个显著特点。图 6－26 所示为弯头刨刀和直头刨刀的比较：弯头刨刀的刀尖位于刀具安装平面的后方，直头刨刀的刀尖位于刀具安装平面的前方。由图 6－26(b)可知：在刨削过程中，当弯头刨刀遇到工件上的硬点使切削力突然变大时，刀杆绕 O 点向后上方产生弹性弯曲变形，使切削深度减小，刀尖不至于啃入工件的已加工表面，加工比较安全；而直头刨刀突然受强力后，刀杆绕 O 点向后下方产生弯曲变形，使切削深度进一步增大，刀尖向右下方扎入工件的已加工表面，将会损坏刀刃及已加工表面。

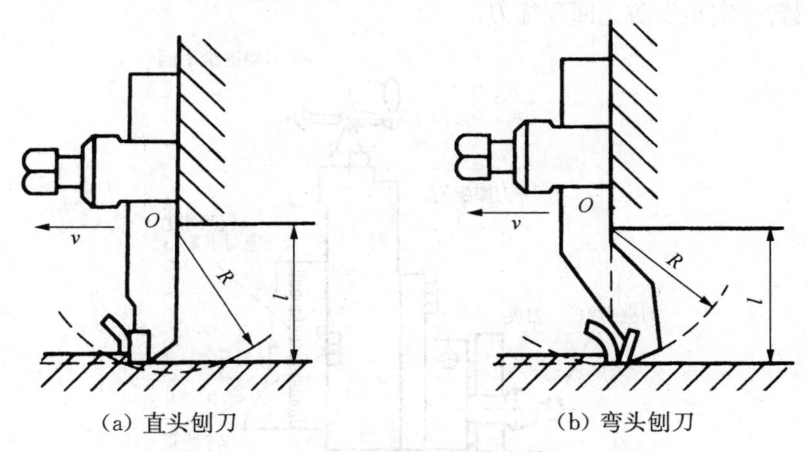

(a) 直头刨刀　　(b) 弯头刨刀

图 6－26　变形后刨刀弯曲情况

(2) 刨刀的种类及用途

常用刨刀的种类很多，按其用途和加工方式的不同有：平面刨刀、偏刀、角度偏刀、切刀、弯切刀等。常见刨刀的形状及应用如图 6－27 所示。

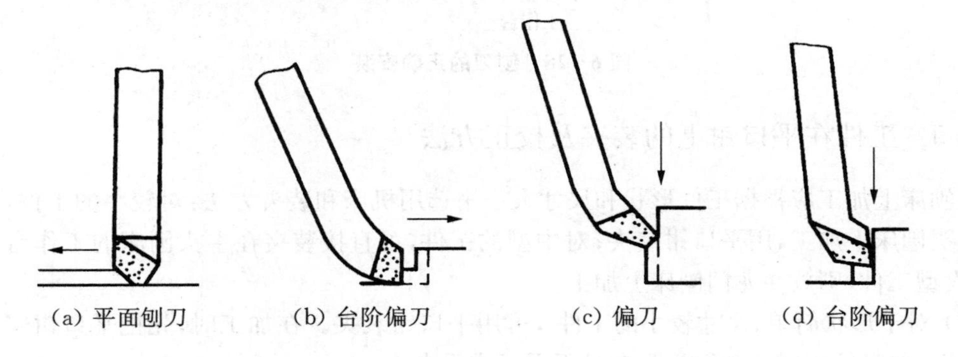
(a) 平面刨刀　　(b) 台阶偏刀　　(c) 偏刀　　(d) 台阶偏刀

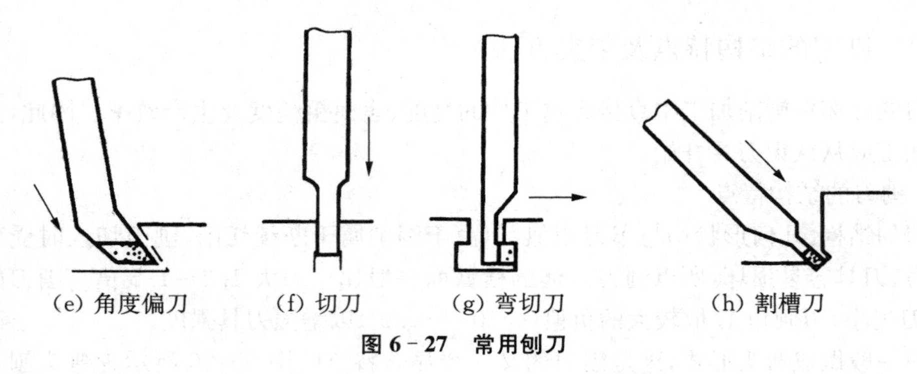

图 6-27 常用刨刀

(3) 刨刀的装夹

在牛头刨床上装夹刨刀的方法如图 6-28 所示。刨削水平面时,在装夹刨刀前先松开转盘螺钉,调整转盘对准零线,以便准确地控制吃刀深度;再转动刀架进给手柄,使刀架下端与转盘底侧基本平齐,以增加刀架的刚性,减少刨削中的冲击振动;最后将刨刀插入刀夹内,用扳手拧紧刀夹螺钉将刨刀夹紧。装刀时应注意刀头的伸出量不要太长;刨削斜面时还需要调整刀座偏转一定角度防止回程拖刀。

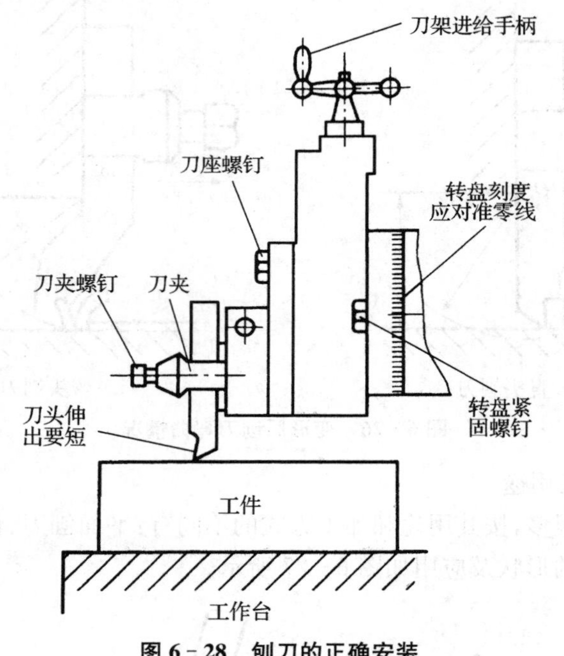

图 6-28 刨刀的正确安装

6.4.5 工件在平口钳上的装夹及校正方法

在刨床上加工应根据工件形状和尺寸大小来选用机床和装夹方法:对较小的工件,通常放在牛头刨床上加工,用平口钳装夹;对中型的工件,可直接装夹在牛头刨床的工作台上加工;对大型工件,则放在龙门刨床上加工。

(1) 对于形状简单、尺寸较小的工件,可用平口钳装夹。在加工时,先把平口钳安装在工作台上,并且校正钳口与行程方向是否平行或垂直。

(2) 擦净平口钳及工作台面后,把平口钳放在工作台上。

(3) 对准平口钳上的 0 度刻线后,紧固钳面连接螺栓。

(4) 把平行垫铁轻夹在平口钳内,把百分表轻夹在刀座内。

(5) 调整机床使百分表与平行垫铁接触约压缩 0.2～1.2 mm,然后移动滑枕,如表针不走,说明钳口与行程方向平行。

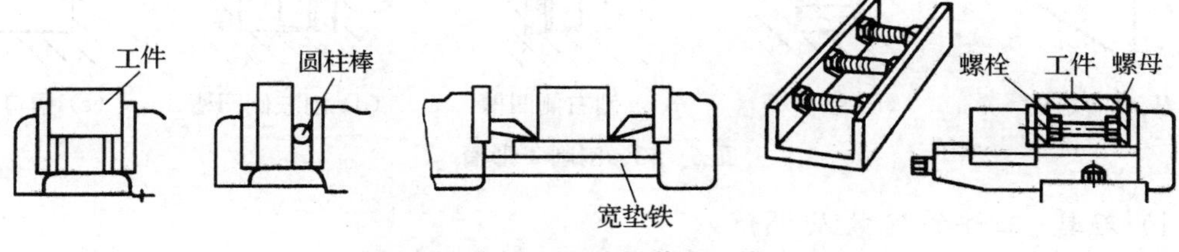

图 6-29　平口钳装夹工件

6.4.6　刨削各种表面

1) 刨平面

粗刨时,采用普通平面刨刀;精刨时,采用较窄的精刨刀,刀尖圆弧半径为 3～5 mm,刨削深度一般约为 0.5～2 mm,进给量约为 0.33～0.66 mm/往复行程,切削速度约为 17～50 m/min。粗刨时的刨削深度和进给量可取大值,切削速度宜取低值;精刨时的刨削深度和进给量可取小值,切削速度可适当取偏高值。

2) 刨垂直面和斜面

刨垂直面通常采用偏刀刨削,是利用手工操作摇动刀架手柄,使刀具作垂直进给运动来加工垂直平面的,其加工过程如图 6-30 所示。

刨斜面的方法与刨垂直面的方法基本相同,应当按所需斜度将刀架扳转一定的角度,使刀架手柄转动时,刀具沿斜向进给。刨斜面时要特别注意按图 6-31 所示方位来调整刀座的偏转方向和角度(刨左侧面,向左偏;刨右侧面,向右偏),以防发生重大操作事故。

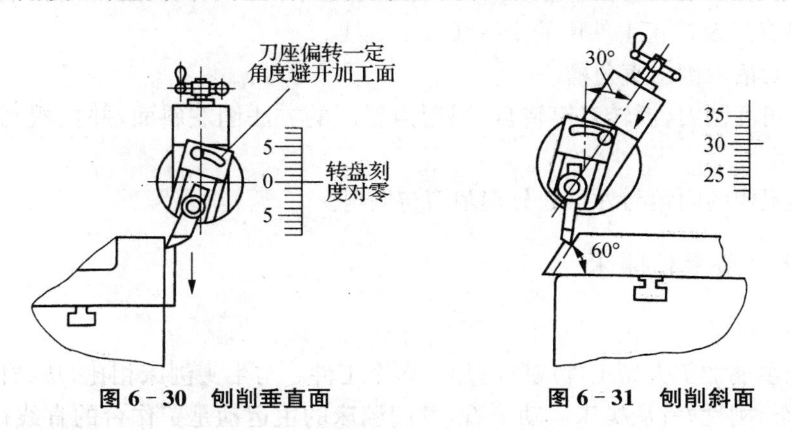

图 6-30　刨削垂直面　　**图 6-31　刨削斜面**

3) 刨 T 形槽

刨 T 形槽之前,应在工件的端面和顶面划出加工位置线,然后参照图 6-32 所示的步骤,按线进行刨削加工。为了安全起见,刨削 T 形槽时通常都要用螺栓将抬刀板刀座与刀架固连起来，使抬刀板在刀具回程时绝对不会抬起来，以避免拉断切刀刀头和损坏工件。

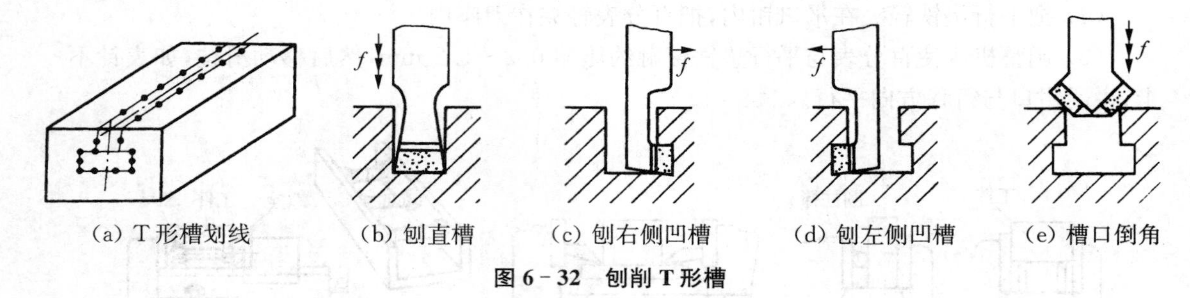

图 6-32 刨削 T 形槽

4) 刀具、工件的安装及调试

刨刀安装正确与否直接影响工件加工质量，工件和刨刀安装正确后调整工作台、工件高度至合适位置时，调整滑枕行程长度、行程速度和起始位置。

6.4.7 牛头刨床加工 V 形槽、燕尾槽

1) V 形槽的加工过程

(1) 刨削 V 形槽是刨削平面、切槽及刨斜面的综合。

在工件上面与端面划出 V 形槽的轮廓线与中心线，然后根据工件形状与尺寸大小，将工件装在平口钳或工作台上，按划线找正工件。

(2) 刨削 V 形槽的顶部平面。

(3) 用平面刨刀或偏刀将 V 形槽刨成大概形状。

(4) 用切槽刀刨出 V 形槽底部直角槽。

(5) 用左右偏刀刨出 V 形槽的两个斜面。

2) 燕尾槽的加工过程

(1) 刨好燕尾槽毛坯的各个外表面，一般是先刨出一个六方体来，然后在端面与上平面划出燕尾的轮廓线及校正工件用的平行线或中心线。

(2) 换用切槽刀刨出直角槽。

(3) 用左角度刨刀，扳转刀架转盘，用刨内斜面的方法刨左斜面，并把槽底左边的部分刨到图纸尺寸。

(4) 在燕尾槽的内角与外角处分别割槽与倒角。

6.4.8 龙门刨床和插床

1) 龙门刨床

龙门刨床主要加工大型工件或同时加工多个工件。与牛头刨床相比，从结构上看，其体形大，结构复杂，刚性好；从机床运动上看，龙门刨床的主运动是工作台的直线往复运动，而进给运动则是刨刀的横向或垂直间歇运动，这刚好与牛头刨床的运动相反。龙门刨床由直流电机带动，并可进行无级调速，运动平稳。龙门刨床的所有刀架在水平和垂直方向都可平动。图 6-33 为龙门刨床的外形。

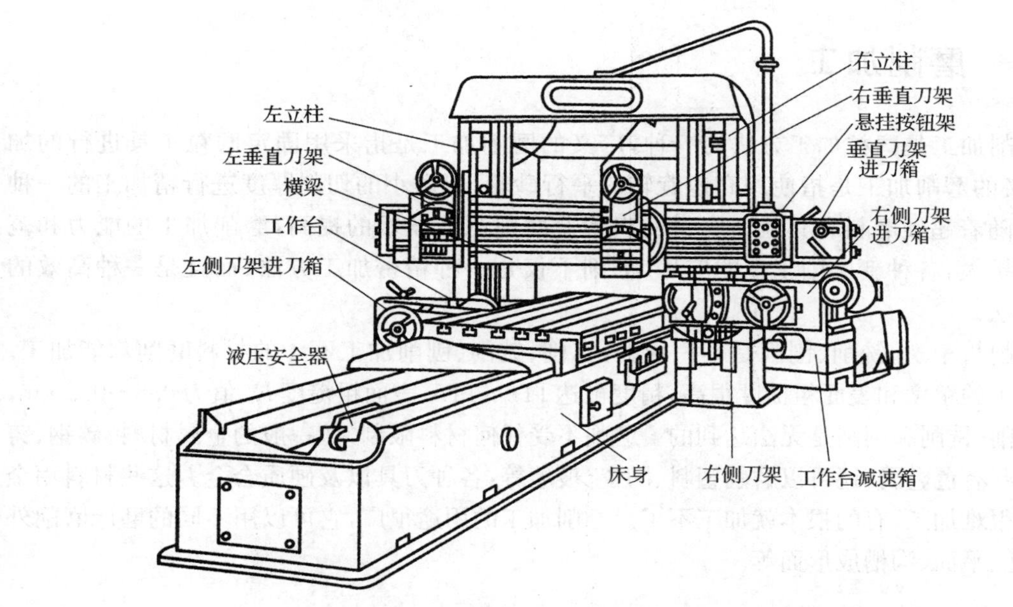

图 6-33　龙门刨床

龙门刨床主要用来加工大平面，尤其是长而窄的平面，一般可刨削的工件宽度达 1 m、长度在 3 m 以上。龙门刨床的主参数是最大刨削宽度。

2）插床

插床实质上是一种立式刨床。插床主要用来加工孔内的键槽、花键等，也可用来加工多边形孔。利用划线还可以加工盘形凸轮等特殊形面。图 6-34 是插床外形。

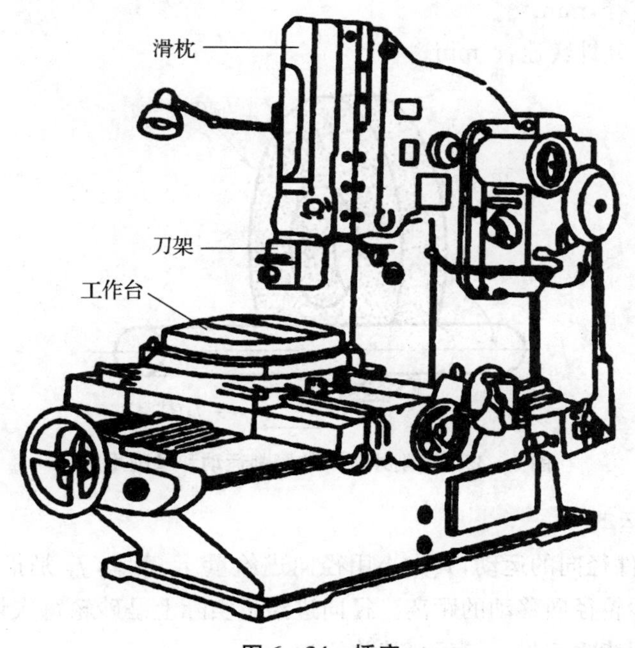

图 6-34　插床

6.5 磨削加工

磨削加工是磨粒加工方法的一种，广义的磨削加工是指采用固定磨粒工具进行的加工，狭义的磨削加工是指使用高速旋转的平行砂轮，以微小的切削厚度进行精加工的一种方法。随着超硬磨料和其他新磨料的出现及磨削制造技术的提高，磨削加工的能力和范围正在扩大，各种新磨削工艺的应用，磨削不仅是一种精密加工方法，而且是一种高效的加工方法。

磨削与车削、铣削、刨削是不一样的，车削、铣削、刨削加工不了的材料磨削都能加工。磨削加工的精度和表面粗糙度很高，精度可达IT6～IT5，表面粗糙度 R_a 值为0.8～0.2 μm，一般车削、铣削和刨削是无法达到的。磨削不受任何材料限制，如一般的金属材料、碳钢、铸铁及一些有色金属，还可以磨削塑料、陶瓷、玻璃等，各种刀具以及硬质合金。这些材料用金属刀具很难加工，有的根本就加工不了。磨削加工的用途很广，它可以用不同的磨床磨削外圆、内孔、平面、沟槽成形面等。

6.5.1 磨削运动和磨削要素

1）*磨削运动*

(1) 主运动

砂轮的旋转运动，主运动速度 v_c 为砂轮外圆的线速度。

$$v_c = \pi d_s n_s / 1\,000 \times 60 (\text{m/s})$$

式中：d_s——砂轮直径，mm；

n_s——砂轮每分钟转速，r/min。

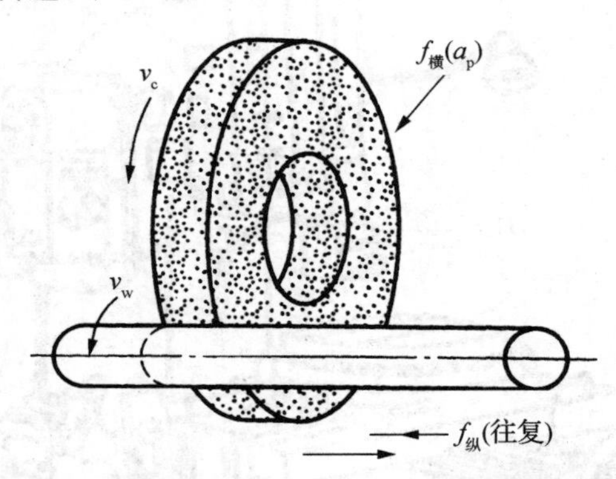

图 6-35 磨削外圆时的磨削运动和磨削用量

(2) 径向进给运动

砂轮相对于工件径向的运动，其大小用径向进给量 f_r 表示，f_r 是指工作台每双(单)行程内，工件相对于砂轮径向移动的距离。径向进给量实际上是砂轮每次切入工件的深度，即磨削深度，也可以用背吃刀量 a_p 表示，其单位为 mm。

(3) 轴向进给运动

砂轮相对于工件轴向的运动，其大小用轴向进给量 f_a 表示，f_a 是指工件每转一转或工作台每双(单)行程内，工件相对于砂轮轴向移动的距离，单位为 mm/r。

(4) 圆周进给运动

工件的旋转运动中，磨削工件外圆处的线速度称为圆周进给速度 v_w，单位为 m/s，可用下式计算：

$$v_w = \pi d_w n_w / 1\,000 \times 60 (\mathrm{m/s})$$

式中：d_w——砂轮直径，mm；

n_w——砂轮每分钟转速，r/min。

2) *磨削方式*

磨削加工范围非常广，不同类型的磨床可加工不同的形面。除精加工各种平面，内外圆柱面、内外圆锥面、沟槽、成形面以及刃磨各种刀具和工具外，还可以用于毛坯的预加工和清理等粗加工，图 6-36 为常见的各种磨削加工方式。

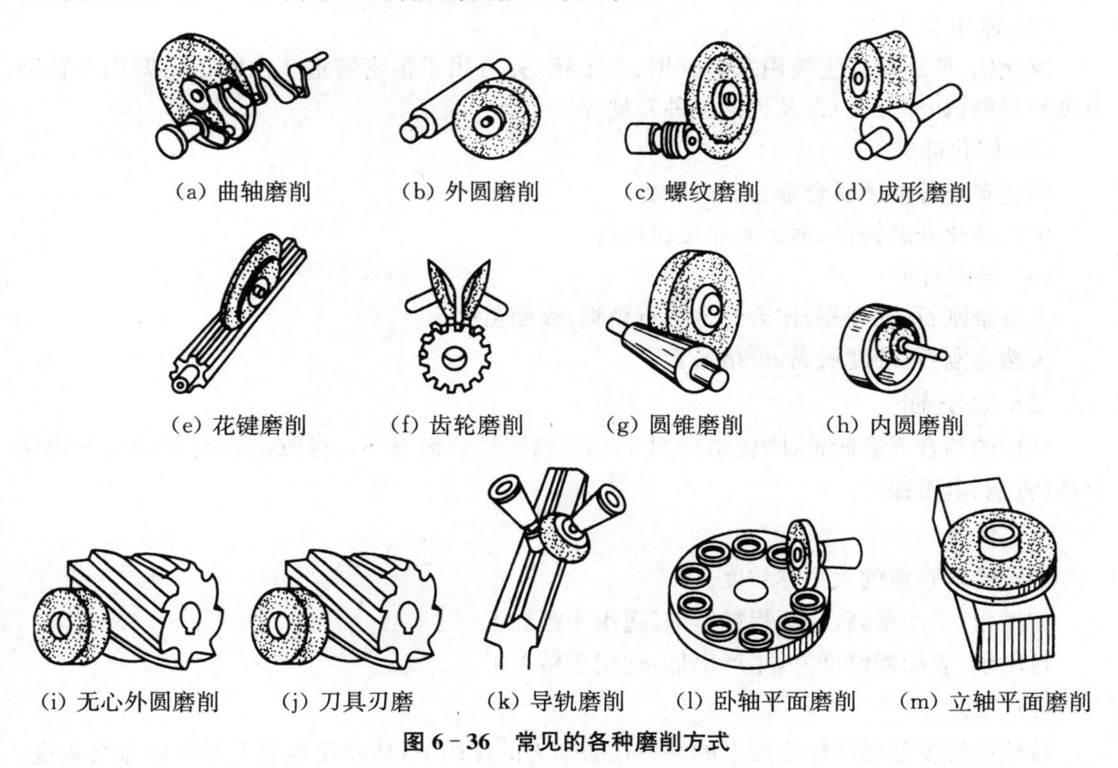

(a) 曲轴磨削　(b) 外圆磨削　(c) 螺纹磨削　(d) 成形磨削

(e) 花键磨削　(f) 齿轮磨削　(g) 圆锥磨削　(h) 内圆磨削

(i) 无心外圆磨削　(j) 刀具刃磨　(k) 导轨磨削　(l) 卧轴平面磨削　(m) 立轴平面磨削

图 6-36　常见的各种磨削方式

6.5.2　砂轮的选用

砂轮是磨削的主要工具，它是由沙粒(磨料)、结合剂、空隙构成的疏松多孔体(图 6-37)。砂轮的特性包括：磨料、粒度、硬度、结合剂、组织、形状等方面。

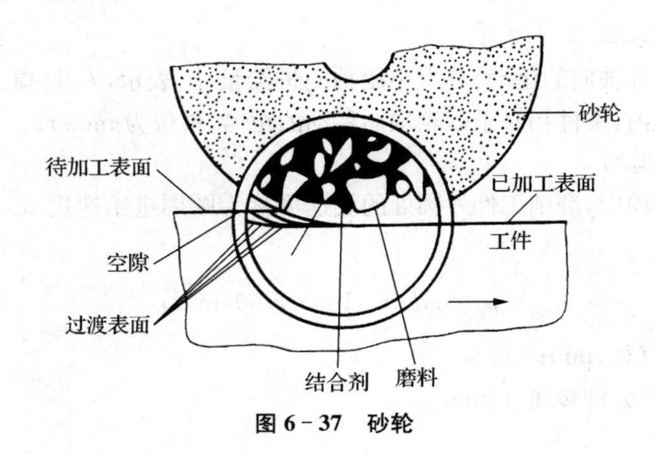

图 6－37　砂轮

1）磨料

磨料是制造砂轮的主要原料。磨料有天然和人造的两种，人造磨料是目前制造磨具的主要原料。常用的磨料可分为三大类：

(1) 刚玉类

氧化铝、普通刚玉主要用来磨碳钢、合金钢，并可用于精密铸造。白刚玉主要用于精磨及硬磨材料（如淬火钢）以及刃磨各种刀具等。

(2) 碳化硅类

绿色碳化硅磨硬质合金、光学玻璃。

黑色碳化硅磨铸铁、铜铝等非金属材料。

(3) 金刚石类

人造金刚石，硬度高，比天然金刚石稍脆，表面粗糙。

天然金刚石，硬度最高，价格昂贵。

2）结合剂

常用的结合剂有四种：陶瓷结合剂 V(A)、树脂结合剂 B(S)、橡胶结合剂 R(X)、金属结合剂（青铜、电镀镍）J。

3）粒度

砂轮磨料颗粒的大小称粒度。

粒度粗，生产率高，表面粗糙度差，适用于粗加工。

粒度细，表面粗糙度好，生产率低，适用于精加工。

4）硬度

砂轮的硬度是指砂轮表面上的磨粒在磨削力的作用下，从砂轮表面上脱落的难易程度。易脱落者为软砂轮，难脱落者为硬砂轮，磨削软材料时用硬砂轮。

6.5.3　外圆磨床及其磨削加工

常用的磨床有五种：外圆磨床，内圆磨床，平面磨床，无心磨床，工具磨床。下面以外圆磨床为例进行介绍。

外圆磨床有顶尖装夹、三爪卡盘、四爪卡盘、中心架、砂轮修整器、冷却水箱等，是附件部分。外圆磨床可以加工圆柱体、圆锥体、台阶。

M1432型万能外圆磨床组成、结构如图6-38所示。

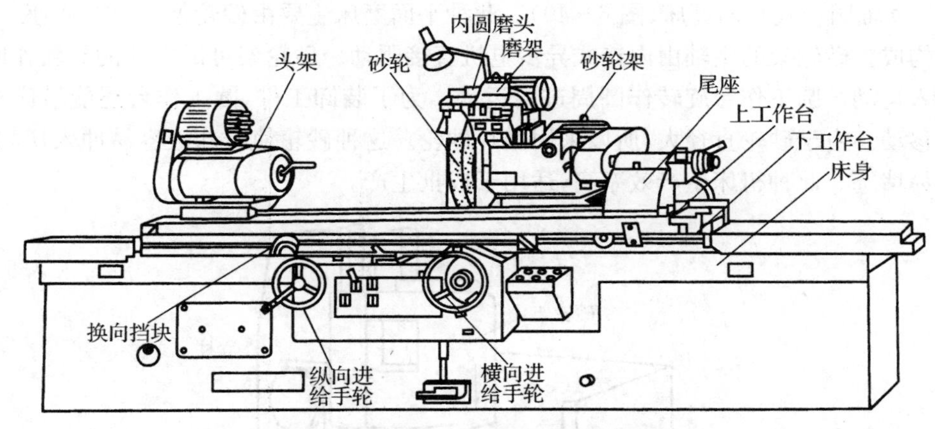

图6-38　M1432型万能外圆磨床

(1) 床身:用来安装各种部件。床身上有工作台和头架、底座、砂轮架,内部装有液压系统。

(2) 头架:安装顶尖,拨盘,带动工件旋转,可以获得不同的旋转速度。

(3) 尾座:尾座套筒内装有顶尖,用来支撑工件的另一端。

(4) 砂轮架:用来安装砂轮,可做横向切深移动,并能快进和退砂轮。

(5) 工作台:分为上下两层,上层可以移动一个角度,下层和机床的导轨连着,可做轴向进给运动。工作台有两块挡块,用来调整磨削长度。

(6) 内圆磨头:是磨削内圆表面的。

6.5.4　平面磨削与内圆磨削

1) 平面磨削

表面质量要求较高的各种平面的半精加工和精加工,常采用平面磨削方法。平面磨削常用的机床是平面磨床,砂轮的工作表面可以是圆周表面,也可以是端面。其构成主要有电磁吸盘、精密平口钳、退磁面、砂轮修整面、冷却箱。

(1) 卧轴矩台式平面磨床(图6-39)。平面磨削是用磁性吸盘吸住工件进行加工。工作台是一个电磁吸盘,用以安装工件或夹具等,其纵向往复直线运动由液压传动装置来实现。立柱与工作台面垂直,其上有两根导轨。拖板沿立柱垂直导轨向下运动,实现砂轮的径向切入(进刀)运动。磨头上装有砂轮,砂轮的

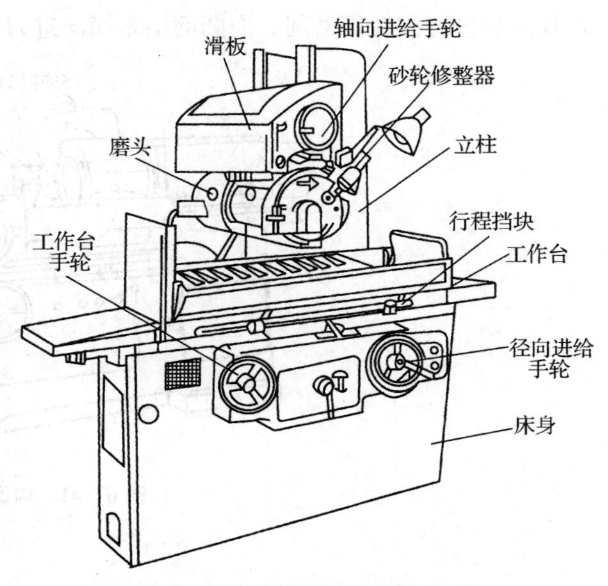

图6-39　M7120A平面磨床

旋转运动(主运动)由单独的电动机来完成。当磨头沿拖板的水平导轨运动时,砂轮作横向进给。

(2) 立轴圆台式平面磨床(图 6-40)。此种平面磨床主要由砂轮架、立柱、底座、工作台和床身构成。砂轮架的主轴由内连式异步电机直接驱动。砂轮架可沿立柱的导轨作间隙的竖直切入运动。圆工作台旋转作圆周进给运动。为了装卸工件,圆工作台还能沿床身导轨作纵向移动。由于砂轮直径大,所以采用镶片砂轮。这种砂轮使冷却液容易冲入切削面,使砂轮不易堵塞。此种机床生产效率高,适用于成批生产。

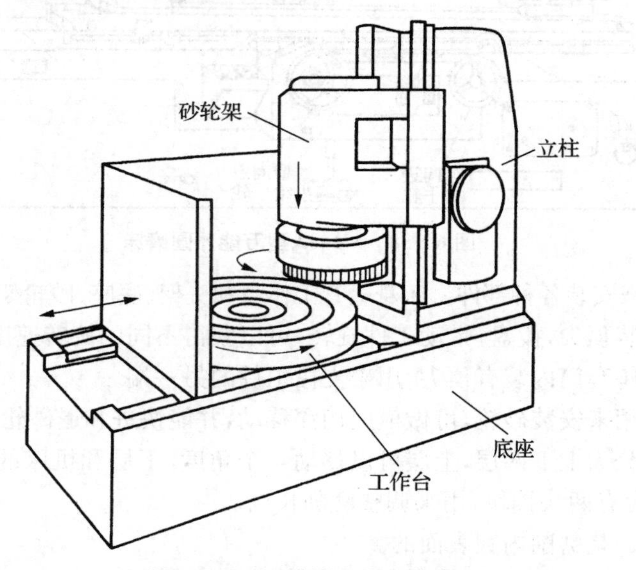

图 6-40 立轴圆台平面磨床

2) 内圆磨削

内圆磨床(图 6-41)主要用于磨削圆柱孔、圆锥孔及端面等。内圆磨削是用三爪卡盘夹住找正后进行内表面磨削。内圆磨削是横向进刀,工作台做纵向运动。

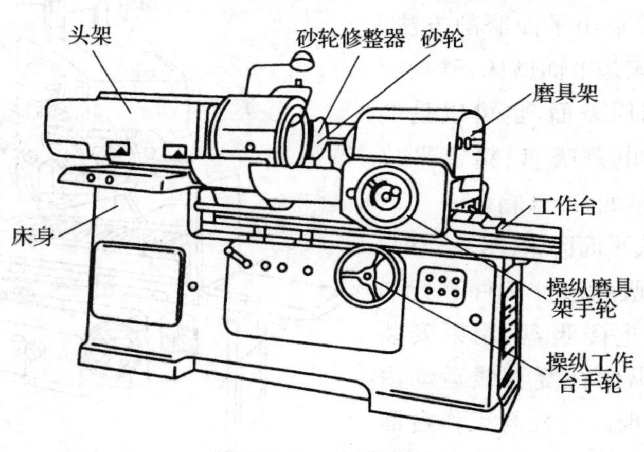

图 6-41 内圆磨床

(1) 工件的安装

在内圆磨床磨削内圆表面时，一般以工件的外圆和端面作为定位基准。常用三爪自定心或四爪单动卡盘安装工件，又以用四爪卡盘通过找正装夹工件用得最多，见图 6－42。

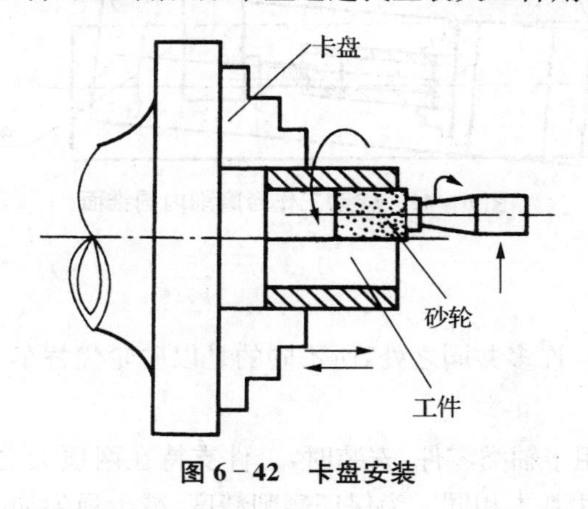

图 6－42　卡盘安装

(2) 内圆磨削方法

内圆磨削既可以在内圆磨床上进行，也可以在外圆磨床上进行，如图 6－43 所示。其运动与磨外圆时基本相同，但砂轮的旋转方向和磨外圆时相反。

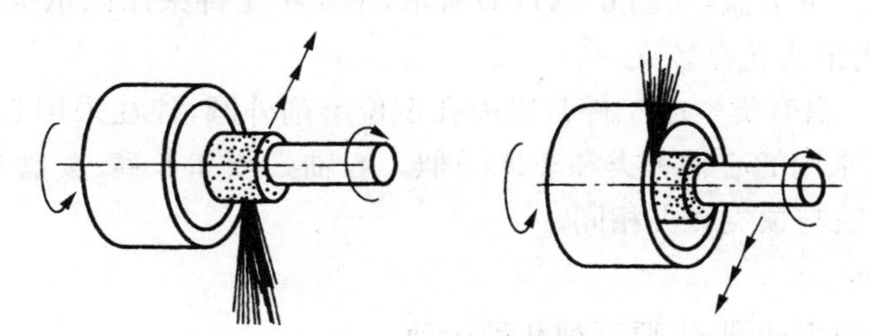

图 6－43　内圆磨削

(3) 内圆锥磨削方法

磨内圆锥面同磨外圆锥面一样，有转动头架法和转动工作台法。当锥孔的圆锥角较大时采用转动头架法，如图 6－44 所示。当锥孔的圆锥角较小时($\alpha \leqslant 18°$)采用转动工作台法，如图 6－45 所示。生产中常用锥度塞规检验内锥面的锥度，其检验方法与检查外锥面相同。

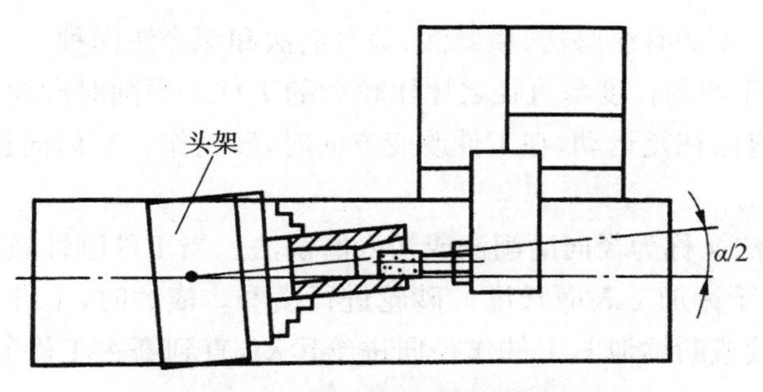

图 6－44　转动头架磨削内圆锥面

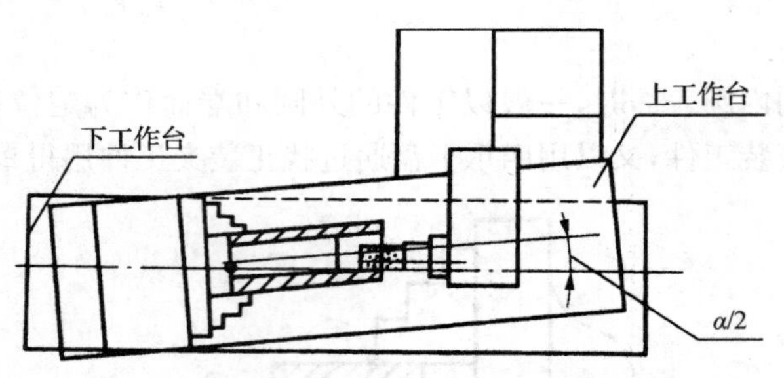

图 6-45 转动工作台磨削内圆锥面

6.5.5 外圆磨削

磨削外圆与车外圆有许多共同之处,所不同的是以砂轮代替车刀进行切削。

1）工件的装夹

(1) 顶尖装夹。常用于轴类零件,安装时,工件支持在两顶尖之间,如图 6-46 所示,装夹方法与车削中所用方法基本相同。为保证磨削精度,减少顶尖加工带来的误差,磨床所用的顶尖是不随工件一起转动的。

(2) 卡盘装夹。磨床上应用的卡盘有三爪卡盘、四爪卡盘和花盘三种。无中心孔的圆柱形工件大多采用三爪卡盘,如图 6-47(a)所示,不对称工件采用四爪卡盘,如图 6-47(b)所示,形状不规则的采用花盘装夹。

(3) 心轴装夹。盘套类空心工件常以内孔定位磨削外圆,往往采用心轴来装夹工件,如图 6-47(c)所示。常用的心轴种类和车床类似。心轴必须和卡箍、拨盘等传动装置一起配合使用。其装夹方法与顶尖装夹相同。

2）磨削运动

在外圆磨床上磨削外圆,需要下列几种运动。

(1) 主运动：砂轮高速旋转。

(2) 圆周进给运动:工件以本身的轴线定位进行旋转。

(3) 纵向进给运动:工件沿着本身的轴线做往复运动。

(4) 横向进给运动:砂轮向着工件做径向切入运动。它在磨削过程中一般是不进给的,而是在行程终了时周期地进给。

3）外圆磨削方法

磨削外圆常用的方法有纵磨法、横磨法、综合磨法和深磨法四种。

(1) 纵磨法:用于磨削长度与直径之比比较大的工件。磨削时砂轮高速运转,工件低速旋转并随工作台作纵向往复运动,在工件改变方向时,砂轮作一次横向进给,进给量很小,如图 6-48(a)所示。

(2) 横磨法:此法又称为径向磨削法或切入磨削法。当工件刚性较好,待加工表面的砂轮窄时,可选用宽大于待加工表面长度的砂轮进行横磨。横磨时,工件无纵向往复运动(砂轮以很慢的速度连续或断续地向工件作径向进给运动,直到磨去工件的全部余量为止),如图 6-48(b)所示。

(3) 综合磨法:此法综合了横磨法和纵磨法的优点。先用横磨法将工件表面分段进行粗磨，相邻两段间有 5～10 mm 的搭接，工件上留下 0.01～0.03 mm 的余量，然后用纵磨法进行磨削，如图 6-48(c)所示。

(4) 深磨法：磨削时，用较小的纵向进给量（一般取 1～2 mm/r），较大的深切（一般为 0.03 mm左右），在一次行程中切除全部余量，如图 6-48(d)所示。此法的特点是生产效率较高，只适用于成批、大量生产中加工刚度较大的工件。被加工面两端有较大的距离，允许砂轮切入和切出。

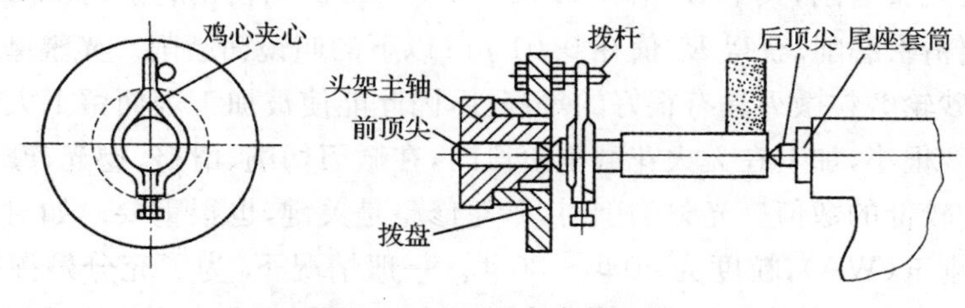

鸡心夹心
拨杆
后顶尖
尾座套筒
头架主轴
前顶尖
拨盘

图 6-46　双顶尖安装工件

三爪自定心卡盘
工件
四爪单动卡盘
工件
卡箍
工件
心轴
拨盘
(a) 三爪自定心卡盘装夹
(b) 四爪单动卡盘装夹及其找正
(c) 锥度心轴装夹

图 6-47　卡盘装夹和心轴装夹

5~15
(a) 纵磨法
(b) 横磨法
(c) 综合磨法
(d) 深磨法

图 6-48　外圆磨削方法

以上讲的外圆磨床常用的几种进给方法。下面举一个磨削方法的例子。

用纵磨法磨外圆，首先把工件两端顶尖孔修一下，孔的两端涂上黄油，调整好机床后，可按以下方法进行加工：

(1) 开动机床，使砂轮和工件转动起来，将砂轮慢慢靠近工件，一直到工件稍微接触，再开动切削液。

(2) 调整切削深度，使工作台纵向进给，进行试磨，磨完工件的全长，再停下机床用千分尺检查一下工件有没有锥度，若有锥度再转动工作台进行调整。

(3) 进行粗磨。粗磨时工件往复一次切削深度 0.01～0.025 mm，在磨削过程中会产生工件热量，所以要用大量的冷却液，以免工件烧伤使工件表面硬度降低，影响工件使用寿命，甚至使工件报废。

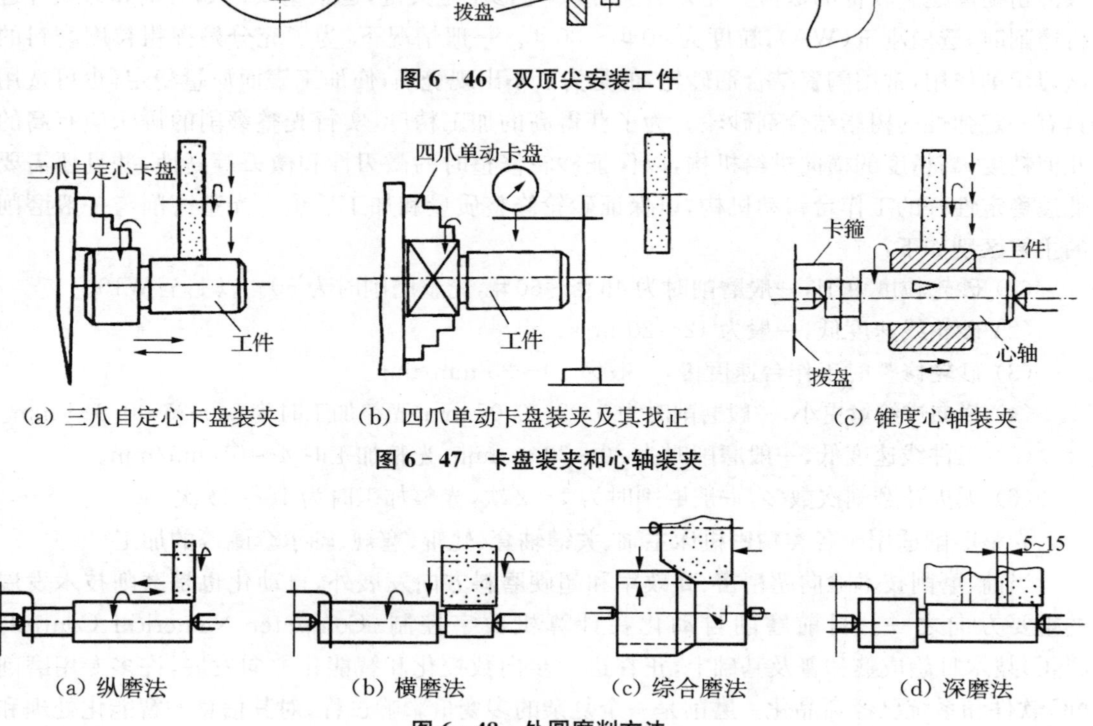

(4) 进行精磨。精磨时必须先修整砂轮,每一次切削深度为 0.005～0.015 mm,精磨至最后尺寸时,停止砂轮的横向进给,继续使工作台纵向进给,进给几次直到不发生火花为止。

6.5.6 精密加工方法及现代磨削技术的发展

随着科学技术的不断发展,产品质量也不断提高,使工件获得表面粗糙度 R_a 值 0.1 μm 以下的磨削称为光整磨削,其中 R_a 值在 0.16～0.08 μm 的叫精密磨削;获得 R_a 值在 0.02～0.04 μm 的叫超精密磨削;获得 R_a 值在 0.01 μm 以下的叫镜面磨削。光整磨削主要靠砂轮的精细修整,使砂轮磨粒微刃具有很好的等高性,因此能使被加工表面留下大量极微细的磨削痕迹,残留高度很小,加上在无火花磨削阶段时,在微刃切削、滑挤、抛光、摩擦等作用下使表面粗糙度达到较低的数值。光整磨削时,砂轮修整是关键,也很重要。如对钢和铸铁件进行磨削时,选白刚玉(WA),粒度为 60#～80#。一般情况下,为了充分发挥粗粒度磨料的微刃切削作用,常用陶瓷结合剂砂轮,但是为了不出现烧伤,使加工表面质量稳定,也可选用具有一定弹性的树脂结合剂砂轮。为了获得高的加工精度,实行光整磨削的机床应有高的几何精度,高精度的横向进给机构,以保证砂轮修整时的微刃性和微刃等高性,并且还需要低速稳定性好的工作台移动机构,以保证砂轮修整质量和加工质量。光整磨削与一般磨削的主要区别如下:

(1) 砂轮粒度更细,一般磨削时为 46#～60#,光整磨削时为 60# 以上至 W10。

(2) 砂轮线速度低,一般为 12～20 m/s。

(3) 砂轮修整时工作台速度慢,一般为 10～25 mm/min。

(4) 横向进给量更小,一般磨削时为 0.02～0.05 mm,光整加工时为 0.0025～0.005 mm。

(5) 工件线速度低,一般磨削时为 20～30 m/min,光整加工时 4～10 mm/min。

(6) 无火花磨削次数多,一般磨削时为 1～2 次,光整加工时为 10～20 次。

光整磨削适用于各类精密机床主轴、关键轴套、轧辊、塞规、轴承套圈等的加工。

当前,磨削技术除向超精密、高效率和超硬磨料方向发展外,自动化也是磨削技术发展的重要方向之一。目前磨削自动化在计算机数字控制(Computer Numerical Control, CNC)技术日趋成熟和普及基础上,正在进一步向数控化和智能化方向发展,许多专用磨削NC软件和系统已经商品化。磨削是一个复杂的多变量影响过程,对其信息的智能化处理和决策,是实现柔性自动化和最优化的重要基础。目前磨削中人工智能的主要应用包括磨削过程建模、磨具和磨削参数合理选择、磨削过程监测预报和控制、自适应控制优化、智能化工艺设计和智能工艺库等方面。近几年来,磨削过程建模、模拟和仿真技术有很大发展,并已达到实用水平。

思考题

1. 铣削加工时主运动是什么?进给运动是什么?
2. 铣削加工范围有哪些?
3. 铣床能加工哪些表面?各用什么刀具?
4. 顺铣和逆铣的主要区别是什么?

5. 常见的铣刀有哪些？如何安装？分别用于加工什么面？

6. 刨削的主运动和进给运动是什么？龙门刨床与牛头刨床的主运动、进给运动有何不同？

7. B6065 牛头刨床由哪几个主要部分组成？各部分有什么作用？

8. 牛头刨床的滑枕往复速度、行程起始位置、行程长度、进给量是如何进行调整的？

9. 弯头刨刀与直头刨刀相比较有什么特点？为什么生产中通常都是使用弯头刨刀？

10. 刨削水平面和垂直面时，为什么刀架转盘刻度要对准零线？而刨削斜面时，为什么刀架转盘要转过一定的角度？

11. 刨削垂直面时，为什么要将抬刀座向安全方向偏转 10°～15°？如何正确判断抬刀座的偏转安全方向？

12. 磨削加工的特点是什么？为什么会有这些特点？

13. 外圆磨床由哪几部分组成，各有何功用？

14. 外圆磨削有哪些方法，各有何特点？

15. 常采用什么方法磨削外圆锥面？

16. 平面磨削常用的方法有哪几种？各有何特点？如何选用？

17. 磨削内圆和磨削外圆相比有何特点？

本章参考文献

[1]　刘宏谦. 现代磨削加工技术的发展[J]. 机械管理开发，2005，20(5)：52 - 53.

第七章　钳　工

7.1　知识点及安全要求

7.1.1　知识点

(1) 了解钳工在机械制造维修中的作用；

(2) 掌握划线、锯削、锉削、錾削、刮削、钻孔、绞钻、攻丝等加工的方法和应用，各种工具、量具的使用和测量方法；

(3) 了解钻床的主要结构、传动系统和安全使用方法；

(4) 掌握机器装配的基本知识。

7.1.2　安全要求

(1) 工作中要注意安全，做到文明生产，在工作场所不打闹嬉戏；

(2) 在工作场所要穿戴工作服，女同学要戴工作帽。锯削与锉削时可以戴工作手套，使用钻床时不得戴手套；

(3) 工作时要将工件装卡牢固，防止砸伤。在锯削与锉削中不得用力过猛，防止碰伤；

(4) 在工作中注意掌握量具的使用方法，防止量具不正常损坏；

(5) 在锯削与锉削时用力均匀，注意节奏感(每分钟 40 次)，避免工具早期磨损。

7.2　概述

钳工是以手工操作为主，使用工具来完成零件的加工、装配和修理工作，其基本操作有划线、錾削、锯削、锉削、刮削、研磨、钻孔、扩孔、铰孔、锪孔、攻螺纹、套螺纹和装配等。

钳工技艺性强，具有“万能”和灵活的优势，可以完成机械加工不方便或无法完成的工作，所以在机械制造工程中仍起着十分重要的作用。

钳工根据其加工内容的不同，又有普通钳工、工具钳工、模具钳工和机修钳工等。

钳工劳动强度大，生产率低，但设备简单，一般只需钳工工作台、台虎钳(图 7－1)及简单工具即能工作，因此，应用很广。

随着机械工业的发展，钳工操作也将不断提高机械化程度，以减轻劳动强度和提高劳动生产率。

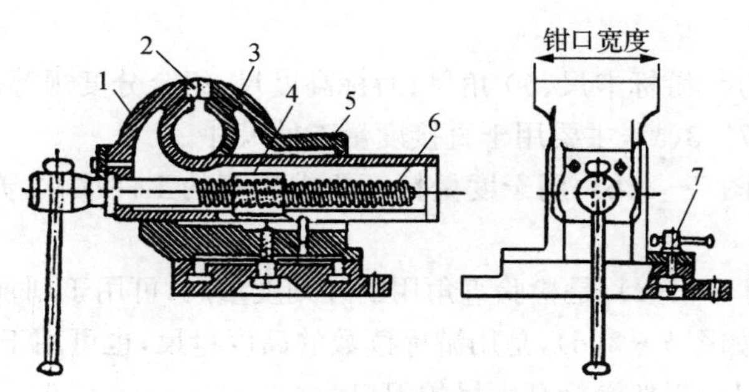

图 7-1　台虎钳

1—活动钳；2—钳口；3—固定钳；4—螺母；5—砧面；6—丝杠；7—紧固螺钉

7.3　基本操作方法

7.3.1　划线

根据图纸要求，在毛坯或半成品上划出待加工轮廓线或作为找正、检查依据的尺寸界线的操作，叫划线。

1）划线的作用

(1) 明确地表示出加工余量、加工位置或划出加工位置的找正线，作为加工工件或装夹工件的依据。

(2) 借划线来检查毛坯的形状和尺寸是否合乎要求，避免不合格的毛坯投入机械加工而造成浪费。

(3) 通过划线使加工余量合理分配（又称借料），保证加工不出或少出废品。

2）划线前准备

(1) 清理工件

铸件的浇冒口、粘砂，锻件的飞边、气化皮等都要去掉。

(2) 找中心和孔心

为了将零件的轮廓线全部划去，首先应找出零件的中心线。对有孔的零件，要找正其孔心，以便用圆规划圆。找孔心时，可在毛坯孔中填塞钉上铜皮的木块或铝块。

(3) 涂色

零件上需要划线的部位应涂色。铸锻件毛坯上涂石灰水或抹上粉笔灰；光坯一般涂薄而匀的龙丹紫，以保证划线清晰。

3）划线工具

(1) 基准工具

平板是划线的基准工具，由铸铁制成，工作面平整光洁，见图 7-2。平板放置要平稳，避免撞击，工作面保持水平。工作时，应均匀使用整个平面，以免局部磨损。

图 7-2　平板

(2) 度量工具

度量工具有钢直尺、游标卡尺、90°角尺、游标高度尺、组合分度规等。

① 钢直尺：如图7－3(a)，主要用于直接度量工件尺寸。

② 游标卡尺：如图 7－3(b)，用于度量精度要求较高的工件尺寸，亦可用于平整光洁的表面划线。

③ 90°角尺：如图 7－3(c)，是检验直角用的外刻度量尺，可用于划垂直线。

④ 游标高度尺：如图 7－3(d)，是用游标读数的高度量尺，也可用于半成品的精密划线。但不可对毛坯划线，以防损坏游标高度尺的刀口。

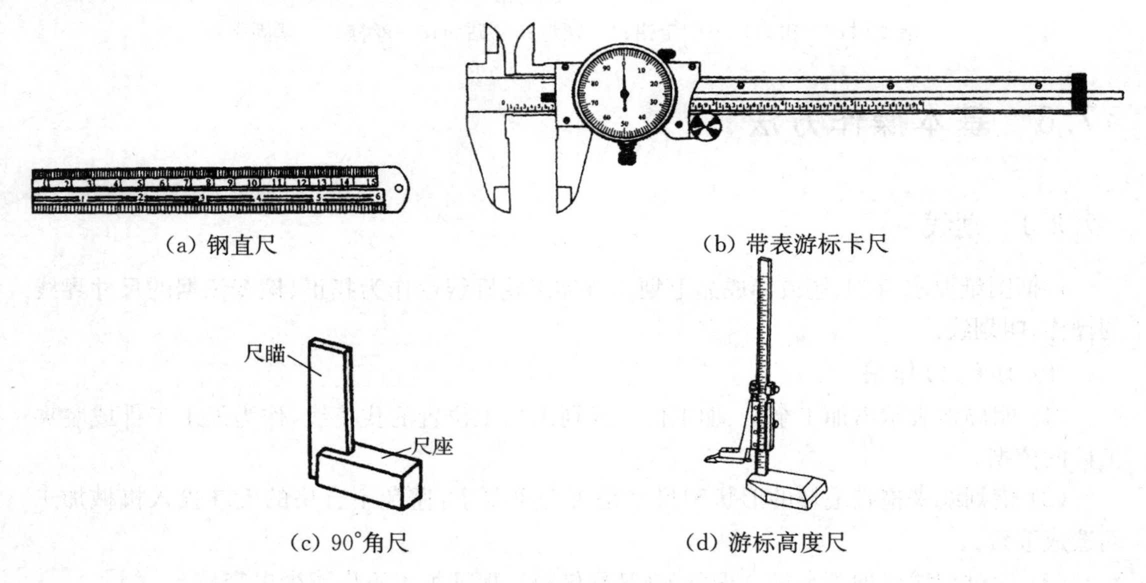

(a) 钢直尺　(b) 带表游标卡尺　(c) 90°角尺　(d) 游标高度尺

图 7－3　度量工具

⑤ 组合分度规：也是重要的度量工具之一，由钢直尺、水平仪、45°斜面规、直角规四个部件组成，按使用需要可以组合成图 7－4 所示的结构。组合分度规的用法如图 7－5 所示。

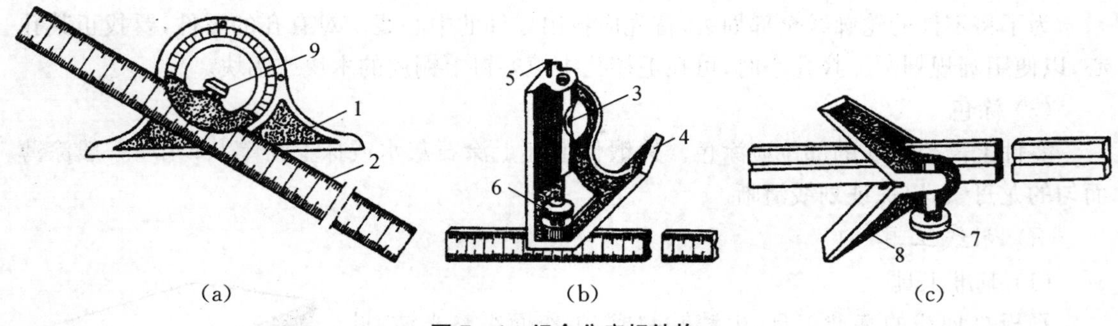

(a)　(b)　(c)

图 7－4　组合分度规结构

1—尺座；2—钢直尺；3—水平仪；4—45°斜面规；5—划针；6、7、9—锁紧螺母；8—直角规

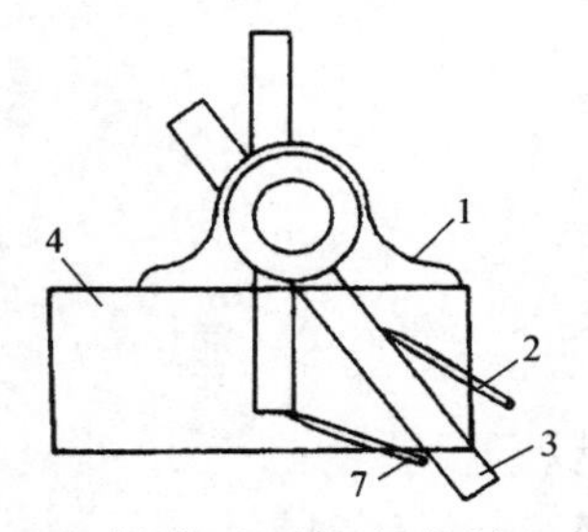

(a) 相当于万能角度尺，可划垂直线，也可转至任意角度划倾斜线

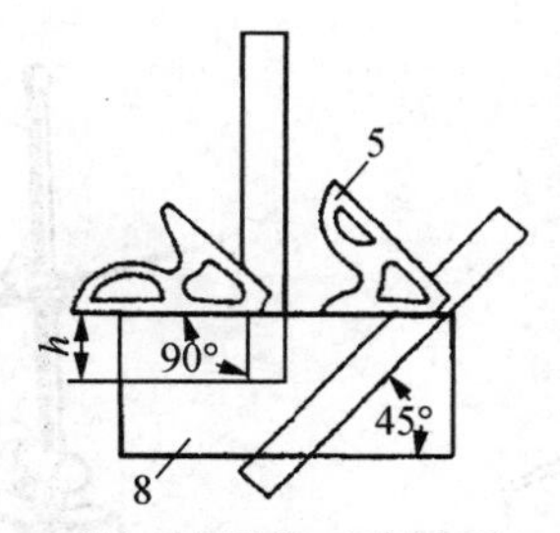

(b) 可用作45°斜面规或作90°角尺

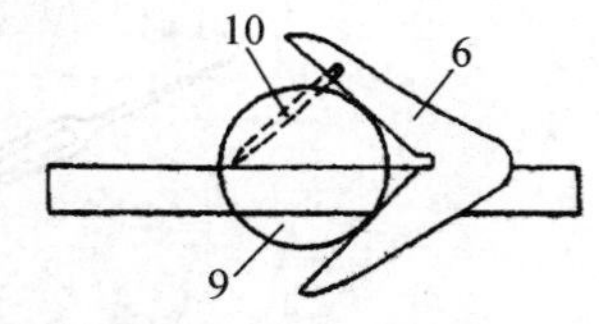

(c) 直角规安上直尺后，恰好平分90°角，可划出圆柱形、正方形等工件的中心线

图7-5　各种组合结构的用法

1—分度规；2、7、10—划针；3—钢直尺；4、8、9—工件；5—斜面规；6—直角规

(3) 划线工具

划线工具有划针、划规、划针盘、划卡、样冲等。

① 划针：如图7-6所示，是在工件上划线的工具。划线时，划针沿钢直尺、角尺等导向工具的边移动，使线条清晰、正确，一次划出。

② 划规：如图7-7所示，如同圆规一样使用，可用于划圆、量取尺寸和等分线段等。

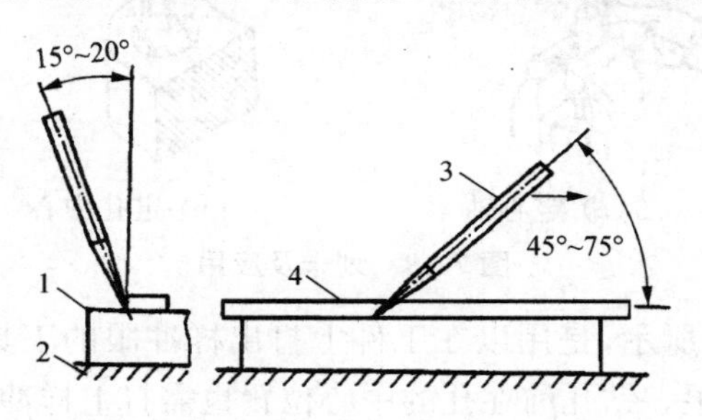

图7-6　划针和划直线方法

1—工件；2—划线平板；3—划针；4—钢直尺

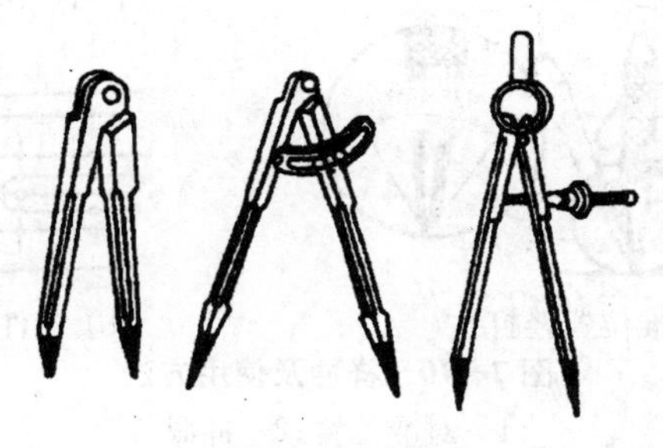

图7-7　划规

③ 划针盘：如图7-8所示，主要是用于以平板为基准进行立体划线和找正工件位置。

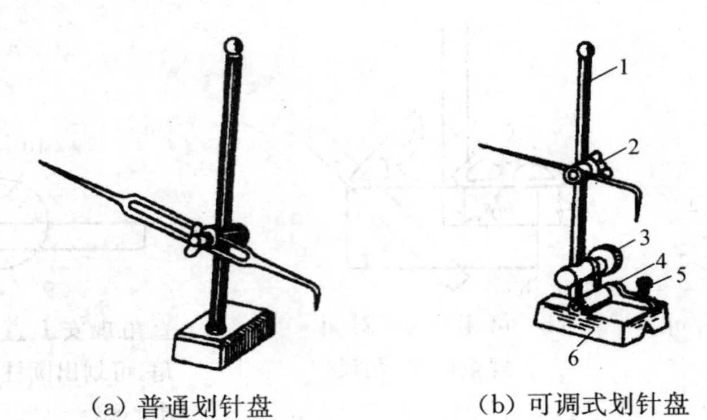

(a) 普通划针盘　　(b) 可调式划针盘

图 7-8　划针盘

1—支杆；2—夹头；3—锁紧螺栓；4—转动杆；5—调节螺栓；6—底座

④ 划卡：如图 7-9 所示，又称单脚规，用以找轴和孔的中心。

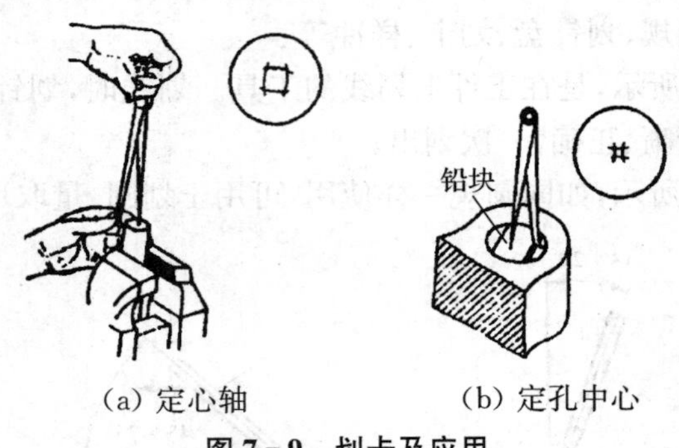

(a) 定心轴　　(b) 定孔中心

图 7-9　划卡及应用

⑤ 样冲：如图 7-10 所示，是用以在工件上打出样冲眼的工具。为防止擦掉划好的线段，对准线中心打上样冲眼。钻孔前在孔的中心位置也需打上样冲眼，以便于钻头定心。

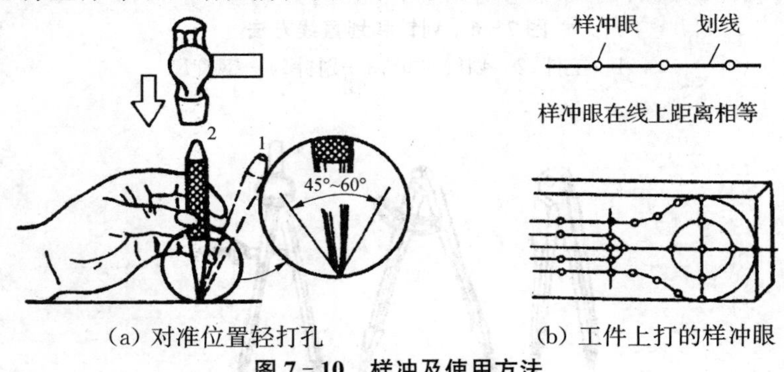

(a) 对准位置轻打孔　　(b) 工件上打的样冲眼

图 7-10　样冲及使用方法

1—对准位置；2—冲眼

(4) 夹持工具

夹持工具有方箱、千斤顶、V 形铁等。

① 方箱：如图 7-11 所示，方箱有六个面互相垂直，夹持工件后，只要翻转方箱，便可在工件各面上划出相互垂直的直线。

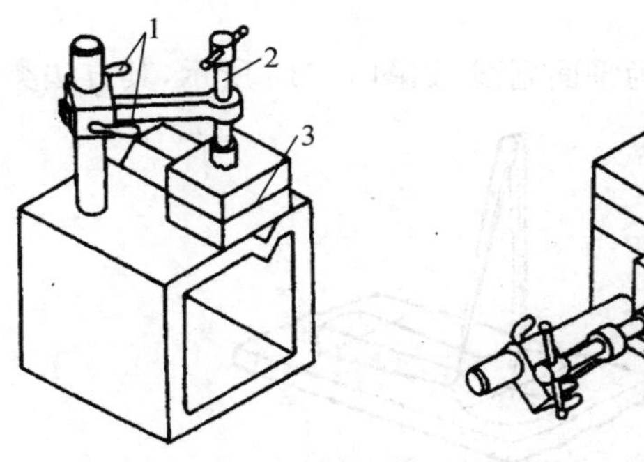

图 7-11　方箱及其用法

1—紧固手柄；2—压紧螺栓；3—划出的水平线；4—划出的垂直线

② 千斤顶：如图 7-12 所示，用于支承工件，使用时可以调节工件的高度。

③ V 形铁：如图 7-13 所示，用于支承圆柱形工件。使用时，可将工件轴线调至与作为划线基准的平板平面平行。

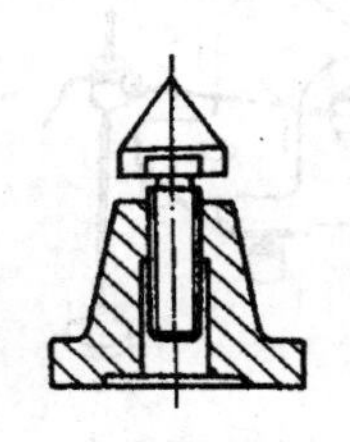
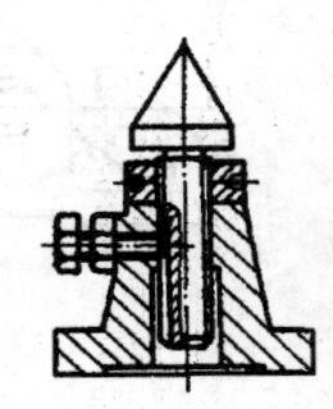
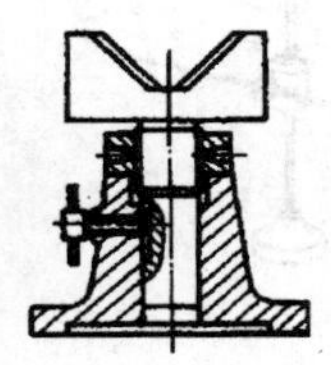
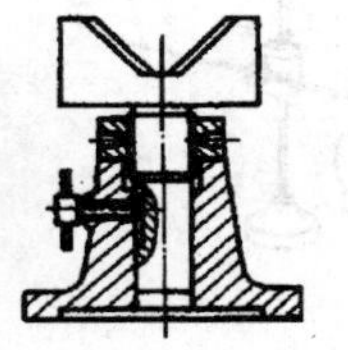

图 7-12　千斤顶

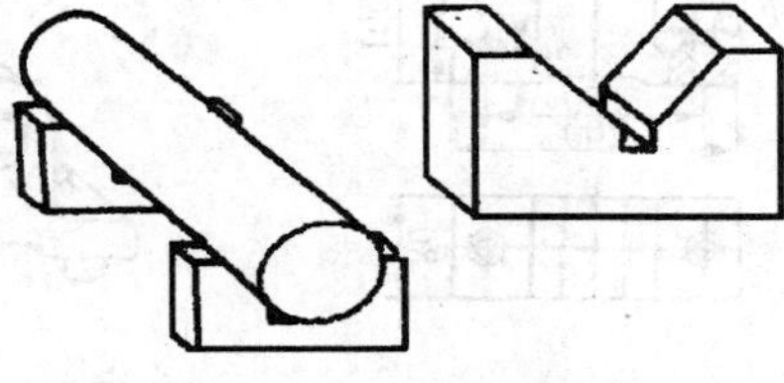

图 7-13　V 形铁及其用法

4）划线基准

基准是零件上用来确定点、线、面位置的依据。作为划线依据的基准称为划线基准。当选定工件上已加工表面为基准时，则称为光基准；当工件为毛坯时，可选用零件图上较为重要的几何要素为基准，如重要孔的中心或平面等为划线基准，并力求划线基准与零件的设计基准一致，如图 7-14 所示。

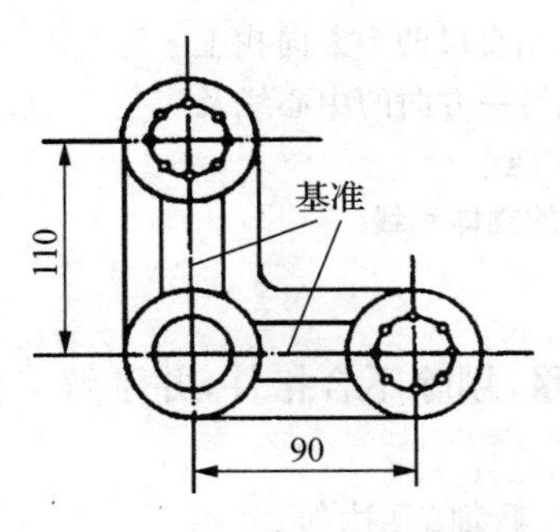

(a) 以孔的中心线为基准

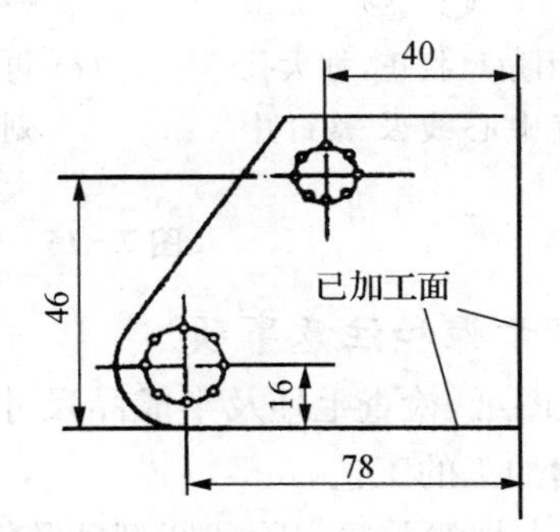

(b) 以已加工面为基准

图 7-14　划线基准

5）划线的类型

划线有平面划线和立体划线之分。

(1) 平面划线

在工件的一个平面上划线称为平面划线，如图 7 - 15 所示，其方法类似平面作图。

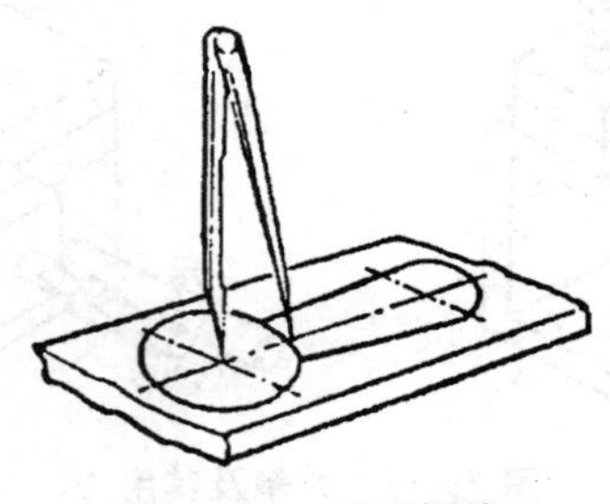

图 7 - 15　平面划线

(2) 立体划线

在工件的长、宽、高三个方向上划线称为立体划线，如图 7 - 16 所示。

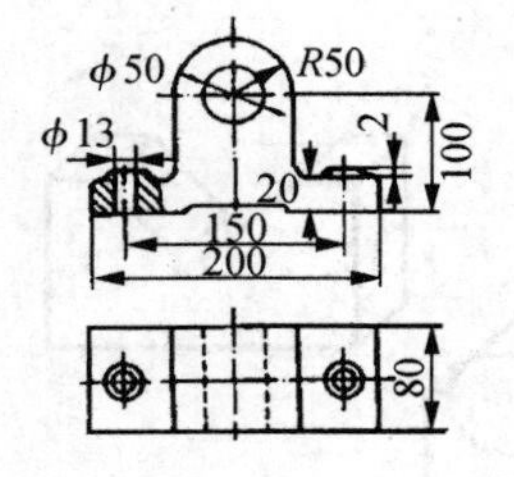

(a) 轴承座零件图

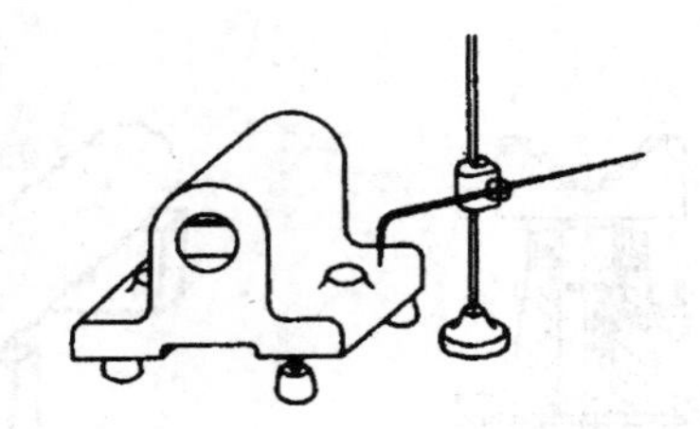

(b) 根据孔中心及上平面，调节千斤顶使工件水平

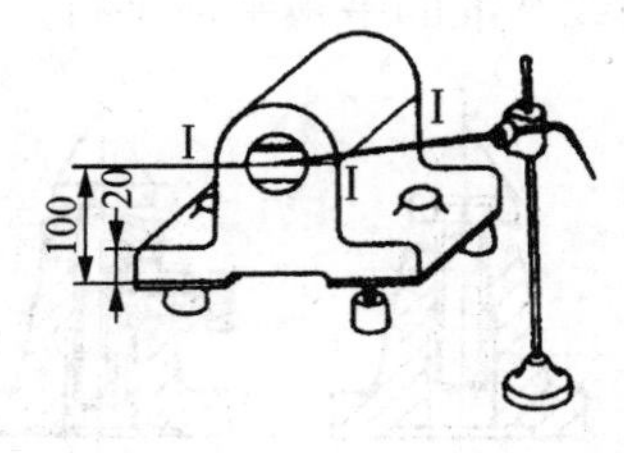

(c) 划底面加工线和大孔的水平中心线

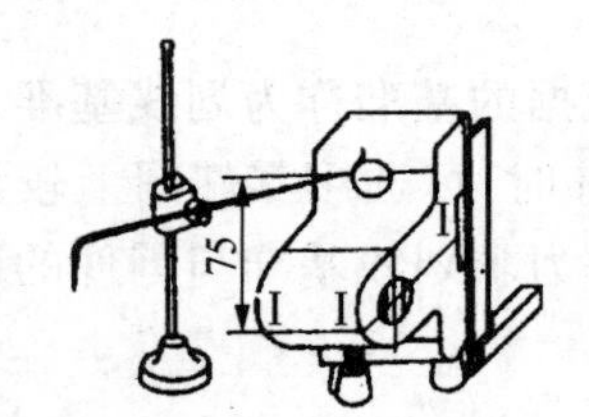

(d) 转 90°用角尺找正，划大孔的垂直中心线及螺钉中心线

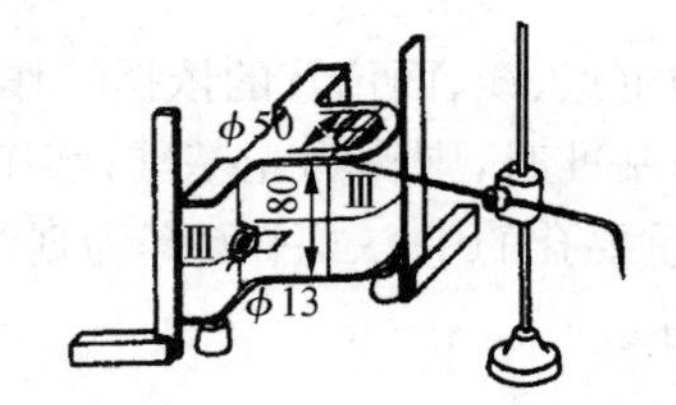

(e) 再翻 90°，用直尺两个方向找正划螺钉孔另一方向的中心线及大端面加工线

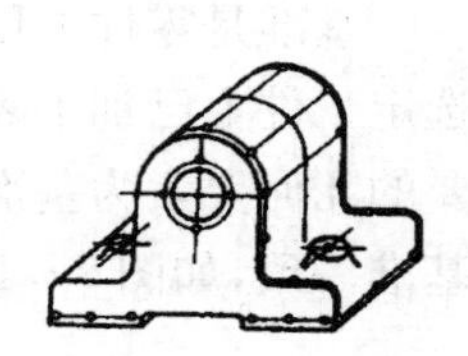

(f) 打样冲眼

图 7 - 16　轴承座的立体划线

6) 划线步骤和注意事项

(1) 对照图纸，检查毛坯及半成品尺寸和质量，剔除不合格件，并了解工件上需要划线的部位和后续加工的工艺。

(2) 毛坯在划线前要去除残留型砂及氧化皮、毛刺、飞边等。

(3) 确定划线基准。如以孔为基准，则用木块或铅块堵孔，以便找出孔的圆心。确定基准时，尽量考虑让划线基准与设计基准一致。

(4) 划线表面涂上一层薄而均匀的涂料。毛坯用石灰水，已加工表面用紫色涂料(龙胆紫加虫胶和酒精)或绿色涂料(孔雀绿加虫胶和酒精)。

(5) 选择合适的工具和安放工件的位置，并注意在一次支承中应把需要划的平行线划全，工件支承要牢固。

(6) 注意不要有疏漏。

(7) 在线条上打上样冲眼。

轴承座立体划线方法的划线步骤如图 7-16(b)～(f)所示。

7.3.2　锯削

钳工用手锯锯断工件、锯出沟槽、去除多余材料、修整工件形状等操作称锯削。

手锯具有结构简单、使用方便、操作灵活等特点。但锯削精度低，锯后表面常需进一步加工。

1) 手锯

手锯是手工锯削的工具，包括锯弓和锯条两部分。

(1) 锯弓

锯弓是用来夹持和拉紧锯条的工具，有固定式和可调式两种，见图 7-17。

(a) 固定式　　(b) 可调式

图 7-17　锯弓

可调式锯弓的弓架分前后两段。由于前段在后段套内可以伸缩，因此可以安装不同长度的锯条。

(2) 锯条及使用

锯条用 T10A 钢制成，规格以锯条两端安装孔间的距离表示。常用的锯条长 300 mm、宽 12 mm、厚 0.8 mm。每一齿相当于一把錾子，起切削作用。常用锯条锯齿的后角 α_0 为 40°～45°，楔角 β 为 45°～50°，前角 γ_0 约为 0°，见图 7-18。

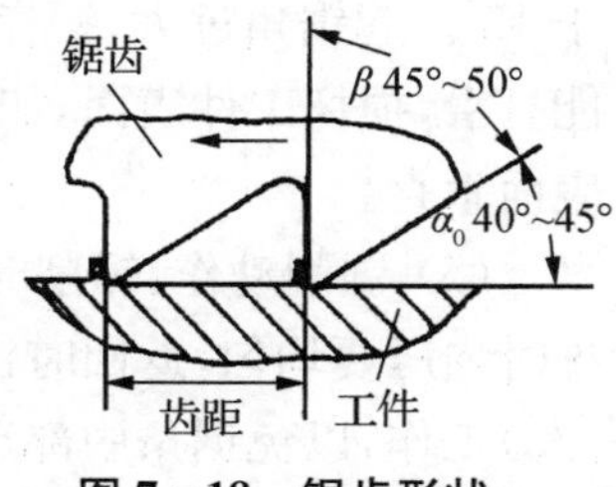

图 7-18　锯齿形状

锯条制造时，锯齿按一定形状排列，其形式有交错状和波浪形，如图 7-19 所示，使锯缝宽度大于锯条厚度，形成适当的锯路，以减小摩擦，锯削省力，排屑容易，从而起到有效的切削作用，提高切削效率。

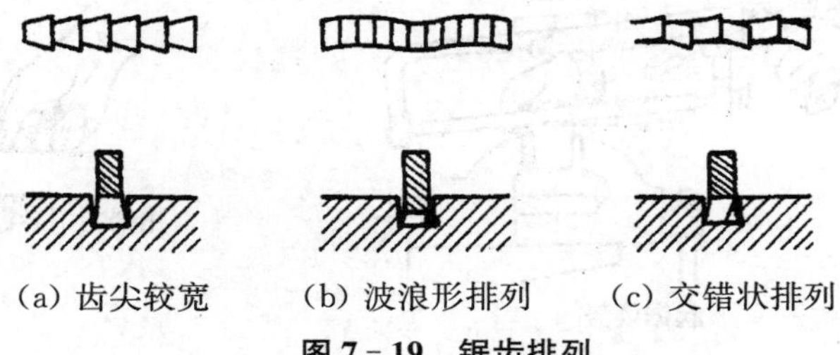

(a) 齿尖较宽　　(b) 波浪形排列　　(c) 交错状排列

图 7-19　锯齿排列

锯齿的粗细，按锯条上每 25 mm 长度内的齿数来表示。根据锯齿的粗细，锯条可分为粗齿、中齿和细齿三种。应根据加工材料的硬度、厚薄来选择。锯削软材料或厚工件时,因锯屑较多,要求有较大的容屑空间,故应选用粗齿锯条。锯削硬材料或薄工件时,因材料硬,锯齿不易切入,锯屑量少,不需要大的容屑空间。另外,薄工件在锯削中锯齿易被工件勾住而崩裂,一般至少要有三个齿同时接触工件,使锯齿承受的力量减少,故应选用细齿锯条。

锯齿粗细的划分及用途见表 7-1。

表 7-1 锯齿粗细及用途

锯齿粗细	每 25 mm 齿数	用　途
粗	14～18	锯软钢、铝、紫铜、铸铁、人造胶质材料
中	22～44	一般适用于中等硬性钢、硬性轻合金、黄铜、厚壁管
细	32	锯板材、薄壁管子等
从细齿变为中齿	从 32～20	一般工厂中用,易起锯

2) 锯削的步骤和注意事项

(1) 选择锯条:根据工件材料的硬度和厚度选择合适齿数的锯条。

(2) 装夹锯条:将锯齿朝前装夹在锯弓上,注意锯齿方向,保证前推时进行切削,锯条的松紧要合适,一般用两个手指的力能旋紧为止。

另外,锯条不能歪斜和扭曲,否则锯削时易折断。

(3) 装夹工件:工件应尽可能装夹在台虎钳的左边,以免操作时碰伤左手;工件伸出钳口要短,锯切线离钳口要近,否则锯削时会颤动;工件装夹要稳固,不可有抖动。

(4) 起锯:起锯时应以左手拇指靠住锯条,右手稳推手柄,如图 7-20(a),起锯角应稍小于 15°。起锯角过大,锯齿被工件棱边卡住,碰断锯齿;起锯角过小,锯齿不易切入工件,还可能打滑,损坏工件表面,如图 7-20(b)。起锯时锯弓往复行程应短,压力要小,锯条要与工件表面垂直。

(5) 锯削动作:锯削时右手握锯柄,左手轻扶弓架前端,锯弓应直线往复,不可摆动。前推时加压要均匀,返回时锯条从工件上轻轻滑过。锯削时尽量使用锯条全长(至少占全长的 2/3)工作,以免锯条中部迅速磨损。快锯断时用力要轻,以免碰伤手臂和折断锯条。

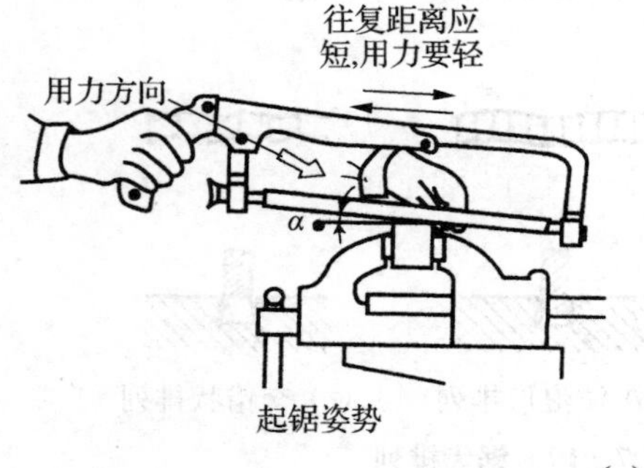

(a) 姿势

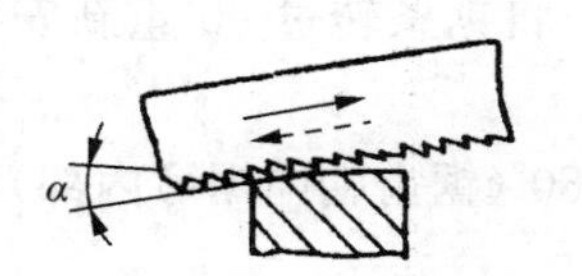

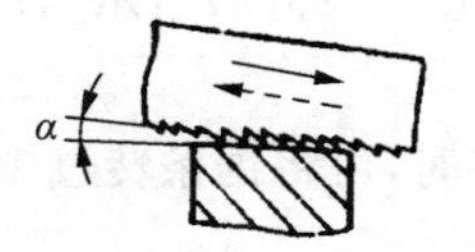

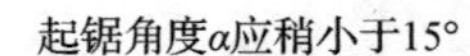

起锯角度α应稍小于15°　　α角太小不易切入且打滑　　α角太大易碰断锯齿

(b) 起锯角度

图 7－20　起锯

3) 锯削示例

锯削不同的工件,需要采用如下不同的锯削方法。

(1) 锯削圆钢

若断面要求较高,应从起锯开始由一个方向锯到结束,如图 7－21(a)所示;若断面要求不高,则可以从几个方向起锯,使锯削面变小,容易锯入,工作效率高。

(2) 锯削扁钢

为了得到整齐的锯缝,应从扁钢较宽的面下锯,这样,锯缝深度较浅,锯条不致卡住。锯削方法如图 7－21(b)所示。

(3) 锯削圆管

锯切圆管不可从上至下一次锯断,而应每锯到内壁后工件向推锯方向转一定角度后再继续锯切,直到锯断为止。锯削方法如图 7－21(c)所示。

(4) 锯削薄板

将薄板工件夹在两木块之间,以防振动和变形。锯削方法如图 7－21(d)所示。

(5) 锯削型钢

角钢和槽钢的锯法与锯扁钢基本相同,但工件应不断改变夹持位置。锯削方法如图 7－22 所示。

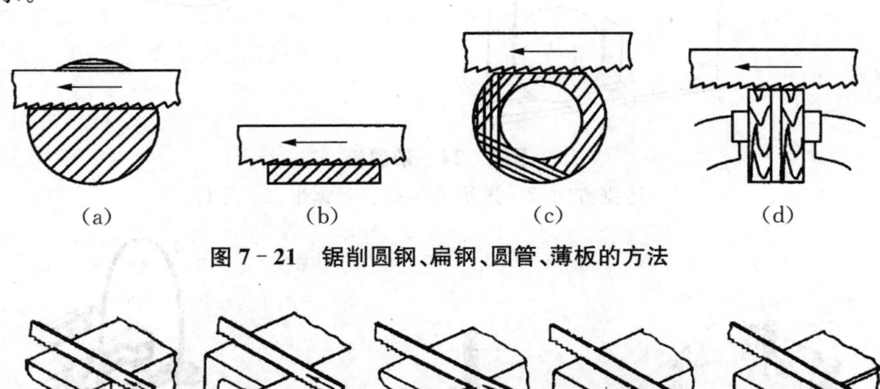

(a)　(b)　(c)　(d)

图 7－21　锯削圆钢、扁钢、圆管、薄板的方法

图 7－22　型钢的锯削

(6) 锯削深缝

当锯缝深度超过锯弓高度时[如图 7－23(a)所示],应将锯条转过 90°重新安装,把锯弓转到工件旁边,如图 7－23(b)所示。

当锯弓横过来后锯弓高度仍不够时,可将锯条转过 180°(锯齿朝向锯弓内部),把锯条安装在锯弓内进行锯削,如图 7－23(c)。

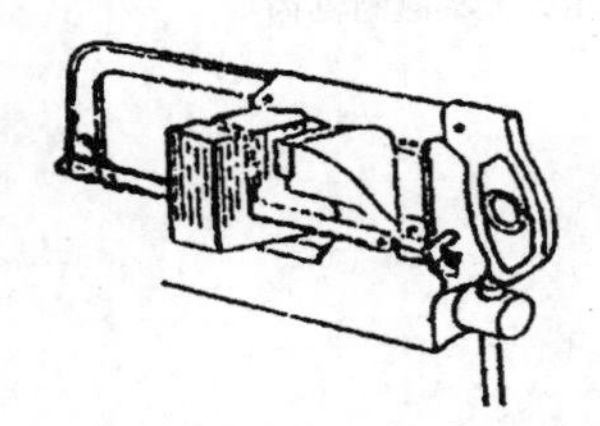

(a) 锯缝深度超过锯弓高度

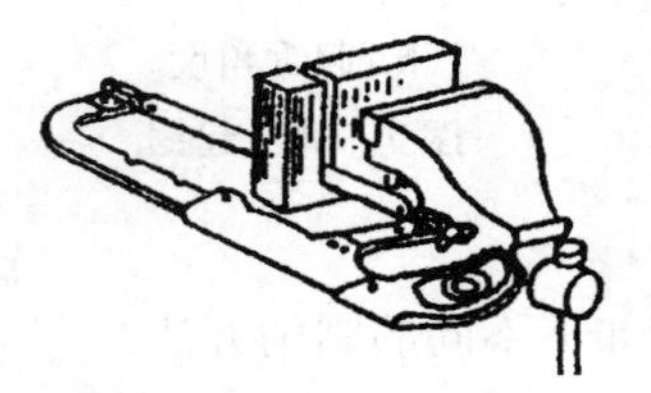

(b) 将锯条转过 90°装夹

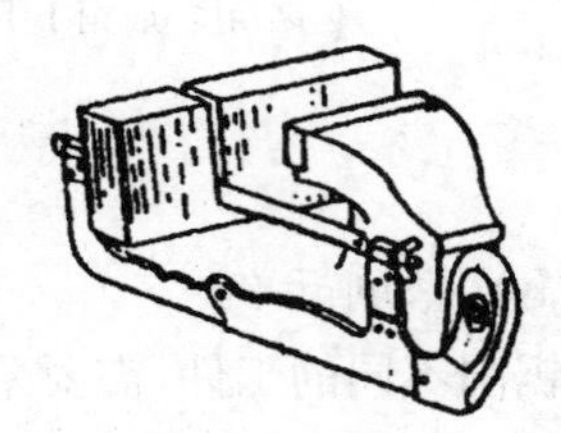

(c) 将锯条转过 180°装夹

图 7－23　深缝锯削方法

4) 锯削机械化

手工锯削劳动强度大,生产率低,为此生产中常用带锯机进行锯削,如图 7－24 所示。带锯机的锯带薄而狭(厚 0.5 mm,宽 8 mm,甚至更薄更狭),工作台可以纵横向平移或转向,应用灵活,操作方便,容易保证加工质量。

图 7－25 为带锯机的应用示例。

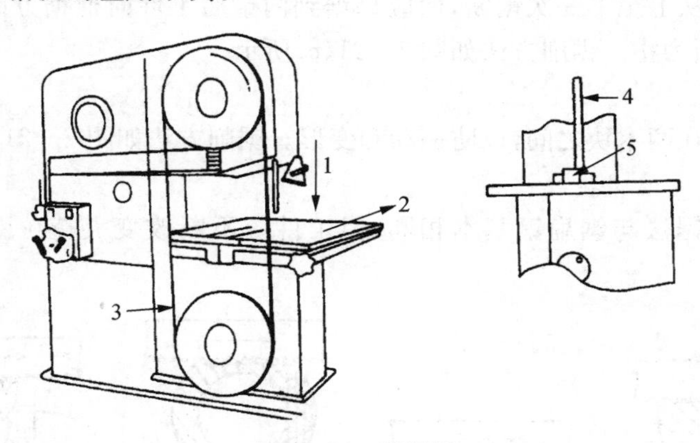

图 7－24　带锯机

1—运锯方向;2—进给方向;3、4—锯带;5—工件

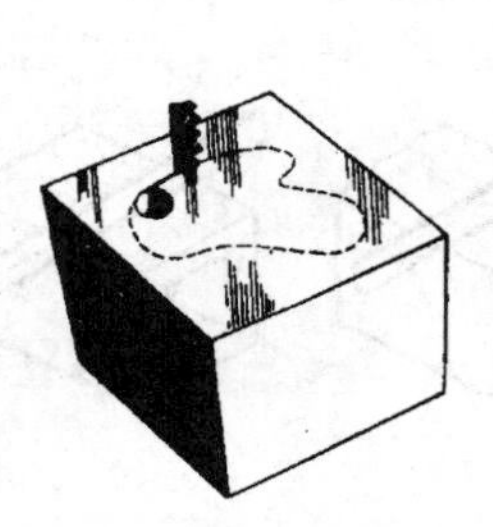

(a) 内曲面的锯削

(b) 管件的锯削

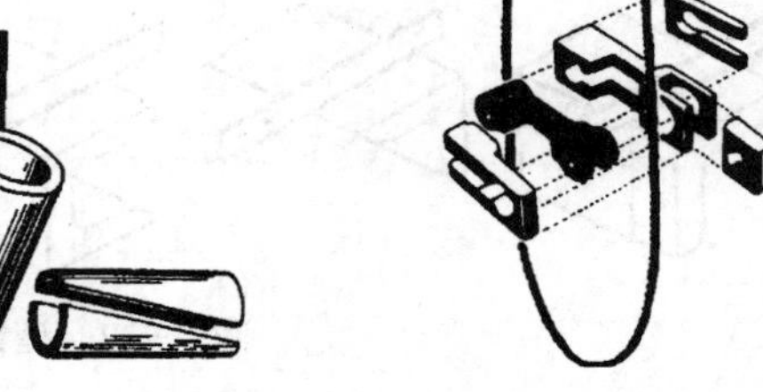

(c) 锯削的工件

图 7－25　带锯机的应用示例

7.3.3　锉削

1）锉削的应用

锉削是用锉刀对工件表面进行切削加工的方法，是钳工最基本的操作方法之一。

锉削加工操作简单，但技艺较高，工作范围广。锉削可对工件表面上的平面、曲面、内外圆弧面、沟槽以及其他复杂表面进行加工，还可用于成形样板、模具、型腔以及部件、机器装配时的工件修整等。锉削加工尺寸精度可达 IT8～IT7，表面粗糙度 R_a 值可达 0.8 μm。

2）锉刀及选用

(1) 锉刀的构造

锉刀的结构如图 7－26 所示，锉刀的一侧边有齿纹，另一侧边则无齿纹。使用时，两锉刀面和一侧锉刀边能起切削作用。需要锉削垂直面时，用带齿纹的一边和锉刀面同时切削；仅需锉削一平面时，则翻转锉刀，用不带齿的一边和锉刀面同时锉削。

锉刀齿纹交叉排列，构成刀齿，形成存屑槽，锉齿形状如图 7－27 所示。

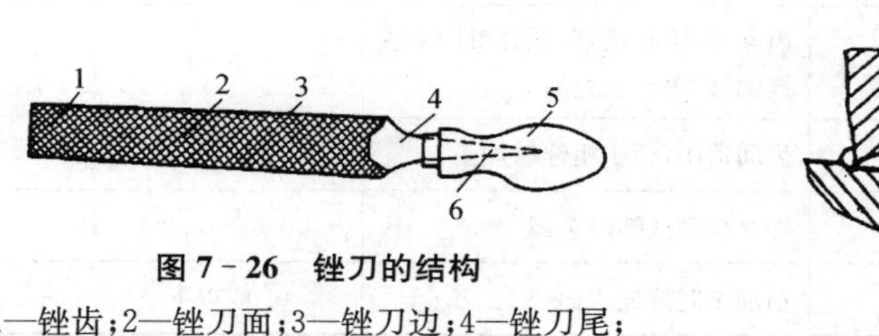

图 7－26　锉刀的结构

1—锉齿；2—锉刀面；3—锉刀边；4—锉刀尾；5—锉刀木柄；6—锉刀舌

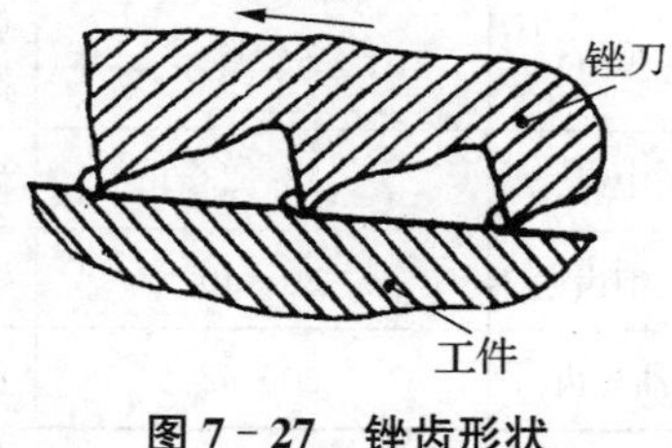

图 7－27　锉齿形状

(2) 锉刀的材料

锉刀多为手动操作，切削速度低，但要求硬度高且锋利，常用 T12、T12A 和 T13A 等高碳工具钢制成，热处理后的硬度值可达 62HRC，耐磨性好，但韧性差，热硬性低，性脆易裂，锉削速度过快易钝化。

(3) 锉刀种类及选用

锉刀的锉齿是在剁锉机上剁出来的。锉刀的锉纹多制成双纹，以利锉削时锉屑碎断，锉面不易堵塞，锉削时省力。也有单纹锉刀，一般用于锉铝等软材料。

锉刀按用途可分为普通锉、特种锉、整形锉等。

锉刀的规格一般以截面形状、锉刀长度、齿纹粗细来表示。普通锉刀按其截面形状可分为平锉、方锉、圆锉、半圆锉和三角锉等五种，如图 7－28 所示，其中以平锉用得最多。锉刀大小以其工作部分的长度表示。按其长度可分为 100 mm、150 mm、200 mm、250 mm、300 mm、350 mm 和 400 mm 等七种。按其齿纹可分为单齿纹锉刀和双齿纹锉刀。按其齿纹粗细可分为粗齿、中齿、细齿和油光齿锉刀等。锉刀刀齿粗细的划分、特点和用途等见表 7－2。

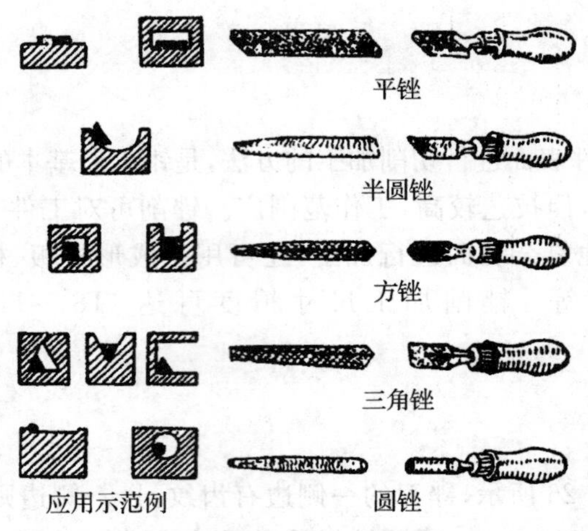

图 7-28 锉刀的种类

表 7-2 锉刀刀齿粗细的划分及特点和应用

锉齿粗细	齿数(10 mm 长度内)	特点和应用	加工余量/mm	表面粗糙度 R_a 值/μm
粗齿	4～12	齿间大,不易堵塞,适宜粗加工或锉铜、铝等有色金属	0.5～1	50～12.5
中齿	13～23	齿间适中,适于粗锉后加工	0.2～0.5	6.3～3.2
细齿	30～40	锉光表面或锉硬金属	0.05～0.2	1.6
油光齿	50～62	精加工时修光表面	0.05 以下	0.8

3）锉削操作方法

(1) 工件装夹

工件必须牢固地装夹在台虎钳钳口的中间,并略高于钳口。夹持已加工表面时,应在钳口与工件间垫以铜片或铝片。易于变形和不便于直接装夹的工件,可以用其他辅助材料设法装夹。

(2) 选择锉刀

锉削前,应根据金属材料的硬度、加工余量的大小、工件的表面粗糙度要求来选择锉刀。加工余量小于 0.2 mm 时,宜用细锉。

(3) 锉刀的握法

大平锉刀的握法见图 7-29(a)、(b)、(c)。右手紧握锉刀柄,柄端抵在拇指根部的手掌上,大拇指放在锉刀柄上部,其余手指由下而上握着锉刀柄,左手拇指的根部肌肉压在锉刀头上,拇指自然伸直,其余四指弯向手心,用中指、无名指握住锉刀前端。右手推动锉刀,并决定推动方向,左手协同右手使锉刀保持平衡。中平锉刀、小锉刀及细锉刀的握法分别如图 7-29(d)、(e)、(f)、(g)所示。

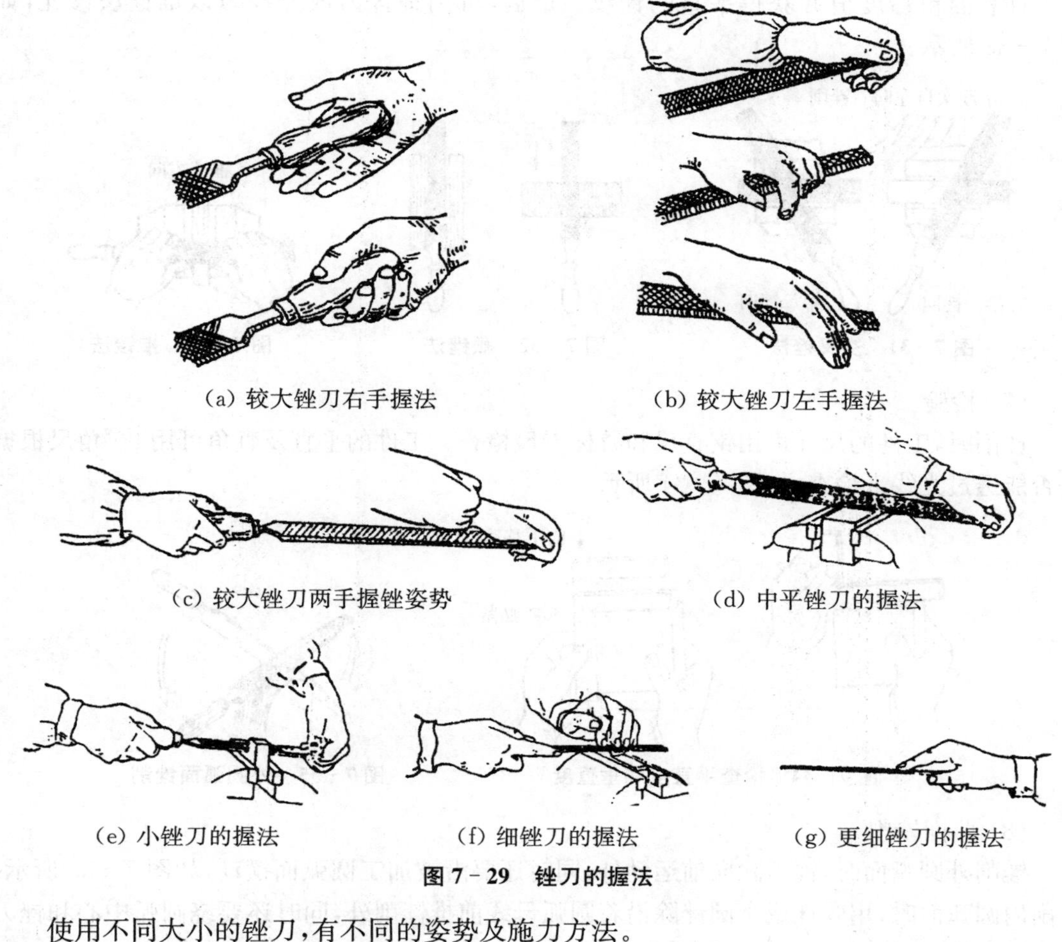

(a) 较大锉刀右手握法　(b) 较大锉刀左手握法

(c) 较大锉刀两手握锉姿势　(d) 中平锉刀的握法

(e) 小锉刀的握法　(f) 细锉刀的握法　(g) 更细锉刀的握法

图 7 - 29　锉刀的握法

使用不同大小的锉刀，有不同的姿势及施力方法。

(4) 锉削姿势

锉削时的站立位置及身体运动要自然并便于用力，以能适应不同的加工要求。

(5) 施力变化

锉削平面时保持锉刀的平直运动是锉削的关键。锉削力量有水平推力和垂直压力两种。推力主要由右手控制，其大小必须大于切削阻力才能锉去切屑。压力是由两手控制的，其作用是使锉齿深入金属表面。

由于锉刀两端伸出工件的长度随时都在变化，因此两手压力大小必须随着变化，使两手压力对工件中心的力矩相等，这是保证锉刀平直运动的关键。

锉平面时的施力情况如图 7 - 30 所示。

(6) 平面锉削的基本方法

粗锉时用交叉锉法，如图 7 - 31 所示，这样不仅锉得快，而且可以利用锉痕判别加工部分是否锉到尺寸。平面基本锉平后，可用顺锉法进行锉削，如图 7 - 32 所示，以降

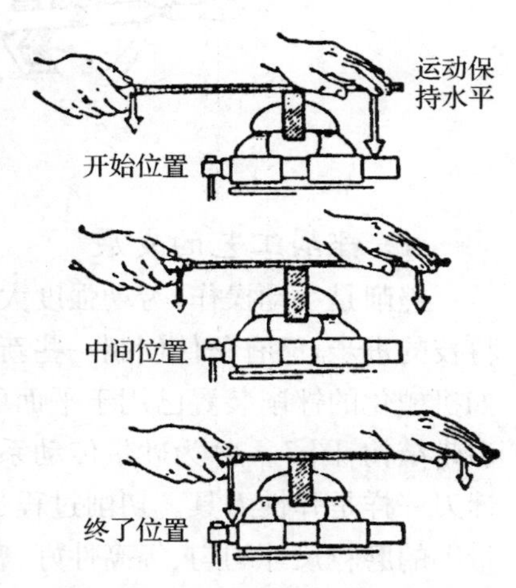

图 7 - 30　锉平面时的施力情况

低工件表面粗糙度值并获得平直的锉纹。最后，可用细锉刀或光锉刀以推锉法修光，如图 7－33 所示。

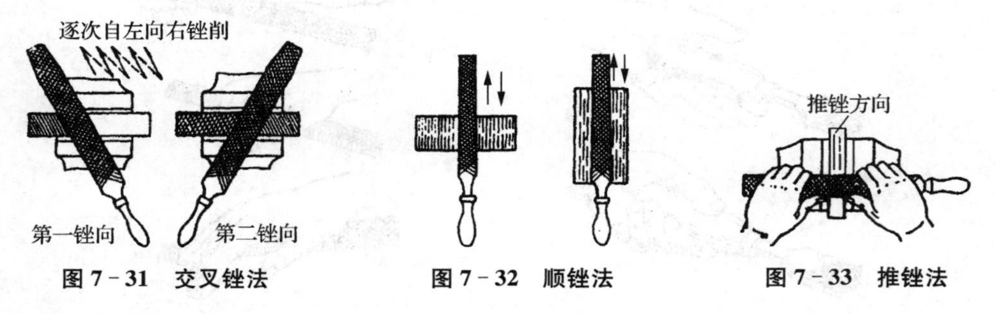

图 7－31　交叉锉法　　图 7－32　顺锉法　　图 7－33　推锉法

(7) 检验

锉削时，工件的尺寸可用钢直尺和游标卡尺检查。工件的平直及直角可用 90°角尺根据是否能透过光线来检查，如图 7－34 所示。

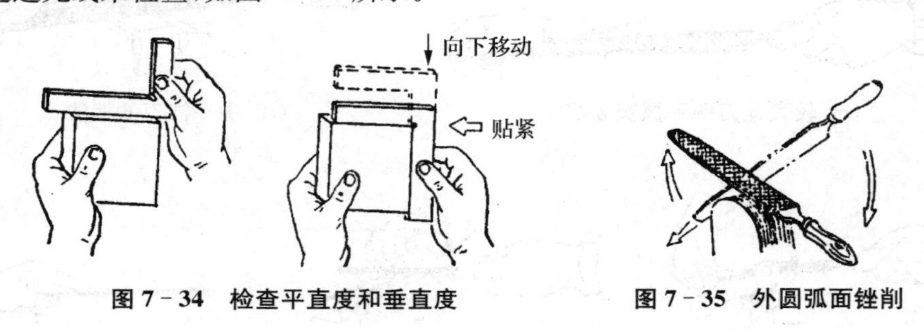

图 7－34　检查平直度和垂直度　　图 7－35　外圆弧面锉削

(8) 曲面锉削

锉削外圆弧面时，锉刀除向前运动外，同时还要沿被加工圆弧面摆动，如图 7－35 所示。锉削内圆弧面时，用圆锉或半圆锉除沿着圆弧母线前推锉削外，同时还要绕圆弧中心和锉刀自身轴线旋转，见图 7－36，三个运动正确组合才能锉出所需表面。

图 7－36　内曲面的锉削

4）锉削工艺的发展

锉削是手动操作，劳动强度大，生产效率低，加工质量随机性大，操作技术要求高。随着科技的进步，已有条件创制一些新的工艺，既能达到锉削的加工质量，又能克服其原有缺点。如机械化的锉削装置已用于平面的粗锉，砂带磨削也获得了广泛的使用。图 7－37 所示为砂带结构，图 7－38 为砂带传动系统。其原理不同于砂轮磨削，砂轮是刚性工具，而砂带和锉刀一样是弹性刀具。切削过程也与锉削一样是在加工面上滑擦、犁沟和使切屑脱落。砂带上的磨粒尺寸均匀、等高性好、容屑空间大、切屑刃锋利，起着多刃微切削作用。

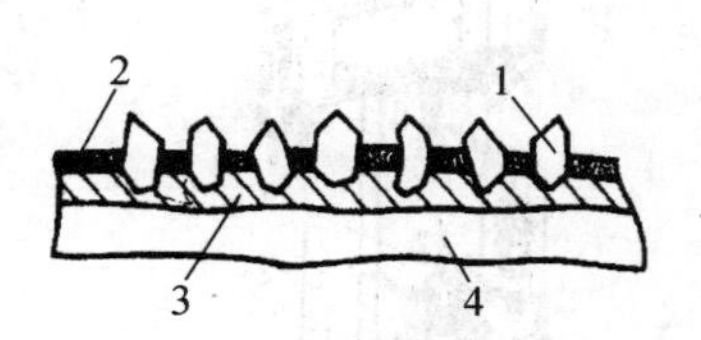

图 7-37　砂带结构

1—砂粒；2—表层结合剂

3—底层结合剂；4—基体

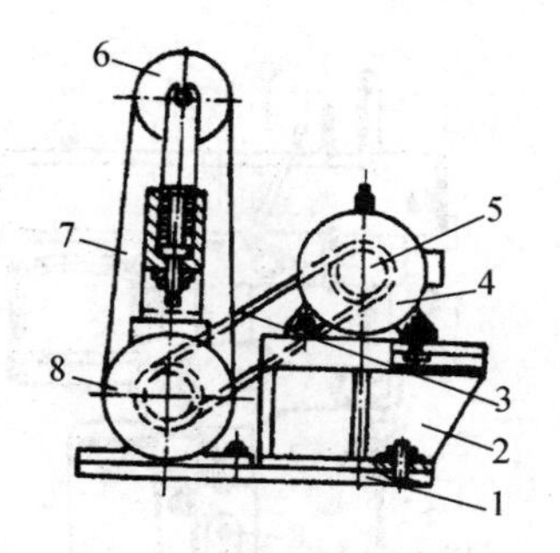

图 7-38　砂带传动系统

1—底板；2—机座；3—皮带；4—电动机；

5—带轮；6—张紧轮；7—砂带；8—传动轮

由于砂带薄而长，易散热，工件在加工过程中如锉削一样处在室温状态，故可不用冷却液。它不受工件材料限制，可以加工各种特形面。其加工表面粗糙度与锉削相当，劳动生产率远远高于锉削。

7.3.4　钻孔、扩孔、铰孔和锪孔

各种零件上的孔加工，除一部分由车、镗、铣等机床完成外，很大一部分是由钳工利用各种钻床和工具来完成的。钳工加工孔的方法一般指的是钻孔、扩孔、铰孔和锪孔。

1）钻孔

用钻头在实体材料上加工出孔称为钻孔。在钻床上钻孔时，一般工件是固定不动的。钻头装夹在钻床主轴上作旋转运动称为主运动，同时钻头沿轴线方向移动称为进给运动。

钻削时背吃刀量 a_p 的数值等于钻头的半径，即 $a_p=D/2$，D 为钻头直径。

由于钻头刚性较差，加之钻孔时钻头是在半封闭状态下工作的，钻头工作部分大都处在已加工表面的包围之中。因此，钻削排屑较困难，切削热不易传散，钻头容易引偏（加工时由于钻头弯曲而引起的孔径扩大，孔不圆或孔的轴线歪斜等），导致加工精度低，一般尺寸公差在 IT10 以下，表面粗糙度 R_a 值大于 12.5 μm。

(1) 钻床

主要用钻头在工件上加工孔的机床称为钻床。钻床有台式钻床、立式钻床、摇臂钻床及其他钻床等。

① 台式钻床：简称台钻，如图 7-39 所示，是一种放在工作台上使用的钻床，主轴由手动进给，质量轻，移动方便，转速高，适于加工小型工件上直径小于 13 mm 的孔。

② 立式钻床：简称立钻，如图 7-40 所示。结构上比台式钻床多了变速箱和进给箱，因此主轴的转速和走刀量变化范围较大，而且可以自动进刀。此外，立钻刚性好，功率大，允许采用较大的切削用量，生产率较高，加工精度也较高，适于用不同的刀具进行钻孔、扩孔、铰孔、锪孔、攻螺纹等多种加工。由于立钻的主轴对于工作台的位置是固定的，加工时需要移动工件，对大型或多孔工件的加工十分不便，因此立钻适合于在单件小批量生产中加工中、小工件。

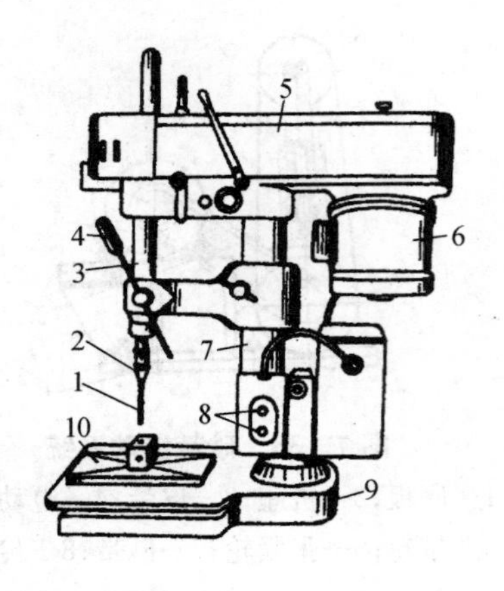

图 7-39　台式钻床

1—钻头；2—钻头夹；3—主轴；4—进给手柄；
5—主轴箱；6—电动机；7—立柱；
8—开关按钮；9—底座；10—工作台

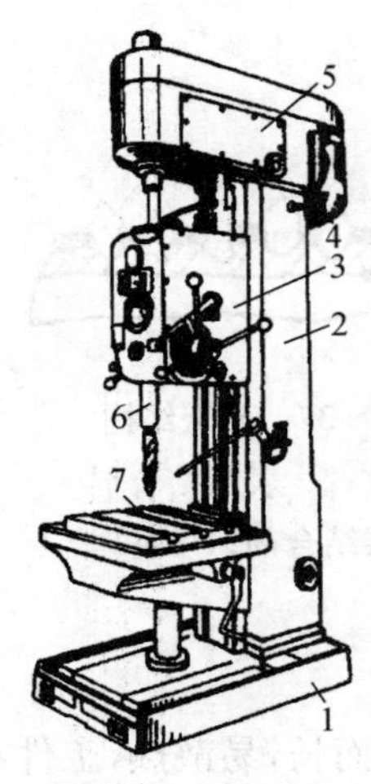

图 7-40　立式钻床

1—底座；2—立柱；3—进给箱；4—电动机；
5—主轴箱；6—主轴；7—工作台

③ 摇臂钻床：结构如图 7-41 所示。它有一个能绕立柱旋转的摇臂，摇臂带动主轴箱可沿立柱垂直移动。主轴箱还能在摇臂上横向移动。这样就能方便地调整刀具位置，以对准被加工孔的中心。此外，主轴转速范围和走刀量范围很大，因此适用于笨重的大型、复杂工件及多孔工件的加工。

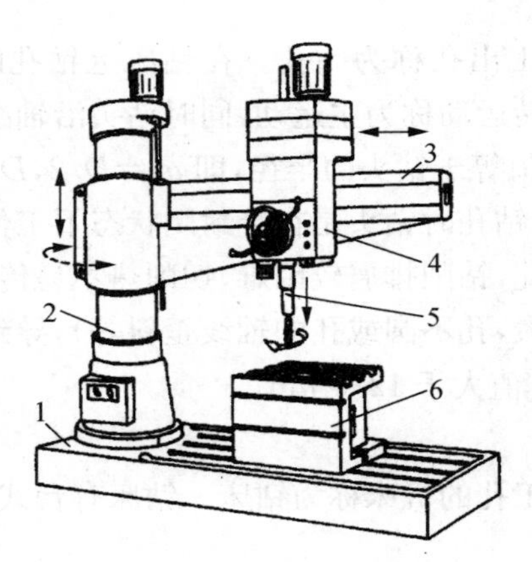

图 7-41　摇臂钻床

1—底座；2—立柱；3—摇臂；4—主轴箱；5—主轴；6—工作台

④ 其他钻床：其他钻床中用得较多的有深孔钻床和数控钻床等。

深孔钻床用于钻削深度与直径比大于 5 的孔。它类似于卧式车床，主轴水平装置。由于工件较长，为便于装夹及加工，减少孔中心的偏斜，以工件旋转为主运动，钻头作轴向移动。这种钻床常用来加工枪管孔、炮筒孔及机床主轴孔等。

数控钻床把普通钻床由人工控制的各个部件的运动指令用数控语言编成加工程序存放在控制介质上，通过数控系统对机床加工过程进行自动控制，以完成工件上复杂孔系的加工。如电子仪表行业的印刷电路板的孔采用数控钻床加工，其加工精度和效率大大提高。

(2) 钻头

用于钻削加工的一类刀具称为钻头。主要有麻花钻、中心钻、扁钻及深孔钻等，其中应用最广泛的是麻花钻。

① 麻花钻：麻花钻由刀柄、颈部和刀体组成，如图 7-42(a)。刀柄用来夹持和传递钻头动力。它有直柄和锥柄两种。当扭矩较大时直柄易打滑，因而直柄只适用于直径 12 mm 以下的小钻头；而锥柄定心准确，不易打滑，适用于直径大于 12 mm 的钻头。颈部是刀体与刀柄的连接部分，加工钻头时当退刀槽用，并在其上刻有钻头的直径、材料等标记。刀体包括切削部分和导向部分。导向部分有两条对称的螺旋槽，槽面为钻头的前面，螺旋槽外缘为窄而凸出的第一副后面(刃带)，第一副后面上的副切削刃起修光孔壁和导向作用。钻头的直径从切削部分向刀柄方向略带倒锥度，以减少第一副后面与孔壁的摩擦。切削部分由两个前面、两个后面及两条主切削刃与连接两条主切削刃的横刃和两条副切削刃组成。两条主切削刃的夹角称为顶角(2φ)，通常为 116°～118°，见图 7-42(b)。

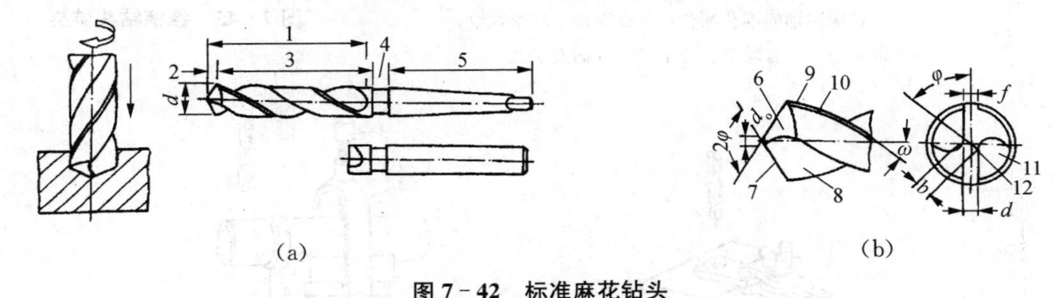

图 7-42　标准麻花钻头

1—工作部分；2—切削部分；3—导向部分；4—钻颈；5—柄部；6—后刀面；7—主切削刃；8—前刀面；9—棱边；10—刃带；11—刃沟(螺旋槽)；12—横刃

② 群钻：群钻是为了提高生产率和延长钻头的寿命，通过改变麻花钻头切削部分的形状、角度来克服它在结构上的某些缺点的新钻型。它是群众智慧的结晶，故称之为群钻。

图 7-43 是加工钢材用的群钻，对麻花钻头作了以下改进：

a. 在靠近横刃处磨出月牙槽，形成凹圆弧刃 R，可增大圆弧刃处各点的前角，克服横刃附近主切削刃上前角太小的缺点。

b. 修磨横刃，把横刃长度减少到原来的 1/5～1/7，可克服横刃过长带来的不利影响。

c. 单边磨出分屑槽，把切屑分成几段，有利于排屑和注入切削液，减小切削力和孔的表面粗糙度。

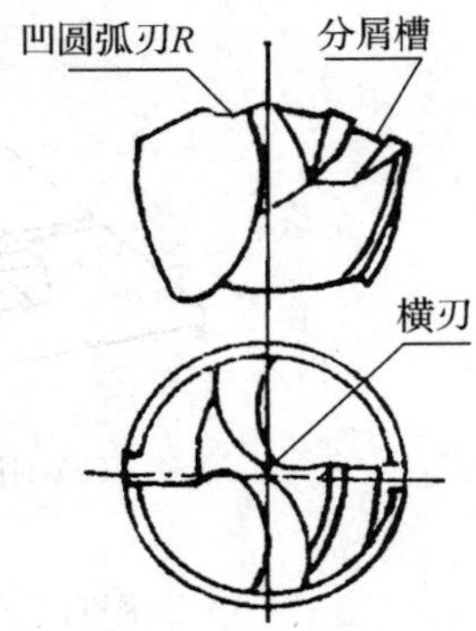

凹圆弧刃R　分屑槽　横刃

图 7-43　加工钢材用群钻

(3) 钻孔的方法

① 钻头的装夹。直柄钻头的直径小，切削时扭矩较小，可用钻夹头(图 7-44)装夹，夹头用紧固扳手拧紧，钻夹头再和钻床主轴配合，由主轴带动钻头旋转。这种方法简便，但夹紧力小，容易产生跳动。

锥柄钻头可直接或通过钻套(或称过渡套)将钻头和钻床主轴锥孔配合，如图 7-45 所示。这种方法配合牢靠，同轴度高。锥柄末端的扁尾用以增加传递的力量，避免刀柄打滑，并便于卸下钻头。再换钻头要停车。

② 工件的装夹。为保证工件的加工质量和操作的安全，钻削时工件必须牢固地装夹在夹具或工作台上，常用的装夹方法如图 7－46 所示。

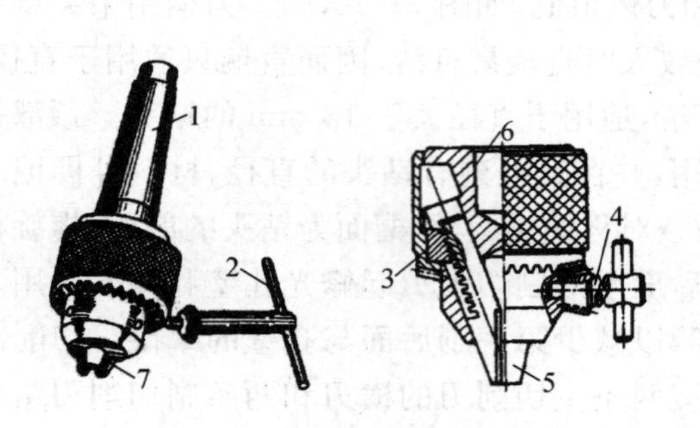

图 7－44　钻夹头及其应用

1—与钻床主轴的锥孔配合；2—扳手；3—环形螺纹；4—扳手；5、7—自动定心夹爪；6—锥柄安装孔

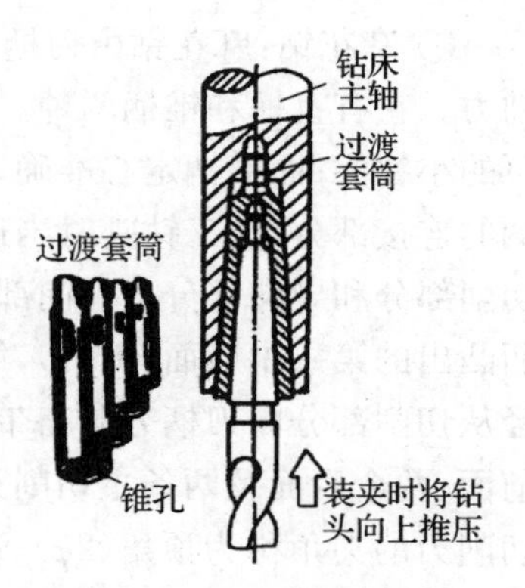

图 7－45　锥柄钻头装夹

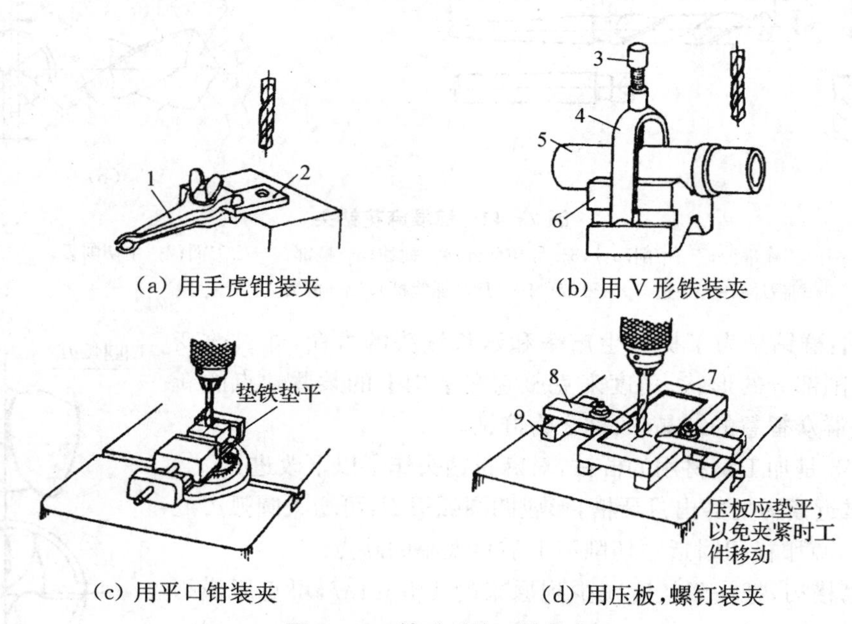

(a) 用手虎钳装夹　(b) 用 V 形铁装夹

(c) 用平口钳装夹　(d) 用压板，螺钉装夹

图 7－46　钻孔时的工件装夹

1—手虎钳；2—工件；3—压紧螺钉；4—弓架；5—工件；6—V 形铁；7—工件；8—压板；9—垫铁

③ 钻孔操作方法。工件上的孔径圆及检查圆均需打上样冲眼作为加工界线，中心眼应打大些，如图 7－47 所示。钻孔时先用钻头在孔的中心锪一小窝（约占孔径 1/4），检查小窝与所划圆是否同心。如稍有偏离，可用样冲将中心冲大矫正或移动工件矫正。如偏离较多，可用窄錾在偏斜相反方向凿几条槽再钻，便可以逐渐将偏斜部分校正过来，如图 7－48 所示。

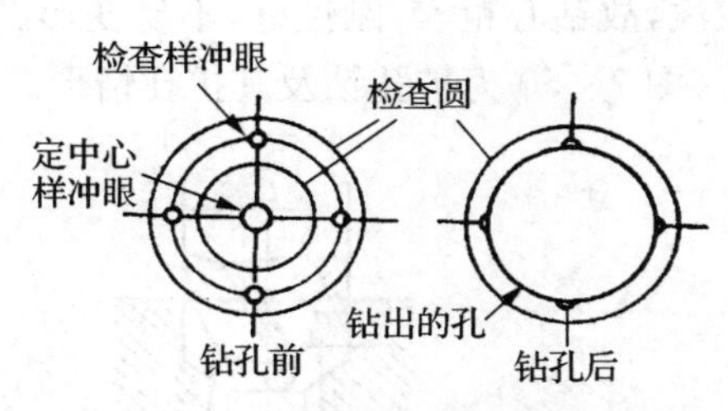

图 7-47 钻孔前后的划线及样冲眼

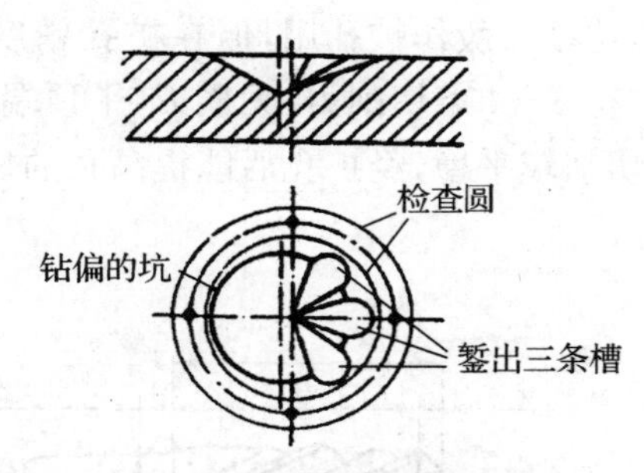

图 7-48 钻偏时錾槽校正

钻通孔。工件下面应放垫铁，或把钻头对准工作台空槽。在孔将被钻透时，进给量要小，变自动进给为手动进给，避免钻头在钻穿的瞬间抖动，出现“啃刀”现象，从而影响加工质量，损坏钻头，甚至发生事故。

钻盲孔。要注意掌握钻孔深度。控制钻孔深度的方法有：调整好钻床上深度标尺挡块，安置控制长度量具或用划线做记号。

钻深孔。钻深孔时要经常退出钻头及时排屑和冷却，否则易造成切屑堵塞或使钻头切削部分过热磨损、折断。

钻大孔。直径 D 超过 30 mm 的孔应分两次钻。第一次用$(0.5\sim0.7)D$ 的钻头先钻，再用所需直径的钻头将孔扩大。这样，既利于钻头负荷分担，也有利于提高钻孔质量。

斜面钻孔。在圆柱和倾斜表面钻孔时最大的困难是“偏切削”，切削刃上的径向抗力使钻头轴线偏斜，不但无法保证孔的位置，而且容易折断钻头。对此一般采取如图 7-49(a)所示的平顶钻头，由钻心部分先切入工件，而后逐渐钻进。图 7-49(b)为一种多级平顶钻头。

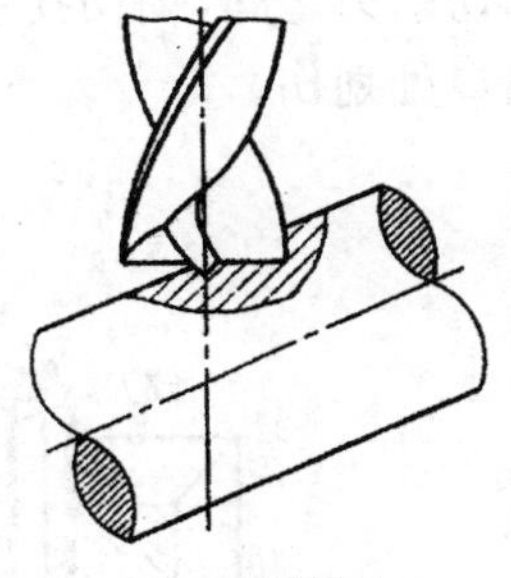

(a) 平顶钻头

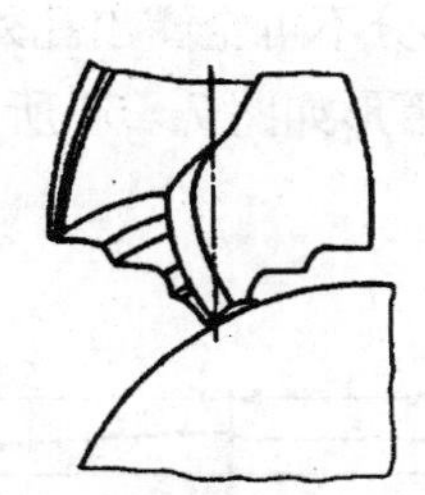

(b) 多级平顶钻头

图 7-49 在斜面上钻孔

钻削钢件时，为降低表面粗糙度多使用机油作冷却润滑油；为提高生产率则多使用乳化液。钻削铝件时，多用乳化液、煤油作切削液。钻削铸铁件时，用煤油作切削液。

2) 扩孔、铰孔和锪孔

(1) 扩孔

对已有孔进行扩大孔径的加工方法称为扩孔。它可以校正孔的轴线偏差，并使其获得较正确的几何形状，加工尺寸精度一般为 IT10～IT9，表面粗糙度 R_a 值为 3.2～6.3 μm。扩孔可作为要求不高的孔的最终加工，也可以作为精加工前的预加工。扩孔加工余量为 0.5～4 mm。

麻花钻一般作扩孔用，但在扩孔精度要求较高或生产批量较大时，应采用专用的扩孔钻。它有 3～4 条切削刃，无横刃，平顶端螺旋槽较浅，故钻心粗实，刚性好，不易变形。导向性好，切削较平稳，经扩孔后能提高孔的加工质量。图 7－50 为扩孔钻及其扩孔情形。

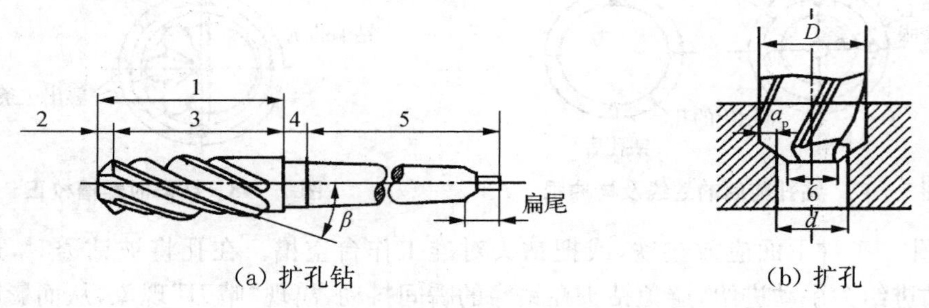

(a) 扩孔钻　　(b) 扩孔

图 7－50　扩孔钻及扩孔

1—刀体；2—切削部分；3—导向部分；4—颈部；5—柄部；6—心部

(2) 铰孔

铰孔是用铰刀对孔进行精加工的操作。其加工尺寸精度为 IT7～IT6，表面粗糙度 R_a 值为 0.8 μm，加工余量很小，一般粗铰 0.15～0.5 mm，精铰 0.05～0.25 mm。

铰刀是用于铰削加工的刀具。它有手用铰刀（直柄，刀体较长）和机用铰刀（多为锥柄，刀体较短）之分。铰刀比扩孔钻切削刃多（6～12 个），且切削刃前角 $\gamma_0=0°$，并有较长的修光部分，因此加工精度高，表面粗糙度值低。

铰刀多为偶数刀刃，并成对地位于通过直径的平面内，便于测量直径的尺寸。

手铰切削速度低，不会受到切削热和振动的影响，故是对孔进行精加工的一种方法。

铰孔时铰刀不能倒转，否则，切屑会卡在孔壁和切削刃之间，划伤孔壁或使切削刃崩裂。铰通孔时，铰刀修光部分不可全露出孔外，以免把出口处划伤。

铰刀及其铰孔的情形如图 7－51 所示。

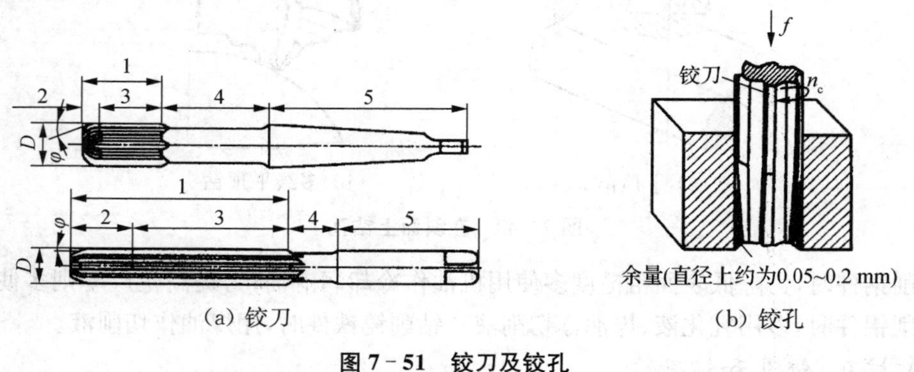

(a) 铰刀　　(b) 铰孔

图 7－51　铰刀及铰孔

1—刀体；2—切削部分；3—修光部分；4—颈部；5—柄部

(3) 锪孔

用锪钻进行孔口形面的加工称为锪孔。在工件的连接孔端锪出柱形或锥形埋头孔，以埋头螺钉埋入孔内把有关的零件连接起来，使外观整齐，装配位置紧凑；将孔口端面锪平并与孔中心线垂直，能使连接螺栓或螺母的端面与连接件接触良好。

锪孔的形式有：

① 锪圆柱形埋头孔，如图 7－52(a)所示。圆柱形埋头孔锪钻的端刃起主要切削作用，周刃为副切削刃起修光作用。为保持原有孔与埋头孔的同轴度，锪钻前端带有导柱，与已有孔相配，起定心作用。

② 锪锥形埋头孔，如图 7－52(b)，锪钻锥顶角多为 90°，并有 6～12 个刀刃。

③ 锪孔端平面，如图 7－52(c)所示，端面锪钻用于锪与孔垂直的孔口端面，也有导柱起定心作用。

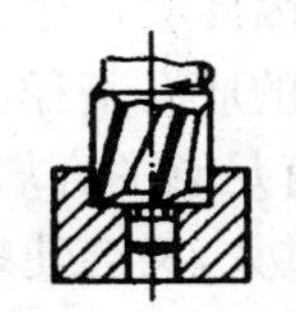

(a) 锪圆柱形埋头孔

(b) 锪锥形埋头孔

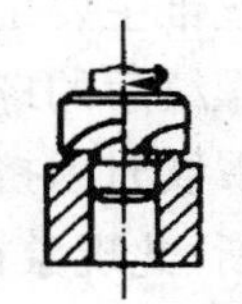

(c) 锪孔端平面

图 7－52　锪孔

锪孔时，切削速度不宜过高，锪钢件时需加润滑油，以免锪削表面产生径向振纹或出现多棱形等质量问题。

7.3.5　攻螺纹与套螺纹

攻螺纹(攻丝)是利用丝锥(又称螺丝攻)加工出内螺纹的操作。套螺纹(套扣)是用板牙在圆杆上加工出外螺纹的操作。

1) 攻螺纹

(1) 丝锥

① 丝锥：丝锥是加工螺纹的工具。手用丝锥是用碳素工具钢 T12A 或合金工具钢 9SiCr 经滚牙(或切牙)、淬火回火制成的。丝锥的结构如图 7－53 所示，工作部分有 3～4 条轴向容屑槽，可容纳切屑，并形成刀刃和前角；切削部分呈圆锥形，切削刃分布在圆锥表面上；校准部分的齿形完整，可校正已切出的螺纹，并起修光和导向作用；柄部末端有方头，以便用铰杠装夹和旋转。

② 铰杠：铰杠是用来夹持丝锥、铰刀的手工旋转工具。图 7－54 为两手握住的铰杠。

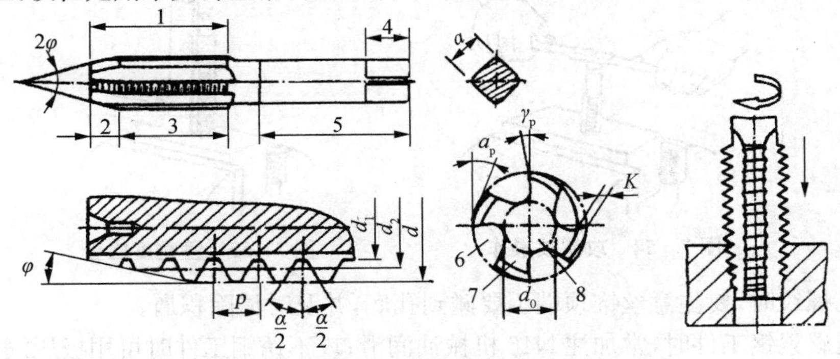

图 7－53　螺丝攻(丝锥)的结构

1—工作部分；2—切削部分；3—校准部分；4—方头；5—柄部；6—槽；7—齿；8—心部

常用的是可调式铰杠，即转动一端手柄，可调节方孔大小，以便夹持各种不同尺寸的丝锥。

丝锥须成组使用，每组 2～3 支丝锥组成的成组丝锥分次切削，依次分担切削量，以减轻每支丝锥单齿切削负荷。M6～M24 的丝锥 2 支一组，小于 M6 和大于 M24 的 3 支一组。小丝锥强度差，易折断，将切削余量分配在三个等径的丝锥上。大丝锥切削的金属量多，应逐步切除，分配在三个不等径的丝锥上。

(2) 螺纹底孔的确定

攻丝时，丝锥主要是切削金属，但也伴随着严重的挤压作用，因此会产生金属凸起并挤向牙尖，使攻螺纹后的螺纹孔内径小于原底孔直径。因此攻螺纹的底孔直径应稍大于螺纹内径，否则攻螺纹时因挤压作用，使螺纹牙顶与丝锥牙底之间没有足够的容屑空间，将丝锥箍住，甚至折断，此现象在攻塑性材料时更为严重。但螺纹底孔过大，又会使螺纹牙型高度不够，降低强度。

底孔直径大小，要根据工件的塑性好坏及钻孔扩张量考虑。

① 加工钢和塑性较好的材料，在中等扩张量的条件下

$$D=d-p$$

式中：D——攻螺纹前，钻螺纹底孔用钻头直径；

d——螺纹直径；

p——螺距。

② 加工铸铁和塑性较差的材料，在较小扩张量条件下

$$D=d-(1.05\sim1.1)p$$

(3) 攻螺纹操作方法

攻丝时，丝锥方头夹于铰杠(铰手)方孔内，先用头攻垂直地进入孔内，两手均匀加压，转动铰杠。当头攻切入 2 圈左右后，用 90°角尺在两个垂直平面内进行检查，如图 7－54 和图 7－55所示，以保证丝锥与工件表面垂直。切削时，每切削半圈至一圈，应倒转 1/4 圈，以断屑。用二攻或三攻切削时，旋入几扣后，只能用铰杠转动，不再加压。

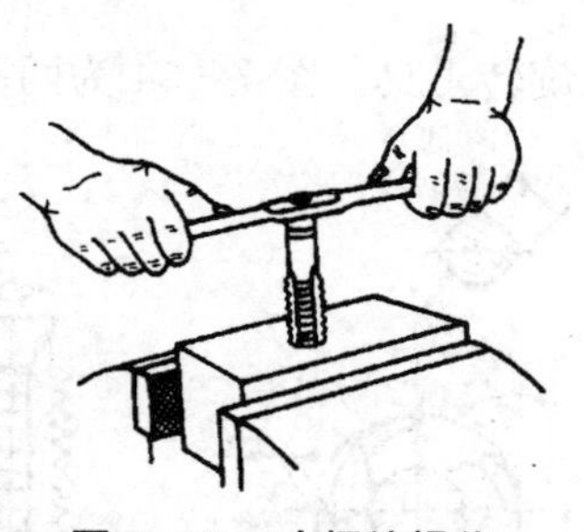

图 7－54 攻螺纹操作

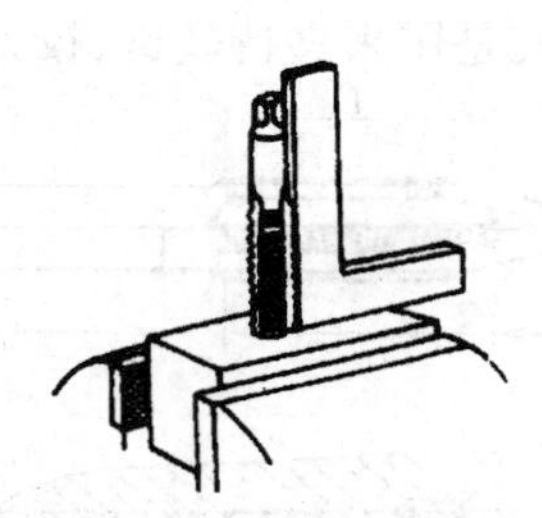

图 7－55 垂直度检查

攻盲孔螺纹时，要注意丝锥顶端不要碰到孔底，并及时清除积屑。

攻普通碳素钢工件时，常加注 N46 机械油润滑；攻不锈钢工件时可用极压润滑油润滑以减少刀具磨损，改善工件加工质量。

攻铸铁工件时，采用手攻可不必加注润滑油，采用机攻可加注煤油，以清洗切屑。

2）套螺纹

（1）板牙和板牙架

① 板牙：加工外螺纹的工具，用合金工具钢 9SiCr、9Mn2V 或高速钢并经淬火回火制成。板牙的构造如图 7-56 所示，由切削部分、校准部分和排屑孔组成。它本身就像一个圆螺母，只是在它上面钻有几个排屑孔，并形成切削刃。

切削部分是板牙两端带有切削锥角（2φ）的部分，起着主要的切削作用。板牙的中间是校准部分，也是套螺纹的导向部分。板牙的外圈有一条深槽和四个锥坑。深槽可微量调节螺纹直径大小；锥坑用来定位和紧固板牙。

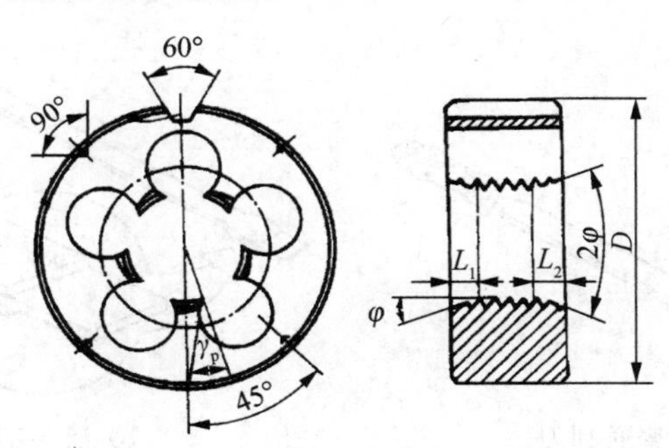

图 7-56　板牙(圆板牙)

② 板牙架：板牙架是用来夹持圆板牙并传递扭矩的工具，如图 7-57 所示。

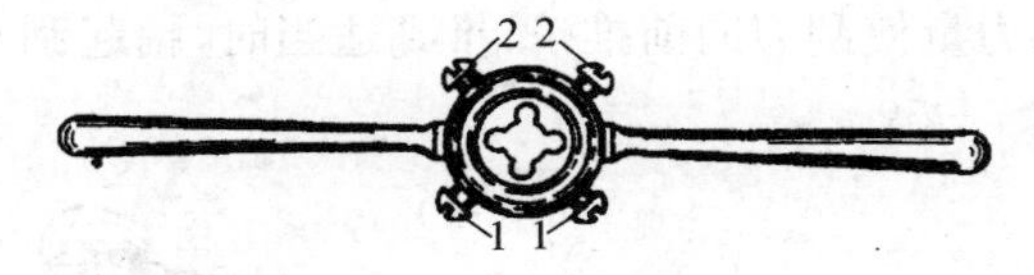

图 7-57　板牙架

1—紧固螺钉；2—调节螺钉

（2）套螺纹前圆杆直径的确定

套螺纹前应检查圆杆直径，太大难以套入；太小则套出的螺纹不完整。圆杆直径可用下面的经验公式计算：

$$圆杆直径 \approx 螺纹外径 - 0.13p(螺距)$$

（3）套螺纹操作方法

套螺纹前的圆杆端部应倒角，使板牙容易对准工件中心，同时也容易切入。工件伸出钳口的长度，在不影响螺纹要求长度的前提下，应尽量短一些。套螺纹过程与攻螺纹相似。

7.3.6　刮削与研磨

1）刮削

用刮刀在工件表面上刮去一层很薄的金属称为刮削。刮削后的表面具有良好的平面度，表面粗糙度 R_a 值可达 1.6 μm 以下，是钳工中的精密加工。零件上的配合滑动表面，如机床导轨、滑动轴承等，为了达到配合精度、增加接触表面、减少摩擦磨损、提高使用寿命，常需刮削加工。

刮削具有切削余量较小、切削力较小、产生热量少及装夹变形小等特点，但也存在劳动强度大、生产率低等缺点。

(1) 刮刀及其用法

① 刮刀。刮刀是用以刮削的主要工具，一般多采用 T10A～T12A 或轴承钢锻制而成。平面刮刀如图 7－58 所示。使用前刮刀端部要在砂轮上刃磨出刃口，然后再用油石磨光。

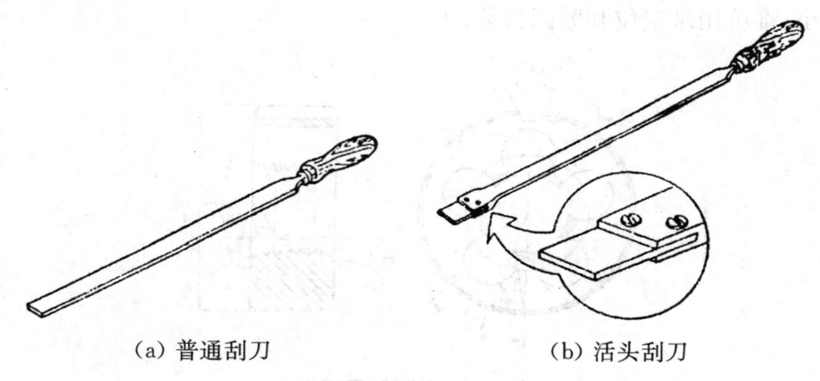

(a) 普通刮刀　　(b) 活头刮刀

图 7－58　平面刮刀

② 刮刀的用法。以刮削平面为例，刮削时将刮刀柄放在小腹右下侧，双手握住刀身，并加压力，利用腿力和臂部力量使刮刀向前推挤，推到适当时，抬起刮刀。刮削的全部动作，可归纳为“压、推、抬”，见图 7－59。

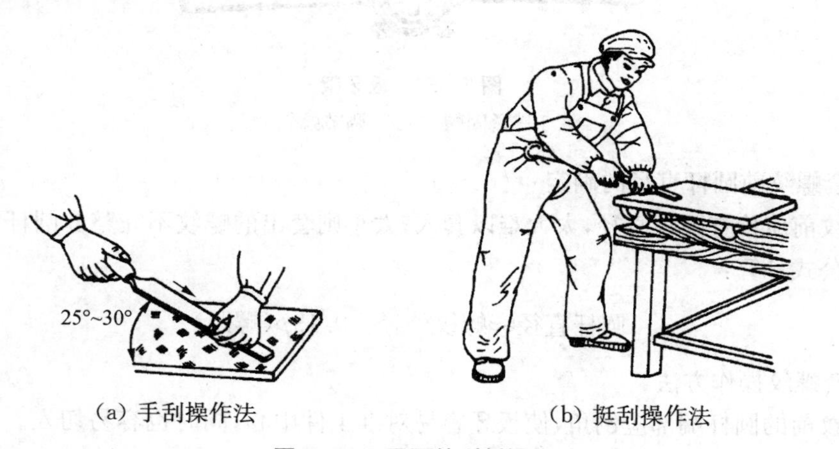

(a) 手刮操作法　　(b) 挺刮操作法

图 7－59　平面的刮削操作

(2) 刮削精度的检验

刮削表面的精度通常是以研点法来检验的，如图 7－60 所示。将工件刮削表面擦净，均匀涂上一层很薄的红丹油(红丹粉加机械油或牛油调和)，然后与校准工具(图 7－61 所示)相配研。工件表面上的凸起点经配研后被磨去红丹油而显出亮点(即贴合点)。刮削表面的精度是以 25 mm×25 mm 的面积内，贴合点的数量与分布的稀疏程度来表示。普通机床导轨面为 8～10 点，精密机床导轨面为 12～15 点。

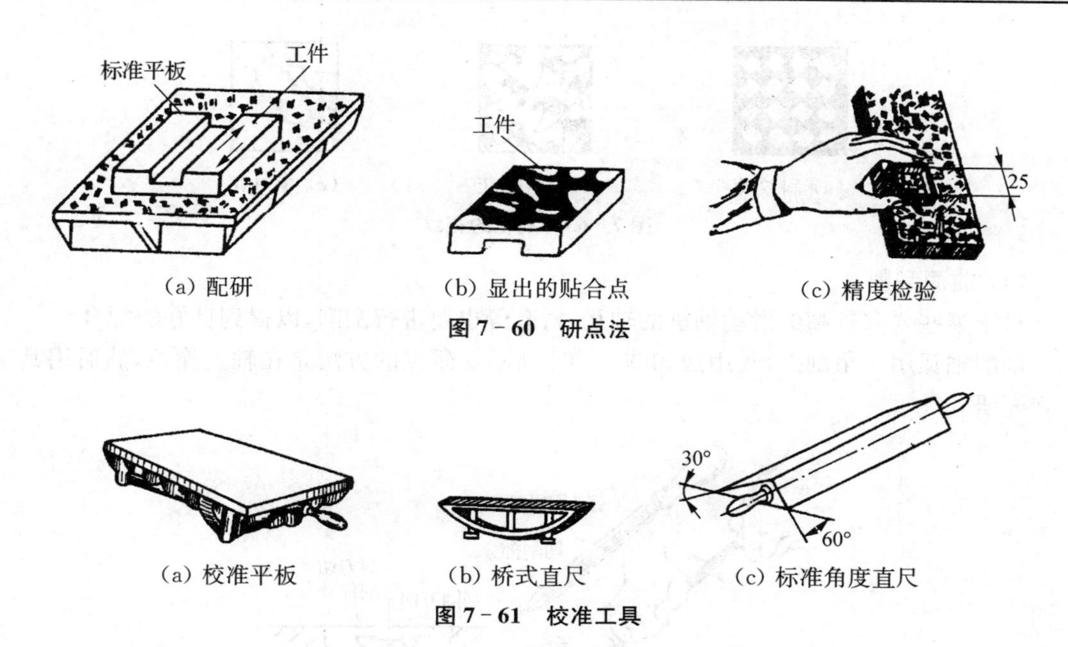

(a) 配研　(b) 显出的贴合点　(c) 精度检验

图 7-60　研点法

(a) 校准平板　(b) 桥式直尺　(c) 标准角度直尺

图 7-61　校准工具

(3) 平面刮削

平面刮削根据不同的加工要求，可按粗刮、细刮、精刮和刮花步骤进行。

① 粗刮。刮削前工件表面上有较深的加工刀痕，严重的锈蚀或刮削余量较多时(0.05 mm以上)应先进行粗刮。粗刮时应使用长柄刮刀且施力较大，刮刀痕迹要连成片，不可重复。粗刮方向要与机械加工刀痕约成 45°，各次刮削方向要交叉，如图 7-62 所示。当粗刮到工件表面上贴合点增至每 25 mm×25 mm 面积内有 4～5 个点时，可以转入细刮。

② 细刮。细刮采用短刮刀，施较小压力，刀痕短，将粗刮后的贴合点刮去。细刮时须按同一方向刮削，刮第二遍时要交叉刮削，以消除原方向的刀迹。否则刀刃容易沿上一次刀迹滑动，出现条状研点，不能迅速达到精度要求。随着研点数目增多，显示剂要涂得薄而均匀，以便显点清晰。在整个刮削面上达到每 25 mm×25 mm 面积内有 12～15 个点时，细刮结束。

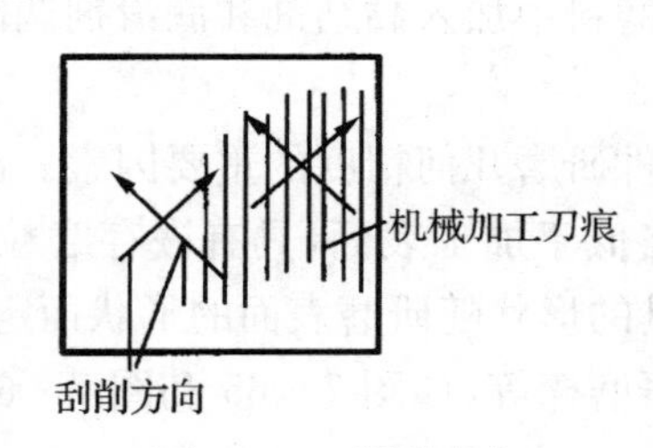

图 7-62　粗刮方向

③ 精刮。精刮时，采用精刮刀对准点子，落刀要轻，提刀要快，每刀一点，不要重刀。经反复配研、刮削，能使被刮平面上每 25 mm×25 mm 面积内有 25 个点以上。

④ 刮花。为了增加刮削表面的美观，保证良好的润滑，并借刀花的消失判断平面的磨损程度，精刮后要刮花。常见的花纹如图 7-63 所示。

(a) 斜纹花

(b) 鱼鳞花

(c) 半月花

图 7 - 63　刮花的花纹

(4) 曲面刮削

对于某些要求较高的滑动轴承的轴瓦、衬套等也要进行刮削，以得到良好的配合。

刮削轴瓦用三角刮刀，其用法如图 7 - 64 所示。研点的方法是在轴上涂色，然后用其与轴瓦配研。

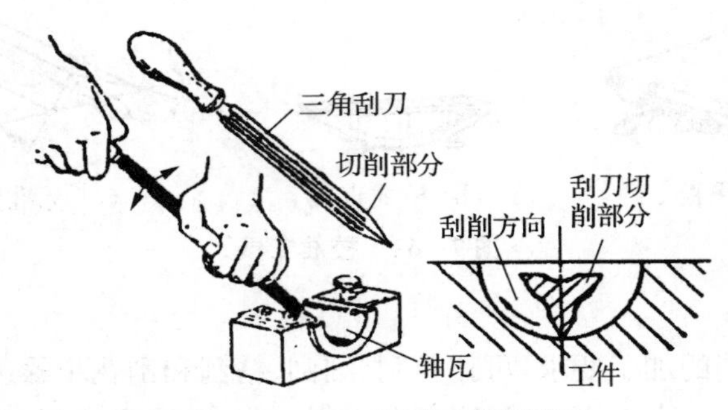

图 7 - 64　用三角刮刀刮削轴瓦

2) 研磨

用研磨工具和研磨剂从工件上磨去一层极薄金属的加工称为研磨。研磨尺寸误差可控制在 0.005～0.001 mm 范围内，表面粗糙度 R_a 值为 0.1～0.08 μm，是精密加工方法之一。

(1) 研磨剂

研磨剂由磨料(常用的有刚玉类和碳化硅类)和研磨液(常用的有机油、煤油等)混合而成。其中磨料起切削作用；研磨液用以调和磨料，并起冷却、润滑和加速研磨过程的作用。

目前，工厂大多用研磨膏(磨料中加入黏结剂和润滑剂调制而成)，使用时用油稀释。

(2) 研磨工具

研磨工具(研具)是保证工件研磨几何精度的重要因素。因此，研具的材料需组织均匀，耐磨性和尺寸稳定性好，硬度略低于加工表面，具有嵌存磨粒的能力。常用的有灰口铸铁，球墨铸铁，低碳钢和铜等。研具的形状随研磨表面的形状而定。

常用的研具有研磨平板、研磨棒等，如图 7 - 65 和图 7 - 66 所示。图 7 - 67 为圆柱形和圆锥形的可调式研具。

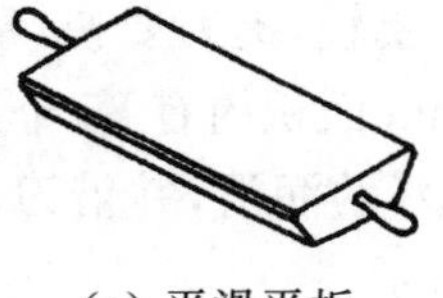
(a) 平滑平板

(b) 有槽平板

图 7 - 65　研具

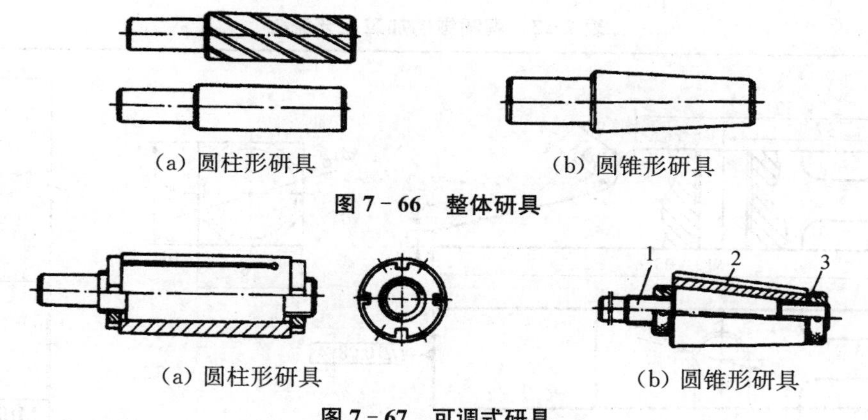

(a) 圆柱形研具　　(b) 圆锥形研具

图 7 - 66　整体研具

(a) 圆柱形研具　　(b) 圆锥形研具

图 7 - 67　可调式研具

1—心轴;2—研套;3—可调螺母

(3) 研磨方法

研磨平面是在研磨平板上进行的,如图 7 - 68(a)所示。研磨时,用手按住工件并加一定压力 F,在平板上按“8”字形轨迹移动或作直线往复运动,并不时地将工件调头或偏转位置,以免研磨平面倾斜。研磨外圆面时,是将工件装在车床顶尖之间,涂以研磨剂,然后套上研磨套进行的,如图 7 - 68(b)所示。研磨时工件转动,用手握住研磨套作往复运动,使表面磨出 45°的交叉网纹。研磨一段时间后,应将工件调头再行研磨。

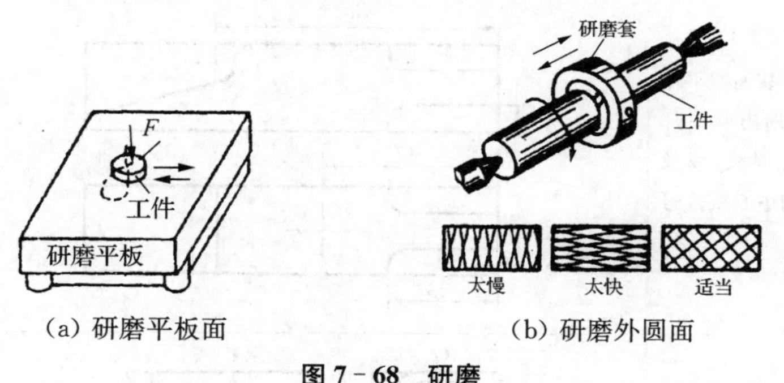

(a) 研磨平板面　　(b) 研磨外圆面

图 7 - 68　研磨

7.3.7　钳工加工案例

利用钳工可以完成多种小锤的加工制作,而鸭嘴锤是目前高校工程训练中最典型的综合实训工件。加工件需要的毛坯件材料为 Q235 或 45 钢。锤头毛坯尺寸:18 mm×18 mm×90 mm,手柄毛坯尺寸:ϕ10 mm×200 mm。

表 7-3　鸭嘴锤的加工工艺流程

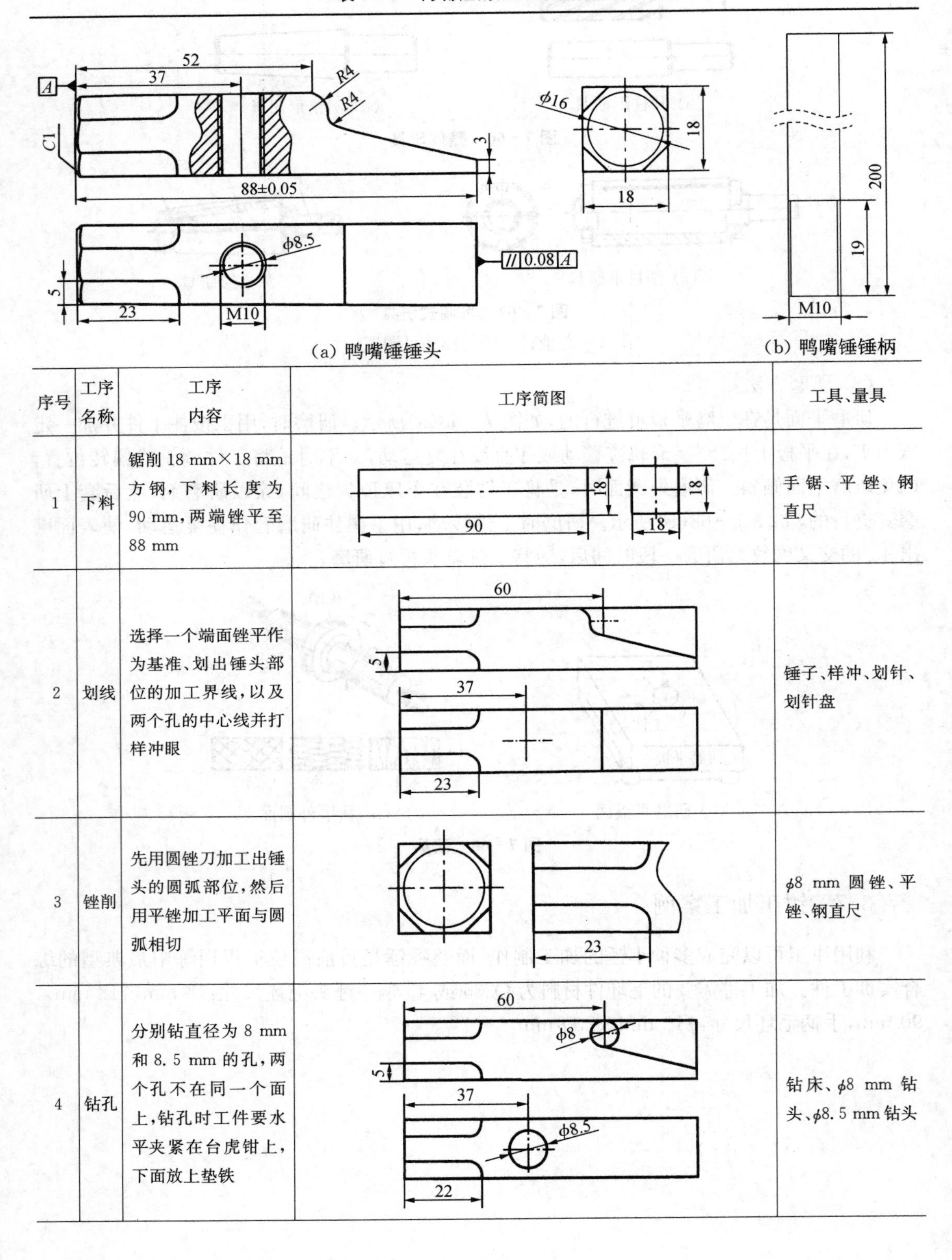

(a) 鸭嘴锤锤头　　(b) 鸭嘴锤锤柄

序号	工序名称	工序内容	工序简图	工具、量具
1	下料	锯削 18 mm×18 mm 方钢，下料长度为 90 mm，两端锉平至 88 mm	18　90　18　18	手锯、平锉、钢直尺
2	划线	选择一个端面锉平作为基准、划出锤头部位的加工界线，以及两个孔的中心线并打样冲眼	60　5　37　23	锤子、样冲、划针、划针盘
3	锉削	先用圆锉刀加工出锤头的圆弧部位，然后用平锉加工平面与圆弧相切	23	ϕ8 mm 圆锉、平锉、钢直尺
4	钻孔	分别钻直径为 8 mm 和 8.5 mm 的孔，两个孔不在同一个面上，钻孔时工件要水平夹紧在台虎钳上，下面放上垫铁	60　ϕ8　5　37　ϕ8.5　22	钻床、ϕ8 mm 钻头、ϕ8.5 mm 钻头

续表

序号	工序名称	工序内容	工序简图	工具、量具
5	划线	划出鸭嘴部位的加工界线，过右端面 3 mm 点划圆的切线，正反两面都要划线	3	划针、钢直尺
6	锯削	锯出斜面并留有一定的锉削余料，锯到孔的位置为止，把上面的余料去掉	60　56　5	手锯
7	锉削	锉削鸭嘴斜面与圆弧相切，保证平面度与 3 mm端面的厚度，锉削外圆弧 $R4$ 与钻孔形成的内圆弧 $R4$ 相切	60　52　5	平锉、钢直尺、划规
8	攻螺纹	把工件水平装夹在台虎钳上，丝锥上加上机油垂直放入孔中，检查丝锥是否垂直工件	ϕ8.5　M10	M10 丝锥、铰杠
9	倒角	锤头部位倒角，四个棱边倒钝	ϕ16　23	平锉
10	锤柄套丝	锤柄端部锉削 45°倒角，并锉削直径至 ϕ9.87 mm，深度 19 mm。板牙套丝 M10×19 mm	M10　19　200	M10 圆板牙，板牙手柄，平锉
11	装配修整	装配锤头与锤柄；并用细平锉修正各平面，圆锉修整各圆弧面，用 120 目砂纸抛光		细平锉、圆锉、砂纸

7.4　装配

任何一台机器都是由多个零件组成的。将零件按装配工艺过程组装起来，并经过调整、试验使之成为合格产品的过程称为装配。

7.4.1　装配工艺过程

1）装配前的准备

研究和熟悉产品装配图及技术要求；了解产品结构及零件作用和相互连接的关系；确定装配方法、程序和所需要的工具；领取零件并对零件进行清理、清洗（去掉零件上的毛刺、锈蚀、切屑、油污及其他脏物），涂防护润滑油；对个别零件进行某些修配工作。

2）装配

装配有组件装配、部件装配和总装配之分。

组件装配：将若干个零件安装在一个基础零件上而构成组件的过程。例如减速箱的轴与齿轮的装配。

部件装配：将若干个零件、组件安装在另一个基础零件上而构成部件（独立机构）的过程。例如车床的主轴箱的装配。

总装配：将若干个零件、组件及部件安装在另一个较大的、较重的基础零件上而构成功能完善的产品的过程。例如车床各部件安装在床身上构成车床的装配。

3）调试及精度检验

产品装配完毕，首先对零件或机构的相互位置、配合间隙、结合松紧进行调整，然后进行全面的精度检验，最后进行试车，检验运转的灵活性、工作时的升温、密封性、转速、功率等各项性能。

4）涂油、装箱

为防止生锈，机器的加工表面应涂防锈油，然后装箱入库。

7.4.2　装配方法

为了使装配产品符合技术要求，对不同精度的零件装配采用不同的装配方法。

1）完全互换法

在同类零件中，任取一件不需经过其他加工，就可以装配成符合规定要求的部件或机器，零件的这种性能称互换性。具有互换性的零件，可以用完全互换法进行装配，如自行车的装配方法。完全互换法操作简单，易于掌握，生产效率高，便于组织流水作业，零件更换方便。但对零件的加工精度要求比较高，一般都需要专用工、夹、模具加以保证，适合大批量生产。

2）选配法（分组装配法）

对那些互换性不好的零件，装配前可按零件的实际尺寸分成若干组，然后将对应的各组配合进行装配，以达到配合要求。例如柱塞泵的柱塞和柱塞孔的配合、车床尾座与套筒的配合。选配法可提高零件的装配精度,而且不增加零件的加工费用。这种方法适用于成批生产中某些精密配合处。

3) 修配法

在装配过程中,修去某配合件上的预留量,以消除其积累误差,使配合零件达到规定的装配精度。例如车床的前后顶尖中心不等高,装配时可将尾座底座精磨或修刮来达到精度要求。修配法可使零件的加工精度降低,从而降低生产成本,但装配难度增加,时间加长,适用于小批量生产或单件生产。

4) 调整法

装配中还经常要调整一个或几个零件的位置,以消除相关零件的积累误差来达到装配要求。例如用楔铁调整机床导轨间隙。调整法装配的零件不需要任何修配加工,同样可以达到较高的装配精度。同时还可以进行定期的再调整,这种方法用于小批量生产或单件生产。

7.4.3 装配工作要点

(1) 装配前应检查零件与装配有关的形状和尺寸精度是否合格,有无变形和损坏等,并注意零件上的标记,防止错装。

(2) 装配的顺序一般应从里到外,自下而上,不影响下道工序的进行。

(3) 装配高速旋转的零件(或部件)要进行平衡试验,以防止高速旋转后的离心作用而产生振动。旋转的机构外面不得有凸出的螺钉或销钉头等。

(4) 固定连接的零部件,不允许有间隙,活动的零件能在正常间隙下灵活均匀地按规定方向运动。

(5) 各类运动部件的接触表面,必须保证有足够的润滑。各种管道和密封部件装配后不得有渗油、漏气现象。

(6) 试车前,应检查各部件连接的可靠性和运动的灵活性。试车时应从低速到高速逐步进行,根据试车的情况逐步调整,使其达到正常的运动要求。

7.4.4 装配新工艺

1) 装配自动化

为提高效率,减轻劳动强度,装配可以实现自动化。装配自动化的主要内容一般包括:给料自动化,传送自动化,装入、连接自动化,检测自动化等。

适应自动化装配的基本条件是要有一定的生产批量。产品和零部件结构须具有良好的装配工艺性,即:装配零件能互换;零件易实现自动定向;便于零件的抓取、装夹和自动传输调节并可使装配夹具简单;便于选择工艺基准面,保证装配定位精度可靠;结构简单并容易组合。

装配自动化的主体是装配线和装配机。根据产品对象不同,装配线有:带式装配线、板式装配线、辊道装配线、车式装配线、步伐式装配线、拨杆式装配线、推式悬链装配线和气垫装配线等类型;装配机的类型也有:单工位装配机、回转式自动装配机、直进式自动装配机和环行式自动装配机等。常见的直进式装配机和回转式装配机如图 7-69 所示。

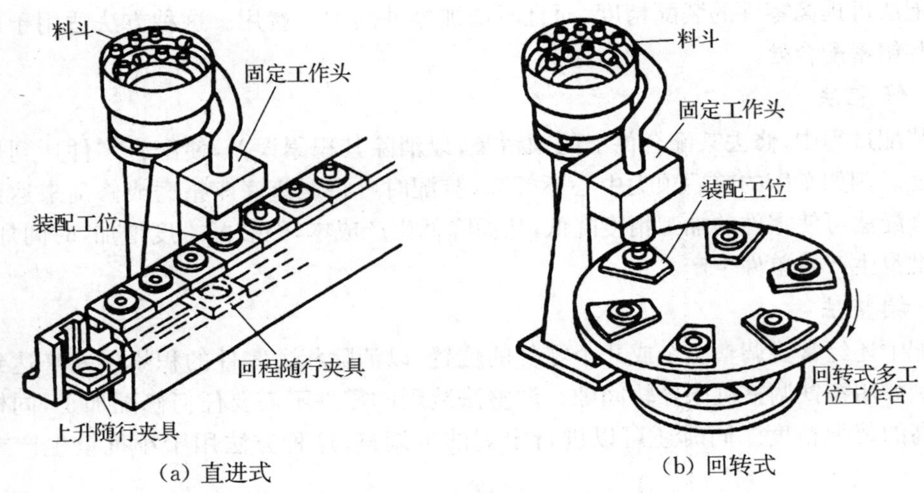

图 7-69 两种常见装配机

2) 柔性装配系统

自动装配按节拍特性,装配线(机)可以分为刚性装配和柔性装配。刚性装配是按一定的产品类型设计的,适合于大批量生产,能实现高速装配,节拍稳定,生产率趋于恒定,但缺乏灵活性。

所谓柔性装配就是可编程序的装配,既有工人装配的灵活性,也有刚性装配的高速和准确性,通用性、灵活性较好,适合于多品种中小批生产,能适应产品设计的变化。

柔性装配系统,是按照成组的装配对象,确定工艺过程,选择若干相适应的装配单元和物料储运系统,由计算机或其网络统一控制,能实现装配对象变换的自动化。它能用于自动化和无人化的生产。

柔性装配系统的主要工艺设备用的是模块化结构的可调装配机、可编程的通用装配机装配中心以及装配机器人和机械手。

7.5 先进制造技术与钳工工艺

科技在进步,出现了很多先进的制造技术,改变了机械制造业,机械制造开始从传统的技艺型转为智能、绿色、集成化。现在发展出了很多新的设备、工艺和材料等,在一定程度上推动了钳工工艺的不断发展,而且也逐步细化了分工,钳工工艺朝向先进性和精密性的方向发展。现代先进的设备具有非常高的精密度,所以也对钳工提出了更高的要求,钳工必须要具备更高的水准,才能更好地满足维修的需要。在切割一些大型的零件时,可以使用机床来进行,在完成微电系统中的系统零件时,在一些常规的方法之外,除了可以使用铣削和微细车削以外,还可以使用微细钻削和微细锉削。微细加工的发展,推动了微细工厂的产生。

未来钳工发展的方向包括精密模具钳工技术,针对精密设备的现代维修钳工技术,针对精密设备的装配钳工技术。这对钳工技术人员提出了更高的要求,在掌握传统钳工技术的同时,还必须掌握现代先进加工技术知识和先进设备、工具的使用技巧。例如先进的生产流水线设备需要先进的装配钳工技术来完成流水线安装。高精密机械手出现故障需要现代维修钳工技术来完成设备的维修。

随着电子信息等高新技术的不断发展，随着市场需求个性化与多样化，未来先进制造技术发展的总趋势是向精密化、柔性化、网络化、虚拟化、智能化、清洁化、集成化、全球化的方向发展，钳工技术也逐步融入先进制造技术中，更好地为自动化服务，也使传统钳工与先进制造技术融合，形成与时俱进的现代钳工技术。

思考题

1. 为什么划线能使某些加工余量不均匀的毛坯免于报废？
2. 能不能依靠划线直接确定加工的最后尺寸？为什么？
3. 当锯条折断后，换上新锯条，能不能在原锯缝中继续锯削？为什么？
4. 怎样锯削薄壁管件？为什么要这样锯？
5. 为什么钻头在斜面上不好钻孔？可采用哪些办法来解决？试做一实验加以验证。
6. 为什么直径大于 30 mm 的孔多采用先钻小孔后扩成大孔的办法，而不用大钻头一次钻孔？
7. 试分析车床钻孔和钻床钻孔的切削运动、钻削特点和应用上的差别。
8. 攻不通孔螺纹时，为什么丝锥不能攻到底？怎样确定孔的深度？
9. 攻通孔与不通孔螺纹时是否都要用头锥、二锥？为什么？如何区别丝锥的头锥、二锥？
10. 对不同精度的零件装配，常采用哪些装配方法？

本章参考文献

[1] 童幸生. 项目导入式的工程训练[M]. 北京：机械工业出版社，2019.
[2] 闵宇锋. 先进制造技术中的钳工工艺分析[J]. 科技创新导报，2018，15(30)：38－39.
[3] 杨羽. 钳工技术的现状与发展改良思路研究[J]. 现代制造技术与装备，2016(10)：83－84.

第八章　数控加工

8.1　知识点和安全要求

8.1.1　知识点

（1）了解数控机床的概念、基本工作原理、加工特点、应用范围、数控机床分类及发展方向；

（2）熟悉数控机床编程方法和基本的编程指令，能够根据图样编写程序；

（3）了解数控机床的基本结构、程序输入方法，基本能安全操作；

（4）熟悉数控机床系统面板、机床面板关键的功能，能够运用输入程序、编辑程序，并能安全模拟运行；

（5）了解数控机床的安全操作规范及机床、工装、刀具、量具基本保养；

（6）能够正确装夹毛坯材料、找正，能正确地对刀、设定工件坐标系，能安全地加工出零件并能检测零件质量。

8.1.2　安全要求

（1）按实习要求着装，严禁两人同时操作同一台数控机床；

（2）控制面板上的各种功能键按钮一定要辨别清楚并确认无误后，才能按规定要求进行操作；

（3）一定要在停机的情况下装卸工件、测量，量具、扳手等一定要放在规定的安全处；

（4）数控机床在运行时若发现异常情况，应立即按复位键或按下红色急停按钮，故障排除后，方可重新操作；

（5）数控机床运行时，应关好防护罩，以避免出现人身事故。

8.2　数控技术概述

随着社会经济的飞速发展，传统的加工制造业已不能满足人们对产品高精度、高质量、多样化等的需求，这种需求推动传统制造业发生根本性的变革。其中，以数控技术为主的现代制造业占据了重要地位，数控技术集微电子、计算机、信息处理、自动检测等高新科技于一体，是制造业实现自动化、柔性化及智能化的重要基础。

1）*数控机床的加工原理*

数控加工技术始于20世纪40年代，航天航空技术的发展对飞行器零件的加工提出了更高要求，由于大多数飞行器的零件形状复杂且材料多为难加工的合金，传统加工方法已难以保证精度。为此，美国帕森斯公司和麻省理工学院（MIT）伺服机构研究所合作，于1952

年研制成功世界上第一台数控机床，揭开了数控加工技术的发展序幕。

数控加工是将零件加工过程中所需的各种操作、步骤和要求等转化成数控加工程序，并通过介质(如穿孔纸带、磁盘等)输入计算机，由计算机对输入信息进行处理和运算，发出相应指令来控制机床进行自动运行的一种自动化加工方法。当加工零件改变时，只需调整工件的装夹、更换刀具并更换加工程序，即可实现另一个零件的加工，无需对机床进行调整。

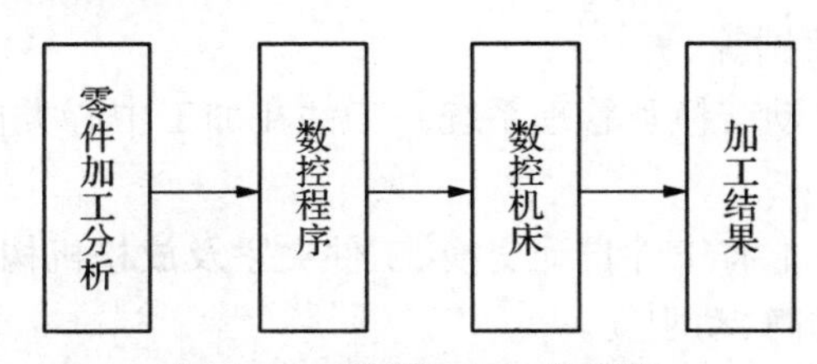

图 8-1 数控加工工作原理

2) 数控机床的组成

数控机床一般由输入/输出设备、计算机数控装置(CNC 装置)、伺服系统、机床本体这四部分组成。

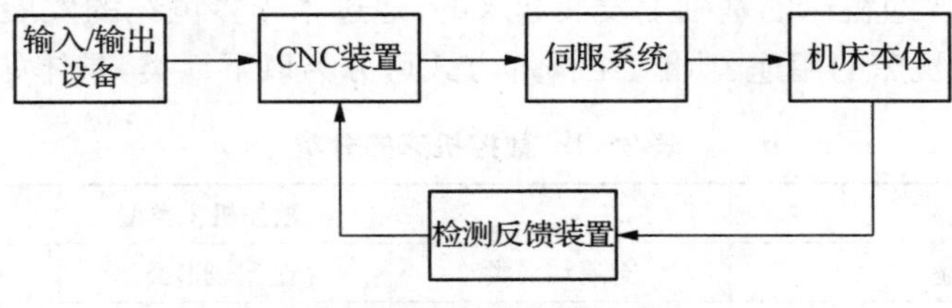

图 8-2 数控机床组成

(1) 输入/输出设备

输入/输出设备是连接机床与外部设备之间的桥梁。数控机床对待加工零件的形状、尺寸、预达到的精度等进行分析，确定加工工艺并编制加工程序，程序通过输入设备输送给机床数控系统进行实际加工，数控机床内的程序亦可以通过输出设备输出。常用的输入/输出设备有 CRT，RS-232C 串行通信口，MDI 方式等。

(2) CNC 装置

CNC 装置是数控机床的核心。CNC 装置通过控制软件和逻辑电路，对输入的程序进行编译、运算和逻辑处理后，将各种指令信息传递给伺服系统，使设备按规定要求运作。现在的 CNC 装置一般由一台通用或专用微型计算机构成。

(3) 伺服系统

伺服系统是数控机床的执行部分，由伺服驱动电路和伺服驱动装置组成。其作用是把来自 CNC 装置的脉冲信号转换成机床的实际运动，使机床移动部件按要求控制进给速度、方向和位移，伺服驱动系统有开环、半闭环和闭环之分。在闭环和半闭环伺服驱动系统中，一般装有位置检测装置对执行部件的实际进给位移进行测量，与指令位移进行比较，按闭环原理调整以减小误差。伺服驱动装置一般有步进电机、直流伺服电机和交流伺服电机。

(4) 机床本体

机床本体是指数控机床的机械结构实体，由机床大件(如床身、立柱等)和各运动部件

(如主运动部件、工作台、刀架等)组成,并辅之以冷却、润滑、转位部件(如夹紧、换刀机械手等)。为满足数控技术的要求和充分发挥数控机床的特点,数控机床在整体布局、外观造型、传动装置、工具系统等方面较普通机床有很大改变。归纳起来有以下几方面:

① 采用高性能主传动及主轴部件。具有传输功率大、刚度高、抗震性好及热变形小等优点。

② 进给运动采用高效传动件。具有传动链短、结构简单、传动精度高等优点,一般采用滚珠丝杠副、直线滚动导轨副等。

③ 有较完善的刀具自动交换和管理系统。工件在加工中心类机床上装夹后,能一次加工完成多道工序。

④ 在加工中心类机床上有工件自动交换、工件夹紧及放松机构。

⑤ 机床本身有很高的静、动刚度。

⑥ 采用全封闭罩壳。由于数控机床是自动完成加工的,为了操作安全,一般采用有滑动门结构的全封闭罩壳,对机床的加工部件进行全封闭。

3) 数控机床的分类和发展趋势

(1) 数控机床的分类

数控机床是从普通机床的基础上发展起来的,通过半个多世纪的发展,其品种规格已达500多种,根据数控机床的用途、功能、结构等方式可分为以下5类,具体如表8-1。

表8-1　数控机床的分类

分类方法	数控机床类型		
按工艺用途	金属切屑类	金属成形类	特种加工类
按联动轴数	两轴	三轴	多轴
按机床运动控制方式	点位控制	直线控制	轮廓控制
按伺服控制方式	开环控制	半闭环控制	闭环控制
按数控系统功能	低档型	中档型	高档型

(2) 数控机床的发展趋势

随着《中国制造 2025》深入实施,制造业重点领域智能化水平显著提升,机械产品的形状和结构不断改进,加工质量越来越高,对用数控技术实施控制的机床提出了更高要求。机床的未来发展趋势中,智能化是其重要的趋势之一,集中表现在机床及其控制系统应具有感知、互联、学习、决策和自适应的能力。必须加快高档数控系统、伺服电机、轴承、光栅等主要功能部件及关键应用软件研发,把高精度、高速、高柔性、高可靠性、集成复合化、智能网络化作为未来数控机床的发展趋势。

随着工业的快速发展,无论是在机械制造领域、汽车工业领域、航空航天领域,还是在智能机器人自动化生产领域,数控技术都有着出色表现,比如在汽车制造过程中,智能机器人与数控技术有机结合,高档数控机床制造企业紧跟汽车产业发展形势,在汽车零配件加工领域研发不同的数控机床,实现了零部件制造、自动焊接、自动组装,改变了传统的汽车生产环境,提高了生产效率和产品质量,减少现场工作人员数量,节约了企业生产成本。

4) 数控机床的加工特点

数控机床是一种高效且通用性极强的自动化设备,与普通机床相比,有如下特点:

(1) 能对具有复杂型面的零件进行加工。数控机床是根据程序对待加工零件进行自动化加工的,因此无论零件型面如何复杂,只要能编出符合加工要求的程序,便可对复杂型面进行加工,如利用五轴数控机床便可加工汽轮机叶片、螺旋桨叶片等复杂空间曲面。

(2) 加工精度高,加工质量稳定。数控机床的机械传动系统和结构本身具有较高的精度和刚度,且还有相应的软件进行精度的插补和校正,故加工精度能控制在 0.001～0.005 mm之间,重复定位后精度更可达 0.002 mm。另外,由于数控机床是自动对零件进行加工的,完全排除了人为误差的影响,也提高了零件生产的一致性。

(3) 生产效率高。数控机床的主轴转速和进给量的可调范围大,故可对零件切屑采用较大的加工余量,且数控加工采用工序集中的原则,减少了装夹次数,故有效地缩短了加工时间。另外,数控加工过程中有自动换速、自动换刀等辅助功能,工序间也无需检测和测量,也大大缩短了加工时间。

(4) 减轻劳动强度、改善劳动条件。数控机床是一种高效的自动化机床,因此,只要输入相应程序,机床即可自动完成对零件的加工,而无需操作人员进行繁杂的手工操作,大大减轻了操作人员的劳动强度。另外,数控机床采用封闭式外壳,加工环境既清洁也安全。

(5) 有利于生产管理。数控机床可精确计算零件的加工工时,可对所使用的夹具、刀具等进行规范化、现代化的管理。

数控机床作为一种新兴的机床,在现今的制造业发展中发挥着越来越重要的作用,因其以上特点,数控机床对一些零件的加工,尤其显示出它的优越性,它们是:① 小批量生产的零件;② 形状复杂且加工要求高的零件;③ 需多次装夹,工序较多的零件;④ 加工过程中一旦错误造成重大浪费的贵重零件;⑤ 公差带小、互换性高、精度高的零件;⑥ 加工过程中需全部监测的零件等。

5) 数控机床的坐标系

数控机床的标准坐标系如图 8-3 所示,数控机床的标准坐标系采用笛卡儿直角坐标系,规定 X、Y、Z 三坐标轴相互垂直且遵循右手法则;规定围绕 X、Y、Z 三坐标轴作回转运动的分别为 A、B、C 旋转轴,亦遵循右手法则。

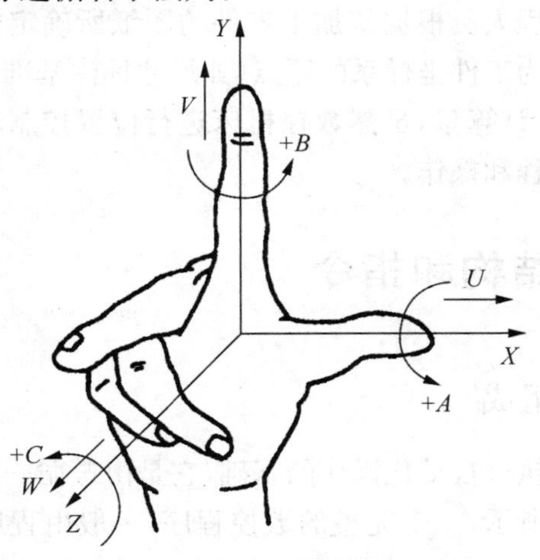

图 8-3 数控机床标准坐标系

因机床加工时，可以是刀具不动而工件移动，亦可以是刀具移动而工件不动，为了消除歧义，数控编程时统一规定：实际加工时，一律以刀具移动（工件不动）的坐标轴 X、Y、Z 为标准坐标系，并以刀具移动远离工件的方向为标准坐标系各坐标轴的运动正方向。图 8-4 为各类数控机床实际运动部件的坐标轴及其正方向的命名。

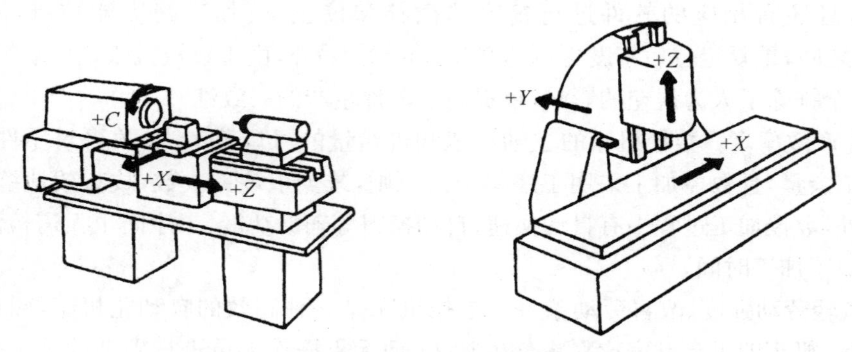

图 8-4 各机床运动部件坐标轴及正方向

数控机床坐标轴的确定方法如下：把消耗切屑动力的主轴确定为 Z 轴，当实际加工机床有多个主轴时，取消耗功率最大的轴为 Z 轴；X 轴为垂直于 Z 轴方向且平行于工件装夹面的水平轴，其中对于工件作旋转运动的机床（如车床、磨床等），取平行于横向滑座的方向（工件径向）为 X 轴；Y 轴与 X 轴、Z 轴两两垂直，遵循右手法则。以上 X、Y、Z 轴定义为机床的主运动坐标系，即机床的第一坐标系，若一台机床有平行于主坐标系运动的其他运动，则相应地把它们定义为第二坐标系 U、V、W 和第三坐标系 P、Q、R 等。

6）机床坐标系和工件坐标系

机床坐标系是由数控机床制造厂设定好的固有坐标系，其坐标轴与数控机床标准坐标轴保持一致，但有特定的坐标原点，即机床原点，也称机械原点。它是数控机床各运动部件移动时退至极限位置的固定点，由限位开关直接定位。机械原点在出厂前就已经设置好，用户不必调整。

工件坐标系是数控编程人员根据待加工零件的图纸所确定的编程用坐标系，编程人员选定图纸上一个固定点作为工件坐标系的原点（如尺寸标注基准点、圆心等），工件坐标系的引入是为了简化编程，减少计算量，虽然数控机床进行位置控制时参照的是机床坐标系，但一般都在工件坐标系下编程和操作。

8.3 数控程序结构和指令

8.3.1 数控程序的组成

数控程序是数控机床执行自动化操作的基础，它是由遵循一定结构、句法和格式规则的若干程序段组成的。如下所示，一个完整的数控程序，一般由程序编号、程序主体和程序结束三部分组成。

O0001； 程序编号

N0010 G92 X5 Y5 Z5;　　程序主体
N0020 G91;　　(同上)
N0030 G17 G00 X40 Y30;　　(同上)
N0040 G98 G81 X40 Y30 Z-5 R15 F150;　　(同上)
N0050 G00 X5 Y5 Z50;　　(同上)
N0060 M05;　　(同上)
N0070 M02;　　程序结束

程序编号置于程序的开头位置,单独一行,以作数控加工程序的标记,程序编号一般由字符O、P加2～4位阿拉伯数字组成,其中,字符称为“程序标号地址符”,数字为数控程序的编号。程序编号前面的%是将程序与前面内容分开来,表示下面是新程序的开始。不同的数控系统,其程序编号的地址符不同,在学习编程时,应按编程说明书中规定的地址符编程,否则,数控机床将无法识别和执行程序。

程序主体是数控程序的核心,由程序段号N开始,程序主体根据待加工零件的复杂程度,可由几十、几百甚至成千上万条程序段顺序排列在一起组成程序主体,完成对零件的加工。程序结束是以M02、M30结尾的程序段,该程序段单独放一行,位于数控程序的末尾。

8.3.2　数控程序段格式

数控程序段是指程序主体中单独的一条程序段,根据不同的数控系统,其程序段格式亦不相同,通常的数控程序段格式一般有三种,即:字地址可变长度程序段格式、分隔符程序段格式、固定程序段格式。目前国内外广泛采用的是字地址可变长度程序段格式,其格式如下:

N	G	X Y Z	F	S	T	M
程序段号	准备功能	尺寸字	进给功能	主轴功能	刀具功能	辅助功能

在字地址可变长度程序段中,数控机床的每个坐标轴及所执行的每个功能都是以字母和数字组成的“字”表示的。在数控程序段中包含的主要指令符如表8-2所示。

表8-2　主要指令字符一览表

机能	地址	意义
程序段号	N	程序段编号
准备功能	G	动作指令
尺寸字	X,Y,Z	坐标轴移动指令
	A,B,C	
	U,V,W	
	I,J,K	圆心相对于圆弧起点坐标
进给功能	F	进给速度指令
主轴功能	S	主轴旋转速度
刀具功能	T	刀具编号指定
辅助功能	M	机床开/关指令

1）程序段号 N

程序段号是程序段的顺序号，用于程序段自动检索、人工查找、宏程序的无条件转移等。N 后面一般允许加 4 位阿拉伯数字，即程序段的范围是 0000～9999，编程时，一般将程序段采用 5 位或是 10 位进位，如写成 N5、N10、N20 等。

2）准备功能字 G

准备功能字又称 G 代码，其作用是定义刀具和工件间相对运动轨迹、机床坐标系、刀具补偿、坐标平面、坐标偏移等加工操作。根据 JB/T 3208—1999 标准，规定 G 代码由字母 G 加两位数字组成，如下表 8-3 所示。

表 8-3　G 代码功能一览表

G 代码	分组	功能
*G00	01	定位（快速移动）
*G01	01	直线插补（进给速度）
G02	01	顺时针圆弧插补
G03	01	逆时针圆弧插补
G04	00	暂停，精确停止
G09	00	精确停止
*G17	02	选择 X Y 平面
G18	02	选择 Z X 平面
G19	02	选择 Y Z 平面
G27	00	返回并检查参考点
G28	00	返回参考点
G29	00	从参考点返回
G30	00	返回第二参考点
*G40	07	取消刀具半径补偿
G41	07	左侧刀具半径补偿
G42	07	右侧刀具半径补偿
G43	08	刀具长度补偿＋
G44	08	刀具长度补偿－
*G49	08	取消刀具长度补偿
G52	00	设置局部坐标系
G53	00	选择机床坐标系
*G54	14	选用 1 号工件坐标系
G55	14	选用 2 号工件坐标系
G56	14	选用 3 号工件坐标系
G57	14	选用 4 号工件坐标系
G58	14	选用 5 号工件坐标系
G59	14	选用 6 号工件坐标系

续表

G代码	分组	功能
G60	00	单一方向定位
G61	15	精确停止方式
* G64	15	切削方式
G65	00	宏程序调用
G66	12	模态宏程序调用
* G67	12	模态宏程序调用取消
G73	09	深孔钻削固定循环
G74	09	反螺纹攻丝固定循环
G76	09	精镗固定循环
* G80	09	取消固定循环
G81	09	定位中心点钻孔固定循环
G82	09	停留光切的钻孔固定循环
G83	09	深孔钻削固定循环
G84	09	攻丝固定循环
G85	09	镗削固定循环
G86	09	镗削固定循环
G87	09	反镗固定循环
G88	09	镗削固定循环
G89	09	镗削固定循环
* G90	03	绝对值指令方式
* G91	03	增量值指令方式
G92	00	工件零点设定
* G98	10	固定循环返回初始点
G99	10	固定循环返回 *R* 点

从表中我们可以看到，G代码被分为了不同的组，这是由于大多数的G代码是模态的。所谓模态G代码，是指这些G代码不只在当前的程序段中起作用，而且在以后的程序段中一直起作用，直到程序中出现另一个同组的G代码为止，同组的模态G代码控制同一个目标但起不同的作用，它们之间是不相容的。00组的G代码是非模态的，这些G代码只在它们所在的程序段中起作用。标有 * 号的G代码是上电时的初始状态。对于G01和G00、G90和G91上电时的初始状态由参数决定。同一程序段中可以有几个G代码出现，但当两个或两个以上的同组G代码出现时，最后出现的一个(同组的)G代码有效。

3) 尺寸字X、Y、Z等

尺寸字一般用来给定各机床坐标轴运动的方向和位移量，其后的数值有正负号之分，表示方向，按运动方式可把G代码分为两类：平行移动以X、Y、Z、U、V、W等表示；绕轴转动以A、B、C表示。

4）进给功能字 F

进给功能字 F 用来指定刀具相对于工件的运动速度，有以下三种表示方式：(1) 每分钟进给量，单位是 mm/min，用 G94 表示；(2) 每转进给量，mm/r，用 G95 表示；(3) 时间倒数进给量，用 G93 表示。在机床数控系统中，某一时刻只能使用一种进给率，且一经指定，对后续程序都有效直至出现新指定的进给率。

5）主轴功能字 S

主轴功能字代表数控机床的主轴转速，和进给功能字一样，S 功能字一经确定对后续程序有效，并保持到有新的转速指令出现。指定主轴转速的方法有以下三种：(1) 主轴每分钟转速，单位是 r/min，用 G97 指定；(2) 恒切削速度，单位是 m/mm，用 G96 指定；(3) 根据数控说明书上提供的主轴转速表选择指定。数控铣床、数控钻床及加工中心等一般采用每分钟主轴转速方式；数控车床等在加工较大直径的端面时一般采用横线速度方式切削。

6）刀具交换功能字 T

数控机床，尤其是一些加工中心，在加工过程中常常需要换刀，此时就要用到刀具交换功能字，由 T 字母加两位或者四位数字组成。如 T0101：前两位代表刀位号，后两位代表刀补(刀尖圆弧半径补偿和刀具长度补偿)。取消刀补，则后两位为 00，如 T0100，取消一号刀刀补。

7）辅助功能字 M

辅助功能字用来指定数控机床加工时的状态和辅助动作，如主轴的旋转起停，冷却液的开关状态，刀具的更换操作等。根据我国 JB/T 3208—1999 标准，规定了 M00-M99 的功能，部分功能如下表 8-4 所示。

表 8-4 部分 M 代码一览表

代码	功能作用范围	功能	代码	功能作用范围	功能
M00	*	程序停止	M36	*	进给范围 1
M01	*	计划结束	M37	*	进给范围 2
M02	*	程序结束	M38	*	主轴速度范围 1
M03		主轴顺时针转动	M39	*	主轴速度范围 2
M04		主轴逆时针转动	M40-M45	*	齿轮换挡
M05		主轴停止	M46-M47	*	不指定
M06	*	换刀	M48	*	注销 M49
M07		2 号冷却液开	M49	*	进给率修正旁路
M08		1 号冷却液开	M50	*	3 号冷却液开
M09		冷却液关	M51	*	4 号冷却液开
M10		夹紧	M52-M54	*	不指定
M11		松开	M55	*	刀具直线位移，位置 1

续表

代码	功能作用范围	功能	代码	功能作用范围	功能
M12	*	不指定	M56	*	刀具直线位移,位置 2
M13		主轴顺时针,冷却液开	M57-M59	*	不指定
M14		主轴逆时针,冷却液开	M60		更换工件
M15	*	正运动	M61		工件直线位移,位置 1
M16	*	负运动	M62	*	工件直线位移,位置 2
M17-M18	*	不指定	M63-M70	*	不指定
M19		主轴定向停止	M71	*	工件角度位移,位置 1
M20-M29	*	永不指定	M72	*	工件角度位移,位置 2
M30	*	程序结束,返回	M73-M89	*	不指定
M31	*	互锁旁路	M90-M99	*	永不指定
M32-M35	*	不指定			

注：* 表示特殊用途,必须在程序格式中说明

8.4 数控车削加工

数控车床一般能对具有回转特征的零件(如轴承、卡盘等)自动进行内外圆柱面、圆锥面、圆弧面及螺纹等的切削加工,并能进行切槽、钻孔、扩孔等的工作。目前,我国数控车床的使用占总数控机床的 25%,发展前景广阔,应用性非常强。图 8-5 为 CJK6032 数控车床结构图,它由床头箱、自动刀架、操作面板等组成。

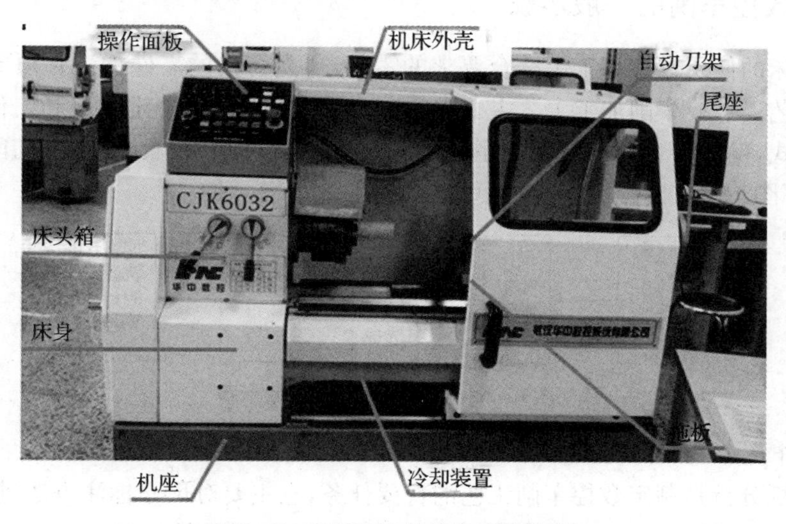

图 8-5　CJK6032 数控车床结构图

8.4.1 数控车床的分类

随着数控车床制造技术的不断发展,形成了产品繁多、规格不一的局面,因而也出现了几种不同的分类方法。

1)按数控系统的功能分类

(1) 经济型数控车床。它一般采用步进电动机驱动形成开环伺服系统,其控制部分通过单板机或单片机来实现。此类车床结构简单、价格低廉,无刀尖圆弧半径自动补偿和恒线速切削等功能。

(2) 全功能型数控车床。它一般采用闭环或半闭环控制系统,具有高刚度、高精度和高效率等特点。

(3) 车削中心。它是以全功能型数控车床为主体,并配置刀库换刀装置、分度装置、铣削动力头和机械手等,实现多工序复合加工的机床。在工件一次装夹后,它可完成回转类零件的车、铣、钻、铰、攻螺纹等多种加工工序,功能全面,但价格较高。

(4) FMC 车床。它实际上是一个由数控车床、机器人等构成的柔性加工单元。它能实现工件搬运、装卸的自动化和加工调整准备的自动化。

2)按加工零件的基本类型分类

(1) 卡盘式数控车床。这类车床未设置尾座,适宜车削盘类零件。其夹紧方式多为电动或液压控制,卡盘结构多数具有卡爪。

(2) 顶尖式数控车床。这类车床设置有普通尾座或数控尾座,适合车削较长的轴类零件及直径不太大的盘、套类零件。

3)按车床主轴的位置分类

这类机床分为卧式数控车床和立式数控车床。

8.4.2 数控车削的一般步骤

数控车床的使用旨在加工出符合要求的零件,但是合格的零件加工必须要依靠制定合理的加工工艺。数控车削加工工艺主要内容有:分析零件图纸,确定工序和工件在数控车床上的装夹方式,确定各表面的加工顺序和刀具的进给路线以及刀具、夹具和切削用量的选择等,具体如下图所示。

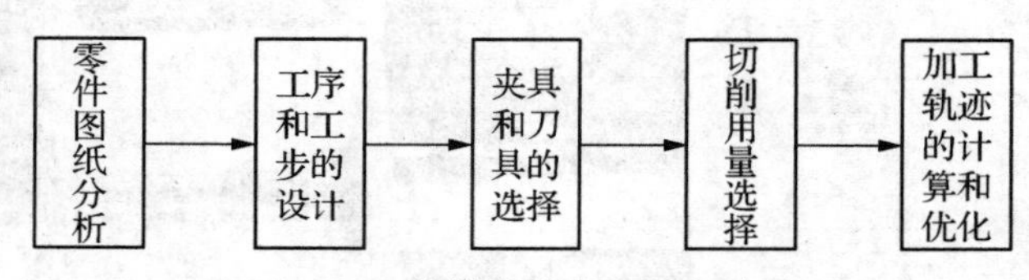

图 8-6 数控车削加工一般步骤

1)零件图纸分析

零件图纸分析是制定数控车削工艺的首要任务,它主要对尺寸标注方法进行分析、轮廓几何要素分析以及精度和技术要求分析。此外还应分析零件结构和加工要求的合理性,选择工艺基准。

2）工序和工步的设计

在数控车床上加工零件，工序一般遵循以下原则：一是保持精度原则，工序一般要求尽可能地集中，粗、精加工尽量在一次装夹中全部完成；二是提高生产效率原则，为减少换刀次数，节省换刀时间，应将需要用同一把刀加工的加工部位都完成后，再换另一把刀来加工，同时应尽量减少空行程。在制定加工顺序时，一般遵循下列原则：

（1）先粗后精：按照粗车、半精车、精车的顺序进行，逐步提高加工精度。

（2）先近后远：离对刀点近的部位先加工，离对刀点远的部位后加工，以便缩短刀具移动距离，减少空行程时间。

（3）内外交叉：对既有内表面又有外表面需加工的零件，先对内外表面粗加工，后对内外表面精加工。

（4）基面先行：用作基准的表面应优先加工出来，定位基准的表面越精确，装夹误差越小。

3）夹具和刀具的选择

数控车削加工中尽可能做到一次装夹后能加工出全部或大部分待加工表面，尽量减少装夹次数，以提高加工效率、保证加工精度。对于轴类零件，通常以零件自身的外圆柱面作定位基准；对于套类零件，则以内孔为定位基准。数控车床夹具除了使用通用的三爪自动定心卡盘、四爪卡盘、液压、电动及气动夹具外，还有多种通用性较好的专用夹具。

刀具的使用寿命除与刀具材料相关外，还与刀具的直径有很大的关系，刀具直径越大，能承受的切削用量也越大，所以在保证零件精度的情况下，采用尽可能大的刀具直径是延长刀具寿命、提高生产率的有效措施。目前数控车床常用的刀具有外圆车刀、内孔车刀、中心钻、麻花钻、外螺纹车刀、切槽刀等。

4）切削用量选择

数控车削加工中的切削用量包括背吃刀量 a_p、主轴转速 S（或切削速度 v）及进给速度 F（或进给量 f），合理选用切削用量对提高数控车床的加工质量至关重要。确定数控车床的切削用量时一定要根据机床说明书中规定的要求，刀具的耐用度去选择，也可结合实际经验用类比法确定。一般情况下，在粗加工时，切削速度应小些，相应的进给率要大些；精加工时，选择的切削速度应大些，相应的切削进给率要小一些。在粗车时，可选择较大的进给速度，在车削深孔或精加工时，进给速度要低些。

8.4.3　数控车削编程特点

（1）在一段程序中，根据图样上标注的尺寸可以采用绝对值指令 G90、增量值指令 G91 进行编程以及对二者进行混合编程，绝对坐标指令一般用 X、Z 表示，增量坐标指令一般用 U、W 表示。

（2）在数控编程时，人们习惯测量工件的直径而不习惯于测量工件的半径，为了符合人们这一操作习惯，用绝对值指令编程时，X 用直径来表示，用增量值指令编程时，U 的编程则采用刀具沿 X 轴方位位移增量值的两倍来表示。

（3）由于车削加工多用棒料或锻料作为毛坯，所以，为了简化编程，数控系统内常装有不同形式的固定循环方式，车削时，可直接调用进行多次重复循环切削。为了提高零件的加工精度，X 向的脉冲当量应取 Z 向的一半。

(4) 编程时,我们一般认为刀具刀尖与工件的接触是点接触,但在实际加工中,刀尖与工件的接触为面接触,因此,为了提高加工表面质量及加工精度,需对刀具半径进行补偿,数控车床一般都具有刀具补偿功能,因此编程时可以按工件实际轮廓进行编程。对于不具有刀具补偿功能的数控车床,编程时需要先计算补偿量。

8.4.4　车削数控系统的功能

本节以 FANUC Series oi Mate-TC 数控系统为例,介绍其一些基本功能,具体如表 8-5 所示(其中●表示模态 G 代码)。

表 8-5　FANUC Series oi Mate-TC 系统 G 代码一览表

G代码			组	功能
A	B	C		
●G00	●G00	●G00	01	定位(快速)
G01	G01	G01	01	直线插补(切削进给)
G02	G02	G02	01	顺时针圆弧插补
G03	G03	G03	01	逆时针圆弧插补
G04	G04	G04	00	暂停
G07.1 (G107)	G07.1 (G107)	G07.1 (G107)	00	圆柱插补
G10	G10	G10	00	可编程数据输入
G11	G11	G11	00	可编程数据输入方式取消
G12.1 (G112)	G12.1 (G112)	G12.1 (G112)	21	极坐标插补方式
●G13.1 (G113)	●G13.1 (G113)	●G13.1 (G113)	21	极坐标插补取消方式
G18	G18	G18	16	Z_pX_p 平面选择
G20	G20	G70	06	英寸输入
G21	G21	G71	06	毫米输入
G22	G22	G22	09	存储行程检测功能有效
G23	G23	G23	09	存储行程检测功能无效

续表

G代码			组	功能
A	B	C		
G27	G27	G27	00	返回参考点检测
G28	G28	G28		返回参考点
G30	G30	G30		返回第2,3,4参考点
G31	G31	G31		跳转功能
G32	G33	G33	01	螺纹切削
●G40	●G40	●G40	07	刀尖半径补偿取消
G41	G41	G41		刀尖半径补偿左
G42	G42	G42		刀尖半径补偿右
G50	G92	G92	00	坐标系设定或最大主轴转速钳制
G50.3	G92.1	G92.1		工件坐标系预设
G52	G52	G52		局部坐标系设定
G53	G53	G53		机床坐标系选择
●G54	●G54	●G54	14	选择工件坐标系1
G55	G55	G55		选择工件坐标系2
G56	G56	G56		选择工件坐标系3
G57	G57	G57		选择工件坐标系4
G58	G58	G58		选择工件坐标系5
G59	G59	G59		选择工件坐标系6
G65	G65	G65	00	宏程序调用
G66	G66	G66	12	宏程序模态调用
●G67	●G67	●G67		宏程序模态调用取消
G70	G70	G72	00	精加工循环
G71	G71	G73		车削中刀架移动
G72	G72	G74		端面加工中刀架移动
G73	G73	G75		图形重复
G74	G74	G76		端面深孔钻削
G75	G75	G77		外径/内径钻孔
G76	G76	G78		多头螺纹循环

续表

G代码			组	功能
A	B	C		
●G80	●G80	●G80	10	固定钻循环取消
G83	G83	G83		端面钻孔循环
G84	G84	G84		端面攻丝循环
G85	G85	G85		正面镗循环
G87	G87	G87		侧钻循环
G88	G88	G88		侧攻丝循环
G89	G89	G89		侧镗循环
G90	G77	G20	01	外径/内径切削循环
G92	G78	G21		螺纹切削循环
G94	G79	G24		端面车削循环
G96	G96	G96	02	恒表面切削速度控制
●G97	●G97	●G97		恒表面切削速度控制取消
●G98	●G94	●G94	05	每分钟进给
●G99	●G95	●G95		每转进给
—	●G90	●G90	03	绝对值编程
—	G91	G91		增量值编程
—	G98	G98	11	返回到初始点
—	G99	G99		返回到 R 点

1）插补功能

(1) 定位(G00)

指令格式

G00 IP_;

IP_:绝对值指令时是终点位置的坐标值;增量指令时是刀具移动的距离。

(2) 直线插补(G01)

指令格式

G01 IP_F_;

IP_:对于绝对值指令是终点坐标值;对于增量值指令是刀具移动的距离。

F_:刀具的进给速度(进给量)。

(3) 圆弧插补(G02,G03)

指令格式

G18{G02/G03}Xp_Zp_{(I_K_)/R_}F_;

指令格式的说明如下:

指令	说明
G18	指定 Z_pX_p 平面圆弧
G02	顺时针方向圆弧插补
G03	逆时针方向圆弧插补
Xp_	X 轴或其平行轴指令值
Zp_	Z 轴或其平行轴指令值
I_	从起点到圆弧中心的 X_p 轴距离，带符号，半径值
K_	从起点到圆弧中心的 Z_p 轴距离，带符号，半径值
R_	不带符号的圆弧半径（总以半径值表示）
F_	进给速度

(4) 极坐标插补(G12.1,G13.1)

指令格式

G12.1；

G13.1；

G12.1 启动极坐标插补方式(极坐标插补有效)。

G13.1 极坐标插补方式取消。

(可用 G112 和 G113 分别代替 G12.1 和 G13.1。)

2) 螺距螺纹功能

(1) 等螺距螺纹

指令格式

G32 IP_F_；

F_:长轴螺距，半径编程。

IP_:终点。

(2) 多头螺纹切削

指令格式

(等螺距多头螺纹)

G32 IP_F_Q_；

IP_:终点。

G32 IP_Q_；

F_:长轴方向螺距。

Q_:螺纹起始角。

3) 跳转功能(G31)

(1) 多级跳转

指令格式(移动指令)

G31 IP_F_P_；

IP_:终点。

F_:进给速度。

P_:P1～P4。

(2) 转矩限制跳转(G31 P99)

指令格式

G31 P99 IP_F_；

G31 P98 IP_F_；

G31：非模态 G 代码(只在指令该 G 代码的程序段中有效)。

4）进给功能

(1) 快速移动

指令格式

G00 IP_；

G00：定位(快速移动)用的 G 代码(01 组)。

IP_：终点尺寸字。

(2) 切削进给

指令格式

每分进给

G98 Z_ F_；

G98：每分进给的 G 代码(05 组)。

Z_：Z 轴指令值。

F_：进给速度指令(mm/min 或 inch/ min)。

每转进给

G99 Z_F_；

G99：每转进给的 G 代码(05 组)。

Z_：Z 轴指令值。

F_：进给速度指令(mm/转或 inch/转)。

(3) 停刀(G04)

指令格式暂停

G04 X_；或 G04 U_；或 G04 P_；

X_：指定时间(允许小数点)。

U_：指定时间(允许小数点)。

P_：指定时间(不允许小数点)。

5）参考点

(1) 返回参考点

指令格式

G28 IP_；(返回参考点)

G30 P2 IP_；(返回第 2 参考点(P2 可忽略))

G30 P3 IP_；(返回第 3 参考点)

G30 P4 IP_；(返回第 4 参考点)

IP_：指定中间点的指令(绝对值/增量值指令)。

(2) 返回参考点检查

指令格式

G27 IP_;

IP_:指定参考点指令。

6）机床坐标系

(1) 设定工件坐标系

指令格式

G50 IP_;

(2) 改变工件坐标系

指令格式

G10 L2 P_ IP_;

P后数值为0:外部工件零点偏移值。

P后数值为1～6:对应于工件坐标系1～6的工件零点偏移。

IP_:对于绝对指令(G90),是每轴的工件零点偏移值,对于增量指令(G91),是要加到每轴设定的工件零点偏移上的值(其和设为新偏移)。

(3) 工件坐标系预置(G92.1)

指令格式

G92.1 IP0;(G50.3 P0;用于G代码A系统)

IP0:指定预置工件坐标系操作的地址,未指定的轴不进行预置操作。

(4) 局部坐标系

指令格式

G52 IP_;(设定局部坐标系)

……

G52 IP0;(取消局部坐标系)

IP_:局部坐标系原点。

7）绝对值和增量值(G90、G91)

G代码系统	A	B或C
指令方法	地址字	G90、G91

指令格式

G代码系统A

	绝对值指令	增量值指令
X轴移动指令	X	U
Z轴移动指令	Z	W
C轴移动指令	C	H

G代码系统B或C

G90 IP_;(绝对值指令)

G91 IP_;(增量值指令)

8）英制/公制转换(G20、G21)

指令格式

G20;(inch输入)

G21;(mm 输入)

9) 恒表面切削速度控制(G96,G97)

指令格式

恒表面切削速度的控制指令

G96 S_;

S_:表面速度(m/min 或 inch/min)。

(注:此表面速度的单位根据制造商的设定而变化。)

恒表面切削速度控制的取消指令

G97 S_;(主轴速度(r/min))

10) 主轴最大速度限定

G50 S_;(S 后跟主轴最大速度值(r/min))

11) 简化编程功能

(1) 固定循环(G90,G92,G94)

外径/内径切削循环(G90)

指令格式

直线切削循环

G90 X(U)_ Z(W)_ F_;

锥形切削循环

G90 X(U)_ Z(W)_R_ F_;

螺纹切削循环(G92)

G92 X(U)_Z(W)_F_;指定螺纹(L)

锥螺纹切削循环

G92 X(U)_Z(W)_R_F_;指定螺纹(L)

端面车循环

G94 X(U)_Z(W)_F_;

带锥度的端面切削循环

G94 X(U)_Z(W)_R_F_;

(2) 多重循环(G70~G76)

指令格式

粗车循环(G71)

G71 U(△d) R(e);

G71 P(ns) Q(nf) U(△u) W(△w) F(f) S(s) T(t);

△d:切削深度(半径指定)。

e:退刀量(模态)。

ns:精车加工程序第一个程序段的顺序号。

nf:精车加工程序最后一个程序段的顺序号。

△u:X 方向精加工余量的距离和方向(直径/半径指定)。

△w:Z 方向精加工余量的距离和方向。

f,s,t:包含在 ns 到 nf 程序段中的任何 F、S 或 T 功能在循环中被忽略,而在 G71 程序段中的 F,S 或 T 功能有效。

平端面粗车循环(G72)

G72 W(△d) R(e);

G72 P(ns) Q(nf) U(△u) W(△w) F(f) S(s) T(t);

(△d,e,ns,nf,△u,△w,f,s 和 t 的意义与它们在 G71 中的意义相同)

精车循环(G70)

G70 P(ns) Q(nf);

ns:精加工程序第一个程序段的顺序号。

nf:精加工程序最后一个程序段的程序号。

(在 G71,G72,G73 程序段中规定的 F,S 和 T 功能无效,但在执行 G70 时顺序号"ns"和"nf"之间指定的 F,S 和 T 有效。当 G70 循环加工结束时,刀具返回到起点并读下一个程序段。G70 到 G73 中 ns 到 nf 间的程序段不能调用子程序。)

端面深孔钻削循环(G74)

G74 R(e);

G74 X(U)_ Z(W)_ P(△i) Q(△k) R(△d) F(f) ;

e:回退量。

X(U)_:深孔径向终点坐标。

Z(W)_:深孔轴向终点坐标。

△i :X 方向移动量(不带符号)。

△k :Z 方向切深(不带符号)。

△d :刀具在切削底部的退刀量,△d 的符号总是(+)。但是,如果地址 X(U)和△i 被忽略,退刀方向可以指定为希望的符号。

f:进给速度。

外径/内径切槽循环(G75)

G75 R(e);

G75 X(U)_ Z(W)_ P(△i) Q(△k) R(△d) F(f) ;

e:回退量。

X(U)_:槽底直径。

Z(W)_:切槽时 Z 向终点位置坐标 。

△i :X 方向移动量(不带符号)。

△k:Z 方向切深(不带符号)。

△d :刀具在切削底部的退刀量。

f:进给速度。

(3) 钻孔固定循环(G80~G89)

返回点平面(G98/G99)

G98/G99 Z_F_;

G98:返回到初始平面。

G99:返回到 R 点平面。

Z_:Z 轴指令值。

F_:进给速度指令。

正面钻孔循环(G83)/ 侧面钻孔循环(G87)

高速深孔钻循环(G83,G87)

指令格式

G83 X(U)_ C(H)_ Z(W)_ R_ Q_ P_ F_ K_ M_;

G87 Z(W)_ C(H)_ X(U)_ R_ Q_ P_ F_ K_ M_;

X_C_或 Z_C_ :孔位置数据。

Z_或 X_ :从 R 点到孔底的距离。

R_:初始平面到 R 点平面的距离。

Q_:每次切削的切深。

P_:孔底暂停时间。

F_:切削进给速度。

K_:重复次数(需要时)。

M_:C 轴夹紧的 M 代码(需要时)。

正面攻丝循环(G84)/ 侧面攻丝循环(G88)

指令格式

G84 X(U)_ C(H)_ Z(W)_ R_ P_ F_ K_ M_;

或

G88 Z(W)_ C(H)_ X(U)_ R_ P_ F_ K_ M_;

X_C_或 Z_C_:孔位置数据。

Z_或 X_ :从 R 点到孔底的距离。

R_ :初始平面到 R 点平面的距离。

P_:孔底暂停时间。

F_ :切削进给速度。

K_:重复次数(需要时)。

M_:C 轴夹紧的 M 代码(需要时)。

正面镗孔循环(G85)/ 侧面镗孔循环(G89)

指令格式

G85 X(U)_ C(H)_ Z(W)_ R_ P_ F_ K_ M_;

G89 Z(W)_ C(H)_ X(U)_ R_ P_ F_ K_ M_;

X_C_或 Z_C_:孔位置数据。

Z_或 X_ :从 R 点到孔底的距离。

R_ :初始平面到 R 点平面的距离。

P_:孔底暂停时间。

F_ :切削进给速度。

K_:重复次数(需要时)。

M_:C 轴夹紧的 M 代码(需要时)。

取消钻孔固定循环(G80)

指令格式

G80;

正面刚性攻丝循环(G84)/ 侧面刚性攻丝循环(G88)

刚性攻丝方式,就像控制伺服电机那样控制主轴电机,可实现高速攻丝。

指令格式

G84 X(U)_ C(H)_ Z(W)_ R_ P_ F_ K_ M_;

或

G88 Z(W)_ C(H)_ X(U)_ R_ P_ F_ K_ M_;

X_C_或 Z_C_:孔位置数据。

Z_或 X_ :从 R 点到孔底的距离。

R_ :初始平面到 R 点平面的距离。

P_:孔底暂停时间。

F_ :切削进给速度。

K_ :重复次数(需要时)。

M_:C 轴夹紧的 M 代码(需要时)。

8.4.5　例题

编制如下图所示零件的数控加工程序

%

N1 T0101;(换一号刀,确定其坐标系)

N2 M03 S400;(主轴以 400 r/min 正转)

N3 G00 X40 Z5;(到程序起点位置)

N4 G00 X0;(刀具移到工件中心)

N5 G01 G42 Z0 F60;(加入刀具圆弧半径补偿,刀具接触工件)

N6 G03 U24 W-24 R15;(加工 *R*15 圆弧段)

N7 G02 X26 Z-31 R5;(加工 *R*5 圆弧段)

N8 G01 Z-40;(加工 ϕ26 外圆)

N9 G00 X30;(退出已加工表面)

N10 G40 X40 Z5;(取消半径补偿,返回程序起点位置)

N11 M30;(主轴停、主程序结束并复位)

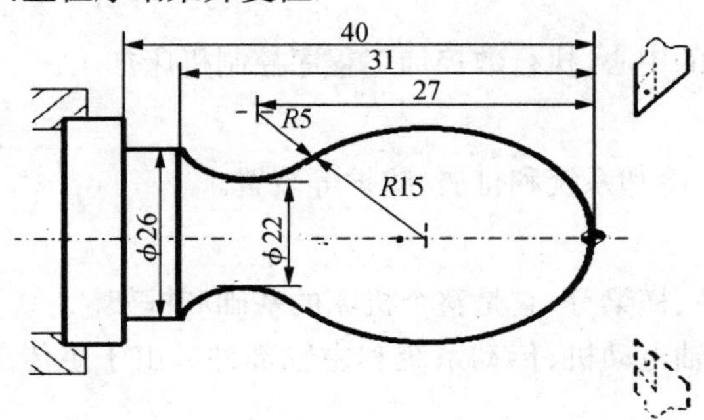

8.5　数控铣削加工

数控铣床在现代制造业中有着举足轻重的地位，它是出现最早的一种数控机床，可对零件进行平面铣削、轮廓铣削、型腔铣削、复杂型面铣削，也可以进行钻削、镗削、螺纹切削等孔加工，其应用非常广泛，数控加工中心、柔性制造系统等就是在数控铣床的基础上发展起来的。

8.5.1　数控铣床的分类和组成

根据数控机床的布局特点及主轴的布局形式，可把数控铣床大致分为卧式和立式，如图8－7所示。

图8－7　卧式数控机床(左)和立式数控机床(右)

数控铣床一般由主传动系统、进给伺服系统、控制系统、辅助装置、机床基础件等几大部分组成：

1）主传动系统

由主轴箱、主轴电机、主轴和主轴轴承等零件组成。主轴的启动、停止等动作和转速均由数控系统控制，并通过装在主轴上的刀具进行切削。

2）进给伺服系统

由伺服电动机和进给执行机构组成，按照程序设定的进给速度实现刀具和工件之间的相对运动，包括直线进给运动和旋转运动。

3）控制系统

数控铣床运动控制的中心，执行数控加工程序控制机床加工。

4）辅助装置

如液压、气动、润滑、冷却系统和排屑、防护等装置。

5）机床基础件

通常是指底座、立柱、横梁等，它是整个机床的基础和框架。

主传动系统包括主轴电动机、传动系统和主轴部件。由于主传动系统的变速功能一般采用变频或交流伺服主轴电动机，通过同步齿形带带动主轴旋转，对于功率较大的数控铣床，为了实现低速大转矩，有时加一级或二级或多级齿轮减速。对于经济型数控铣床的主传动系统，则采用普通电动机通过V带、塔轮、手动齿轮变速箱带动主轴旋转。通过改变电动机的接线形式和手动换挡方式进行有级变速。主轴具有刀具自动锁紧和松开机构，用于固定主轴和刀具的连接。由碟形弹簧、拉杆和气缸或液压缸组成。主轴具有吹气功能，在刀具松开后，向主轴锥孔吹气，达到清洁锥孔的目的。

进给系统即进给驱动装置，驱动装置是指将伺服电动机的旋转运动变为工作台直线运动的整个机械传动链，主要包括减速装置、丝杠螺母副及导向元件等。在数控铣床上，将回转运动与直线运动相互转换的传动装置一般采用双螺母滚珠丝杠螺母副。进给系统的 X、Y、Z 轴传动结构是伺服电动机固定在支承座上，通过弹性联轴器带动滚珠丝杠旋转，从而使与工作台联结的螺母移动，实现 X、Y、Z 轴的进给。

8.5.2 常用铣削指令

1) 设定工件坐标系指令 G92

指令格式：G92 X_ Y_ Z_；

指令说明：

(1) 在机床上建立工件坐标系（也称编程坐标系）；

(2) 如图 8-8 所示，坐标值 X、Y、Z 为刀具刀位点在工件坐标系中的坐标值（也称起刀点或换刀点）；

(3) 对于尺寸较复杂的工件，为了计算简单，在编程中可以按实际改变工件坐标系的程序零点。

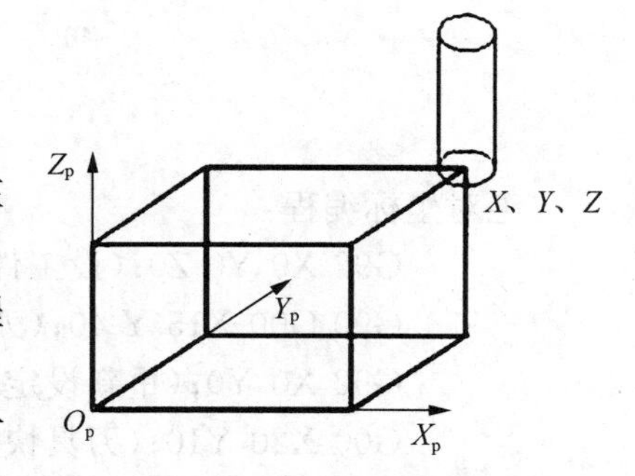

图 8-8 G92 设定工件坐标系

在数控铣床中有两种设定工件坐标系的方法，一种方法如图 8-8 所示，先确定刀具的换刀点位置，然后由 G92 指令根据换刀点位置设定工件坐标系的原点，G92 指令中 X、Y、Z 坐标表示换刀点在工件坐标系 X_p、Y_p、Z_p 中的坐标值；另一种方法如图 8-9 所示，通过与机床坐标系 X、Y、Z 的相对位置建立工件坐标系 X_p、Y_p、Z_p，如有的数控系统用 G54 指令的 X、Y、Z 坐标表示工件坐标系原点在机床坐标系中的坐标值。

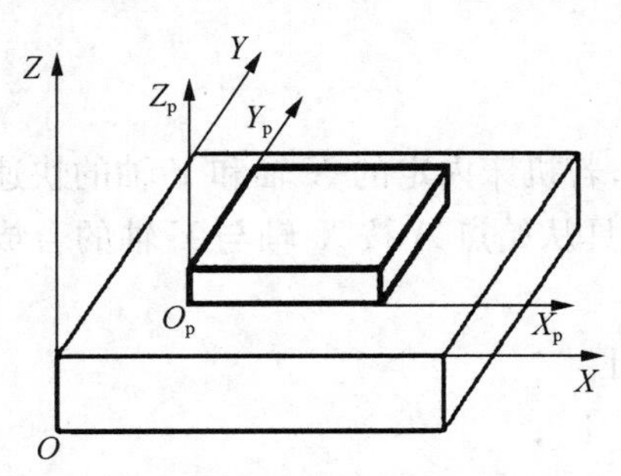

图 8-9 G54 设定工件坐标系

绝对坐标输入方式指令 G90 和增量坐标输入方式指令 G91。

指令格式：G90/G91；

指令说明：

G90 指令建立绝对坐标输入方式，G91 指令建立增量坐标输入方式。

2）快速点定位指令 G00

指令格式：G00 X_ Y_ Z_；

指令说明：

(1) 刀具以各轴内定的速度由始点（当前点）快速移动到目标点；

(2) 刀具运动轨迹与各轴快速移动速度有关；

(3) 刀具在起始点开始加速至预定的速度，到达目标点前减速定位。

如图 8－10 所示，刀具从 A 点快速移动至 C 点，使用绝对坐标与增量坐标方式编程。

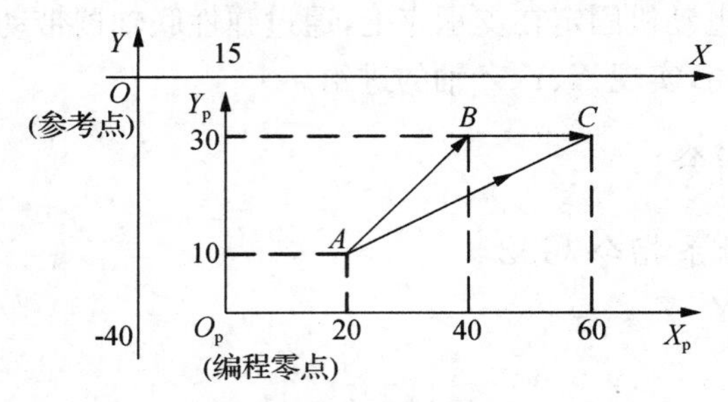

图 8－10 快速定位

绝对坐标编程：

G92 X0 Y0 Z0；（设工件坐标系原点，换刀点 O 与机床坐标系原点重合）

G90 G00 X15 Y-40；（刀具快速移动至 O_p 点）

G92 X0 Y0；（重新设定工件坐标系，换刀点 O_p 与工件坐标系原点重合）

G00 X20 Y10；（刀具快速移动至 A 点定位）

X60 Y30；（刀具从始点 A 快移至终点 C）

增量坐标方式编程：

G92 X0 Y0 Z0；

G91 G00 X15 Y-40；

G92 X0 Y0；

G00 X20 Y10；

X40 Y20；

刀具从 A 点移动至 C 点，若机床内定的 X 轴和 Y 轴的快速移动速度是相等的，则刀具实际运动轨迹为一折线，即刀具从始点 A 按 X 轴与 Y 轴的合成速度移动至点 B，然后再沿 X 轴移动至终点 C。

3）直线插补指令 G01

指令格式：G01 X_ Y_ Z_ F_；

指令说明：

(1) 刀具按照 F 指令所规定的进给速度直线插补至目标点；

(2) F 代码是模态代码，在没有新的 F 代码替代前一直有效，各轴实际的进给速度是 F 速度在该轴方向上的投影分量；

(3) 用 G90 或 G91 可以分别按绝对坐标方式或增量坐标方式编程。

如图 8－11 所示，刀具从 A 点直线插补至 B 点，分别使用绝对坐标与增量坐标方式编程。

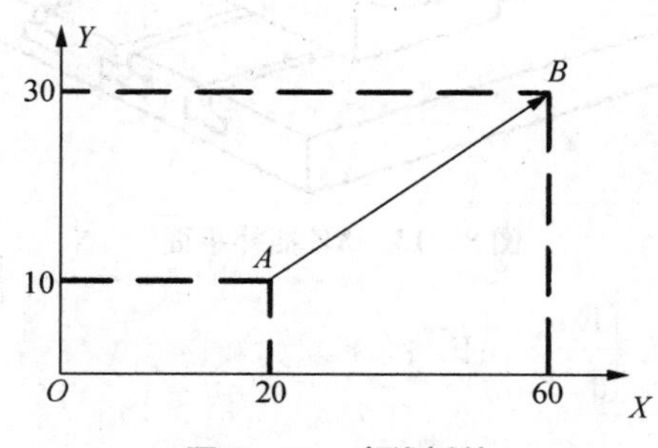

图 8－11　直线插补

G90 G01 X60 Y30 F200；

G91 G01 X40 Y20 F200；

4) 插补平面选择 G17、G18、G19 指令

指令格式：G17 / G18 / G19；

指令说明：

(1) G17 表示选择 XY 平面；

(2) G18 表示选择 ZX 平面；

(3) G19 表示选择 YZ 平面。

5) 顺时针圆弧插补指令 G02 和逆时针圆弧插补指令 G03

指令格式

XY 平面圆弧插补指令(如图 8－12 所示)

$$\mathrm{G17}\begin{Bmatrix}\mathrm{G02}\\\mathrm{G03}\end{Bmatrix}\mathrm{X}\_\ \mathrm{Y}\_\begin{Bmatrix}\mathrm{R}\_\\\mathrm{I}\_\ \mathrm{J}\_\end{Bmatrix}\mathrm{F}\_;$$

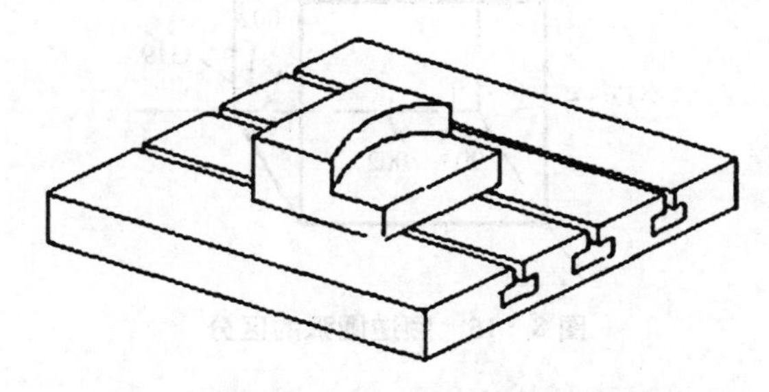

图 8－12　*XY* 插补平面

ZX 平面圆弧插补指令(如图 8－13 所示)

$$\mathrm{G18}\begin{Bmatrix}\mathrm{G02}\\\mathrm{G03}\end{Bmatrix}\mathrm{X}\_\ \mathrm{Z}\_\begin{Bmatrix}\mathrm{R}\_\\\mathrm{I}\_\ \mathrm{K}\_\end{Bmatrix}\mathrm{F}\_;$$

YZ 平面圆弧插补指令(如图 8－14 所示)

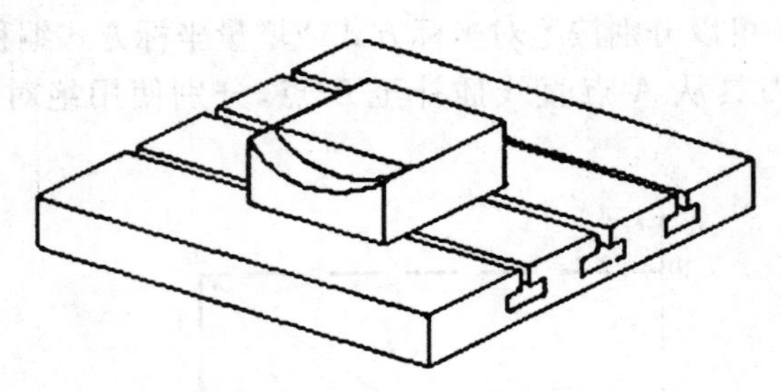

图 8-13　*XZ* 插补平面

$$G19\begin{Bmatrix}G02\\G03\end{Bmatrix}\ Y\_Z\_\begin{Bmatrix}R\_\\J\_K\_\end{Bmatrix}F\_;$$

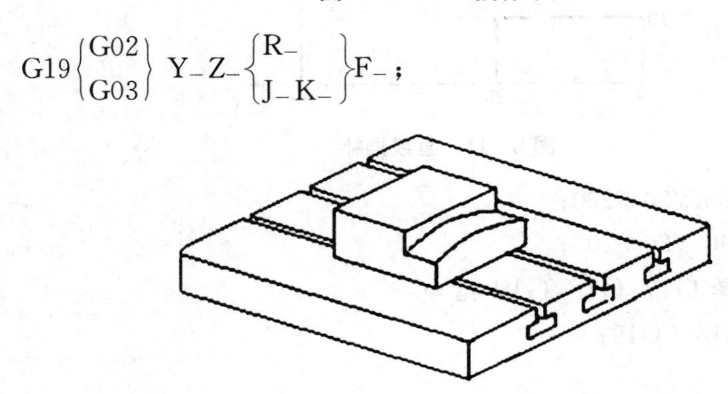

图 8-14　*YZ* 插补平面

指令说明：

(1) 圆弧的顺逆时针方向如图 8-15 所示，从圆弧所在平面的垂直坐标轴的负方向看去，顺时针方向为 G02，逆时针方向为 G03；

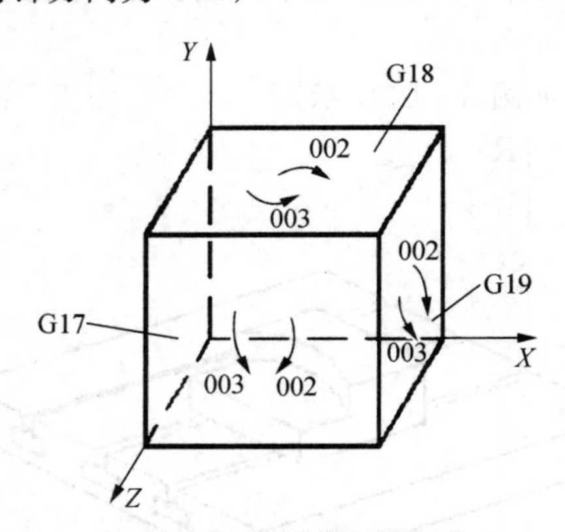

图 8-15　顺逆圆弧的区分

(2) *F* 规定了沿圆弧切向的进给速度；

(3) *X*、*Y*、*Z* 为圆弧终点坐标值，如果采用增量坐标方式 G91，*X*、*Y*、*Z* 表示圆弧终点相对于圆弧起点在各坐标轴方向上的增量；

(4) *I*、*J*、*K* 表示圆弧圆心相对于圆弧起点在各坐标轴方向上的增量，与 G90 或 G91 的定义无关，当 *I*、*J*、*K* 的值为零时可以省略；

(5) *R* 是圆弧半径，当圆弧所对应的圆心角为 0°～180°时，*R* 取正值；圆心角为 180°～360°时，*R* 取负值，在同一程序段中，如果 *I*、*J*、*K* 与 *R* 同时出现，则 *R* 有效。

如图 8－16 所示，设起刀点在坐标原点 O，刀具沿 A-B-C 路线切削加工，使用绝对坐标与增量坐标方式编程。

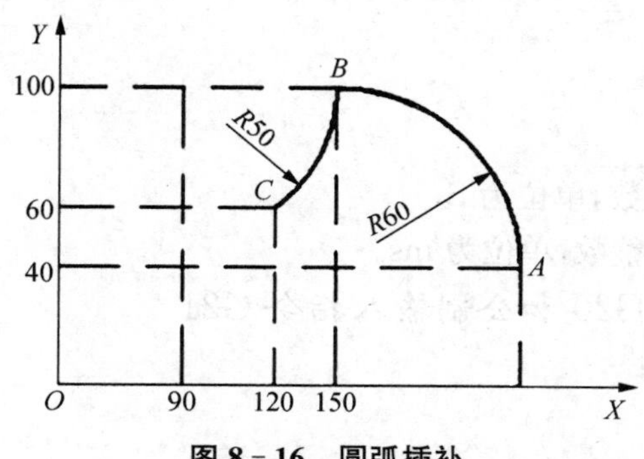

图 8－16　圆弧插补

绝对坐标编程

G92 X0 Y0 Z0；（设工件坐标系原点、机床坐标系原点与换刀点重合（参考点））

G90 G00 X200 Y40；（刀具快速移动至 A 点）

G03 X140 Y100 I-60；（或 R60）F100 ；

G02 X120 Y60 I-50；（或 R50）；

增量坐标编程

G92 X0 Y0 Z0；

G91 G00 X200 Y40；

G03 X-60 Y60 I-60（或 R60）F100；

G02 X-20 Y-40 I-50（或 R50）；

如图 8－17 所示，起刀点在坐标原点 O，从 O 点快速移动至 A 点，逆时针加工整圆，使用绝对坐标与增量坐标方式编程。

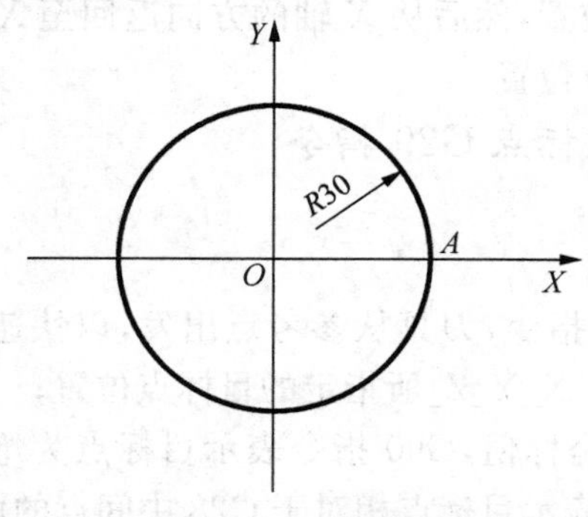

图 8－17　整圆加工

绝对坐标编程	增量坐标编程
G92 X0 Y0 Z0；	G92 X0 Y0 Z0；
G90 G00 X30 Y0；	G91 G00 X30 Y0；
G03 I-30 J0 F100；	G03 I-30 J0 F100；
G00 X0 Y0；	G03 I-30 J0 F100；

6）暂停指令 G04

指令格式

$$G04\begin{cases}X\_\ ;\\P\_\ ;\end{cases}$$

指令说明：

(1) 地址码 X 可用小数，单位为 S；

(2) 地址码 P 只能用整数，单位为 ms。

7）英制输入指令 G20 和公制输入指令 G21

指令格式：G20 /G21；

指令说明：

(1) G20、G21 是两个互相取代的 G 代码；

(2) G20 设定数据为英制量纲，G21 设定数据为公制量纲；

(3) 经设定后公制和英制量纲可混合使用。

8）自动返回参考点指令 G28

指令格式：G28 X_ Y_ Z_；

指令说明：

(1) 坐标值 X_Y_Z_为中间点坐标；

(2) 刀具返回参考点时避免与工件或夹具发生干涉；

(3) 通常 G28 指令用于返回参考点后自动换刀，执行该指令前必须取消刀具半径补偿和刀具长度补偿。G28 指令的功能是刀具经过中间点快速返回参考点，如果没有设定换刀点，那么参考点指的是回零点，即刀具返回至机床的极限位置；如果设定了换刀点，那么参考点指的是换刀点，通过返回参考点能消除刀具在运行过程中的插补累积误差。指令中设置中间点的意义是设定刀具返回参考点的走刀路线。如 G91 G28 X0 Z0 表示刀具先从 Y 轴的方向返回至 Y 轴的参考点位置，然后从 X 轴的方向返回至 X 轴的参考点位置，最后从 Z 轴的方向返回至 Z 轴的参考点位置。

9）从参考点移动至目标点 G29 指令

指令格式：G29 X_ Y_ Z_；

指令说明：

(1) 返回参考点后执行该指令，刀具从参考点出发，以快速点定位的方式，经过由 G28 所指定的中间点到达由坐标值 X_Y_Z_所指定的目标点位置；

(2) X_Y_Z_表示目标点坐标值，G90 指令表示目标点为绝对值坐标方式，G91 指令表示目标点为增量值坐标方式，表示目标点相对于 G28 中间点的增量；

(3) 如果在 G29 指令前，没有 G28 指令设定中间点，执行 G29 指令时，则以工件坐标系零点作为中间点。

如图 8-18 所示，刀具从 A 点经过中间点 B 返回参考点 R，换刀后再经过中间点 B 到 C 点定位，使用绝对坐标与增量坐标方式编程。

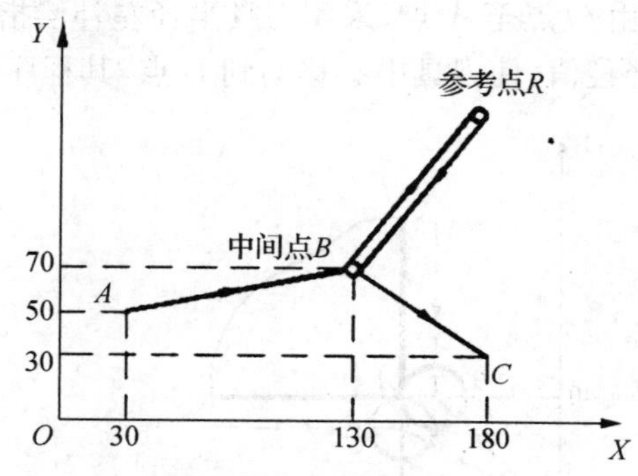

图 8-18　自动返回参考点

用绝对值方式编程

G90 G28 X130 Y70；(当前点 A→B→R)

M06；(换刀)

G29 X180 Y30；(参考点 R→B→C)

用增量值方式编程

G91 G28 X100 Y20；

M06；

G29 X50 Y-40；

若程序中无 G28 指令，则程序段"G90 G29 X180 Y30；"进给路线为 A→O→C。

10）刀具半径补偿 G41、G42 指令

指令格式

$$\begin{Bmatrix} G41 \\ G42 \end{Bmatrix} \begin{Bmatrix} G00 \\ G01 \end{Bmatrix} \quad X\_\ Y\_\ H(或\ D)\_\ ;$$

指令说明：

(1) X_ Y_表示刀具移动至工件轮廓上点的坐标值；

(2) H (或 D)_为刀具半径补偿寄存器地址符，寄存器存储刀具半径补偿值；

(3) 如图 8-19 所示，沿刀具进刀方向看，刀具中心在零件轮廓左侧，则为刀具半径左补偿，用 G41 指令(左图)，沿刀具进刀方向看，刀具中心在零件轮廓右侧，则为刀具半径右补偿，用 G42 指令(右图)；

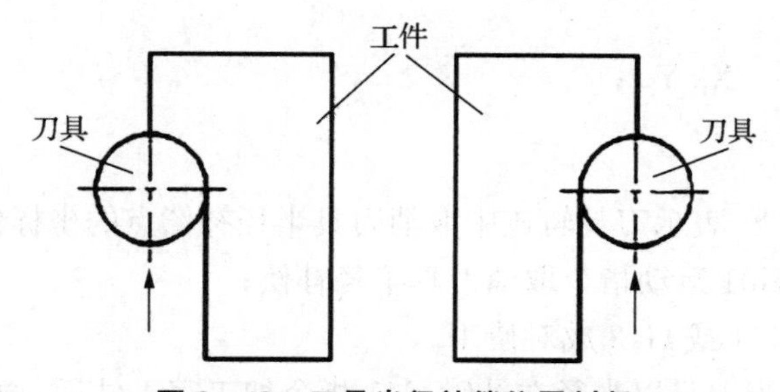

图 8-19　刀具半径补偿位置判断

(4) 通过 G00 或 G01 运动指令建立刀具半径补偿。

如图 8－20 所示，刀具由 O 点至 A 点，采用刀具半径左补偿指令 G41 后，刀具将在直线插补过程中向左偏置一个半径值，使刀具中心移动到 B 点，其程序段为：

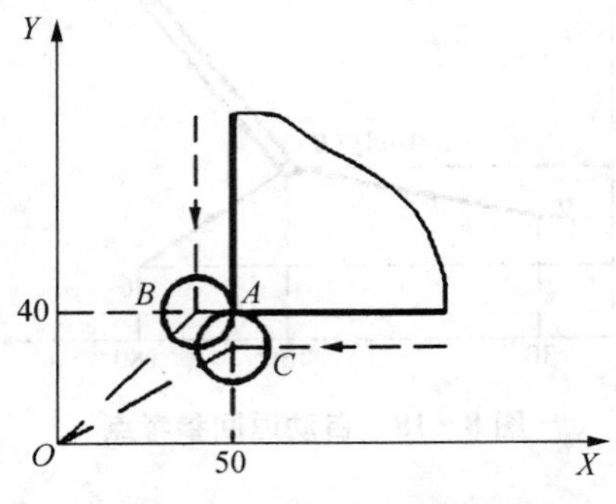

图 8－20　刀具半径补偿过程

G41　　G01　　X50　　Y40　　F100　　H01；

H01 为刀具半径偏置代码，偏置量（刀具半径）预先寄存在 H01 指令指定的寄存器中。

运用刀具半径补偿指令，调整刀具半径补偿值来补偿刀具的磨损量和重磨量，如图 8－21 所示，r_1 为新刀具的半径，r_2 为磨损后刀具的半径。此外运用刀具半径补偿指令，还可以实现使用同一把刀具对工件进行粗、精加工，如图 8－22 所示，粗加工时刀具半径 r_1 为 $r+\Delta$，精加工时刀具半径补偿值 r_2 为 r，其中 Δ 为精加工余量。

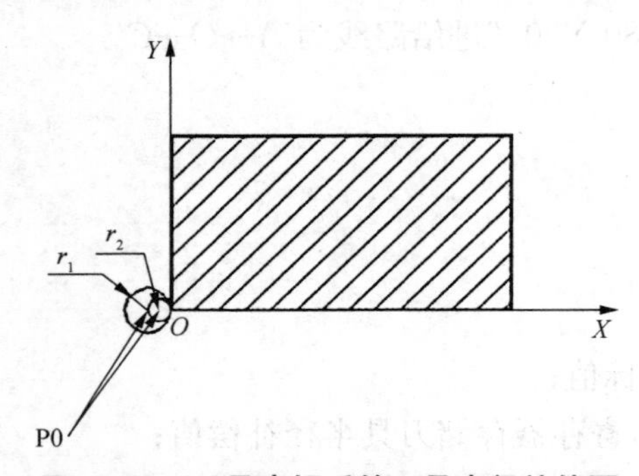

图 8－21　刀具磨损后的刀具半径补偿图

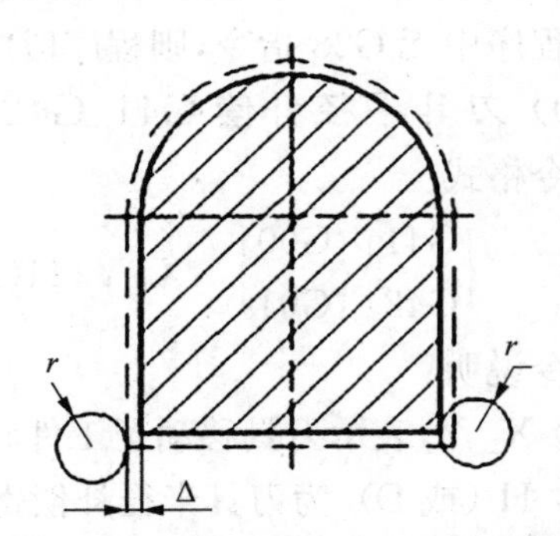

图 8－22　粗、精加工的刀具半径补偿图

11）取消刀具半径补偿指令 G40

指令格式：

$$\left\{\begin{matrix} \text{G00} \\ \text{G01} \end{matrix}\right\}\text{G40}\quad \text{X\_ Y\_};$$

指令说明：

(1) 指令中的 X_ Y_表示刀具轨迹中取消刀具半径补偿点的坐标值；

(2) 通过 G00 或 G01 运动指令取消刀具半径补偿；

(3) G40 必须和 G41 或 G42 成对使用。

如图 8－20 所示，当刀具以半径左补偿 G41 指令加工完工件后，通过图中 CO 段取消刀具半径补偿，其程序段为：

G40　G00　X0　Y0；

12）刀具长度补偿 G43、G44、G49 指令

指令格式：

$$\left.\begin{matrix}G43\\G44\\G49\end{matrix}\right\}\ Z\_\ H\_;$$

指令说明：

(1) G43 指令为刀具长度正补偿；

(2) G44 指令为刀具长度负补偿；

(3) G49 指令为取消刀具长度补偿；

(4) 刀具长度补偿指刀具在 Z 方向的实际位移比程序给定值增加或减少一个偏置值；

(5) 格式中的 Z 值是指程序中的指令值；

(6) H 为刀具长度补偿代码，后面两位数字是刀具长度补偿寄存器的地址符。

H01 指 01 号寄存器，在该寄存器中存放对应刀具长度的补偿值。H00 寄存器必须设置刀具长度补偿值为 0，调用时起取消刀具长度补偿的作用，其余寄存器存放刀具长度补偿值。

执行 G43 时：Z 实际值＝Z 指令值＋H_ 中的偏置值。

执行 G44 时：Z 实际值＝Z 指令值－H_ 中的偏置值。

图 8－23 所示，图中 A 点为刀具起点，加工路线为①→②→③→④→⑤→⑥→⑦→⑧→⑨。要求刀具在工件坐标系零点 Z 轴方向向下偏移3 mm，按增量坐标值方式编程（提示：把偏置量3 mm存入地址为 H01 的寄存器中）。

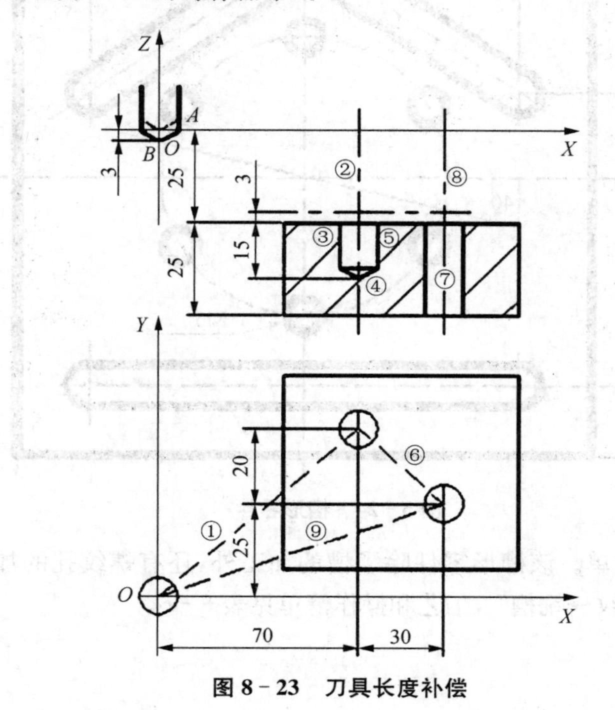

图 8－23　刀具长度补偿

程序如下：

N01 G91 G00 X70 Y45 S800 M03；

```
N02 G43 Z-22 H01;
N03 G01 G01 Z-18 F100 M08;
N04 G04 X5;
N05 G00 Z18;
N06 X30 Y-20;
N07 G01 Z-33 F100;
N08 G00 G49 Z55 M09;
N09 X-100 Y-25;
N10 M30;
```

8.5.3　例题

如图 8-24 所示的槽形零件，其毛坯为四周已加工的铝锭（厚为 20 mm），槽深 2 mm。编写该槽形零件加工程序。

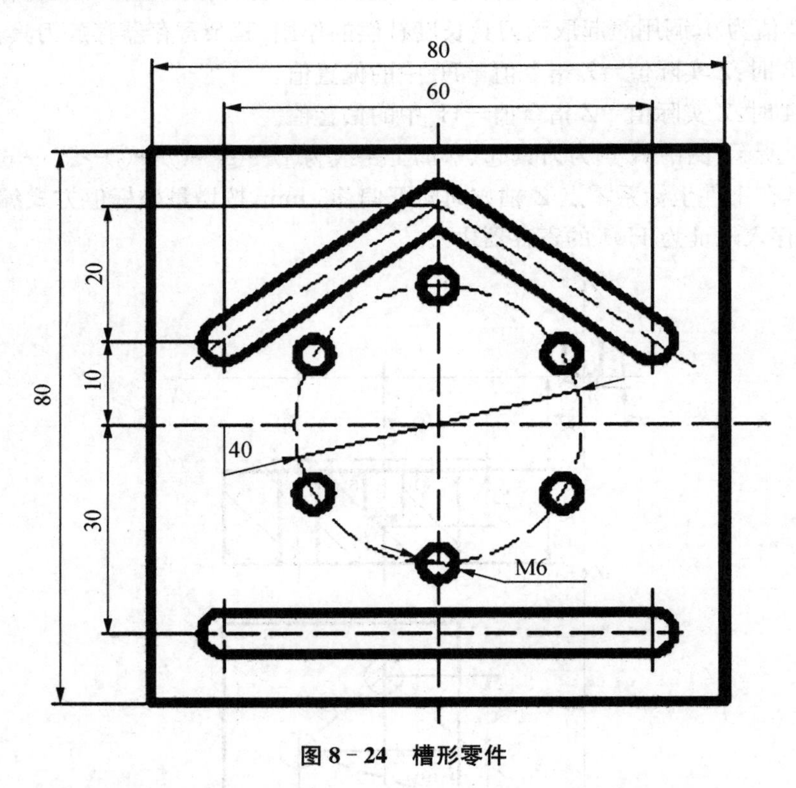

图 8-24　槽形零件

(1) 工艺和操作清单。该槽形零件除了槽的加工外，还有螺纹孔的加工。其工艺安排为“钻孔→扩孔→攻螺纹→铣槽”，工艺和操作清单见表 8-6。

表 8-6　槽形零件的工艺清单

材料	铝	零件号	001		程序号	0030
操作序号	内容	主轴转速 (r/min)	进给速度 (m/min)	刀具		
				号数	类型	直径(mm)
1	中心钻	1500	80	1	4 mm 钻头	4
2	扩钻	2000	100	2	5 mm 钻头	5
3	攻螺纹	200	200	3	M6 攻螺纹	6
4	铣斜槽	2300	100、180	4	6 mm 铣刀	6

(2) 程序清单及说明。该工件在数控铣钻床 ZJK7532A-2 上进行加工，程序见表 8-7。

表 8-7　槽形零件的加工程序

程　序	说　明
N10　G21	设定单位为 mm
N20　G40　G49　G80　H00	取消刀补和循环加工
N30　G28　X0　Y0　Z50	回参考点
N40　M00	开始 ϕ5 mm 钻孔
N50　M03　S1500	
N60　G90　G43　H01　G00　X0　Y20.0　Z10.0	快速进到 R 点，建立长度补偿
N70　G81　G99　X0　Y20.0　Z−7.0　R2.0　F80	G81 循环钻孔，孔深 7 mm，返回 R 点
N80　G99　X17.32　Y10.0	
N90　G99　Y−10.0	
N100　G99　X0　Y−20.0	
N110　G99　X−17.32　Y−10.0	
N120　G98　Y10.0	
N130　G80　M05	取消循环钻孔指令，主轴停
N140　G28　X0　Y0　Z50	回参考点
N150　G49　M00	开始扩孔
N160　M03　S2000	
N170　G90　G43　H02　G00　X0　Y20.0　Z10.0	
N180　G83　G99　X0 Y20.0 Z−12.0 R2.0 Q7.0　F100	G83 循环扩孔
N190　G99　X17.32 Y10.0	
N200　G99　Y−10.0	

续表

程序	说明
N210 G99 X0 Y−20.0	
N220 G99 X−17.32 Y−10.0	
N230 G98 Y10.0	
N240 G80 M05	取消循环扩孔指令,主轴停
N250 G28 X0 Y0 Z50	
N260 G49 M00	开始攻螺纹
N270 M03 S200	
N280 G90 G43 H03 G00 X0 Y20.0 Z10.0	
N290 G84 G99 X0 Y20.0 Z−8.0 R5.0 F200	G84 循环攻螺纹
N300 G99 X17.32 Y10.0	
N310 G99 X0 Y−20.0	
N320 G99 X−17.32 Y−10.0	
N330 G98 Y10.0	
N340 G80 M05	取消螺纹循环指令,主轴停
N350 G28 X0 Y0 Z50	
N360 G49 M00	铣槽程序
N370 M03 S2300	
N380 G90 G43 G00 X−30.0 Y10.0 Z10.0 H04	
N390 Z2.0	
N400 G01 Z0 F180	
N410 X0 Y40.0 Z−2.0	
N420 X30.0 Y10.0 Z0	
N430 G00 Z2.0	
N440 X−30.0 Y−30.0	
N450 G01 Z−2.0 F100	
N460 X30.0	
N470 G00 Z10.0 M05	
N480 G28 X0 Y0 Z50	
N490 M30	

8.6 加工中心

加工中心是一种高效、高精度且功能较全的数控机床,带有自动换刀装置及刀库。它是在镗铣类数控机床的基础上发展起来的,具有车削、铣削、镗削、钻削、螺纹加工等功能,通常在一次装夹后，可以连续、自动地完成多平面或多角度位置的多个工序的加工。与数控铣床相比，加工中心的工序更为集中，加工精度更高。其生产效率比普通机床高 5～10 倍，特别适宜加工形状复杂、精度要求高的单件或中小批量多品种产品。

8.6.1 加工中心分类和组成

按机床的形状分类，加工中心一般分为卧式加工中心、立式加工中心、龙门式加工中心和万能加工中心等；按工艺用途分类，加工中心一般分为镗铣加工中心和车削加工中心；按功能不同分为单工作台、双工作台和多工作台加工中心，单轴、双轴、三轴及可换主轴箱的加工中心等。

加工中心的外形各异，但从总体来看，主要由以下几大部分组成。

(1) 基础部件

基础部件由床身、立柱、工作台等组成，主要承受加工中心的静载荷和切削加工时产生的动载荷，所以要求基础部件有足够的刚度。

(2) 主轴部件

主轴部件主要由主轴箱、主轴电动机、主轴、主轴轴承等组成。

(3) 数控系统

单台加工中心的数控部分由 CNC 装置、可编程控制器、伺服驱动装置及电动机等部分组成。

(4) 自动换刀系统(含刀库)

自动换刀系统是加工中心区别于其他数控机床的典型装置，它解决了多工序连续加工中工序与工序间的刀具自动储存、选择、搬运和交换问题。

(5) 自动托盘交换系统

有的加工中心为了实现进一步的无人化运行或进一步缩短非切削时间，采用多个自动交换工作台储备工件。

8.6.2 加工中心编程

加工中心除了具有直线插补和圆弧插补功能外，还具有各种加工固定循环、加工过程图形显示与编程、人机对话、故障自诊等功能。因此，加工中心配置的数控系统通常档次较高，功能较强大。不同的加工中心的数控系统，其代码指令差别很大，特别是一些扩展功能和选择功能，使用前要详细阅读数控系统的相关指令代码。

配备 FANUC oi Mate 数控系统的加工中心常用编程指令和编程特点等可参考数控铣床，在此不再叙述。

思考题

1. 简述数控车床的加工对象。
2. 数控加工系统由哪几部分组成？
3. 数控机床加工有何特点？

4. 编写如下图所示工件的加工程序。

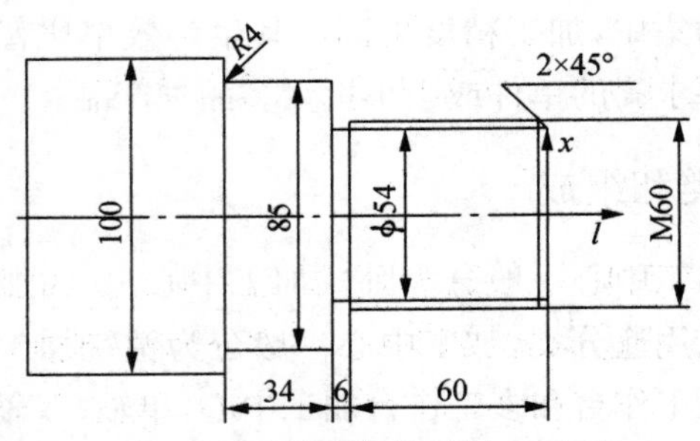

5. 如下图所示零件的毛坯为 ϕ 72×150,试编写其粗、精加工程序。

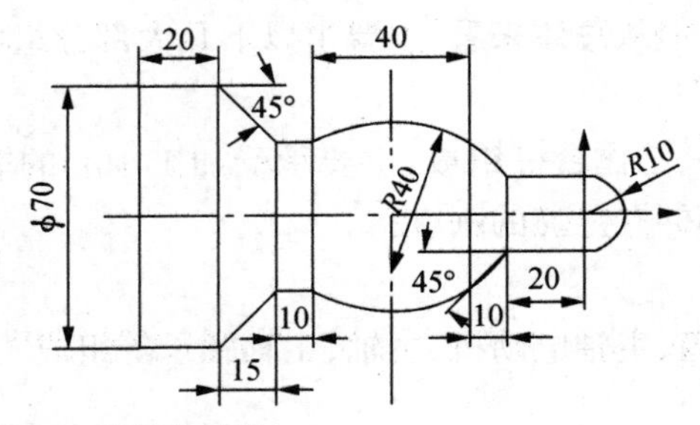

6. 什么是刀具的半径补偿和刀具长度补偿?

7. G90 X20.0 Y15.0 与 G91 X20.0 Y15.0 有什么区别?

8. 简述 G00 与 G01 程序段的主要区别。

9. 刀具返回参考点的指令有几个？各在什么情况下使用?

10. 加工中心由哪些部分组成?

本章参考文献

[1] 段好运. 机床数控技术在智能制造中的应用探讨[J]. 中国设备工程，2021(14)：257-258.

[2] 毕海霞. 工程训练[M]. 北京：机械工业出版社，2019：226-227.

[3] 张学军. 工程训练与创新[M]. 北京：人民邮电出版社，2020.

第九章 特种加工

9.1 知识点及安全要求

9.1.1 知识点

(1) 了解电火花成形加工的特点；

(2) 掌握电火花线切割的编程方法；

(3) 能够正确操作电火花线切割机床；

(4) 掌握电解加工、激光加工、超声波加工的特点和应用范围。

9.1.2 安全要求

(1) 操作者必须熟悉有关机床特性和加工工艺，合理选取加工参数，并严格按规定顺序操作，未得到实习指导人员许可，不得擅自开动机床；

(2) 加工前应正确安装工件，防止与运动部件碰撞或超越机床工作行程；

(3) 及时添加和更换工作液，并保持工作液循环系统的畅通及正常工作，特别是电火花成形加工时，工作液面必须高于工件 30～100 mm；

(4) 每天实习结束后，应关掉总电源，并按规定做好整理工作和实习场所的清洁卫生工作。

9.2 概述

特种加工泛指用电能、热能、流体能、光能、声能、化学能及机械能等能量实现去除或增加材料的工艺方法来完成对零件的加工成型，为了区别于现有的金属切削方法（即传统的加工方法），国际上比较习惯于称之为“非传统加工”。

特种加工在加工机理和加工形式上与传统切削和成形加工有着本质的区别，主要体现在以下几点：

(1) 不能只用机械能，与加工对象的力学性能无关。故可加工各种硬、软、脆、热敏、耐腐蚀、高熔点、高强度、特殊性能的金属和非金属材料。

(2) 非接触加工。加工时不一定需要工具，有的虽使用工具，但与工件不接触。因此，工件不承受大的作用力，工具硬度可低于工件硬度，故使刚性极低元件及弹性元件得以加工。

(3) 微细加工。加工余量微细，可加工微孔或窄缝，加工质量好。

(4) 无机械应变或大面积的热应变，表面粗糙度好，热应力、残余应力、冷作硬化等小，尺寸稳定性好。

(5) 特种加工对简化加工工艺、变革新产品的设计及零件结构工艺性等产生积极的影响。

随着科技与生产的发展,许多现代化工业产品要求具有高强度、高硬度、耐高温、耐低温、耐高压等技术性能,为适应上述各种要求,需要采用一些新材料、新结构,这对机械加工提出了许多新问题。特种加工工艺正是在这种新形势下发展起来的。

在生产中常用的特种加工技术有电火花及线切割加工、激光加工、电解加工及电解磨削和超声波加工,此外还有电子束加工、离子束加工、等离子弧加工和超高压水射流加工等。本章主要对常用的几种特种加工技术进行详细的介绍。

9.3 电火花及线切割

9.3.1 电火花加工的原理

电火花加工又称放电加工,它是在加工过程中使工件和工具之间不断产生脉冲性火花放电,靠放电时的局部瞬间高温把金属材料蚀除的。

电火花加工是基于在绝缘的工作液中工具和工件(正、负电极)之间脉冲性火花放电局部、瞬时产生的高温,使工件表面的金属熔化、汽化,并抛离工件表面的原理(图 9-1)。利用这一电腐蚀现象来蚀除多余的金属,以达到对零件的尺寸、形状及表面质量预定的加工要求。电腐蚀现象早在 19 世纪初就被人们发现了,例如在电插头或电器开关触点开、闭时,往往产生火花而把接触表面烧毛、腐蚀成粗糙不平的凹坑而逐渐损坏。长期以来电腐蚀一直被认为是一种有害的现象,人们不断地研究电腐蚀的原因并设法减轻和避免它。

研究结果表明,电火花腐蚀的主要原因是:电火花放电时火花通道中瞬时产生大量的热,足以使任何金属材料局部熔化、汽化而被蚀除掉,形成放电凹坑。这样,人们在研究抗腐蚀办法的同时,开始研究利用电腐蚀现象对金属材料进行尺寸加工。要达到这一目的,必须创造条件,解决下列问题:

(1) 必须使工具电极和工件被加工表面之间保持一定的放电间隙。这一间隙随加工条件而定,通常约为几微米至几百微米。如果间隙过大,极间电压不能击穿极间介质,因而不会产生火花放电。如果间隙过小,很容易形成短路接触,同样也不能产生火花放电。为此,在电火花加工过程中必须具有工具电极的自动进给和调节装置。

(2) 火花放电必须是脉冲性放电。延续一段时间后,需停歇一段时间,这样才能使放电所产生的热量来不及传导扩散到其余部分,把每一次的放电点分别局限在很小的范围内,否则,像持续电弧放电那样,使表面烧伤而无法用作尺寸加工。为此,电火花加工必须采用脉冲电源。

(3) 火花放电须在一定的绝缘介质中进行,例如煤油、乳化液和去离子水等。液体介质也称为工作液,必须具有较高的绝缘强度,以利于产生脉冲性火花放电。同时使放电产生的热量和腐蚀下来的材料排除出去,并对工件和工具进行冷却,因此需要工作液循环系统。

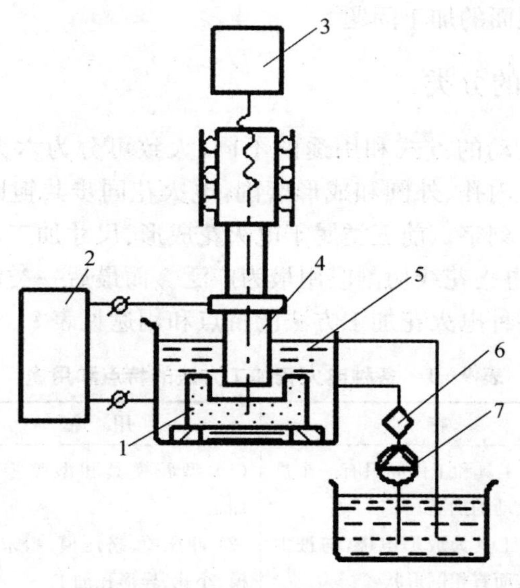

图 9-1　电火花加工原理示意图

1—工件；2—脉冲电源；3—自动进给调节系统；
4—工具电极；5—工作液；6—过滤器；7—工作液泵

解决以上三个问题需要相应的三个系统，即伺服进给系统、脉冲电源和工作液循环系统，这些构成了电火花加工设备的基础。

9.3.2　电火花加工的特点

1）电火花加工的主要优点

（1）适合于难加工的导电材料的加工。由于电火花加工是靠放电时产生的热，使工件材料熔化、汽化而去除材料的，所以加工只跟材料的热力学性能有关，如熔点、沸点、比热容、热导率、电阻率等，而与材料的力学性能无关。无论材料的强度、硬度、塑性、韧性如何，都不影响加工，这样可以突破传统切削加工刀具必须比工件硬度大的限制，从而实现了以软克硬。目前采用的工具电极材料一般为石墨或纯铜。

（2）可以加工特殊及复杂形状的零件。由于工具和工件是非接触式的，相互之间没有宏观作用力，因此适合加工低刚度零件和细微加工；而工具的形状可以任意的复制，可加工复杂型面的工件。

2）电火花加工的局限性

（1）只能加工导电材料。如果加工非导电材料和半导体，则需要经过相应的处理。

（2）加工速度慢。但最近的一些研究表明，用特殊水基不燃工作液进行电火花加工，生产率极高，甚至大于切削加工。所以一般情况下，工艺安排时都会将大部分加工余量在切削加工中完成，然后再进行电火花加工，以提高总体加工效率。

（3）存在电极的损耗。特别是在尖角和底面的电极损耗更大，从而影响加工精度。但是近年来粗加工的电极相对损耗率可以控制在0.1%以内。

由于电火花加工有许多传统切削加工无法比拟的优点，其应用领域日益扩大，目前已广泛应用于机械（特别是模具制造）、航空航天、电子电器、仪器仪表、汽车、摩托车、轻工等，以解决难加工材料和复杂型面的加工问题。

9.3.3 电火花加工的分类

按电极之间的相对运动的方式和用途的不同，大致可分为六大类：电火花穿孔成形加工，电火花线切割，电火花内孔、外圆和成形磨削，电火花同步共轭回转加工，电火花高速小孔加工，电火花表面强化、刻字。前五类属于电火花成形、尺寸加工，是用于改变零件形状和尺寸的加工方法，其中的电火花线切割应用最为广泛。而最后一类属于表面加工方法，是用于改变工件表面性质。各种电火花加工方法的特点和用途见表 9-1。

表 9-1 各种电火花加工方法的特点和用途

类别	工艺方法	特 点	用 途	备 注
1	电火花穿孔、成形	(1) 工具和工件间只有一个进给运动的加工 (2) 工具为成形电极，与被加工表面有相同形状	(1) 型腔模具和型腔零件的加工 (2) 冲压模、挤压模、粉末冶金模、小孔、异形孔加工	约占电火花加工机床的 30% 典型：D7125、D7140
2	电火花线切割	(1) 工具为运动的丝状电极 (2) 工具和工件在两个方向有相对的移动	(1) 切割各种冲模和直纹面零件 (2) 下料、裁割和窄缝等加工	约占电火花加工机床的 60% 典型：DK7725、DK7740
3	电火花内外圆和成形加工	(1) 工具与工件相对转动 (2) 工具与工件间有径向和轴向进给	(1) 高精度、表面粗糙的孔的加工，如拉丝模 (2) 外圆、小模数滚刀	约占电火花加工机床的 3% 典型：D6310
4	电火花同步共轭回转加工	(1) 成形工具与工件做啮合运动，接近点放电，且有相对切向运动 (2) 有纵向和横向进给	高精度的异形齿轮和外回转体表面的加工	约占电火花加工机床的 1% 典型：JN-2、JN-8
5	电火花高速打小孔	(1) 管形电极，管内高压工作液，电极旋转 (2) 穿孔速度高达 60 mm/min	(1) 线切割穿丝孔加工 (2) 深小孔加工	约占电火花加工机床的 2% 典型：D7003A
6	电火花表面强化、刻字	(1) 工具在工件表面振动 (2) 工具相对工件移动	(1) 工模具刃口和表面的强化和镀覆 (2) 刻字、打标记	约占电火花加工机床的 2%～3% 典型：D9105

9.3.4 电火花加工的应用

1) 冲压模穿孔加工

用电火花加工冲模，主要有以下优点：

(1) 可以淬火后加工，减少变形、残余应力和裂纹的产生。

(2) 冲模的配合间隙均匀，间隙大小可根据冲压要求选择电参数而确定；且刃口质量好，较耐磨。

(3) 二次放电所引起的加工斜度恰可作为刃口斜度和落料角。

(4) 不受模具材料的限制，如硬质合金模具的加工，不仅加工速度高，加工质量也很好。

(5) 对于形状复杂的模具，可以不用镶拼结构，而采用整体式，简化模具结构，提高模具强度。

(6) 凸模和凹模加工的工具电极同时加工，利用电规准控制模具的间隙。

凹模的尺寸精度主要靠工具电板来保证。因此，对工具电板的精度和表面粗糙度都应有一定的要求。如凹模的尺寸为 L_2，工具电极相应的尺寸为 L_1(图 9－2)，单边火花间隙值为 S_L，则 $L_2=L_1+2S_L$。

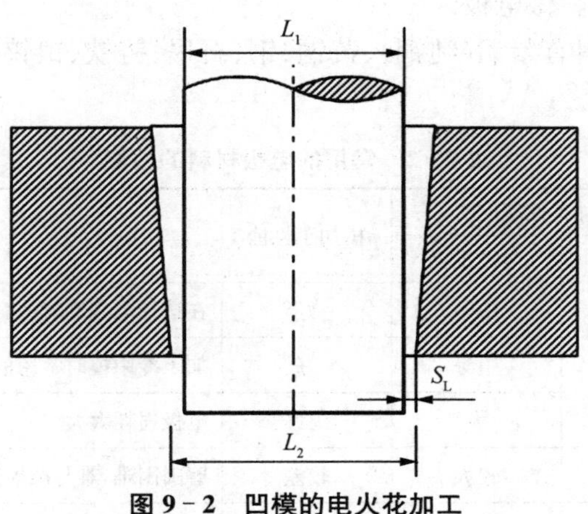

图 9－2　凹模的电火花加工

2) 型腔模成形加工

图 9－3 为型腔模的凹模示意图，其中间部分采用电火花成形加工，四周的通孔采用穿孔加工。电火花成形加工和穿孔加工相比有下列特点：

(1) 成形加工为盲孔加工，工作液循环困难，电蚀产物排除条件差。

(2) 型腔轮廓形状不同，结构复杂。加工中电极的长度和型面损耗不一，故损耗规律复杂，因此型腔加工的电极损耗较难进行补偿。

(3) 材料去除量大，表面粗糙度要求严格。

(4) 加工面积变化大，要求电规准的调节范围相应也大。

电火花的电极如图 9－4 所示。

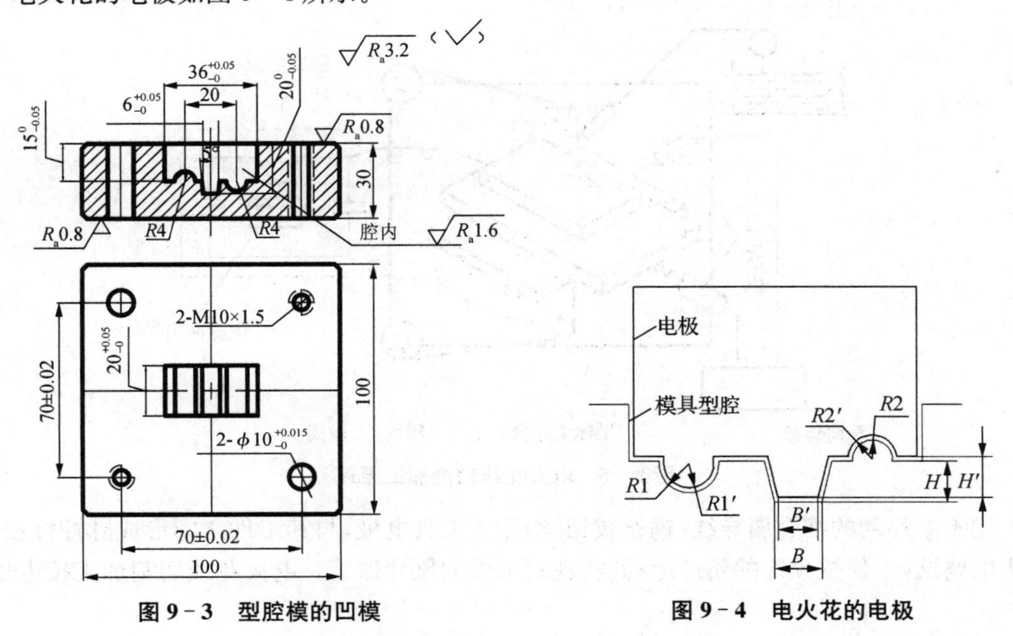

图 9－3　型腔模的凹模　　**图 9－4　电火花的电极**

3）电极材料选择

从理论上讲，任何导电材料都可以做电极。但不同的材料做电极对于电火花加工速度、加工质量、电极损耗、加工稳定性有重要的影响。因此，在实际加工中，应综合考虑各个方面的因素，选择最合适的材料做电极。

目前常用的电极材料有紫铜（纯铜）、黄铜、钢、石墨、铸铁、银钨合金、铜钨合金等，材料的性能如表 9－2 所示。

表 9－2　常用的电极材料的性能

电极材料	电加工性能		机加工性能	说明
	稳定性	电极损耗		
钢	较差	中等	好	在选择电规准时注意加工稳定性
铸铁	一般	中等	好	加工冷中模时常用的电极材料
黄铜	好	大	尚好	电极损耗太大
紫铜	好	较大	较差	磨削困难，难与凸模连接后再加工
石墨	尚好	小	尚好	机械强度较差，易崩角
铜钨合金	好	小	尚好	价格贵，在深孔、直壁孔、硬质合金模具加工中使用
银钨合金	好	小	尚好	价格贵，一般少用

9.3.5　电火花线切割的原理

电火花线切割加工是在电火花加工的基础上发展起来的一种工艺形式，是用线状电极（钼丝或铜丝）靠电火花放电腐蚀对工件进行切割，简称线切割（图 9－5）。目前已在机械制造领域得到了十分广泛的应用，线切割加工机床占电火花加工机床的 60％以上。

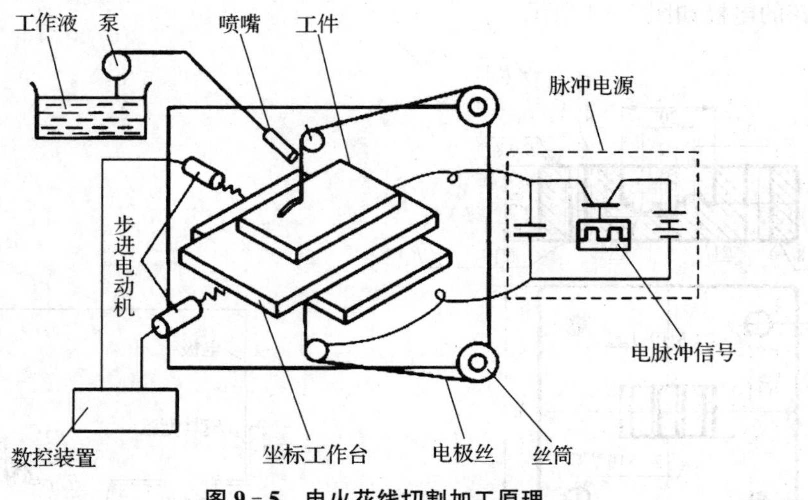

图 9－5　电火花线切割加工原理

用不断移动的细金属导线（铜丝或钼丝）作为工具电极，与其工件之间形成脉冲性放电，产生电腐蚀，工件按预定的轨迹运动，实现对工件的尺寸加工。电火花线切割加工按电极丝运行的速度分为两类:一类是高速走丝电火花线切割加工机床;一类是低速走丝电火花线切割加工机床。电火花线切割运丝机构如图 9-6 所示。

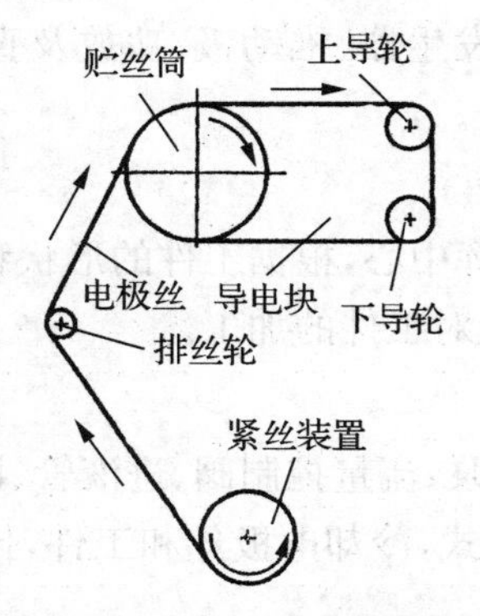

图 9-6 电火花线切割运丝机构

9.3.6 电火花线切割的特点

1) 与电火花成形加工的共性

(1) 线切割加工的电压、电流波形与电火花成形加工相似。

(2) 线切割加工的加工机理、生产率、表面粗糙度等工艺规律,材料的可加工性等也与电火花成形加工基本相似。

2) 与电火花成形加工的不同点

(1) 由于电极工具是直径细小的细丝,加工工艺参数的范围小,属中、精正极性电火花加工,工件常接电源正极。

(2) 选用水基乳化液或去离子水作为工作液,加工过程中不易引发火灾,同时还可节约资源。另外,线切割加工还具有操作方便、加工自动化程度高等特点。

(3) 不需要制作专门的工具电极,不同形状的图形只需编制不同的程序。省去了电极设计与制造的费用。

(4) 由于电极是运动着的长金属丝,单位长度电极丝损耗较小,故加工精度高,可达 0.01 mm或更好。还能加工细小的内、外成形表面,线切割加工的凸模与凹模形状精确,间隙均匀。

(5) 由于电极丝比较细,可以加工微细异形孔、窄缝和复杂形状的工件。可对工件材料进行"套料"加工,材料利用率高。

9.3.7 电火花线切割机床的组成

1) 机床本体

(1) 床身是坐标工作台、运丝机构、丝架的支撑和固定的基础,要有足够的刚度和强度。

(2) 坐标工作台大多采用 X、Y 方向线性运动。坐标工作台的纵、横滑板是沿着导轨往复移动的,对导轨的精度、刚度、耐磨性有较高的要求,导轨还应使滑板运动灵活、平稳。

(3) 运丝机构:高速走丝运丝机构由贮丝筒组件、上下滑板、齿轮副、丝杠副、换向装置等部分组成。

2）脉冲电源

脉冲电源又称高频电源，是数控电火花线切割机床的主要组成部分，也是影响线切割加工工艺指标的主要因素。由脉冲发生器、推动极、功放及直流电源四部分组成，主要有晶体管脉冲电源、高频分组脉冲电源等。

3）数控系统

数控系统是线切割机床的指挥中心，根据工件的形状和尺寸要求，自动控制电极丝相对工件的运动轨迹和进给速度，实现对工件的加工。

4）工作液循环系统

(1) 组成：工作液箱、工作液泵、流量控制阀、进液管、回流管及过滤罩等。

(2) 作用：采用浇注式供液方式，冷却电极丝和工件，排除电蚀产物，保证火花放电持续稳定。

9.3.8　电火花线切割的编程方法和实例

线切割机床控制系统是按照人的命令去控制机床加工的，因此必须事先将要切割的图形，用机器所能接受的语言编排成指令，这项工作叫数控线切割编程。线切割机床所用的程序格式主要有ISO格式、3B/4B格式、EIA格式等。本节将介绍目前使用最为广泛的ISO格式、3B/4B格式。

1）ISO编程

一个完整的零件加工程序由多个程序段组成，一个程序段由若干个代码字组成，每个代码字由一个地址(用字母表示)和一组数字组成，有些数字还带有符号。例如，G01总称为字，G为地址，而01为数字组合。

现对ISO格式进行简单的论述。

(1) ISO格式主要有两种指令，G指令和M指令。其中G指令为加工控制指令，而M指令为操作控制指令。

(2) ISO格式中，加工程序由若干个称为段的指令组成，而段的组成为：

N0000	G00	X0000000	Y0000000	I0000000	J0000000	EOB
段号	准备功能	X坐标	Y坐标	圆心X坐标	圆心Y坐标	结束
N0020	G03	X－20.0	Y20.0	I－30.0	J－10.0	

这里，N为程序段号地址，段号范围0001～9999。G00为G代码，如G00为定位指令，G01～G03为插补指令，G40～G42为电极丝偏移指令，G20～G22为循环指令，G50～G52为锥度切割指令，G90、G91为相对坐标指令，G92～G96为设置坐标系统指令。M指令中，M00为程序设定停止指令，M01为选择性暂停指令，M02为程序结束指令。

此外，地址T用于指定操作面板上的相应动作控制，如T80表示送丝，T81表示停止送丝。地址D、H用于指定补偿量，如D0001或H001表示取1号补偿值。地址L用于指定子程序的循环执行次数，如L3表示循环3次。

A350数控电火花线切割机床常用代码见表9－3。

表 9-3　A350 数控电火花线切割机床常用代码

代码	功能	代码	功能
G40	取消电极丝补偿	T82	加工液保持 OFF
G41	电极丝半径左补	T83	加工液保持 ON
G42	电极丝半径右补	T84	打开喷液指令
G50	取消锥度补偿	T85	关闭喷液指令
G51	锥度左倾斜(沿电极丝行进方向,向左倾斜)	T86	送电极丝(阿奇公司)
G52	锥度右倾斜(沿电极丝行进方向,向右倾斜)	T87	停止送丝(阿奇公司)
G84	自动取电极垂直	T80	送电极丝(沙迪克公司)
T96	送液 ON,向加工槽中加液体	T81	停止送丝(沙迪克公司)
T97	送液 OFF,停止向加工槽中加液体	T90	AWTI,剪断电极丝
T91	AWTII,使剪断后的电极丝用管子通过下部		

(3) ISO 编程实例

例 9-1　编程加工如图 9-7 所示凹凸模具。其中凹凸模的单边间隙为 0.03 mm,采用直径为 0.18 mm 的电极丝,放电间隙为单边 0.015 mm。从 A 点开始沿箭头方向切割,凹凸模的尺寸用双点划线表示。

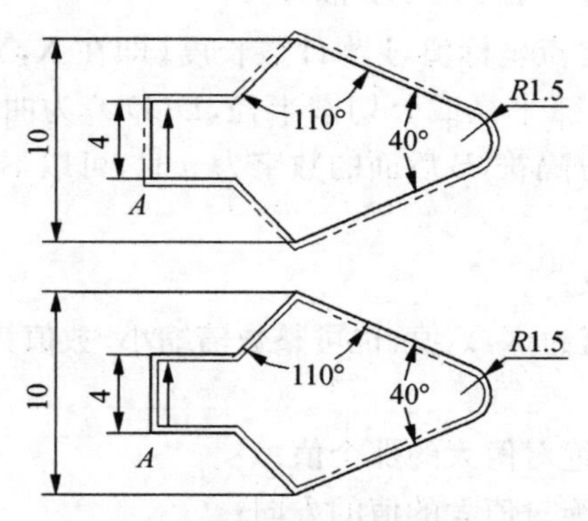

图 9-7　线切割凹凸模具

线切割凸模程序如下:

```
N0010   T84   T86   G90   G92   X0.000   Y0.000;
N0020   G01   X0.000   Y4.240;
N0030   G01   X4.064   Y4.240;
N0040   G01   X6.599   Y7.262;
N0050   G01   X16.543   Y3.642;
N0060   G02   X16.543   Y0.598   I－0.554   J－1.522;
N0070   G01   X6.599   Y－3.022;
N0080   G01   X4.064   Y0.000;
N0090   G01   X0.000   Y0.000;
N0100   T85   T87   M02;
```

线切割凹模程序如下：

N0010　T84　T86　G90　G92　X0.000　Y0.000；
N0020　G01　X0.000　Y3.760；
N0030　G01　X3.936　Y3.760；
N0040　G01　X6.435　Y6.738；
N0050　G01　X16.221　Y3.177；
N0060　G02　X16.221　Y0.583　I−0.472　J−1.297；
N0070　G01　X6.435　Y−2.978；
N0080　G01　X3.936　Y0.000；
N0090　G01　X0.000　Y0.000；
N0100　T85　T87　M02；

2）3B 编程

在国产高速走丝机床上一般用 3B 格式（或扩充为 4B、5B），但一般也兼容 ISO 格式。但在老式机床上往往只能使用 3B 格式。

（1）3B/4B 程序格式

3B 格式：BX　BY　BJ　G　Z

4B 格式：BX　BY　BJ　BR G　D(DD)z

其中：(X,Y)为起点或终点坐标值，J 为计数长度（即在 X,Y 上的投影长度），G 为计数方向，Z 为轨迹类型，R 为圆弧半径或公切圆半径，D(DD)为曲线形式，它决定着补偿的方向，D 为凸，DD 为凹。B 为分隔符，B 后面的数字为 0 时，可以不写。

（2）直线编程

① 以直线的起点为原点；

② 直线终点坐标绝对值为 X,Y 值，也可整数倍缩小，数值为 0 时可以不写，但必须保留分隔符 B；

③ 计数长度为 X、Y 中绝对值大的那个值；

④ 计数方向为 X、Y 中绝对值大的值的方向；

⑤ 按象限分 L_1、L_2、L_3、L_4，与 +X 轴一致的为 L_1。

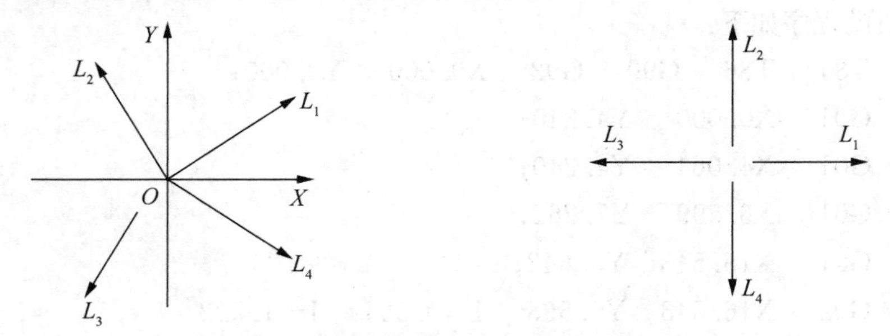

图 9－8　直线加工指令

（3）圆弧编程

① 以圆弧的圆心为原点；

② 以圆弧起点坐标的绝对值为 X、Y 值，也可整数倍缩小；

③ 计数长度为计数方向上的投影值，如圆弧跨越多象限，则整数倍缩小。将各个象限上的计数长度的绝对值进行累加；

④ 计数方向为圆弧终点坐标绝对值小的坐标轴的方向；

⑤ 按象限和逆顺时针分 SR_1、SR_2、SR_3、SR_4、NR_1、NR_2、NR_3、NR_4。跨象限时以圆弧起点为准。

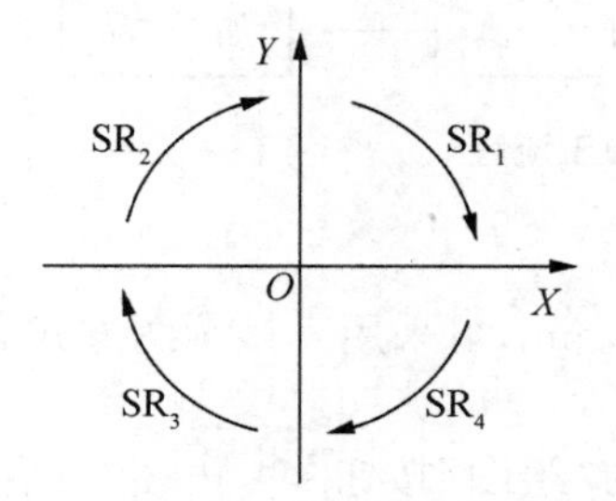

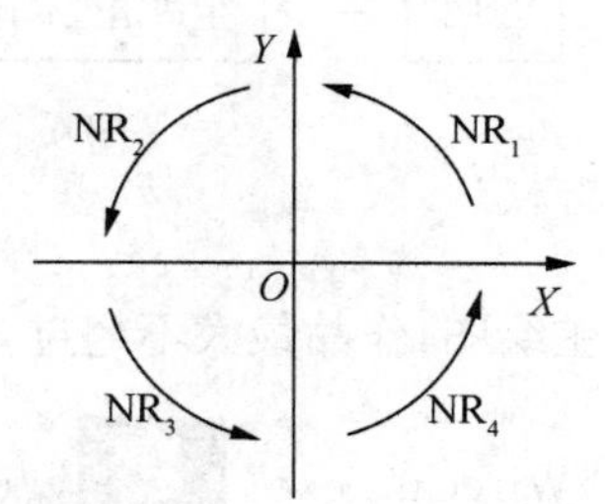

图 9－9　圆弧加工指令

(4) 3B 编程实例

例 9－2　编制加工如图 9－10 所示的线切割加工程序。已知线切割加工用的电极丝直径为 0.18 mm，单边放电间隙为 0.01 mm，图中 A 点为穿丝孔，加工方向为逆时针方向。

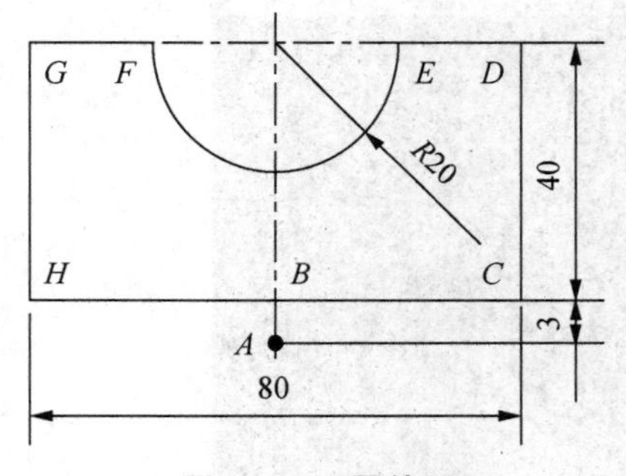

图 9－10　零件图

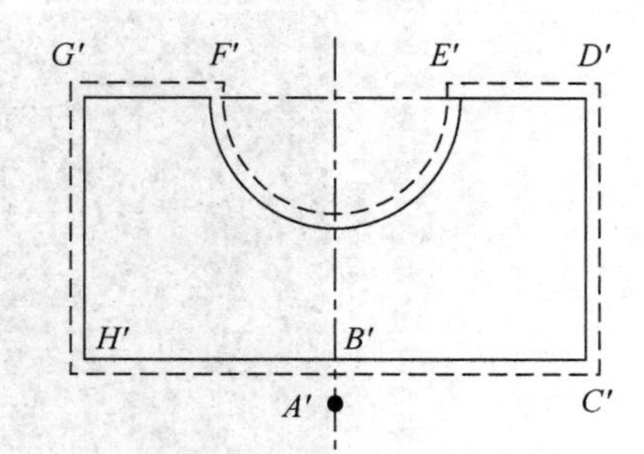

图 9－11　钼丝轨迹图

表 9－4　线切割轨迹 3B 编程

AB′	B	0	B	2 900	B	2 900	G	Y	L	2
B′C′	B	40 100	B	0	B	40 100	G	X	L	1
C′D′	B	0	B	40 200	B	40 200	G	Y	L	2
D′E′	B	20 200	B	0	B	20 200	G	X	L	3
E′F′	B	19 900	B	100	B	40 000	G	Y	SR	1
F′G′	B	20 200	B	0	B	20 200	G	X	L	3
G′H′	B	0	B	40 200	B	40 200	G	Y	L	4
H′B′	B	40 100	B	0	B	40 100	G	X	L	1
B′A	B	0	B	2 900	B	2 900	G	Y	L	4

9.3.9 电火花线切割加工实训

实训设备为数控电火花线切割加工机床一台、数控专用工业计算机一台，按照线切割加工流程，实训的内容分为如图 9－12 所示的 4 个步骤。

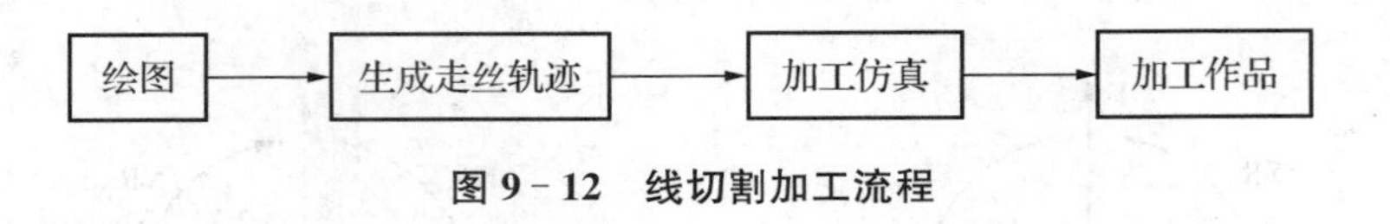

图 9－12 线切割加工流程

1）绘图

本实训自主绘图，作品最大不超过 40 mm×40 mm，可采用直接画图方式完成。

打开软件“WireCut. exe” ，点击工具栏的“绘图”按钮 ，进入绘图界面，如图 9－13 所示。

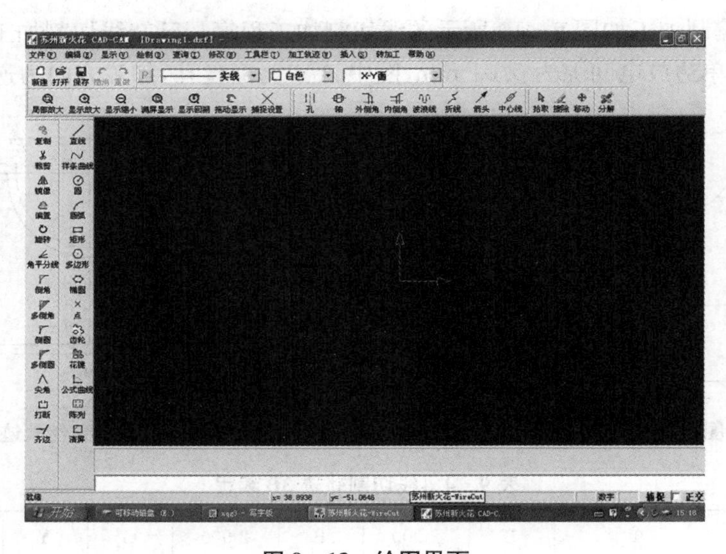

图 9－13 绘图界面

绘图时，根据需要可单击状态工具栏对应的按钮，常用的图形有直线、样条曲线、圆、圆弧等。

绘制完成后需进行尺寸标注，图形最大尺寸不能超过 40 mm×40 mm。图形绘制完成后，若需存储，存储为“dxf”格式。

2）生成走丝轨迹

图形绘制完成后，需对走丝路径进行设定。

（1）首先选择“加工轨迹”菜单中的“轨迹生成”选项，如图 9－14 所示。

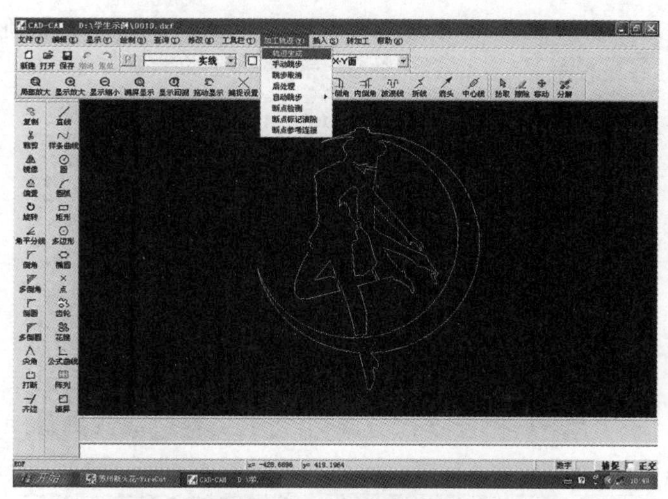

图 9-14　走丝轨迹生成

(2) 在“轨迹生成”窗口中设置参数,如图 9-15 所示。

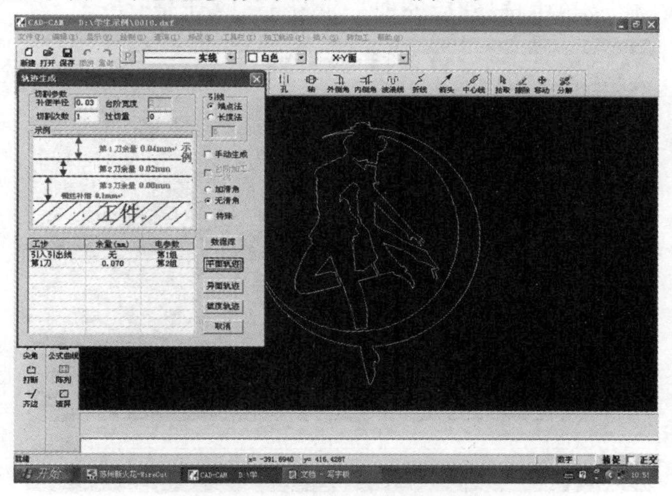

图 9-15　轨迹生成参数设置

(3) 单击图形最左侧交点作为穿丝点,再次单击此点,选取切入点,如图 9-16 所示。

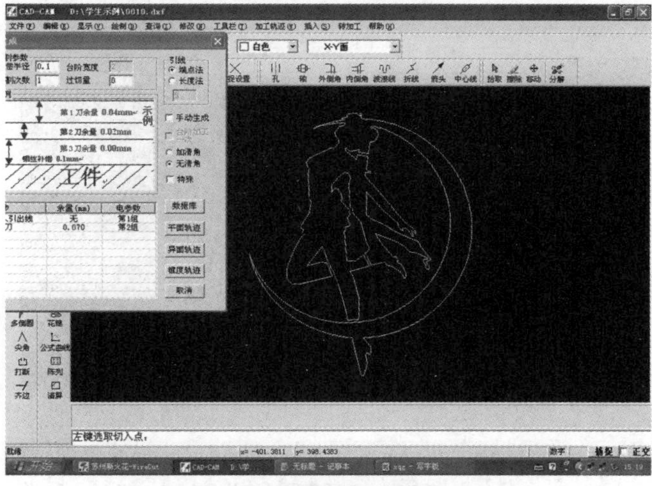

图 9-16　选取穿丝点和切入点

(4) 单击左键以切换加工方向，出现如图 9－17 所示箭头，单击右键确定加工方向。

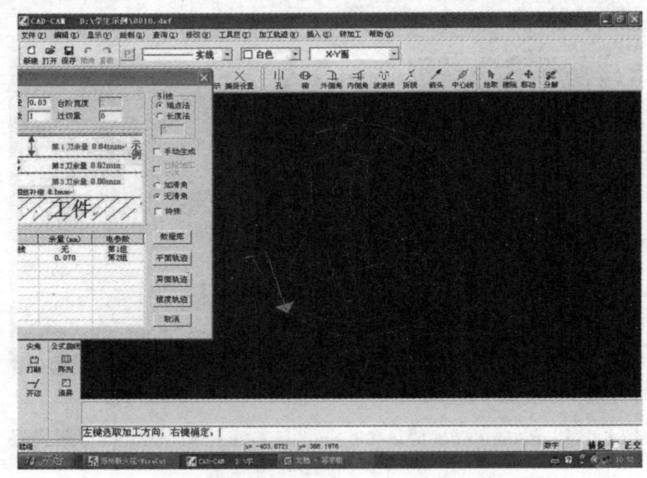

图 9－17　选取加工方向

(5) 在“加工轨迹”菜单中选择“后处理”，如图 9－18 所示。

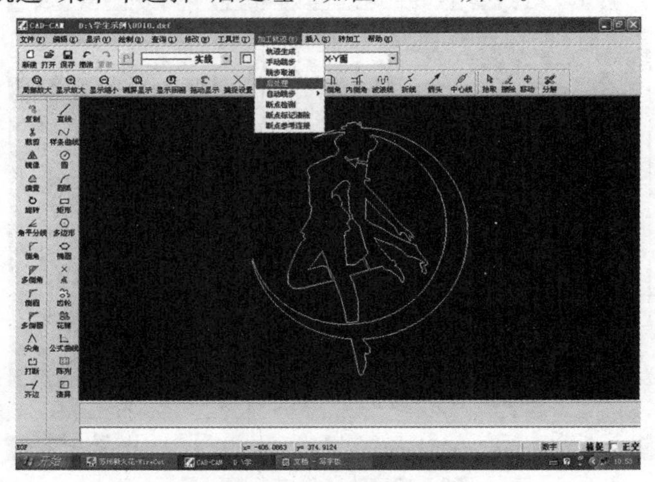

图 9－18　加工轨迹后处理

(6) 在“后处理对话框”中单击“保存轨迹”并返回加工页面，如图 9－19 和图 9－20 所示。

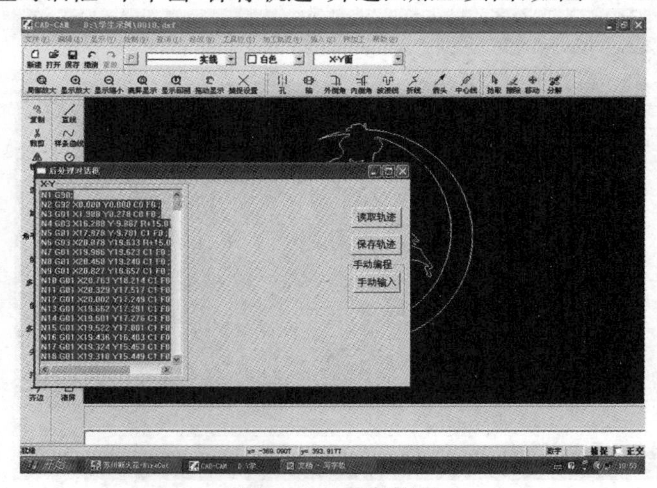

图 9－19　保存轨迹

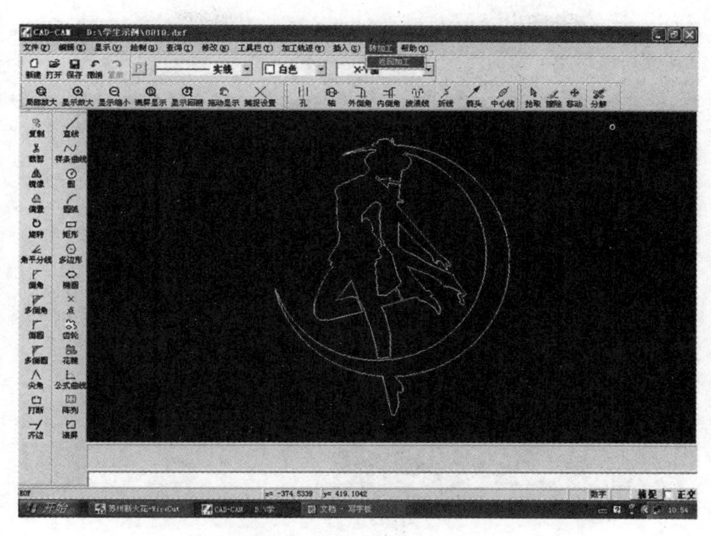

图 9-20　返回加工

3）加工仿真

加工仿真，即模拟加工过程，是指用计算机以图像和动画的方式模拟加工过程。通过加工仿真，可以查看走丝路径是否正确，检查最后生成的模型是否正确。加工模拟和校验在整个加工过程中非常重要，可以帮我们提前发现错误、纠正错误，避免在加工过程中造成不必要的损失。

（1）此时软件 WireCut 界面显示的是前一次加工的图形，我们需单击“文件”菜单，单击“读入文件”，如图 9-21 所示。文件读入成功之后如图 9-22 所示。

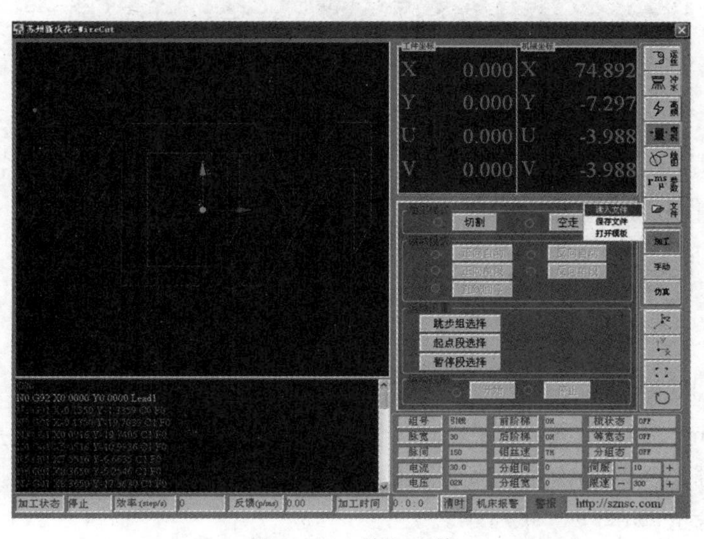

图 9-21　读入文件

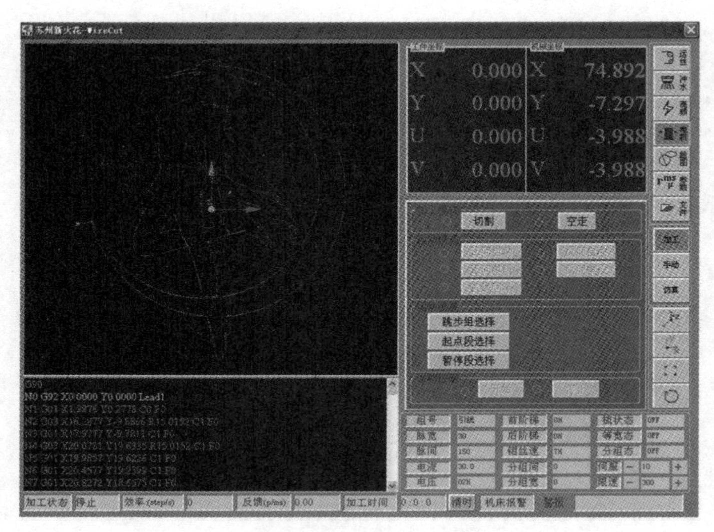

图 9-22　文件读入成功

(2) 单击工具栏中“仿真”按钮和“开始仿真”按钮，如图 9-23 所示。查看仿真过程和结果，如没有问题便可进入加工阶段。

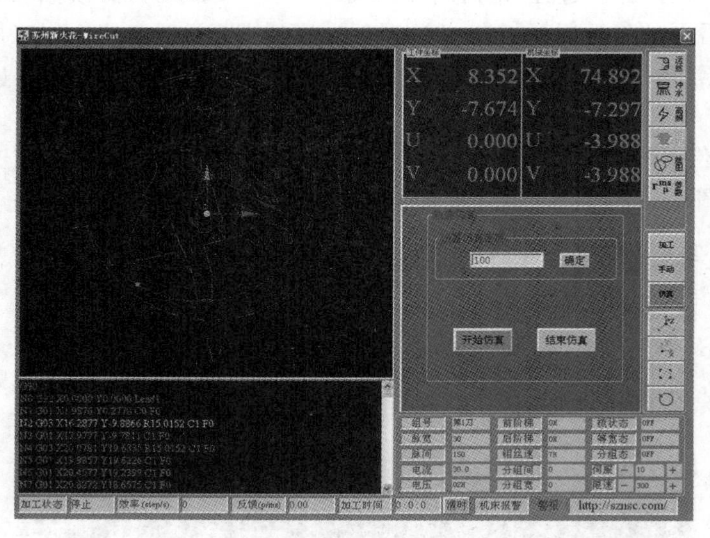

图 9-23　加工仿真

4) 加工作品

(1) 将 1.5 mm 钢板放置在工作台上，两边压平。确定工件原点，确保所加工图形在钢板范围内，逐一摇动 X/Y 轴手柄，手动将钼丝与工件接近至 2 mm，并用量具测出钼丝两边各 20 mm 加工余量，如图 9-24 所示。

图 9-24 切割位置起点

(2) 加工控制

设置好参数后，启动机床，分别按下机床操作面板上的“ON 水泵”和“ON 丝筒”按钮，如图 9-25 所示。

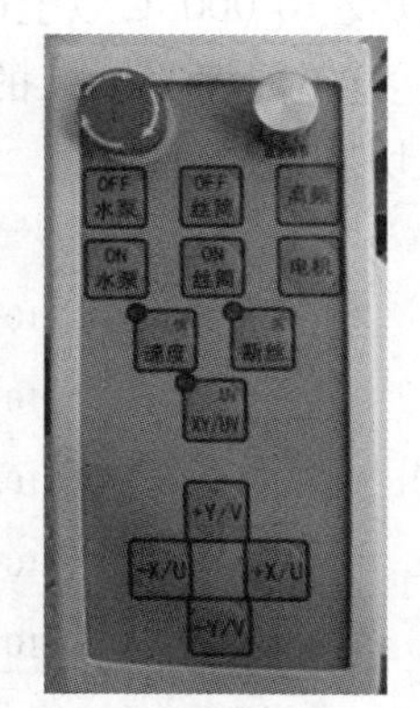

图 9-25 机床操作面板

(3) 待丝筒启动，冷却液流下后，依次单击 WireCut 中“高频”“切割”“正向自动”和“开始”按钮，如图 9-26 所示，开始加工。

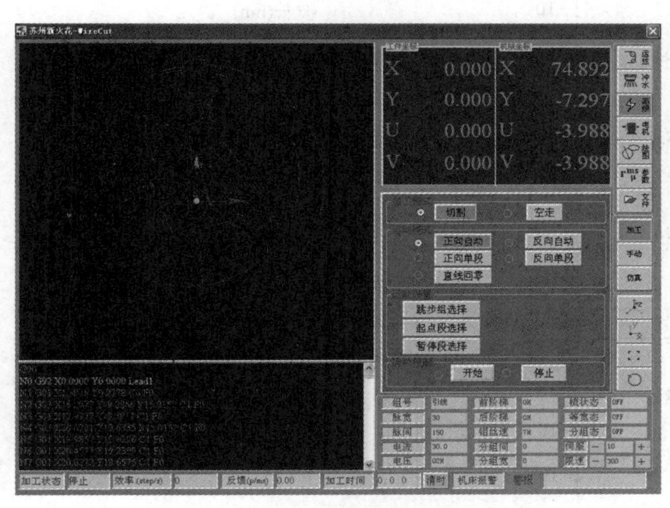

图 9-26 开始加工

启动加工后，原则上加工参数已设定好，不需要调整。出现紧急情况时，应及时按下急停键。

加工结束后，会弹出结束提示对话框，同时蜂鸣器有声光提示。机床自动停止，可取出已加工好的零件，如图 9-27 所示。加工下一个图形需回到软件初始界面，继续读入文件。

图 9-27 线切割成品

9.4 激光加工

激光加工是利用能量密度很高的激光束,照射工件,使工件材料熔化、蒸发和汽化,从而去除材料的一种高能束加工方法。激光加工几乎可以加工任何材料,加工速度快,表面变形小,光束方向性好,激光束可聚焦到波长级,可以进行选择性加工、精密加工,在生产实践中愈来愈多地显示了它的优越性。目前,激光加工已经广泛地应用于打孔、切割、焊接、表面处理及激光储存等领域中。

9.4.1 激光加工的原理

激光是可控的单色光,强度高、能量密度大、方向性好。由激光器发射的激光束,可以通过一系列的光学系统,把激光束聚焦成一个极小的光斑,可获得 $10^8 \sim 10^{11}$ W/cm^2 的能量密度以及 10 000 ℃以上的高温,从而能在千分之几秒甚至更短的时间内熔化甚至汽化任何材料。这就是激光加工的基本原理。因此,可以利用激光进行各种材料(金属、非金属)的打孔、切割等加工。

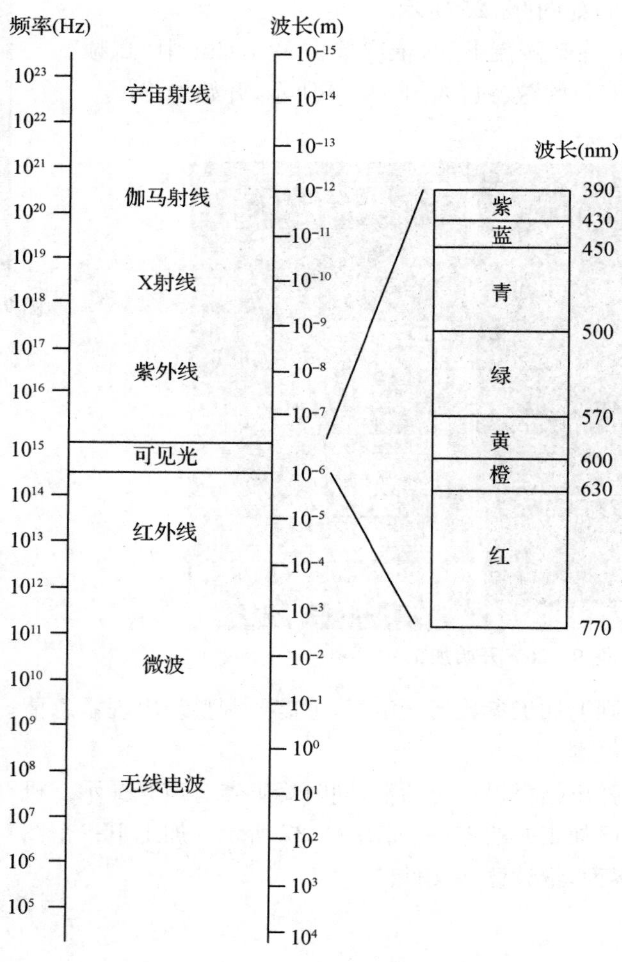

图 9-28 电磁波波谱图

1）电磁波波谱图

光是以光速 c 运动的光子流，有波粒二象性。可以认为光是一定波长范围内的电磁波。光的波长 λ、频率 ν、波速 c（真空中，$c=3\times10^8$ m/s），三者关系如下：

$$\lambda=\frac{c}{\nu} \tag{9-1}$$

光的量子学说认为光是一种具有一定能量的以光速运动的粒子流。光子的能量与光的频率成正比，其关系如下：

$$E=h\nu \tag{9-2}$$

式中：E——光子能量；

h——普朗克常数；

ν——光的频率。

2）激光的产生

原子是由原子核和核外电子构成。原子核很小，但质量很重，核外电子围绕在原子核周围，电子分布在原子核不同的电子轨道上，具有不同的能量，从而形成所谓的能级。距离原子核最近能量最低，运动最稳定，称为基态。当原子的内能增加时外层电子的轨道半径也扩大，被激发到能量更高的能级，称为激发态或高能态。

因此，电子可以在不同能级之间发生跃迁，这样就会伴随光的吸收和发射。电子跃迁有三种方式：(1) 自发辐射，电子自发地通过释放光子从高能级跃迁到较低能级；(2) 受激吸收，电子通过吸收光子从低能级跃迁到高能级；(3) 受激辐射，光子射入物质诱发电子从高能级跃迁到低能级并释放光子。

激光是通过受激辐射产生的，具有以下四大特性：

(1) 单色性好。激光器输出的光，频率范围非常窄，可近似看作一种频率波长的光。

(2) 相干性好。所有受激辐射产生的光子都有相同的相，相同的偏振方向，它们叠加起来便产生很大的强度。

(3) 强度高。激光的光束很狭窄，并且十分集中，所以激光具有很强的威力，它的亮度和强度特别高。

(4) 方向性好。光源的方向性是通过发散角 θ 来表示的。激光与普通光源不同，其发散角很小，几乎是一束平行光。

3）固体激光器

激光器的种类很多，但工业中最常用的激光器有：CO_2 激光器和掺钕钇铝石榴石激光器。CO_2 激光器发出的激光波长为 10.6 μm，有连续、脉冲两种工作方式。连续方式产生的激光功率可达 20 kW 以上。CO_2 激光器具有较大的功率和较高的能量转换效率，但其光束的质量不同，聚焦后光腰斑直径和束腰长度不同，加工能力和加工质量存在较大的差别。

掺钕钇铝石榴石激光器（简称 Nd:YAG 激光器），它的输出波长为 1.06 μm，为 CO_2 激光波长的十分之一，与金属的耦合效率高，加工性能良好（如一台 800 W 的 Nd:YAG 激光器的有效功率相当于 3 kW 的 CO_2 激光器的功率）。

固体激光器的基本结构如图 9-29 所示。

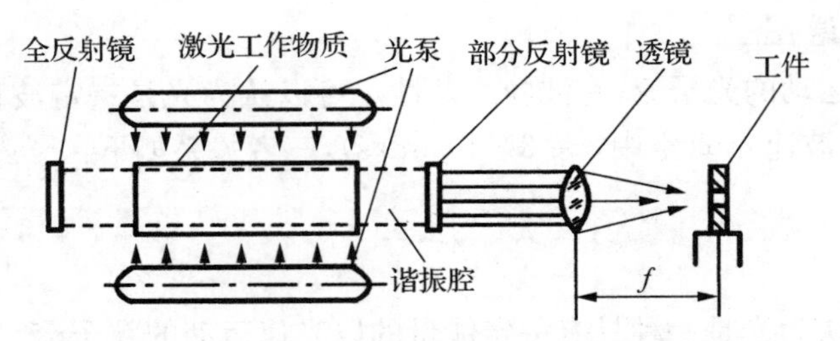

图 9 - 29　固体激光器的基本结构

(1) 激光工作物质

工作物质是由发光中心的激活离子和基质材料两部分组成的。工作物质的物理性能主要取决于基质材料,光谱特性由激活离子内的能级结构来决定。

(2) 谐振腔

激光谐振腔是激光器的重要组成部件,作用是使工作物质受激辐射形成振荡与放大,它由两块平面或球面发射镜按一定方式组合而成。其中一端面是全反膜片,即反射率接近100%;另一端面是具有一定透过率的部分反射膜片。谐振腔是决定激光输出功率、振荡模式、发散角等激光输出参数的重要光学器件。

(3) 光泵灯

光泵灯是供给工作物质光能用的。在固体激光器中,激光工作物质内的粒子数反转是通过光泵的抽运实现的。目前常用的光泵源是脉冲氙灯和连续氪灯。

(4) 聚光腔

在激光棒和光泵灯外增加一个聚光腔,可以提高泵效率,使泵灯发出的光能有效地汇聚并均匀地照射在激光棒上。早期的聚光腔常见的形式有单椭圆腔、双椭圆腔、圆形腔、紧裹形腔。

9.4.2　激光加工的特点和应用

1) 激光加工的特点

(1) 激光加工无需加工工具,无工具损耗,无机械加工变形。

(2) 激光加工功率密度高,加工速度快,热影响区小,可加工任何材料。包括玻璃等透明材料(经过着色或打毛后)。

(3) 光束能量、光斑直径和光束移动速度可调节,以适应各种加工。

(4) 透过透明物状或介质加工,有利于安全防氧化和环保。

(5) 激光易于导向聚焦,可与数控机床、机器人等结合,构成各种灵活的加工系统。

但激光加工是一种热加工,影响因素很多,加工精度难以保证和提高。此外,对人体有害,须防护措施。

2) 激光加工的应用

激光加工是激光系统最常用的。激光加工主要是指利用激光束投射到材料表面产生的热效应来完成加工过程,包括激光打孔、激光切割、激光打标记、表面改性、激光焊接和微加工等。激光加工作为特种加工技术之一,已广泛应用于汽车、电子、电器、航空、冶金、机械制造等国民经济重要部门,其对提高产品质量、提高劳动生产率、实现自动化、减少污染、减少材料消耗等起到愈来愈重要的作用。最常见的应用为激光打孔和激光切割。

(1) 激光打孔

利用激光束可以在很多材料上打微型小孔。因此，激光打孔加工技术已广泛应用在航空航天、汽车制造、电子仪表、化工、机械等众多行业中。激光打孔用 YAG 激光器的平均输出功率不断提高，使激光打孔快速发展，对硬度大、熔点高的材料的加工也越来越容易。

激光打孔与传统打孔工艺相比，具有以下一些优点：

① 速度快，效率高，经济效益好，100 孔每秒。

② 可获大深径比，深径比可达 50∶1。

③ 可在硬、脆、软等各类材料上进行。

④ 无工具损耗，工件清洁、无污染。

⑤ 适合于数量多、高密度的群孔加工。

⑥ 可在难加工材料倾斜面上加工小孔。

(2) 激光切割

激光切割的原理与激光打孔原理基本相同，不同之处在于激光切割时激光束与工件材料需相对移动，最终使材料形成宽度很窄的切缝，切缝处的熔渣被一定的辅助气体吹除。图 9-30 为激光切割区的示意图。

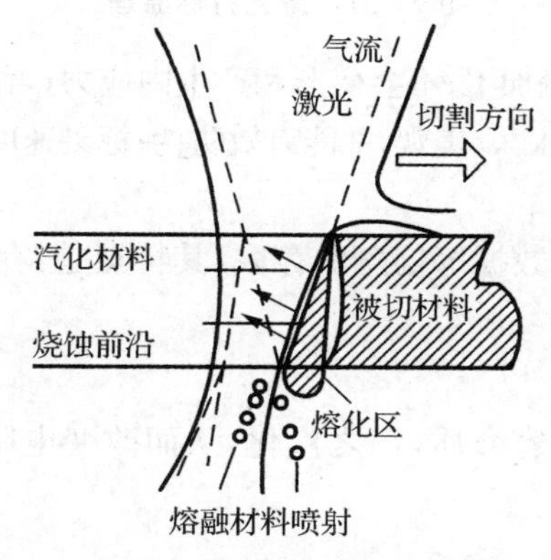

图 9-30　激光切割区的示意图

激光切割有以下特点：

① 无工具磨损。

② 切缝窄，热影响区小，变形小。

③ 切边洁净，切口平行，表面粗糙度好。

④ 切割速度快，效率高，易于数控。

⑤ 不受材料的限制，能切割各种硬、脆的材料，适应性好。

⑥ 噪声小，无公害。

(3) 激光焊接

利用激光束聚焦到工件，使辐射区表面金属熔化黏合而成为焊接接头。其一般功率密度较小，为 $10^4 \sim 10^6$ W/cm^2。激光焊接的特点为：生产率高、热影响区小、不易氧化，适用于热敏晶体管元件的焊接，无焊渣，无氧化膜，可在透明封闭容器中进行，适合精密加工。

(4) 激光热处理

当激光的功率密度约为 $10^3 \sim 10^5$ W/cm² 时，利用激光束聚焦到工件，使之达到相变温度，继而迅速冷却，便可实现对铸铁、中碳钢，甚至低碳钢等材料进行激光表面淬火，淬火层深度一般为 0.7～1.1 mm，淬火层硬度比常规淬火约高 20%。其特点为：加热快、热影响区小、变形小、淬火层薄，不需要冷却介质，能对复杂形状及局部进行热处理。

(5) 激光打标记

利用激光束照在工件表面，变成热能使工件表面材料蒸发，从而在表面刻出所需文字和图形，以作为永久防伪标志，如图 9-31 所示。

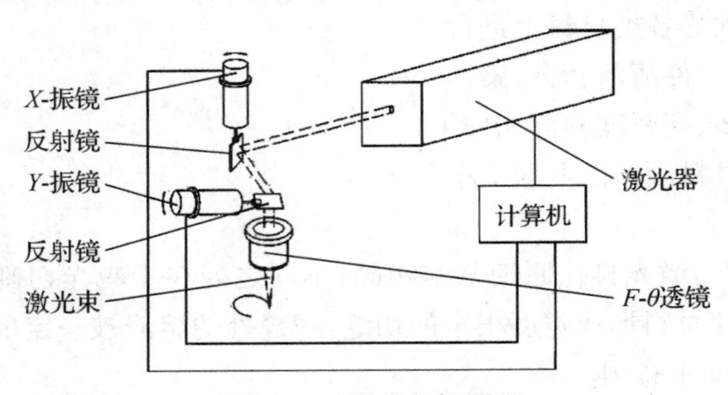

图 9-31 激光打标原理

激光打标记的特点是非接触加工；不会变形和产生内应力；可加工金属、塑料、玻璃、陶瓷、木材、皮革等各种材料；标记清晰、永久、美观，并能有效防伪；标刻速度快，运行成本低，无污染。

(6) 激光存储

利用激光进行音频、文字、数据等信息的存取，其特点是：存储密度高、存取速度快、寿命长、介质成本低。

(7) 激光微调

利用激光照射电阻膜或电容介质，使之汽化，从而改变电阻或电容值的一种微调方法，其优点是精度高。

(8) 激光涂覆

将粉末撒在金属表面，利用激光加热，使之熔化，同时工件也产生微熔，从而使粉末材料牢固地结合在工件表面，来改变工件的表面特性的一种加工方法。

(9) 激光快速制造

激光快速制造技术包括光固化成型、选择性烧结成型、薄片叠层黏结成型、激光诱发热应力成型和激光熔覆成型等。

9.5 电解加工及电解磨削

电化学加工(Electron-Chemical Machining，ECM)是在电的作用下，在阴阳两极产生得失电子的电化学反应，而去除材料(阳极溶解)或在工件材料上镀覆材料(阴极沉积)的加工方法。1834 年法拉第在发现了电化学作用原理后，又先后发现电镀、电铸、电解加工等电化学加工方法，并在工业上得到广泛应用。伴随着高新技术的发展，复合电解加工、细微电化学加工、精密电铸、激光电化学加工等也迅速发展起来。目前，电化学加工已在国防工业、汽车工业、机械工业等发挥着越来越重要的作用。

9.5.1　电解加工的原理

电解加工是利用金属在电解液中产生阳极溶解现象，去除多余材料的工件成形电化学加工方法，如图 9-32 所示。

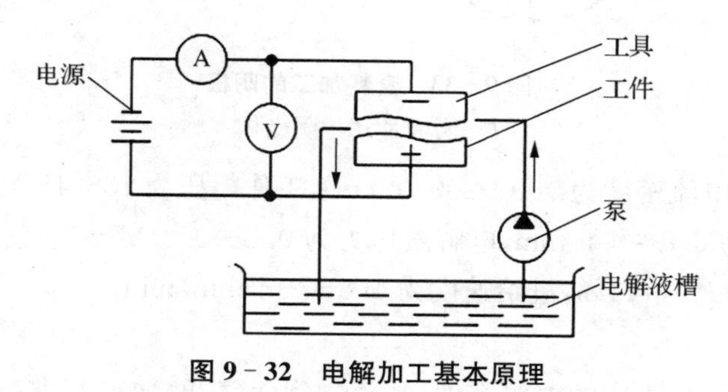

图 9-32　电解加工基本原理

9.5.2　电解加工的优缺点

电解加工是利用电化学中阳极溶解的原理进行的成形加工，因此与其他特种加工方法相比具有较明显的优缺点。

1）电解加工的优点

(1) 进给运动简单；

(2) 不受材料机械性能限制；

(3) 没有电极损耗；

(4) 工具和工件之间没有宏观作用力；

(5) 无需分粗、精加工，生产率高；

(6) 加工表面质量较好。

2）电解加工的缺点

(1) 加工稳定性和加工精度难以控制；

(2) 杂散腐蚀严重；

(3) 工具电极的设计和制造要求高；

(4) 设备投资大，设备的防腐、密封等要求较高；

(5) 电解产物处理困难，而且有许多影响环保的因素。

9.5.3　电解加工的应用

1）套料加工

用套料加工的方法可以加工等截面大面积的异形孔或零件下料。图 9-33 为套料加工的阴极，可以加工形状如主视图所示的零件，这种形状的零件用传统加工方法是十分麻烦的。图中阴极片 1 为 0.5 mm 厚的纯铜片，用软钎焊焊在阴极体 2 上，零件尺寸精度由阴极片内腔口保证，当加工中偶尔发生短路烧伤时，只需更换阴极片，阴极体则可以长期使用。

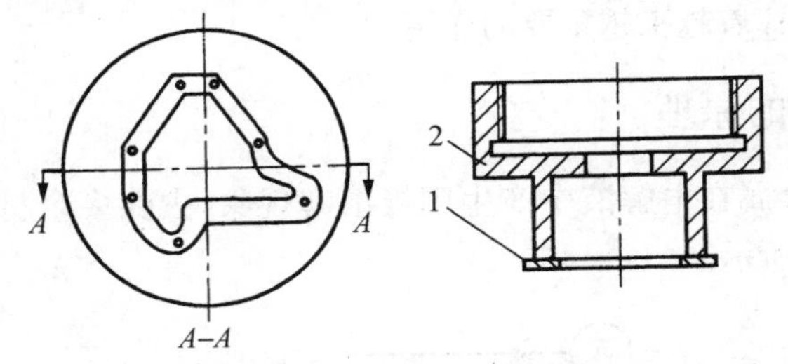

图 9-33　套料加工的阴极

1—阴极片；2—阴极体

在套料加工中，电流密度为 100～200 A/cm²，工作电压为 13～15 V，端面间隙为 0.3～0.4 mm，侧面间隙为 0.5～0.6 mm，电解液压力为 0.8～0.9 MPa，温度为 20～40 ℃，NaCl 溶液的质量分数为 12%～14%，进给速度为 1.8～2.5 mm/min。

2) 叶片加工

叶片是发动机、汽轮机中的重要零件，叶片的型面复杂，加工要求高，加工批量大，采用机械加工难度大、生产率低、加工周期长。如果采用电解加工，不受材料力学性能的影响，一次性加工复杂的叶片，生产率高，表面粗糙度好。

叶片加工的方式有单面加工和双面加工两种。机床也有立式和卧式两种，立式大多用于单面加工，而卧式大多用于双面加工。叶片加工的电解液大多采用测流供液法，在工作箱内进行加工。目前叶片加工多用 NaCl 溶液混气电解加工，也有用 $NaClO_3$ 电解液的，这两种方法的加工精度高，阴极工具也可以采用反拷法制造。

图 9-34 是电解加工整体叶轮的原理图。叶轮上的叶片逐个采用套料法加工，加工完一个叶片后退出阴极，分度后加工下一个叶片。在采用电解加工前，叶片是经锻造、机加工、抛光后镶嵌到榫槽中焊接而成的，加工周期长、加工量大，质量不能保证。电解加工叶轮，只要做好叶轮坯就可以在轮坯上直接加工叶片，加工周期大大缩短，叶片的强度高、质量好。

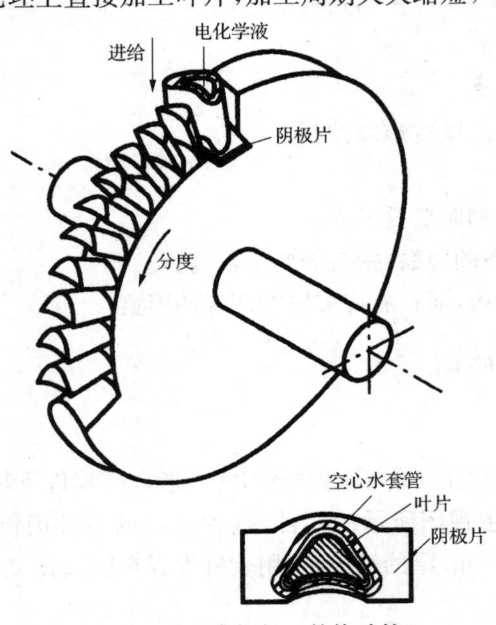

图 9-34　电解加工整体叶轮

9.5.4　电解磨削

电解磨削是结合电解和磨削加工的复合加工方法，是电解加工和机械切削加工的复合。电解是主要的，所要去除的材料都要进行电解加工，而磨削则主要在电解中起活化作用，把被蚀而又不能及时溶解的材料刮掉。

1）电解磨削的原理和特点

(1) 电解磨削的原理

电解磨削是电解加工的一种特殊形式，是电解与机械的复合加工方法。它是靠金属的溶解(占 95%～98%)和机械磨削(占 2%～5%)的综合作用来实现加工的。

电解磨削加工原理如图 9－35 所示。加工过程中，磨轮(砂轮)不断旋转，磨轮上凸出的砂粒与工件接触，形成磨轮与工件间的电解间隙。电解液不断供给，磨轮在旋转中，将工件表面由电化学反应生成的钝化膜除去，电化学反应可以继续进行，如此反复不断，直到加工完毕。

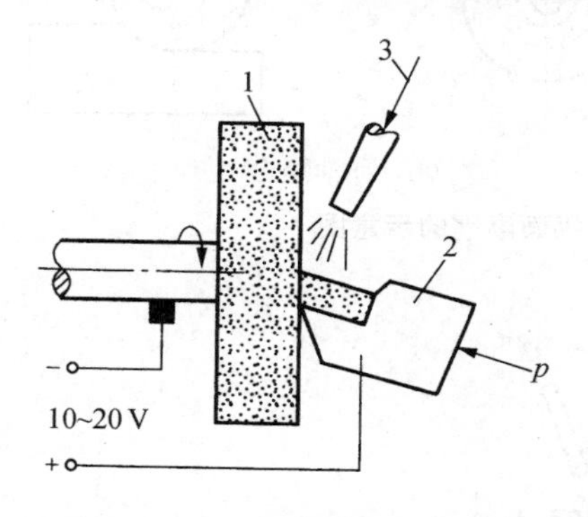

图 9－35　电解磨削加工原理图

1—砂轮；2—工件；3—电解液

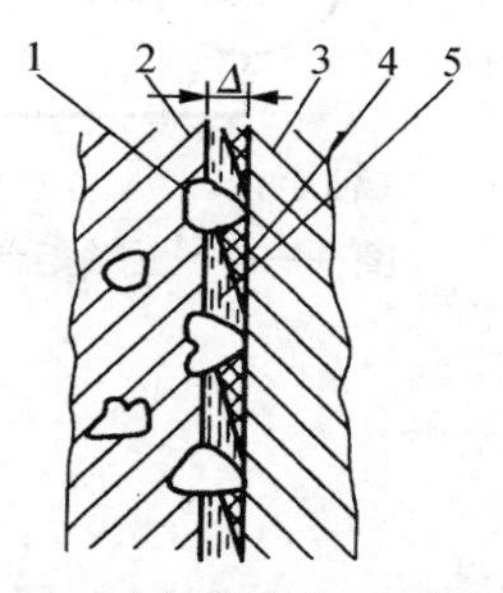

图 9－36　电解磨削加工过程机理

1—磨料砂轮；2—结合剂；3—工件；
4—阳极薄膜；5—电解间隙和电解液

电解磨削的阳极溶解机理与普通电解加工的阳极溶解机理是相同的(见图 9－36)。不同之处在于：电解磨削中，阳极钝化膜的去除是靠磨轮的机械加工去除的，所以电解液腐蚀力可以较弱；而一般电解加工中的阳极钝化膜的去除，是靠高电流密度去破坏(不断溶解)或靠活性离子(如氯离子)进行活化，再由高速流动的电解液冲刷带走的。

(2) 电解磨削的特点

① 加工效率高，磨削力小，加工范围广。这是由于电解磨削具有电解加工和机械磨削加工的优点，电解腐蚀降低了材料的强度和硬度，减小磨削加工力，磨削刮除了阳极钝化膜，加速了电解速度。也因此电解加工与材料力学性能无关，增大了加工范围。

② 加工精度高，表面加工质量好。因为电解磨削加工中，一方面工件尺寸或形状是靠磨轮刮除钝化膜得到的，故能获得比电解加工好的加工精度；另一方面，材料的去除主要靠电解加工，加工中产生的磨削力较小，不会产生磨削毛刺、裂纹等现象，故加工工件的表面质量好。

③ 砂轮的磨损小，因为无论工件材料硬度、强度、塑料和韧性如何，电解后都较软。如用碳化硅砂轮磨削硬质合金，砂轮的磨损量是硬质合金去除量的 4～6 倍，而用电解磨削则砂轮损耗只有工件材料去除量的 60%～100%。

④ 设备投资较高。其原因是电解磨削机床需加电解液过滤装置、抽风装置、防腐处理设备等。而且磨削刀具时的刃口不够锋利，需要防腐夹具。

2）电解磨削的应用

电解磨削集中了电解和机械磨削的优点，常用来加工硬质合金刀具、量具、挤压拉丝模、轧辊等。对普通磨削很难的小孔、深孔、薄壁筒、细长杆的加工，显示出其优势。

目前，电解磨削广泛应用于平面磨削、成形磨削和内外圆磨削，图 9－37 分别为立轴矩台平面磨削、卧轴矩台平面磨削的示意图。图 9－38 为电解成形磨削示意图，其磨削原理是将导电砂轮的外圆圆周按需要的形状进行预先成形，然后进行电解磨削。此外，如用氧化铝导电砂轮刃磨硬质合金刃具，刃口半径可小于 0.02 mm、表面粗糙度 R_a 值可达 0.1～0.2 μm；用金刚石导电砂轮刃磨，则刃口和表面粗糙度更好。

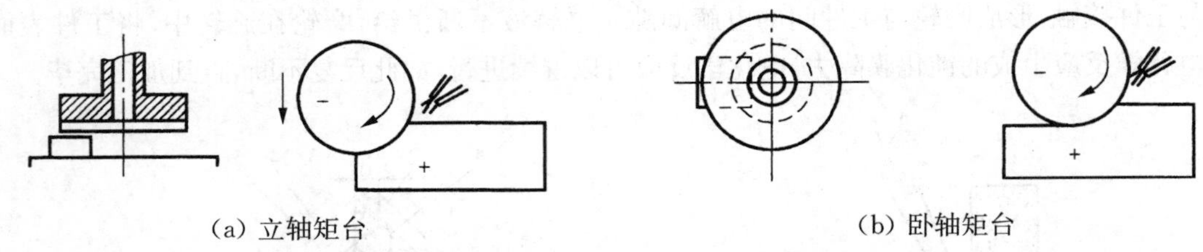

(a) 立轴矩台　　(b) 卧轴矩台

图 9－37　立轴矩台平面磨削、卧轴矩台平面磨削的示意图

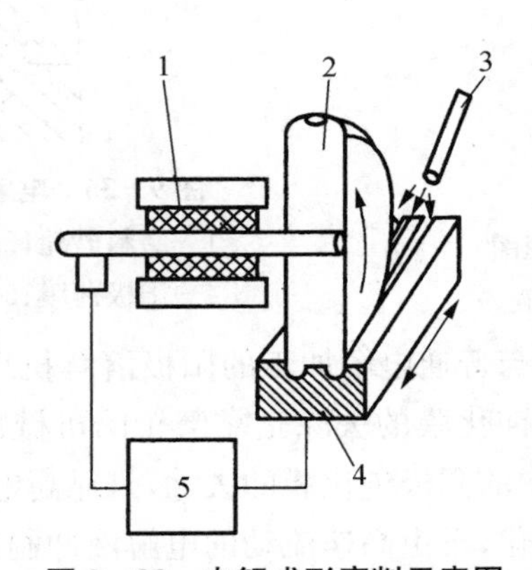

图 9－38　电解成形磨削示意图

1—绝缘套；2—砂轮；3—工作液；4—工件；5—电源

(1) 硬质合金刀具的电解磨削。用氧化铝导电砂轮电解磨削硬质合金车刀或铣刀，表面粗糙度 R_a 值达 0.1～0.2 μm，刃口半径小于 0.02 mm，平直度较普通砂轮磨出的好。

采用金刚石导电砂轮磨削加工精密丝杠的硬质合金成形车刀，表面粗糙度 R_a 值小于 0.016 μm，刃口非常锋利。电解液用 9.6%亚硝酸钠、0.3%硝酸钠、0.3%磷酸氢二钠，再加少量的甘油，可以改善表面粗糙度。电压为 6～8 V，加工时的压力为 0.1 MPa。实践证明，这样的电解磨削比普通磨削的效率提高 2～3 倍，金刚石砂轮用量大大节省。

(2) 硬质合金轧辊的电解磨削。采用金刚石导电砂轮成形磨削硬质合金轧辊，表面粗糙度 R_a 值小于 0.2 μm，槽型精度为±0.02 mm，槽型位置精度为±0.01 mm，工件表面不会产生裂纹和残余应力等缺陷，加工效率高，砂轮损耗小(磨削量和磨轮损耗比达到 138)。

采用的导电砂轮的黏结剂为铜，磨粒粒度为 60＃～1000＃，砂轮外径为 300 mm，磨削型槽的砂轮直径为 260 mm。电解液用 9.6%亚硝酸钠、0.3%硝酸钠、0.3%磷酸氢二钠、0.1%酒石酸钾钠。粗磨加工参数：电压为 12 V，电流密度 15～25 A/cm²，砂轮转速 2 900 r/min，工件转速 0.025 r/min，一次进刀深度 2.5 mm。精加工时电压 10 V，工件转速 16 r/min，工作台移动速度0.6 mm/min。

(3) 电解珩磨。对于小孔、深孔、薄壁零件等，可以采用电解珩磨，图 9－39 为电解珩磨加工深孔示意图。

电解珩磨的电参数可以在很大的范围内变化，电压为 3～30 V，电流密度为 0.2～1 A/cm²。电解珩磨的生产率比普通珩磨的要高，表面粗糙度也要好。目前应用比较广泛的是齿轮的电解珩磨。

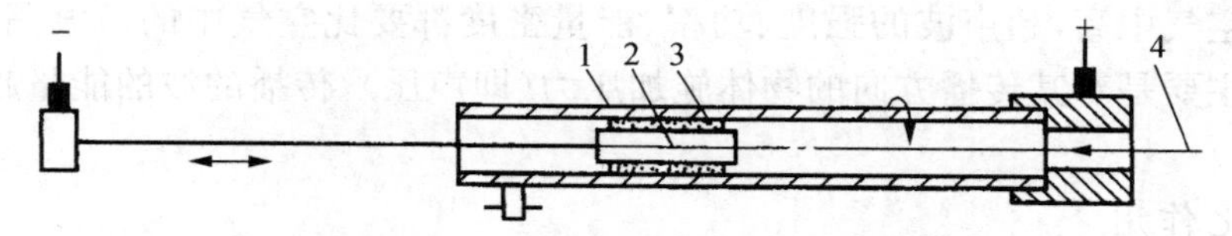

图 9－39　电解珩磨加工深孔示意图

1—工件；2—五行磨头；3—磨条；4—电解液

(4) 电解研磨。电解研磨是电解加工和机械研磨的复合加工，其原理可见图 9－40。电解研磨采用钝化型电解液，利用机械研磨去除表面微观不平度各高点的钝化膜，使其露出基体金属并再次腐蚀形成钝化膜，实现表面的镜面加工。

电解研磨的磨料按是否固定在无纺布上可分两类：固定和移动磨料加工。固定磨料加工是将磨料粘在无纺布上后包裹在工件阴极上，无纺布的厚度即为电解间隙。当工具阴极与工件表面充满电解液并做相对运动时，工件表面将依次被电解，形成钝化膜，同时受到磨粒的研磨作用，实现复合加工。流动磨料研磨加工时工具阴极只包裹弹性无纺布，极细的磨料则悬浮在电解液中，因此磨料研磨时的研磨轨迹就更加复杂和无序，这样才能获得镜面磨的效果。

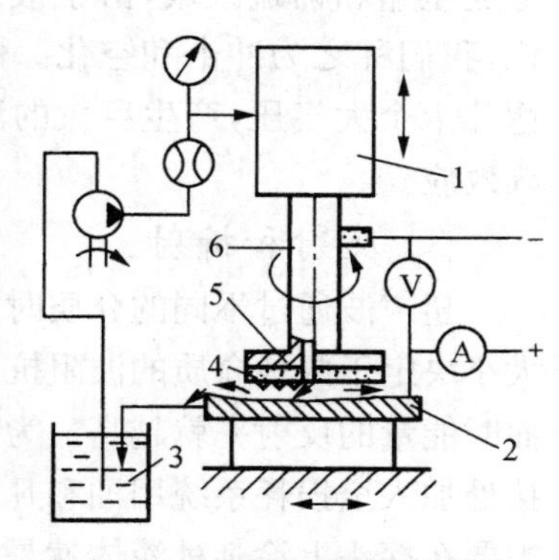

图 9－40　电解研磨加工原理

1—回转装置；2—工件；3—电解液；4—研磨材料；5—工具电极；6—主轴

电解研磨可以对碳钢、合金钢、不锈钢等进行加工。电解液一般选用 20%硝酸钠，电解间隙为 1～2 mm，电流密度 1～2 A/cm²。这种加工目前已应用到金属冷轧轧辊、大型船用柴油机轴类零件、大型不锈钢化工容器及大型太阳能电池板的镜面加工。

9.6　超声波

超声波加工也称超声加工（Ultrasonic Machining，USM）。超声加工不仅能对硬质合金、淬火钢等金属材料进行加工，还可以对非导体、半导体等硬脆材料进行加工，如玻璃、陶瓷、石英、宝石、锗、硅等，还可应用于清洗、焊接、探伤、测量、冶金等方面。

9.6.1 超声波加工的基本原理

声波是人耳能够听见的一种纵波，其频率在 20～20 000 Hz 范围内，当频率超出 20 000 Hz 范围称为超声波。超声波和声波一样可以在气体、液体和固体介质中传递，由于超声波频率高、波长短、能量大，所以传播时反射、折射、共振和损耗等更为严重。在不同的介质中超声波的传播速度也不同，例如在空气中传播速度为 331 m/s，在水中的传播速度为 1 430 m/s，而在铁中的传播速度更高，为 5 850 m/s。

超声波具有下列特征：

1）传递能量强

超声波频率很高，其能量密度可达 100 W/cm^2，在液体和固体中传播时，由于密度和频率都比在空气中高，超声波的强度、功率、能量密度都要比空气中的声波高千万倍。超声波的作用主要是对其传播方向的物体施加压力（即声压），传播的波的能量越大，则声压越大。

2）空化作用

当超声波经过液体介质时，将以极高的频率压迫液体质点振动，在液体介质中连续地形成压缩和稀疏区域，由于液体介质的不可压缩性，就产生正负交替的液压冲击力的变化，我们称之为冲击和空化。由于冲击和空化之间转变的时间极短，液压空腔闭合压力可达几十个大气压，产生巨大的液压冲击，作用在零件表面上会引起固体物质的分散和破碎等效应。

3）反射和折射

超声波通过不同的介质时，在界面上发生波速突变，产生波的反射和折射。能量反射的大小决定于两种介质的波阻抗（密度和波速的乘积），介质的波阻抗相差越大，超声波通过界面时能量的反射率就越高。为了改善超声波在相邻介质中的传播条件，经常在声学部件连接处加入全损耗系统用油和凡士林作为传递介质，以消除空气等引起的衰减，医学用的 B 超需要在探头上涂某种液体就是为了减小超声波的衰减。

4）干涉和共振

超声波在一定的条件下会产生干涉和共振现象。为了使弹性杆处于最大振幅共振状态，应使弹性杆设计成半波长的整数倍，而固定弹性杆的支撑点应该选在振动过程的波节处（没有振动的地方）。

9.6.2 超声波加工的原理和特点

1）超声波加工原理

超声波加工是利用超声波振动的工具，在具有磨料的液体介质或磨料干粉中，产生磨料的冲击、抛磨等进而产生气蚀来去除材料，或是振动的能量转化为热量而进行加工的加工方法。超声波加工原理见图 9－41。

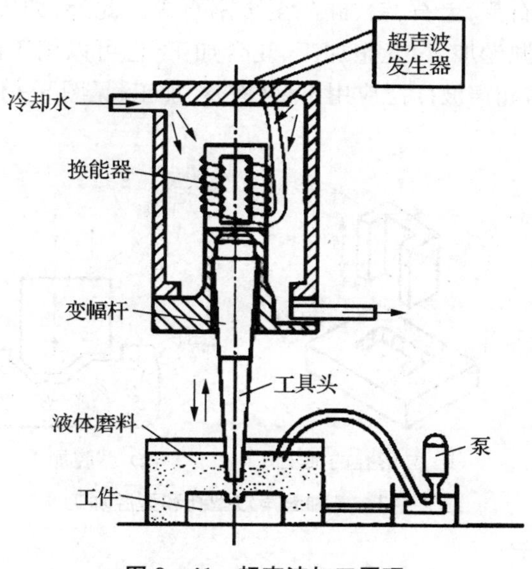

图 9-41　超声波加工原理

在超声波加工中，高频电源接在超声波换能器上，把电压信号转化为垂直于工件表面的超声波机械振动，再经过变幅杆，把振动的振幅放大到 0.05～0.1 mm，以驱动工具端面作超声波振动；此时磨料由于受超声波振动的冲击，也产生振动，并冲击工件，使之在冲击、抛磨和空化的作用下把材料去除。由于超声波加工是基于磨粒的局部撞击作用，因此特别适合于硬脆材料的加工。

2) 超声波加工的特点

(1) 适合于加工各种硬、脆材料，如玻璃、陶瓷、石英、半导体、石墨等非金属，对导电材料、淬火钢、硬质合金、耐热钢等也可加工，但加工效率低。

(2) 加工去除材料是靠极小的磨料瞬时对工件的冲击作用，故宏观切削力很小，不会引起变形、烧伤等。表面粗糙度 R_a 值很小，可达 0.1～0.2 μm，加工精度可达 0.01～0.02 mm，而且可以加工薄壁、窄缝、低刚度的零件。

(3) 加工机床结构和工具均较简单，只要加工出形状与工件相同的工具，只要上下的振动和进给就可以加工出所需要的工件。另外操作维修也很方便。

(4) 超声波加工的生产率较低，加工面积不够大，工具损耗也大，这是超声波加工的一大缺点。

3) 超声波加工设备及其组成

超声波加工设备(或装置)基本组成部分有：超声波发生器(超声波电源)、超声波振动系统(换能器和变幅杆)、机床本体(工作台及其调整装置、工作头、加压机构和进给机构)、工作液循环系统(泵、阀、管道等)和换能器冷却系统(泵、阀、管道等)。

9.6.3　超声波加工工艺及应用

超声波加工的生产率虽然比电火花、电解加工等低，但其加工精度和表面粗糙度都比它们好，不仅能对电火花加工后部分工件做超声抛磨，进行光整加工，而且能加工半导体、非导体的脆硬材料，如玻璃、石英、宝石、锗、硅甚至金刚石等。此外，如宝石、轴承、拉丝模、喷丝头等还可以用超声进行抛光加工、光整加工、复合加工，也可以用于清洗、焊接、医疗、电镀、冶金等。在实际生产中，超声波广泛应用于型(腔)孔加工(见图 9－42)等方面。

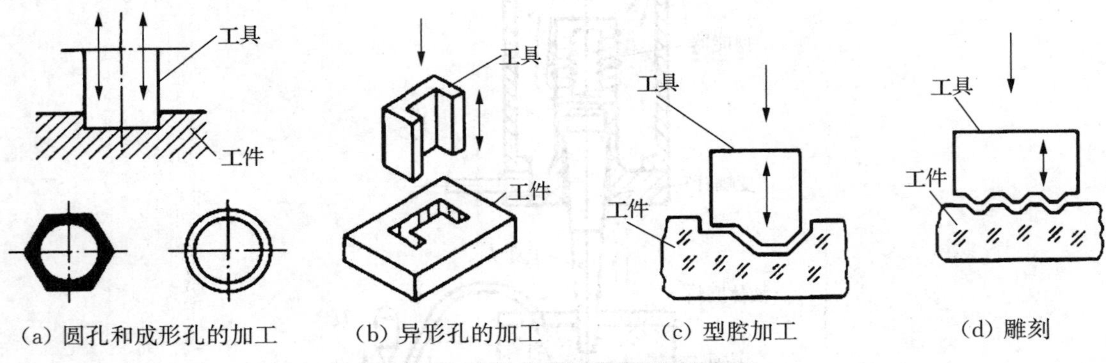

图 9－42　各种超声波型孔和型腔加工

(1) 型孔和型腔加工

超声波加工在工业生产中主要是针对各种脆硬材料进行圆孔、异形孔、型孔、型腔、套料和细微孔加工。图 9－42 是各种超声波型孔和型腔加工。

(2) 切割加工

切割脆硬的半导体材料用普通的机械加工方法是困难的，但采用超声波切割则很方便，而且具有切片薄、切口窄、经济性好的优点。经常用于精密切割半导体、铁氧体、石英、宝石、陶瓷、金刚石等硬脆材料。图 9－43 是超声切割单晶硅的原理和刀具。

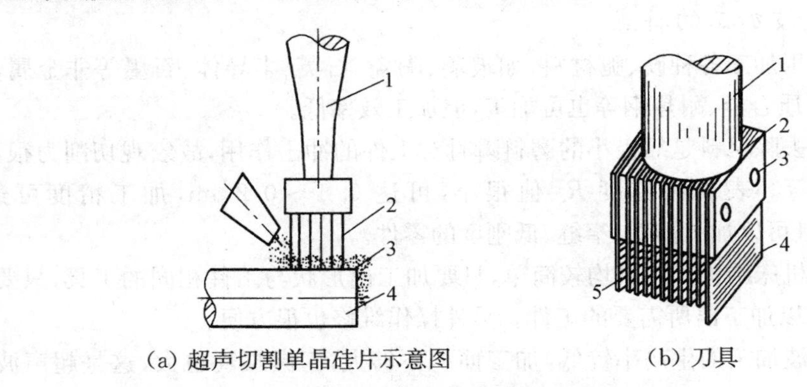

图 9－43　超声切割单晶硅的原理和刀具

(a) 1—变幅杆；2—工具(薄钢片)；3—磨料液；4—工件(单晶硅)

(b) 1—变幅杆；2—焊缝；3—铆钉；4—导向片；5—软钢刀片

(3) 焊接加工

利用超声波振动作用，去除工件表面的氧化层，使新鲜的本体显露出来，并使两个被焊工件振动冲撞、摩擦发热、亲和粘接在一起。其可以焊接普通的金属材料，也可焊接尼龙、塑料、薄膜、丝、化学纤维等。目前在大规模集成电路的焊接中已得到广泛的应用。

(4) 超声波清洗

超声波清洗是基于超声波振动在液体中产生交变的冲击和空化效应，将这样强烈的冲击波作用到被清洗部位的污物上，使之产生疲劳破坏而脱落。主要用来清除各种形状复杂、清洗质量要求高的中小精密零件，特别是清洗窄缝、细小深孔、弯孔、不通孔、沟槽等。

超声波在清洗液（汽油、煤油、丙酮和水）中传播时，液体分子往复高频振动产生正负交变的冲击波。当波的强度达到一定数值时，液体中急剧生长出微小空化气泡并瞬时强烈闭合，产生微冲击波使污物从表面脱落下来。即使是在清洗物的窄缝、细小深孔、弯孔中的污物，也能清洗干净。所以，超声波清洗被广泛用于喷油嘴、喷丝板、微型轴承、仪表齿轮、手表整体机芯、印制电路板、集成电路、微电子器件、MEMS 器件等。图 9 - 44 为超声波清洗装置图。

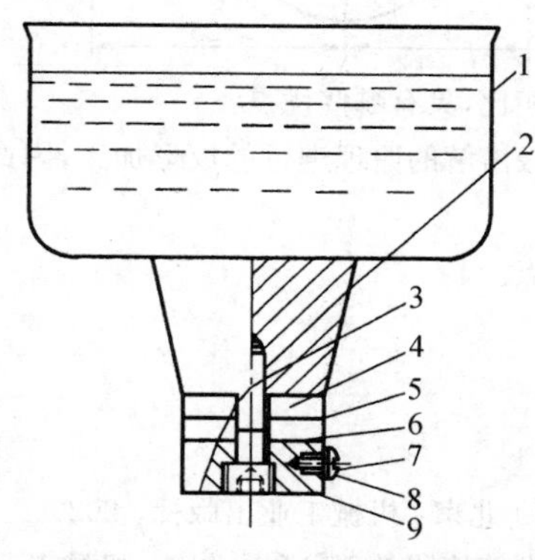

图 9 - 44　超声波清洗装置图

1—清洗槽；2—变幅杆；3—压紧螺钉；4—压电陶瓷换能器；5—镍片（+）；6—镍片（—）；7—接线螺钉；8—垫圈；9—钢垫块

(5) 复合加工

复合加工是为了提高加工脆硬金属材料的速度及降低工具的损耗，把超声波加工与其他加工方法相结合，扬长避短，如超声电解加工、超声电火花加工、超声抛光、超声电解抛光、超声调制激光加工等。

(6) 金属冶炼

在冶金工业中，超声波主要用于控制结晶过程，增加扩散和分散作用，以改善材料性能。最显著的作用是细化晶粒。

在液体金属中加入超声波时，对晶核的增加和晶粒有破碎作用，此外产生的空化作用还能促使局部超冷，有利于形成新的晶核。

超声波振动对结晶过程的影响不仅细化宏观组织和用等轴结构代替板状结构，而且还细化微观组织。同时超声波的作用还改善了金属力学性能。

超声波的机械搅拌和空化作用使油水混合在一起，这种现象叫乳化，在冶金学中，一些合金是非熔成合金，重金属相和轻金属相各自保持粗粒状态，注入超声波后也起乳化作用。

思考题

1. 请说明电火花加工的工作原理。
2. 试比较常用电极（如纯铜、黄铜、石墨）的优缺点及使用场合。

3. 简述电火花成形加工的优缺点。

4. 试述电火花成形与电火花线切割加工的区别。

5. 用3B/ISO编制如图所示的凸模线切割加工程序，不考虑电极丝直径和放电间隙，图中O为穿丝孔，拟采用的加工路线O—E—D—C—B—A—E—O。

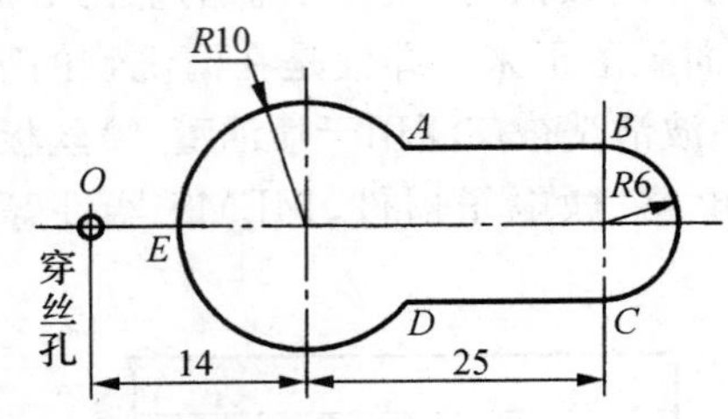

6. 激光打小孔与传统打孔工艺相比，具有哪些优点？

7. 电解加工是利用电化学中阳极溶解的原理进行的成形加工，因此与其他特种加工方法相比具有哪些优缺点？

8. 简述超声波加工的原理和特点。

本章参考文献

[1]　王好臣，刘江臣．工程训练[M]．北京：机械工业出版社，2020.

[2]　王铁成，张艳蕊，师占群．工程训练简明教程[M]．北京：机械工业出版社，2019.

[3]　曾家刚．工程训练教程[M]．成都：西南交通大学出版社，2020.

第十章　快速成型制造技术

10.1　知识点及安全要求

10.1.1　知识点

(1) 光固化成型工艺(SLA)、叠层实体制造工艺(LOM)、选择性激光烧结工艺(SLS)和熔融沉积制造工艺(FDM)的基本原理、特点和工艺过程；

(2) 快速成型软件系统的组成和每部分的作用；

(3) 目前 RP 成型系统常用的三种数据格式及各自的优缺点；

(4) STL 文件的格式和缺点。

10.1.2　安全要求

(1) 原材料需保持干燥，不能因潮湿而影响快速成型性能；

(2) 开机前检查电源线、网线，确保连接良好；

(3) 加工操作前仔细校平工作台面，确保喷头与台面平行；

(4) 合上电源后要检查面板上的按钮，确保全部处于工作状态；

(5) 加工前要设置好恰当的工艺参数，确保设备运行平稳；

(6) 加工前要仔细进行对高操作，确保喷头与台面保持适当间距；

(7) 任何时候要保持喷头清洁，绝不可与工作台相碰；

(8) 加工前要调定好运丝的拉力，确保喷头所喷出丝的质量；

(9) 必须在成型室内的温度达到设定温度后点击“开始加工”菜单；

(10) 加工结束后，需保温 15～20 分钟后方可取出工件；

(11) 快速成型机的工作场所不允许有高频电源。

10.2　快速成型的工艺种类

快速成型制造技术是 20 世纪 80 年代中期发展起来的一项高新技术，从 1988 年世界上第一台快速成型机问世以来，快速成型技术的工艺方法目前已有十余种。根据不同的加工材料和成型方法，目前快速成型的工艺种类如图 10－1 所示。

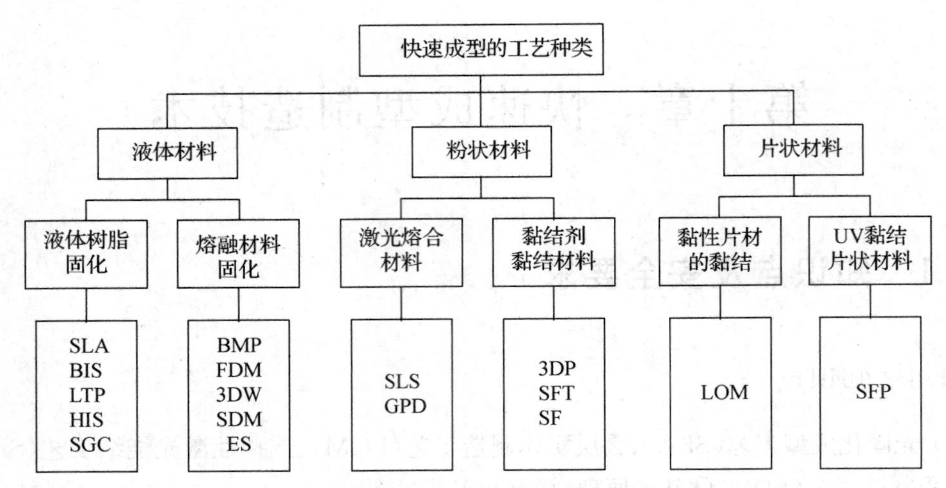

图 10-1 快速成型的工艺种类

在目前所有的快速成型工艺方法中，光固化成型工艺（SLA）、叠层实体制造工艺（LOM）、选择性激光烧结工艺（SLS）、熔融沉积制造工艺（FDM）得到了世界范围内的广泛应用。下面对这些典型工艺的原理、特点、工艺过程和成型材料分别进行简单介绍。

10.2.1 光固化成型工艺

光固化成型工艺，也常被称为立体光刻成型，英文名称为 Stereo Lithography，简称 SL，也有时被简称为 SLA（Stereo Lithography Apparatus），该工艺是由 Charles Hull 于 1984 年发明并获得美国专利，是最早发展起来的快速成型技术。自从 1988 年 3D Systems 公司最早推出 SLA 商品化快速成型机以来，SLA 已成为最为成熟而广泛应用的 RP 典型技术之一。它以光敏树脂为原料，通过计算机控制紫外激光使其凝固成型。这种方法能简捷、全自动地制造出历来各种加工方法难以制作的复杂立体形状，在加工技术领域中具有划时代的意义。

1）光固化成型工艺的基本原理和特点

（1）基本原理

光固化成型工艺的成型过程如图 10-2 所示。液槽中盛满液态光敏树脂，氦-镉激光器或氩离子激光器发出的紫外激光束在控制系统的控制下按零件的各分层截面信息在光敏树脂表面进行逐点扫描，使被扫描区域的树脂薄层产生光聚合反应而固化，形成零件的一个薄层。一层固化完毕后，工作台下移一个层厚的距离，以使在原先固化好的树脂表面再敷上一层新的液态树脂，刮板将黏度较大的树脂液面刮平，然后进行下一层的扫描加工，新固化的一层牢固地黏结在前一层上，如此重复直至整个零件制造完毕，得到一个三维实体原型。

（2）工艺特点

光固化成型工艺是目前快速成型技术领域中研究得最多的方法，也是技术上最为成熟的方法，其优点如下：

① 成型过程自动化程度高。SLA 系统非常稳定，加工开始后，成型过程可以完全自动

化，直至原型制作完成。

② 尺寸精度高。SLA 原型的尺寸精度可以达到或小于 0.1 mm。

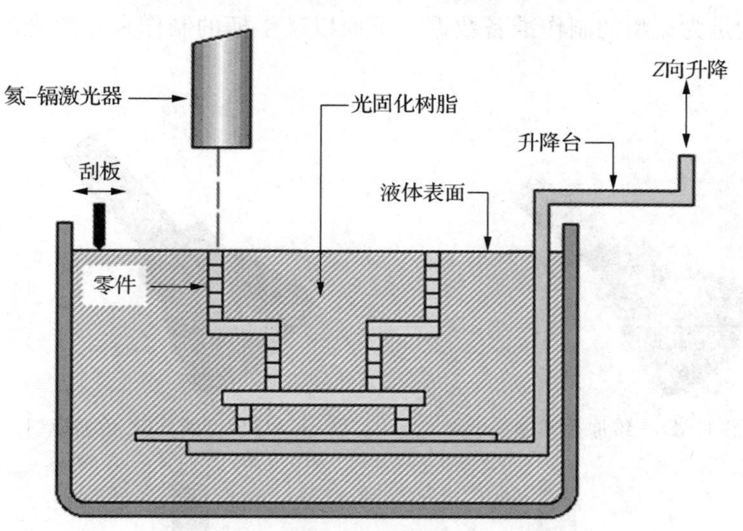

图 10-2　光固化成型工艺过程原理

③ 表面质量优良。虽然在每层固化时侧面及曲面可能出现台阶，但制件的上表面仍可得到玻璃状的效果。

④ 可以制作结构十分复杂、尺寸比较精细的模型。尤其是对于内部结构十分复杂、一般切削刀具难以进入的模型，能轻松地一次成型。

⑤ 可以直接制作面向熔模精密铸造的具有中空结构的消失模。

⑥ 制作的原型可以在一定程度上替代塑料件。

光固化成型工艺的缺点如下：

① 成型过程中伴随着物理和化学变化，制件较易弯曲，需要支撑，否则会引起制件变形。

② 液态树脂固化后的性能尚不如常用的工业塑料，一般较脆，易断裂。

③ 设备运转及维护成本较高。由于液态树脂材料和激光器的价格较高，并且为了使光学元件处于理想的工作状态，需要进行定期的调整和严格的空间环境，其费用也比较高。

④ 使用的材料种类较少。目前可用的材料主要为感光性的液态树脂材料，并且在大多数情况下，未能进行抗力和热量的测试。

⑤ 液态树脂有气味和毒性，并且需要避光保护，以防止提前发生聚合反应，选择时有局限性。

⑥ 在很多情况下，经快速成型系统光固化后的原型树脂并未完全被激光固化，为提高模型的使用性能和尺寸稳定性，通常需要二次固化。

2) 光固化成型的工艺过程

光固化成型的制作一般可以分为前处理、原型制作和后处理三个阶段。

(1) 前处理

前处理阶段主要是对原型的 CAD 模型进行数据转换、摆放方位确定、施加支撑和切片分层,实际上就是为原型的制作准备数据。下面以某手柄的制作来介绍光固化成型工艺的前处理过程。

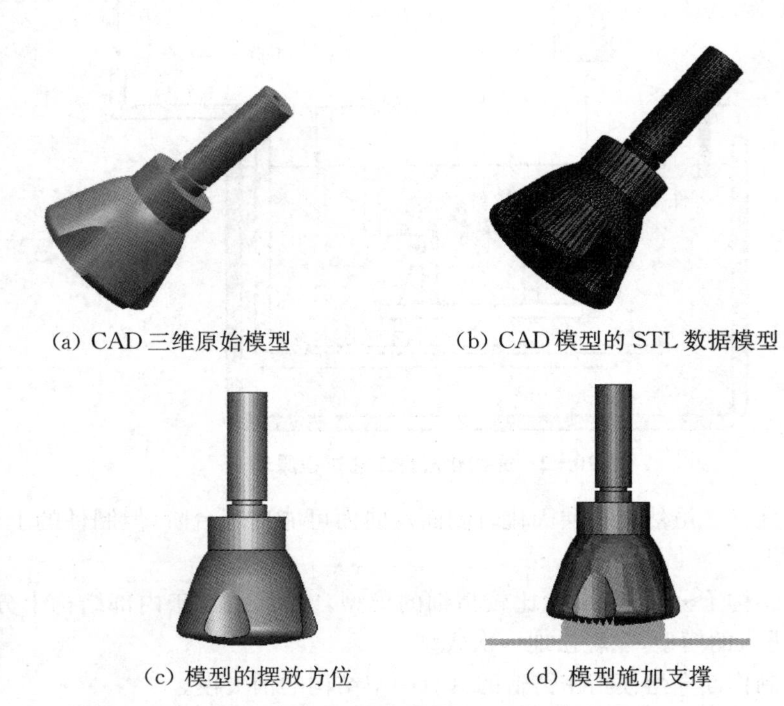

(a) CAD 三维原始模型　(b) CAD 模型的 STL 数据模型

(c) 模型的摆放方位　(d) 模型施加支撑

图 10-3　光固化成型工艺的前处理

① CAD 三维造型。三维实体造型是 CAD 模型的最好表示,也是快速原型制作必需的原始数据源。没有 CAD 三维数字模型,就无法驱动模型的快速原型制作。CAD 模型的三维造型可以在 UG、Pro/E、Catie 等大型 CAD 软件以及许多小型的 CAD 软件上实现,图 10-3(a)给出的是某手柄在 UG NX2.0 上的三维造型。

② 数据转换。数据转换是对产品 CAD 模型的近似处理,主要是生成 STL 格式的数据文件。STL 数据处理实际上就是采用若干小三角形片来逼近模型的外表面,如图 10-3(b)所示。这一阶段需要注意的是 STL 文件生成的精度控制。目前,通用的 CAD 三维设计软件系统都有 STL 数据的输出。

③ 确定摆放方位。摆放方位的处理是十分重要的,不但影响着制作时间和效率,更影响着后续支撑的施加以及原型的表面质量等,因此,摆放方位的确定需要综合考虑上述各种因素。一般情况下,从缩短原型制作时间和提高制作效率来看,应该选择尺寸最小的方向作为叠层方向。但是,有时为了提高原型制作质量以及提高某些关键尺寸和形状的精度,需要将最大的尺寸方向作为叠层方向摆放。有时为了减少支撑量,以节省材料及方便后处理,也经常采用倾斜摆放。确定摆放方位以及后续的施加支撑和切片处理等都是在分层软件系统上实现。

对于上述的手柄,由于其尺寸较小,为了保证轴部外径尺寸以及轴部内孔尺寸的精度，选择直立摆放，如图 10－3(c)所示。同时考虑到尽可能减小支撑的批次，大端朝下摆放。

④ 施加支撑。摆放方位确定后，便可以进行支撑的施加了。施加支撑是光固化快速成型制作前处理阶段的重要工作。对于结构复杂的数据模型，支撑的施加是费时而精细的。支撑施加的好坏直接影响着原型制作的成功与否及制作的质量。支撑施加可以手工进行，也可以软件自动实现。软件自动实现的支撑施加一般都要经过人工的核查，进行必要的修改和删减。为了便于在后续处理中支撑的去除及获得优良的表面质量，目前，比较先进的支撑类型为点支撑，即支撑与需要支撑的模型面是点接触，图 10－3(d)示意的支撑结构就是点支撑。

⑤ 切片分层。支撑施加完毕后，根据设备系统设定的分层厚度沿着高度方向进行切片，生成 RP 系统需求的 SLC 格式的层片数据文件，提供给光固化快速原型制作系统，进行原型制作。图 10－4 给出的是该手柄的光固化原型。

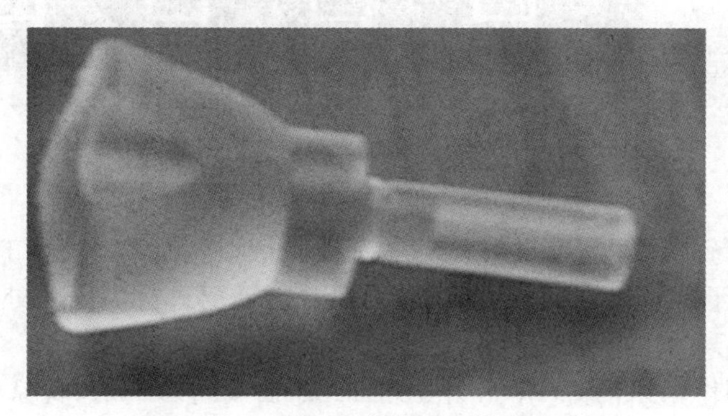

图 10－4　某手柄的光固化快速原型

(2) 原型制作

光固化成型过程是在专用的光固化快速成型设备系统上进行的。在原型制作前，需要提前启动光固化快速成型设备系统，使得树脂材料的温度达到预设的合理温度，激光器点燃后也需要一定的稳定时间。设备运转正常后，启动原型制作控制软件，读入前处理生成的层片数据文件。一般来说，叠层制作控制软件对成型工艺参数都有缺省的设置，不需要每次在原型制作时都进行调整，只是在固化特殊的结构以及激光能量有较大变化时需要进行相应的调整。此外，在模型制作之前，要注意调整工作台网板的零位与树脂液面的位置关系，以确保支撑与工作台网板的稳固连接。当一切准备就绪后，就可以启动叠层制作了。整个叠层的光固化过程都是在软件系统的控制下自动完成的，所有叠层制作完毕后，系统自动停止。图 10－5 给出的是 SPS600 光固化成型设备在进行光固化叠层制作时的界面。界面显示了加工过程的某些信息，如激光扫描速度、原型几何尺寸、总的叠层数、目前正在固化的叠层、工作台升降速度等有关信息。

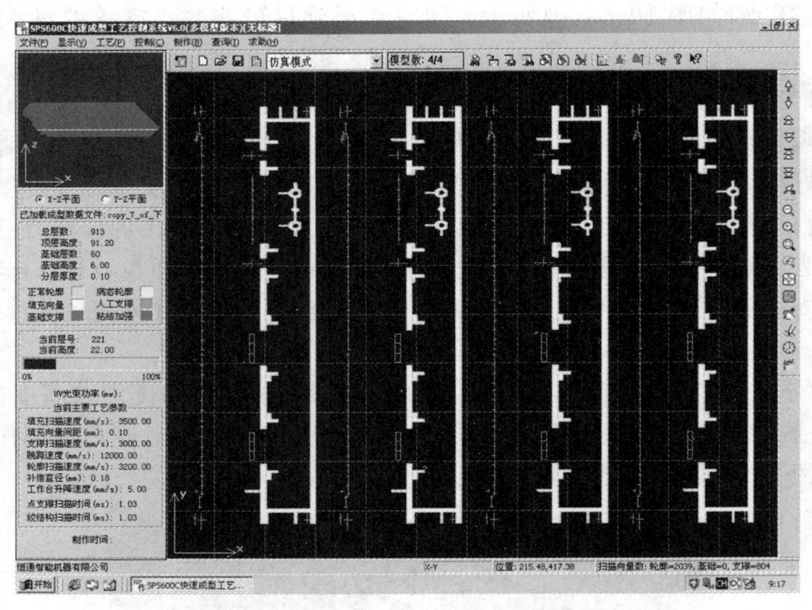

图 10-5　SPS600 光固化成型设备控制软件界面

(3) 后处理

在快速成型系统中原型叠层制作完毕后，需要进行剥离等后续处理工作，以便去除废料和支撑结构等。对于光固化成型方法成型的原型，还需要进行后固化处理等，下面以某一 SLA 原型为例给出其后续处理的步骤和过程。

① 原型叠层制作结束后，工作台升出液面，停留 5～10 min，以晾干多余的树脂，如图 10-6(a)所示。

② 将原型和工作台一起斜放晾干后浸入丙酮、酒精等清洗液体中，搅动并刷掉残留的气泡，持续 45 min 左右后放入水池中清洗原型和工作台约 5 min，如图 10-6(b)所示。

③ 从外向内从工作台上取下原型，并去除支撑结构，如图 10-6(c)所示。去除支撑时，应注意不要伤到原型表面和精细结构。

④ 再次清洗后置于紫外烘箱中进行整体后固化，如图 10-6(d)所示。对于有些性能要求不高的原型，可以不做后固化处理。

(a) 晾干

(b) 清洗

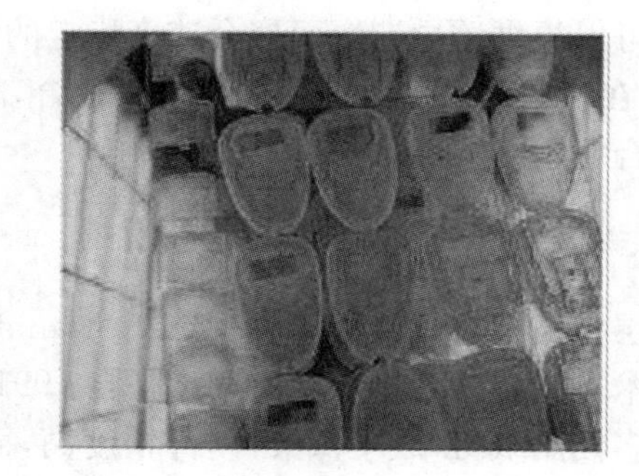
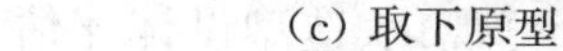

（c）取下原型　　（d）后固化处理

图 10-6　光固化成型的后处理过程

3）光固化成型工艺的成型材料

SLA 工艺的成型材料称为光固化树脂（或称光敏树脂），光固化树脂材料中主要包括低聚物、反应性稀释剂及光引发剂。根据引发剂的引发机理，光固化树脂可以分为三类：自由基光固化树脂、阳离子光固化树脂和混杂型光固化树脂。

（1）自由基光固化树脂

自由基低聚物主要有如下三类：

① 环氧树脂丙烯酸酯。其特点是聚合快，终产品强度高但脆性较大，产品易泛黄。

② 聚酯丙烯酸酯。其特点是流平好，固化好，性能可调节。

③ 聚氨酯丙烯酸酯。其特点是可赋予产品柔顺性与耐磨性，但聚合速度较慢。

稀释剂包括多官能度单体与单官能度单体两类。此外，常规的添加剂还有：阻聚剂、UV 稳定剂、消泡剂、流平剂、光敏剂、染料、天然色素、填充剂及惰性稀释剂等。其中的阻聚剂特别重要，因为它可以保证液态树脂在容器中具有较长的存放时间。

（2）阳离子光固化树脂

阳离子光固化树脂的主要成分为环氧化合物。用于 SLA 工艺的阳离子型低聚物和活性稀释剂，通常为环氧树脂和乙烯基醚。环氧树脂是最常用的阳离子型低聚物，其优点如下：

① 固化收缩小，预聚物环氧树脂的固化收缩率为 2%～3%，而自由基光固化树脂的预聚物丙烯酸酯的固化收缩率为 5%～7%；

② 产品精度高；

③ 阳离子聚合物是活性聚合，在光熄灭后可继续引发聚合；

④ 氧气对自由基聚合有阻聚作用，而对阳离子树脂则无影响；

⑤ 黏度低；

⑥ 生坯件强度高；

⑦ 产品可以直接用于注塑模具。

（3）混杂型光固化树脂

比起自由基光固化树脂和阳离子光固化树脂，混杂型光固化树脂有许多优点，目前的趋势是使用混合型光固化树脂。其优点主要有：

① 环状聚合物进行阳离子开环聚合时，体积收缩很小甚至产生膨胀，而自由基体系总有明显的收缩，混杂体系可以设计成无收缩的聚合物。

② 当系统中有碱性杂质时，阳离子聚合的诱导期较长，而自由基聚合的诱导期较短，混

杂体系可以提供诱导期短而聚合速度稳定的聚合系统。

③ 在光照消失后阳离子仍可引发聚合，故混杂体系能克服光照消失后自由基迅速失活而使聚合终结的缺点。

10.2.2 叠层实体制造工艺

叠层实体制造（Laminated Object Manufacturing，LOM）工艺是几种最成熟的快速成型制造技术之一。这种制造方法和设备自1991年问世以来，得到迅速发展。由于叠层实体制造技术多使用纸材，成本低廉，制件精度高，而且制造出来的木质原型具有外在的美感和一些特殊的品质，因此受到了较为广泛的关注，在产品概念设计可视化、造型设计评估、装配检验、熔模铸造型芯、砂型铸造木模、快速制模母模以及直接制模等方面得到了迅速应用。

1）叠层实体制造工艺的基本原理和特点

（1）基本原理

图10－7是叠层实体制造工艺的原理图。用CO_2激光器在刚粘接的新层上切割出零件截面轮廓和工件外框，并在截面轮廓和外框之间多余的区域内切割出上下对齐的网格；激光切割完成后，工件台带动已成型的工件下降，与带状片材（料带）分离；供料机构转动回收轴和原料供应轴，带动料带移动，使新层移到加工区域；工作台上升到加工平面，热压辊热压，工件的层数增加一层，高度增加一个料厚，再在新层上切割截面轮廓。如此反复，直至零件的所有截面切割、粘接完，得到三维的实体零件。

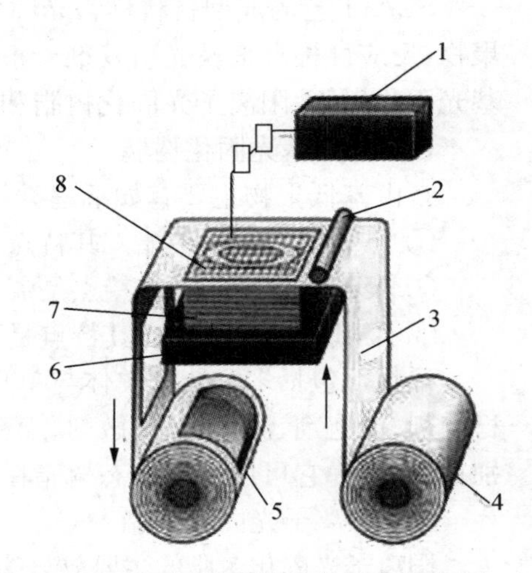

图10－7 叠层实体制造工艺过程原理图

1—CO_2激光器；2—热压辊；3—料带；4—原料供应卷；5—回收卷；6—升降台；7—制成块；8—当前叠层轮廓线

（2）工艺特点

LOM原型制作设备工作时，CO_2激光器扫描头接指令做$X-Y$切割运动，逐层将铺在工作台上的薄材切成所要求轮廓的切片，并用热压辊将新铺上的薄材牢固地粘在已成型的下层切片上，随着工作台按要求逐层下降，薄材进给机构反复进给薄材，最终制成三维层压工件。其主要优点如下：

① 原型精度高。

② 制件能承受高达200 ℃的温度，有较高的硬度和较好的机械性能，可进行各种切削加工。

③ 无需后固化处理。

④ 无需设计和制作支撑结构。

⑤ 废料易剥离。

⑥ 原材料价格便宜，原型制作成本低。

⑦ 制件尺寸大。

⑧ 设备采用了高质量的元器件，有完善的安全、保护装置，因而能长时间连续运行，可靠性高，寿命长。

⑨ 操作方便。

但是,LOM 工艺也有不足之处:

① 不能直接制作塑料工件。

② 工件(特别是薄壁件)的抗拉强度和弹性不够好。

③ 工件易吸湿膨胀,因此,成型后应尽快进行表面防潮处理。

④ 工件表面有台阶纹,其高度等于原料片的厚度(通常为 0.1 mm 左右),因此成型后需进行表面打磨。

叠层实体制造方法与其他快速原型制造技术相比,具有制作效率高、速度快、成本低等优点,在我国具有广阔的应用前景。

2) 叠层实体制造技术的工艺过程

叠层实体制造工艺过程大致可分为前处理、分层叠加和后处理三个主要阶段。下面以某电器上壳的原型制作为例,具体介绍叠层实体制造技术的工艺过程。

(1) 前处理

① 建立某电器上壳的 CAD 模型及 STL 文件,如图 10-8 所示。

图 10-8　某电器上壳的三维造型

② 切片处理。由于叠层实体制造工艺是按一层层截面轮廓来进行加工的,因此,加工前必须在三维模型上用切片软件沿成型的高度方向,每隔一定的间隔进行切片处理,以便提取界面的轮廓。间隔的大小根据成型件精度和生产率的要求来选定。间隔越小,精度越高,但成型时间越长;否则反之。切片间隔选定后,成型时每层叠加的材料厚度应与其相适应,且切片间隔不得小于每层叠加的最小材料厚度。

由于在叠加过程中,每层的厚度及累积的厚度无法保证严格的确定性,因此,LOM 工艺中叠层的累积厚度一般是通过实时测量而得到的,然后根据测量的叠层累积厚度值对 CAD 的 STL 模型进行实时切片处理。图 10-9 是某电器上壳原型制作的切片软件界面,及切片软件读入 STL 文件数据后显示出来的某电器上壳。

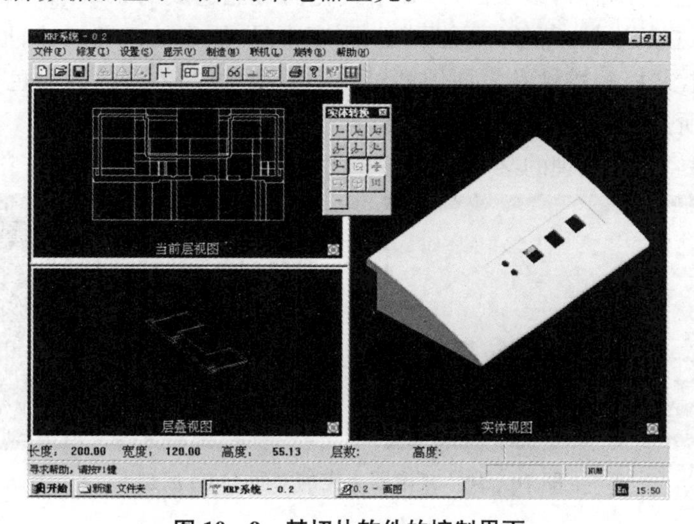

图 10-9　某切片软件的控制界面

(2) 分层叠加

① 设置工艺参数

LOM 快速成型机的主要参数如下：

a. 激光切割速度。激光切割速度影响着原型表面的质量和原型制作时间，通常是根据激光器的型号规格进行选定。

b. 加热辊温度与压力。加热辊温度和压力的设置应根据原型层面尺寸大小、纸张厚度及环境温度来确定。

c. 激光能量。激光能量的大小直接影响着切割纸材的厚度和切割速度，通常激光切割速度与激光能量之间为抛物线型关系。

d. 切碎网格尺寸。切碎网格尺寸的大小直接影响着余料去除的难易和原型的表面质量，可以合理地变化网格尺寸，以达到提高效率的目的。

② 原型制造过程

a. 基底制作。由于叠层在制作过程中要由工作台(或称升降台)带动频繁起降，为实现原型与工作台之间的连接，需要制作基底，通常做 3～5 层。

b. 原型制作。当所有参数设定之后，设备便根据给定的工艺参数自动完成原型所有叠层的制作过程。

(3) 后处理

从 LOM 快速成型机上取下的原型埋在叠层块中，需要进行剥离，以便去除废料，有的还需要进行修补、打磨、抛光和表面强化处理等，这些工序统称为后处理。

① 余料去除。余料去除是将成型过程中产生的废料、支撑结构与工件分离。余料去除是一项细致的工作，在有些情况下也很费时。LOM 成型无需专门的支撑结构，但是有网格状废料需要在后处理后剥离，通常采用手工剥离的方法。在整个成型过程中，余料去除过程是很重要的，为保证原型的完整和美观，要求工作人员熟悉原型，并有一定的技巧。

② 后置处理。为了使原型表面状况或机械强度等方面完全满足最终需要，保证其尺寸稳定、精度等方面的要求，需要对如下情况进行后置处理：原型的表面不够光滑，其曲面上存在因分层制造引起的小台阶，以及因 STL 格式化而可能造成的小缺陷；原型的薄壁和某些小特征结构(如孤立的小柱、薄筋)可能强度、刚度不足；原型的某些尺寸、形状还不够精确；制件的耐温性、耐湿性、耐磨性和表面硬度可能不够满意；制件表面的颜色可能不符合产品的要求等。通常所采用的后置处理工艺是修补、打磨、抛光和表面涂覆等。

图 10－10 为经过后处理的某电器上壳木质 LOM 原型。

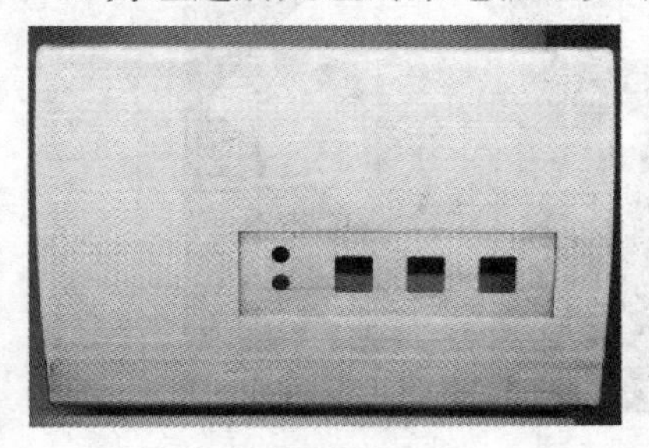

图 10－10　某电器上壳的木质 LOM 原型

3）叠层实体制造工艺的成型材料

LOM工艺中的成型材料涉及三个方面的问题，即纸、热熔胶和涂布工艺。纸材料的选取、热熔胶的配置及涂布工艺的研究均要从保证最终成型零件的质量出发，同时要考虑成本。

（1）纸的性能

① 抗湿性。保证卷轴纸不会因时间长而吸水。纸的施胶度可用来表示纸张抗水能力的大小。

② 良好的浸润性。保证良好的涂胶性能。

③ 抗拉强度。保证在加工过程中不被拉断。

④ 收缩率小。保证在热压过程中不会因部分水分损失而导致变形，可用纸的伸缩率参数计量。

⑤ 剥离性能好。因剥离时，在纸张内部发生破坏，要求纸的垂直方向抗拉强度不是很大。

⑥ 易打磨。保证表面光滑。

⑦ 稳定性。保证成型零件可长时间保存。

（2）热熔胶和涂布工艺

叠层实体制造中的成型材料为涂有热熔胶的薄层材料，层与层之间的黏结是靠热熔胶保证的。热熔胶的种类很多，其中以EVA型热熔胶的需求量为最大，占热熔胶消费总量的80％左右，叠层实体制造中就采用这种热熔胶。

EVA型热熔胶由共聚物EVA树脂、增黏剂、蜡类和抗氧剂等组成。EVA树脂中醋酸乙烯的含量（VA百分比含量）增加，树脂的韧性、耐冲击性、柔韧性、耐应力开裂性、黏性增加，胶接的剥离强度提高，橡胶弹性增大，但强度、硬度、熔融点和热变形温度也随之下降。可以根据热熔胶的性能要求选择适当的VA百分比含量的EVA树脂做主体材料。熔体流动速率MFR与分子结构和相对分子质量有关，一般讲树脂的MFR大，树脂熔融黏度低，配置的热熔胶黏度低，流动性好，有利于往被粘物表面扩散和渗透。

为了增加对被粘物体的表面黏附性、胶接强度，EVA型热熔胶配方中需加增黏剂。随着增黏剂用量增加，流动性、扩散性变好，能提高胶接面的润湿性和初黏性。但增黏剂用量过多，胶层变脆，内聚强度下降。设计热熔胶配方时，选择增黏剂的软化点和EVA软化点最好同步，这样配置的热熔胶熔化范围窄，性能好。

蜡类也是EVA型热熔胶配方中常用的材料。在配方中加入蜡类，可以降低熔融黏度，缩短固化时间，可进一步改善热熔胶的流动性和润湿性，可防止热熔胶存放结块及表面发黏，但用量过多，会使胶接强度下降。

为了防止热熔胶热分解、胶变质和胶接强度下降，延长胶的使用寿命，一般加入0.5％～2％的抗氧剂。为了降低成本，减少固化时的收缩率和过度渗透性，有时加入填料。

热熔胶涂布可分为均匀式涂布和非均匀涂布两种。均匀式涂布采用狭缝式刮板进行涂布，非均匀涂布有条纹式和颗粒式。一般来讲，非均匀涂布可以减小应力集中，但涂布设备比较贵。

10.2.3 选择性激光烧结工艺

选择性激光烧结(Selective Laser Sintering,SLS)工艺又称为选区激光烧结工艺。该工艺方法最初是由美国得克萨斯大学奥斯汀分校的 Carl Deckard 于 1989 年在其硕士论文中提出的,稍后组建成 DTM 公司,于 1992 年开发了基于 SLS 的商业成型机(Sinterstation)。奥斯汀分校和 DTM 公司在 SLS 领域做了大量的研究工作,在设备研制和工艺、材料开发上取得了丰硕成果。德国的 EOS 公司在这一领域也做了很多研究工作,并开发了相应的系列成型设备。

在国内,也有多家单位进行 SLS 的相关研究工作,如华中科技大学(武汉滨湖机电产业有限责任公司)、南京航空航天大学、中北大学和北京隆源自动成型有限公司等,也取得了许多重大成果和系列的商品化设备。

1) 选择性激光烧结工艺的基本原理和特点

(1) 基本原理

图 10-11 给出了 SLS 工艺的原理和基本组成。选择性激光烧结加工过程是采用铺料辊将一层粉末材料平铺在已成型零件的上表面,并加热至恰好低于该粉末烧结点的某一温度,控制系统控制激光束按照该层的截面轮廓在粉层上扫描,使粉末的温度升至熔化点,进行烧结并与下面已成型的部分实现粘接。当一层截面烧结完后,工作台下降一个层的厚度,铺料辊又在上面铺上一层均匀密实的粉末,进行新一层截面的烧结,直至完成整个模型。当实体构建完成并在原型部分充分冷却后。粉末块上升至初始的位置,将其取出并放置到后处理工作台上,用刷子刷去表面粉末,露出加工件,其余残留的粉末可用压缩空气除去。

在成型过程中,未经烧结的粉末对模型的空腔和悬臂部分起着支撑作用,不必像 SLA 工艺那样另行生成支撑工艺结构。SLS 使用的激光器是 CO_2 激光器,使用的原料有蜡、聚碳酸酯、尼龙、纤细尼龙、合成尼龙、金属以及一些发展中的物料。

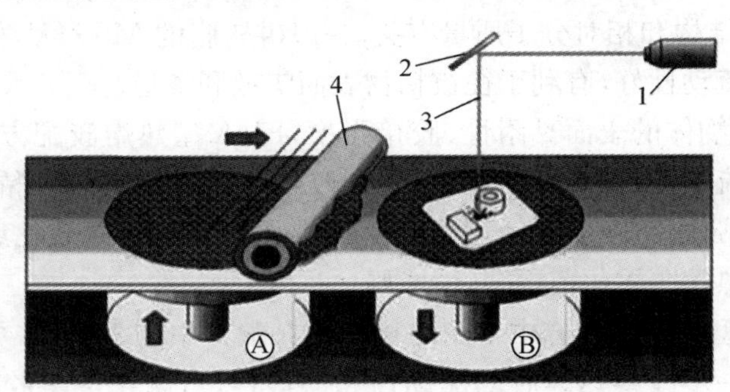

图 10-11 SLS 工艺原理图

1—CO_2 激光器;2—扫描镜;3—激光束;4—铺料辊;A—粉末输送活塞;B—制作活塞

(2) 工艺特点

选择性激光烧结工艺和其他快速成型工艺相比,其独特性是能够直接制作金属制品,同时该工艺还具有如下一些优点:

① 可采用多种材料。从原理上说,这种方法可采用加热时黏度降低的任何粉末材料,通过材料或各类含黏结剂的涂层颗粒制造出任何造型,适应不同的需要。

② 制造工艺比较简单。由于可用多种材料，选择性激光烧结工艺按采用的原料不同，可以直接生产复杂形状的原型、型腔模三维构件或部件及工具。例如，制造概念原型，可安装为最终产品模型的概念原型，蜡模铸造模型及其他少量母模生产，直接制造金属注塑模等。

③ 高精度。依赖于使用的材料种类和粒径、产品的几何形状和复杂程度，该工艺一般能够达到工件整体范围内±(0.05～2.5)mm 的公差。当粉末粒径为 0.1 mm 以下时，成型后的原型精度可达±1%。

④ 无需支撑结构。和 LOM 工艺一样，SLS 工艺也无需设计支撑结构，叠层过程中出现的悬空层面可直接由未烧结的粉末来实现支撑。

⑤ 材料利用率高。由于 SLS 工艺过程不需要支撑结构，也不像 LOM 工艺那样出现许多工艺废料，也不需要制作基底支撑，所以该工艺方法在常见的几种快速成型工艺中，材料利用率是最高的，可以认为是 100%。SLS 工艺中的多数粉末的价格较便宜，所以 SLS 模型的成本相比较来看也是较低的。

但是，选择性激光烧结工艺的缺点也比较突出，具体如下：

① 表面粗糙。由于 SLS 工艺的原材料是粉状的，原型刚建造时由材料粉层经过加热熔化而实现逐层粘接的，因此，严格讲原型表面是粉粒状的，因而表面质量不高。

② 烧结过程挥发异味。SLS 工艺中的粉层粘接是需要激光能源使其加热而达到熔化状态，高分子材料或者粉粒在激光烧结熔化时，一般要挥发异味气体。

③ 有时需要比较复杂的辅助工艺。SLS 技术视所用的材料而异，有时需要比较复杂的辅助工艺过程。以聚酰胺粉末烧结为例，为避免激光扫描烧结过程中材料因高温起火燃烧，必须在机器的工作空间充入阻燃气体，一般为氮气。为了使粉状材料可靠地烧结，必须将机器的整个工作空间内，直接参与造型工作的所有机件以及所使用的粉状材料预先加热到规定的温度，这个预热过程常常需要数小时。造型工作完成后，为了除去工件表面粘黏的浮粉，需要使用软刷和压缩空气，而这一步骤必须在封闭空间中完成，以免造成粉尘污染。

2）选择性激光烧结的工艺过程

选择性激光烧结工艺使用的材料一般有石蜡、高分子、金属、陶瓷粉末和它们的复合粉末材料。材料不同，其具体的烧结工艺也有所不同。

(1) 高分子粉末材料烧结工艺

和其他快速成型工艺方法一样，高分子粉末材料激光烧结快速成型制造工艺过程同样分为前处理、粉层激光烧结叠加以及后处理过程三个阶段。下面以某一铸件的 SLS 原型在 HRPS - TVB 设备上的制作为例，介绍具体的工艺过程。

① 前处理。前处理阶段主要完成模型的三维 CAD 造型，并经 STL 数据转换后输入到粉末激光烧结快速成型系统中。图 10 - 12 给出的是某个铸件的 CAD 模型。

② 粉层激光烧结叠加。在叠层加工阶段，设备根据原型的结构特点，在设定的建造参数下，自动完成原型的逐层粉末烧结叠加过程。与 LOM 和 SLA 工艺相比，SLS 工艺中成型区域温度的控制是比较重要的。

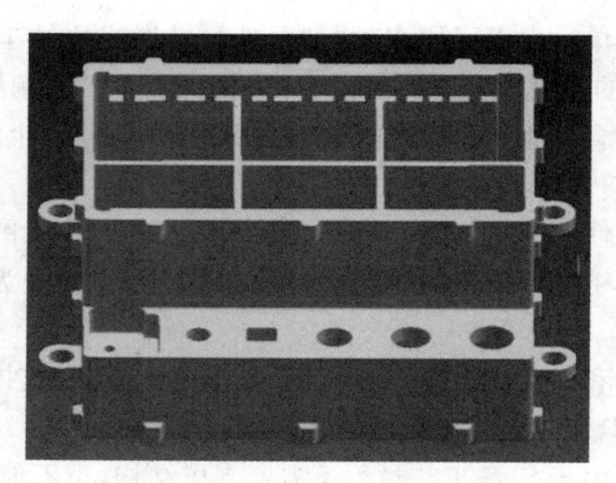

图 10 - 12　某铸件的 CAD 模型

首先需要对成型空间进行预热，对于 PS 高分子材料，一般需要预热到 100 ℃左右。在预热阶段，根据原型结构特点进行制作方位的确定，当摆放方位确定后，将状态设置为加工状态，如图 10 - 13 所示。

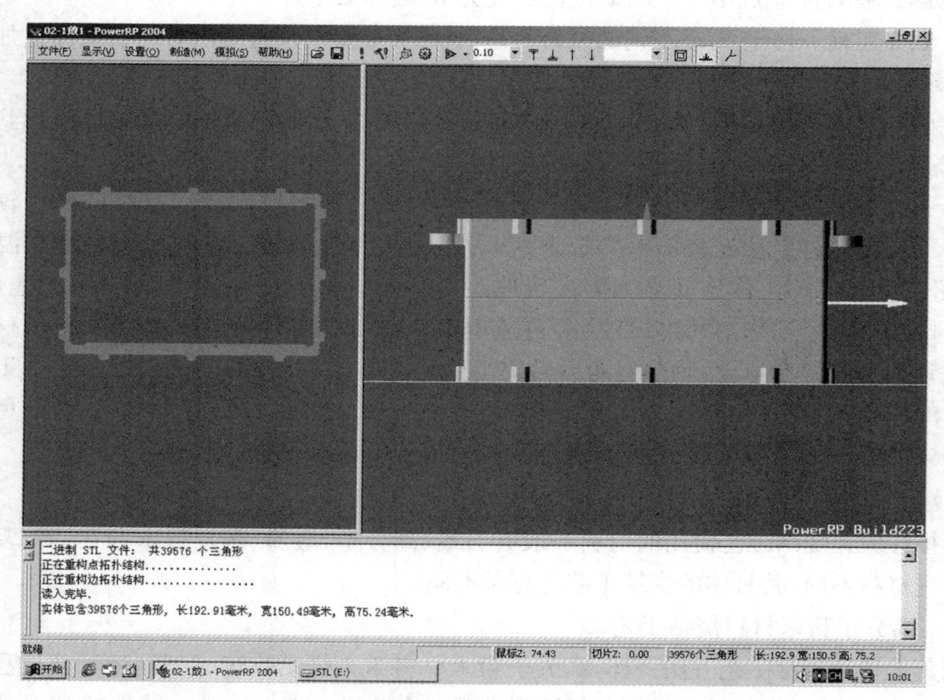

图 10 - 13　原型方位确定后的加工状态

然后设定建造工艺参数，如层厚、激光扫描速度和扫描方式、激光功率、烧结间距等。当成型区域的温度达到预定值时，便可以启动制作了。

在制作过程中，为确保制件烧结质量，减少翘曲变形，应根据截面变化相应地调整粉料预热的温度。

当所有叠层自动烧结叠加完毕后，需要将原型在成型缸中缓慢冷却至 40 ℃以下，取出原型并进行后处理。

③ 后处理。激光烧结后的 PS 原型件，强度很弱，需要根据使用要求进行渗蜡或渗树脂等进行补强处理。由于该原型用于熔模铸造，所以进行渗蜡处理。渗蜡后的该铸件原型如图 10－14 所示。

图 10－14　某铸件经过渗蜡处理的原型件

(2) 金属零件间接烧结工艺

在广泛应用的几种快速成型技术方法中，只有 SLS 工艺可以直接或间接地烧结金属粉末来制作金属材质的原型或零件。金属零件间接烧结工艺使用的材料为混合有树脂材料的金属粉末材料，SLS 工艺主要实现包裹在金属粉粒表面树脂材料的粘接。基于 SLS 方法金属零件间接制造工艺过程，如图 10－15 所示，整个工艺过程主要分三个阶段：一是 SLS 原型件（“绿件”）的制作，二是粉末烧结件（“褐件”）的制作，三是金属熔渗后处理。

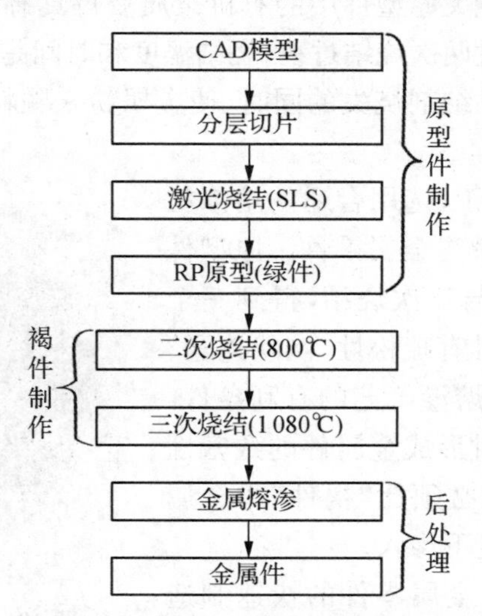

图 10－15　基于 SLS 工艺的金属零件间接制造工艺过程

SLS 原型件制作阶段的关键在于，如何选用合理的粉末配比和加工工艺参数实现原型件的制作。试验表明，对 SLS 原型件成型来说，混合粉体中环氧树脂粉末比例高，有利于其准确致密成型，成型质量高。但环氧树脂黏结剂含量过高，金属粉末含量过低，则会出现褐件创作时的烧失塌陷现象和金属熔渗时出现局部渗不足现象。可见，粉末材料配比将严重影响原型件及褐件的制作质量，而且两阶段对配比的要求相互矛盾。原则上必须兼顾绿件成型所需的最少黏结剂成分，同时又不致因过高而导致褐件难以成型。实际加工中，环氧树脂与金属粉末的比例一般控制在 1∶5 与 1∶3 之间。

同时,影响激光烧结快速成型原型件质量的烧结参数很多,如粉末材料的物性、扫描间隔、扫描层厚、激光功率以及扫描速度等。对于小功率激光器的激光烧结快速成型系统,激光功率可调范围很小,激光功率对烧结性能的影响可以归结到扫描速度上,而扫描速度的选择必须兼顾加工效率及烧结过程与烧结质量的要求。较低的扫描速度可以保证粉末材料的充分熔化,获得理想的烧结致密度;但是,扫描速度过低,材料熔化区获得的激光能量过多,容易引起"爆破飞溅"现象,出现烧结表面"疤痕",且熔化区内易出现材料"炭化",从而降低烧结表面质量。为保证加工层面之间与扫描线之间的牢固粘接,采用的扫描间隔不宜过大。实际加工中,烧结线间及层面间应有少许重叠,方可获得较好的烧结质量。扫描层厚也是激光烧结成型的一个重要参数,它的选择也与激光烧结成型的烧结质量密切相关。扫描层厚度必须小于激光束的烧结深度,使当前烧结的新层与已烧结层能牢固地粘连在一起,形成致密的烧结体;但过小的扫描层厚度,会增加烧结应力,损坏已烧结层面,烧结效果反而降低。因此,扫描层厚的选择必须适当才能保证获得较好的烧结质量。

总的来说,工艺参数的选取不仅要保证层面之间及烧结线之间的牢固粘接,还应该保证粉末材料的充分熔化,即烧结实体中不应存在"夹生"现象,应保证烧结成型各工艺参数的互相匹配。同时,尽量做到粉末材料不炭化,烧结过程平稳。在此基础上,尽可能采用较大的工艺参数,以提高加工效率。

褐件制作的关键在于,烧失原型件中的有机杂质获得具有相对准确形状和强度的金属结构体。褐件制作时,需经过两次烧结过程,烧结温度和时间是主要的影响因素。应控制合适的烧结温度和时间,随着黏结剂烧失的同时,使金属粉末颗粒间发生微熔粘接,从而保证原型件不致塌陷。

金属熔渗阶段的关键在于,选用合适的熔渗材料及工艺,以获得较致密的最终金属零件。原型件烧结完成后,经过二次烧结与三次烧结,得到一个具有一定强度与硬度、内部具有疏松性"网状连通"结构的褐件。这些都是金属熔渗工艺的有利条件。试验表明,合适的熔渗材料对形成金属件的致密性有较大影响。所选渗入金属必须比"褐件"中金属的熔点低,以保证在较低温度下渗入。

图 10-16　成型的金属齿轮零件

采用上述工艺过程进行金属零件的快速制造试验。试验中采用金属铁粉末、环氧树脂粉末、固化剂粉末混合,其体积比为 67%、16%、17%;在激光功率 40 W 下,取扫描速度 170 mm/s、扫描间隔 0.2 mm 左右、扫描层厚为 0.25 mm 时烧结。二次烧结时,控制温度在800 ℃,保温 1 h;三次烧结时,温度 1 080 ℃,保温 40 min;熔渗铜时,温度 1 120 ℃,熔渗时间40 min。所成型的金属齿轮零件如图 10-16 所示。

(3) 金属零件直接烧结工艺

金属零件直接烧结工艺采用的材料是纯粹的金属粉末,是采用 SLS 工艺中的激光能源对金属粉末直接烧结，使其熔化，实现叠层的堆积，其工艺流程如图 10－17 所示。

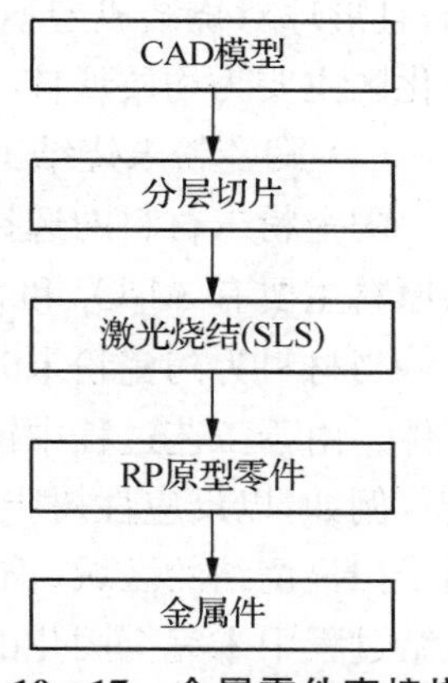

图 10－17　金属零件直接烧结工艺流程

由工艺过程示意图可知，成型过程较间接金属零件制作过程明显缩短，无需间接烧结时复杂的后处理阶段。但必须有较大功率的激光器，以保证直接烧结过程中金属粉末的直接熔化。因而，直接烧结中激光参数的选择、被烧结金属粉末材料的熔凝过程及控制是烧结成型中的关键。

激光功率是激光直接烧结工艺中的一个重要影响因素。功率越高，激光作用范围内能量密度越高，材料熔化越充分，同时烧结过程中参与熔化的材料就越多，形成的熔池尺寸也就越大，粉末烧结固化后易生成凸凹不平的烧结层面，激光功率高到一定程度，激光作用区内粉末材料急剧升温，能量来不及扩散，易造成部分材料甚至不经过熔化阶段直接气化，产生金属蒸气。在激光作用下，该部分金属蒸气与粉末材料中的空气一起在激光作用区内汇聚、膨胀、爆破，形成剧烈的烧结飞溅现象，带走熔池内及周边大量金属，形成不连续表面，严重影响烧结工艺的进行，甚至导致烧结无法继续进行。同时，这种状况下的飞溅产物也容易造成烧结过程的“夹杂”。光斑直径是激光烧结工艺的另外一个重要影响因素。总的来说，在满足烧结基本条件的前提下，光斑直径越小，熔池的尺寸也就可以控制得越小，越易在烧结过程中形成致密、精细、均匀一致的微观组织。同时，光斑越细，越容易得到精度较好的三维空间结构。但是光斑直径的减小，预示着激光作用区内能量密度的提高，光斑直径过小，易引起上述烧结飞溅现象。扫描间隔是选择性激光烧结工艺的又一个重要影响因素，它的合理选择对形成较好的层面质量与层间结合，提高烧结效率均有直接影响。同间接工艺一样，合理的扫描间隔应保证烧结线间与层面间有少许重叠。

在激光连续烧结成型过程中，整个金属熔池的凝固结晶是一个动态的过程。随着激光束向前移动，在熔池中金属的熔化和凝固过程是同时进行的。在熔池的前半部分，固态金属不断进入熔池处于熔化状态，而在熔池的后半部分，液态金属不断脱离熔池而处于凝固状态。由于熔池内各处的温度、熔体的流速和散热条件是不同的，在其冷却凝固过程中，各处的凝固特征也存在一定的差别。对多层多道激光烧结的样品，每道熔区分为熔化过渡区和熔化区。熔化过渡区是指熔池和基体的交界处，在这区域内晶粒处于部分熔化状态，存在大量的晶粒残骸和微熔晶粒，它并不是构成一条线，而是一个区域，即半熔化区。半熔化区的晶粒残骸和微熔晶粒都有可能作为在凝固开始时的新晶粒形核核心。对 Ni 基金属粉末烧结成型的试样分析表明：在熔化过渡区，其主要机制为微熔晶核作为异质外延，形成的枝晶取向沿着固-液界面的法向方向。熔池中除熔化过渡区外，其余部分受到熔体对流的作用较强，金属原子迁移距离大，称为熔化区。该区域在对流熔体的作用下，将大量的金属粉末粘接到熔池中，由于粉末颗粒尺寸的不一致（粉末的粒径分布为 15～130 pm），当激光功率不太大时，小尺寸粉末颗粒可能完全熔化，而大尺寸粉末颗粒只能部分熔化，这样在熔化区中存在部分熔化的颗粒，这部分的颗粒有可能作为异质形核核心；当激光功率较高时，能够完全熔化熔池中的粉末，在这种情况下，该区域主要为均质形核。在激光功率较小时，容易形球，且形球对烧结成型不利。因此对 Ni 基金属粉末烧结成型，通常采用较大的功率密度，其熔化区主要为均质形核，形成等轴晶。

(4) 陶瓷粉末烧结工艺

陶瓷粉末材料的选择性激光烧结工艺需要在粉末中加入黏结剂。目前所用的纯陶瓷粉末原料主要有 Al_2O_3 和 SiC，而黏结剂有无机黏结剂、有机黏结剂和金属黏结剂等三种。

当材料为陶瓷粉末时，可以直接烧结铸造用的壳型来生产各类铸件，甚至是复杂的金属零件。由于工艺过程中铺粉层的原始密度低，因而制件密度也低，故多用于铸造型壳的制造。例如，以反应性树脂包覆的陶瓷粉末为原料，烧结后，型壳部分成为烧结体，零件部分不属于扫描烧结的区域，仍是未烧结的粉末。将壳体内部的粉末清除干净，再在一定温度下使烧结过程中未完全固化的树脂充分固化，得到型壳。结果表明，壳型在强度、透气性和发气量等方面的指标均能满足要求，但表面质量仍有待改善。

陶瓷粉末烧结的制件的精度由激光烧结时的精度和后续处理时的精度决定。在激光烧结过程中，粉末烧结收缩率、烧结时间、光强、扫描点间距和扫描线行间距对陶瓷制件坯体的精度有很大影响。另外，光斑的大小和粉末粒径直接影响陶瓷制件的精度和表面粗糙度。后续处理(焙烧)时产生的收缩和变形也会影响陶瓷制件的精度。

3) 选择性激光烧结工艺的成型材料

用于 SLS 工艺的材料有各类粉末，包括金属、陶瓷、石蜡以及聚合物的粉末，其粉末粒度一般在 50～125 μm 之间，近年来更多地使用复合粉末。工程上一般按表 10-1 划分颗粒等级。

表 10-1 SLS 粉末材料颗粒等级划分

大于 10 mm	粒体	1 μm～10 nm	细粉末或微粉末
10 mm～100 μm	粉粒	小于 10 nm	超微粉末(纳米粉末)
100 μm～1 μm	粉末		

间接 SLS 用的复合粉末通常有两种混合形式：一种是黏结剂粉末与金属或陶瓷粉末按一定比例机械混合；另一种则是把金属或陶瓷粉末放到黏结剂稀释液中，制取具有黏结剂包裹的金属或陶瓷粉末。实验表明，后者制备虽然复杂，但烧结效果较前者好。

近年来开发的较为成熟的用于 SLS 工艺的材料如表 10-2 所示。

表 10-2 用于 SLS 工艺的材料一览表

材　料	特　性
石蜡	主要用于石蜡铸造，制造金属型
聚碳酸酯	坚固耐热，可以制造微细轮廓及薄壳结构，也可以用于消失模铸造，正逐步取代石蜡
尼龙、纤细尼龙、合成尼龙(尼龙纤维)	它们都能制造可测试功能零件，其中合成尼龙制件具有最佳的力学性能
钢铜合金	具有较高的强度，可作注塑模

为了提高原型的强度，用于 SLS 工艺材料的研究转向金属和陶瓷，这也正是 SLS 工艺优越于 SLA、LOM 工艺之处。

近年来,金属粉末的制取越来越多地采用雾化法,主要有两种方式:离心雾化法和气体雾化法。它们的主要原理是使金属熔融,高速将金属液滴甩出并急冷,随后形成粉末颗粒。

SLS 工艺还可以采用其他粉末,比如聚碳酸酯粉末,当烧结环境温度控制在聚碳酸酯软化点附近时,其线胀系数较小,进行激光烧结后,被烧结的聚碳酸酯材料翘曲较小,具有很好的工艺性能。

10.2.4　熔融沉积制造工艺

熔融沉积制造(Fused Deposition Modeling,FDM)工艺是继光固化成型工艺和叠层实体制造工艺后的另一种应用比较广泛的快速成型工艺方法。该工艺方法以美国 Stratasys 公司开发的 FDM 制造系统应用最为广泛。该公司自 1993 年开发出第一台 FDM1650 机型后,先后推出了 FDM2000、FDM3000、FDM8000 及 1998 年推出的引人注目的 FDM Quantum 机型,FDM Quantum 机型的最大成型体积达到 600 mm×500 mm×600 mm。此外,该公司推出的 Dimension 系列小型 FDM 三维打印设备得到市场的广泛认可,仅 2005 年的销量就突破了 1 000 台。国内的清华大学与北京殷华公司也较早地进行了 FDM 工艺商品化系统的研制工作,并推出熔融挤压制造设备 MEM250 等。

熔融沉积制造工艺比较适合家用电器、办公用品、模具行业新产品开发,以及用于假肢、医学、医疗、大地测量、考古等基于数字成像技术的三维实体模型制造。该技术无需激光系统,因而价格低廉,运行费用低且可靠性高。此外,从目前出现的快速成型工艺方法来看,FDM 工艺在医学领域的应用具有独特的优势。

1) 熔融沉积制造工艺的基本原理和特点

(1) 基本原理

熔融沉积又叫熔丝沉积,它是将丝状的热熔性材料加热熔化,通过带有一个微细喷嘴的喷头挤喷出来。喷头可沿着 X 轴和 Y 轴方向移动,而工作台则沿 Z 轴方向移动。如果热熔性材料的温度始终稍高于固化温度,而成型部分的温度稍低于固化温度,就能保证热熔性材料挤喷出喷嘴后,随即与前一层面熔结在一起。一个层面沉积完成后,工作台按预定的增量下降一个层的厚度,再继续熔喷沉积,直至完成整个实体造型。

熔融沉积制造工艺的基本原理如图 10－18 所示,熔融沉积制造工艺的具体过程如下:将实心丝材原材料缠绕在供料辊上,由电机驱动辊子旋转,辊子和丝材之间的摩擦力使丝材向喷头的出口送进。在供料辊与喷头之间有一导向套,导向套采用低摩擦材料制成,以便丝材能顺利、准确地由供料辊送到喷头的内腔(最大送料速度为 10～25 mm/s,推荐速度为 5～18 mm/s)。喷头的前端有电阻丝式加热器,在其作用下,丝材被加热熔融(熔模铸造蜡丝的熔融温度为 74 ℃,机加工蜡丝的熔融温度为 96 ℃,聚烯烃树脂丝为 106 ℃,聚酰胺丝为 155 ℃,ABS 塑料丝为 270 ℃),然后通过出口(内径为 0.25～1.32 mm,随材料的种类和送料速度而定)涂覆至工作台上,并在冷却后形成界面轮廓。由于受结构的限制,加热器的功率不可能太大,因此,丝材一般为熔点不太高的热塑性塑料或蜡。丝材熔融沉积的层厚随喷头的运动速度(最高速度为 380 mm/s)而变化,通常最大层厚为 0.15～0.25 mm。

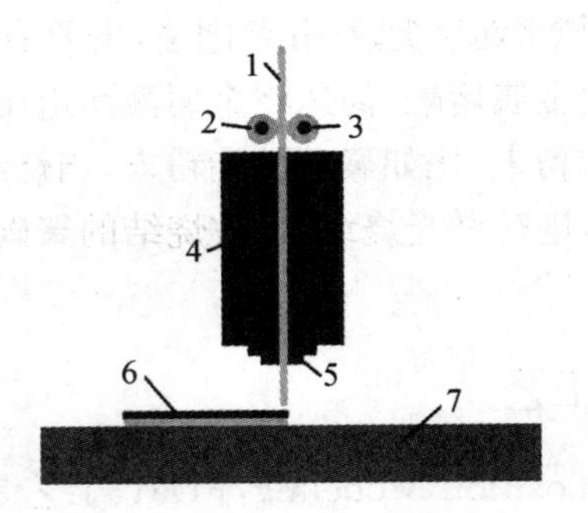

图 10-18 FDM 工艺原理图

1—实心丝材；2—从动辊；3—主动辊；4—导向套；
5—喷头；6—制件；7—基座或工作台

熔融沉积快速成型工艺在原型制作时需要同时制作支撑，为了节省材料成本和提高沉积效率，新型 FDM 设备采用了双喷头，一个喷头用于沉积模型材料，一个喷头用于沉积支撑材料，如图 10-19 所示。一般来说，模型材料丝精细而且成本较高，沉积的效率也较低。而支撑材料丝较粗且成本较低，沉积的效率也较高。双喷头的优点除了沉积过程中具有较高的沉积效率和降低模型制作成本以外，还可以灵活地选择具有特殊性能的支撑材料，以便于后处理过程中支撑材料的去除，如水溶材料、低于模型材料熔点的热熔材料等。

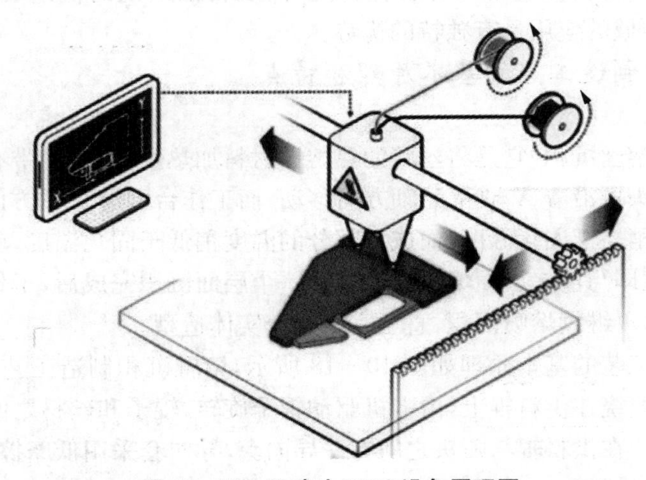

图 10-19 双喷头 FDM 设备原理图

(2) 工艺特点

熔融沉积快速成型工艺之所以被广泛应用，是因为它具有其他成型方法所不具有的许多优点。具体如下：

① 由于采用了热熔挤压头的专利技术，使整个系统构造原理和操作简单，维护成本低，系统运行安全。

② 可以使用无毒的原材料，设备系统可在办公环境中安装使用。

③ 用蜡成型的零件原型，可以直接用于失蜡铸造。

④ 可以成型任意复杂程度的零件，常用于成型具有很复杂的内腔、孔等的零件。

⑤ 原材料在成型过程中无化学变化，制件的翘曲变形小。

⑥ 原材料利用率高，且材料寿命长。

⑦ 支撑去除简单，无需化学清洗，分离容易。

⑧ 可直接制作彩色原型。

当然，FDM 工艺与其他快速成型制造工艺相比，也存在着许多缺点，主要如下：

① 成型件的表面有较明显的条纹。

② 沿成型轴垂直方向的强度比较弱。

③ 需要设计与制作支撑结构。

④ 需要对整个截面进行扫描涂覆，成型时间较长。

2) 熔融沉积制造的工艺过程

FDM 的工艺过程包括：设计 CAD 三维模型、CAD 三维模型的近似处理、对 STL 文件进行分层处理、造型、后处理，如图 10－20所示。

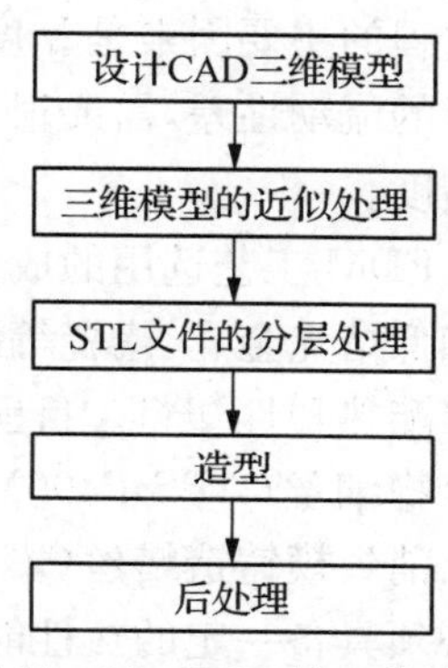

图 10－20　FDM 的工艺过程

(1) 设计 CAD 三维模型

设计人员根据产品的要求，利用计算机辅助设计软件设计出 CAD 三维模型。常用的设计软件有：Pro/Engineering、Solidworks、MDT、AutoCAD、UG 等。

(2) CAD 三维模型的近似处理

产品上有许多不规则的曲面，在加工前必须对模型的这些曲面进行近似处理。目前最普遍的方法是采用美国 3D Systems 公司开发的 STL(Sterolithgraphy)文件格式。用一系列相连的小三角平面来逼近曲面，得到 STL 格式的三维近似模型文件。

(3) 对 STL 文件进行分层处理

由于快速成型是将模型按照一层层截面加工、累加而成的，所以必须将 STL 格式的 CAD 三维模型转化为快速成型制造系统可接受的层片模型。片层的厚度范围通常在 0.025～0.762 mm 之间。各种快速成型系统都带有分层处理软件，能自动获取模型的截面信息。

(4) 造型

产品的造型包括两个方面：支撑制作和实体制作。

① 支撑制作

由于 FDM 的工艺特点，系统必须对产品三维 CAD 模型做支撑处理，否则，在分层制造过程中，当上层截面大于下层截面时，上层截面的多出部分将会出现悬浮(或悬空)，从而使截面部分发生塌陷或变形，影响零件原型的成型精度，甚至使产品原型不能成型。支撑还有一个重要的目的：建立基础层。在工作平台和原型的底层之间建立缓冲层，使原型制作完成后便于剥离工作平台。此外，基础支撑还可以给制造过程提供一个基准面。所以 FDM 造型的关键一步是制作支撑。

② 实体制作

在支撑的基础上进行实体的造型，自下而上层层叠加形成三维实体，这样可以保证实体造型的精度和品质。

(5) 后处理

快速成型的后处理主要是对原型进行表面处理。去除实体的支撑部分,对部分实体表面进行处理,使原型精度、表面粗糙度等达到要求。但是,原型的部分复杂和细微结构的支撑很难去除,在处理过程中会出现损坏原型表面的情况,从而影响原型的表面品质。于是,1999 年 Stratasys 公司开发出水溶性支撑材料,有效地解决了这个难题。目前,我国自行研发的 FDM 工艺还无法做到这一点,原型的后处理仍然是一个较为复杂的过程。

3) 熔融沉积制造工艺的成型材料

材料是 FDM 工艺的基础,FDM 工艺中使用的材料分为成型材料和支撑材料。

(1) 成型材料

FDM 工艺对成型材料的要求是熔融温度低、黏度低、黏结性好、收缩率小。影响材料挤出过程的主要因素是黏度。材料的黏度低、流动性好,阻力就小,有助于材料顺利地挤出。材料的流动性差,需要很大的送丝压力才能挤出,会增加喷头的启停响应时间,从而影响成型精度。

FDM 工艺选用的成型材料为丝状热塑性材料,常用的有石蜡、塑料、尼龙丝等低熔点材料和低熔点金属、陶瓷等的线材或丝材。在熔丝线材方面,主要材料是 ABS、人造橡胶、铸蜡和聚酯热塑性塑料。目前用于 FDM 的材料主要是美国 Stratasys 的丙烯腈-丁二烯-苯乙烯聚合物细丝(ABS P400)、甲基丙酸烯-丙烯腈-丁二烯-苯乙烯聚合物细丝(ABSi P500,医用)、消失模铸造蜡丝(ICW06 wax)、塑胶丝(Elastomer E20)。适用于 FDM 工艺的丝状材料必须具备一定的热性能和力学性能。

(2) 支撑材料

FMD 工艺对支撑材料的要求是能够承受一定的高温、与成型材料不浸润、具有水溶性或酸溶性、具有较低的熔融温度、流动性要特别好。具体来说:

① 能承受一定的高温。由于支撑材料要与成型材料在支撑面上接触,因此,支撑材料必须能够承受成型材料的高温,在此温度下不产生分解与熔化。

② 与成型材料不浸润,便于后处理。支撑材料是加工中采取的辅助手段,在加工完毕后必须去除,所以支撑材料与成型材料的亲和性不应太好。

③ 具有水溶性或酸溶性。为了便于后处理,支撑材料最好可以在某种溶液里溶解。

④ 具有较低的熔融温度。材料在较低的温度挤出,提高喷头的使用寿命。

⑤ 流动性要好。由于支撑材料的成型精度要求不高,为了提高机器的扫描速度,要求支撑材料具有很好的流动性,相对而言,黏性可以差一些。

10.3 快速成型的软件系统

快速成型的软件系统一般由三部分组成:CAD 造型软件、数据检验与处理软件、监控系统软件。

(1) CAD 造型软件(市场常用软件如 UG,Pro/E 等)。负责零件的几何造型、支撑结构设计及 STL 文件输出等。

(2) 数据检验与处理软件(一般由 RP 设备生产厂家自行开发)。负责对输入的 STL 文件检验其合理性并修正错误、做几何变换、选择成型方向、零件排样合并、进行文体分层。

(3) 监控系统软件(一般由 RP 设备生产厂家自行开发)。完成分层信息输入、加工参数设定、生成 NC 代码、控制实时加工等。

监控系统软件根据所选的数控系统将数据处理软件生成的二维层面信息,即轮廓与填充的路径生成 NC 代码,与工艺紧密相连,是一个工艺规划过程。不同规划方法不仅决定了造型过程能否正常而顺利地进行,而且对成型精度和效率影响很大。快速成型扫描路径规划的主要内容包括刀具尺寸补偿和扫描路径选择,其核心算法包括二维轮廓偏置算法和填充网格生成算法。算法的要求是理性、完善性和鲁棒性,算法的好坏直接影响数据处理效率,生成结果则直接决定成型加工效率。本节将着重介绍数据检验与处理软件。

10.3.1　数据格式

目前 RP 成型系统常用的三种数据格式为:三维面片模型格式、CAD 三维数据格式和二维层片数据格式。

(1) 三维面片模型格式

RP 的三维面片格式文件是专为 RP 技术而开发的数据格式,主要有 STL 格式和 CFL 格式两种。STL (Stereo Lithography interface specification)格式是目前 RP 领域的"准"工业标准。STL 格式最初出现于 1989 年美国 3D Systems 公司生产的 SLA 快速成型系统,它是目前快速成型系统中最常见的一种文件格式,用于将三维模型近似成小三角形平面的组合。这种格式有 ASCII 码和二进制码两种输出形式,二进制码输出形式所占用的文件空间比 ASCII 码输出形式的小得多(一般是 1/6),但 ASCII 码输出形式可以阅读并能进行直观检查。

STL 文件是一种由小三角形面构成的三维多面体模型。从几何上看,STL 文件的定义如图 10－21 所示,每一个三角形面片用三个顶点表示,每个顶点由其坐标(X,Y,Z)表示。又必须指明材料包含在面片的哪一边,所以每个三角形面片须有一个法向,用(Xn,Yn,Zn)表示。对于多个三角形相交于一点的情况,与此点有关的每个三角形面片都要记录该点。从整体上看,STL 文件是由许多这样的三角形面片无序排列集合在一起组成。

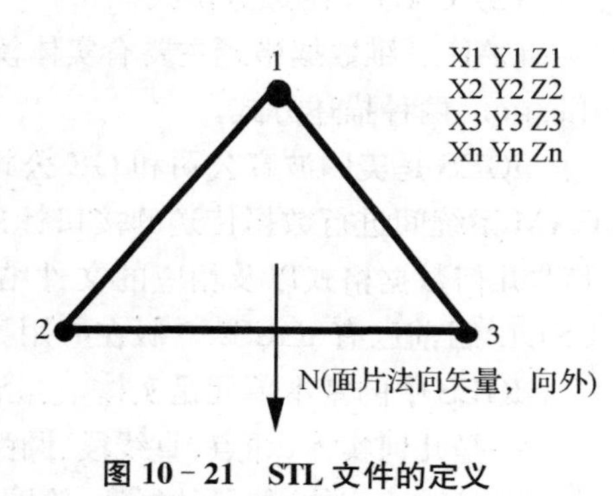

图 10－21　STL 文件的定义

STL 文件的格式定义如下:

<STL 文件>::=<三角形 1><三角形 2>…<三角形 n>

<三角形>::=<法向量><顶点 1><顶点 2><顶点 3>

<法向量>::=<Xn><Yn><Zn>

<顶　点>::=<X><Y><Z>

一般情况下,三角形的个数与该模型的近似程度密切相关,三角形数量越多,近似程度越好、精度越高;反之近似程度越差。但三角形数量增多会导致生成的 STL 文件增大,后续的处理时间和难度加大。

STL 文件格式的优点主要有：

① 数据格式简单，处理方便，与具体的 CAD 系统无关。

② 对原 CAD 模型的近似度高。原则上，只要三角形的数目足够多，STL 文件就可以满足任意精度要求。

③ 具有三维几何信息，而且是用面片模型，可直接用于有限元分析（FEA）等。被所有 RP 设备所接受，已成为大家默认的 RP 数据转换标准。

STL 文件的缺点也是显而易见的：

① 数据冗余量大；

② 文件数据量大，特别是当近似程度较高时；

③ 易产生裂缝、孔洞、悬面、重叠面和交叉面等错误；

④ 不含有 CAD 设计的拓扑信息。

目前国际市场上有几十种 CAD 软件配有 STL 文件接口，比如 Pro/E、I－DEAS、EUCUD、AutoCAD、CATIA 等。STL 面片模型文件是在 CAD 系统中产生，是对原 CAD 三维模型的一种近似。目前 STL 文件是所有 RP 系统中用得最多的数据转换形式。由于 CAD 软件和 STL 文件格式本身的问题，以及转换过程造成的问题，产生的 STL 格式文件缺陷，最常见的有以下几个方面：

① 出现违反共顶点规则的三角形；

② 出现错误的裂缝或孔洞；

③ 三角形过多或过少；

④ 微小特征遗漏或出错。

(2) CAD 三维数据格式

CAD 三维数据格式主要有实体模型和表面模型 IGES(Initial Graphics Exchange Specification)两种描述方式。

IGES 是美国波音公司和 GE 公司最初于 1980 年制定的数据交换规范，是不同 CAD/CAM 系统间进行数据传送的接口标准，它定义了一套表示 CAD/CAM 系统中常用的几何和非几何数据格式以及相应的文件结构。1982 年 IGES 成为 ANSI 标准，1988 年颁布 IGES4.0，目前已有 IGES5.0 版在应用。它虽然不是 ISO 标准，实际上已是工业标准。

IGES 中的基本单元是实体，它分为三类：

一是几何实体，如点、直线段、圆弧、B 样条曲线、曲面等；

二是描述实体，如尺寸标注，绘图说明等；

三是结构实体，如组合项、图组、特性等。

IGES 不可能，也没有必要包含所有 CAD/CAM 系统中采用的图形和非图形实体，但从目前国内外常用的 CAD/CAM 系统中的 IGES 来看，其中的实体基本是 IGES 定义实体的子集。

IGES 的文件格式的定义遵循两条规则：

① IGES 的定义可改变复杂结构及其关系；

② IGES 文件格式便于各种 CAD/CAM 系统的处理。

采用 CAD 三维数据格式的 RP 数据处理过程如图 10－22 所示。

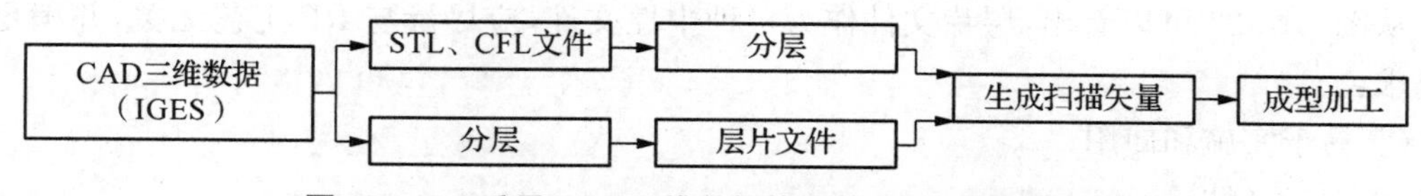

图 10-22　采用 CAD 三维数据格式的 RP 数据处理过程

IGES 文件格式的缺点：

① 不能精确完整地转换数据，其原因是在不同的 CAD/CAM 系统之间许多概念不一样，使得某些定义数据，像表面定义数据会丢失；

② 不能转换属性信息；

③ 层信息常丢失；

④ 不能把两个零部件的信息放在一个文件中；

⑤ 产生的数据量太大，以致许多 CAD 系统难以处理(无论时间还是存储容量都不适应)；

⑥ 在转换数据的过程中发生的错误很难确定，常要人工去处理 IGES 文件，对此要花费大量的时间和精力。

(3) 二维层片数据格式

CLI、HPGL、SLC 等均是二维层片数据格式。与 STL 文件相比，层片文件具有以下优点：

① 大大降低了文件数据量；

② 由于是直接在 CAD 系统内分层，省略了 STL 文件近似表示这一中间步骤，因而模型精度大大提高；

③ 省略了 STL 文件分层，降低了 RP 系统的前处理时间；

④ 由于层片文件是二维文件，因此它的错误较少，错误类型单一，不需要复杂的检验和修复程序。

与 STL 文件相比，层片文件具有以下缺点：

① 支撑不易添加，文件只有单个层的信息，无体的概念；

② 零件无法重新定向，无法旋转；

③ 对设计者要求更高，因为实际上前述不足均可在分层之前在 CAD 系统内由设计者完善，例如可在 CAD 中加支撑，选择最优定向以便减少误差等；

④ 分层厚度固定，这对某些 RP 工艺不太合适，例如 LOM 工艺，由于分层是所有 RP 系统所共有的一个过程，希望 CAD 系统可提供统一的分层接口。

从目前来看，层片文件只是 STL 文件的补充。它的出现使几何造型与 RP 设备之间的联系方式更为丰富，对反求工程与 RP 技术的集成尤其有重要意义。

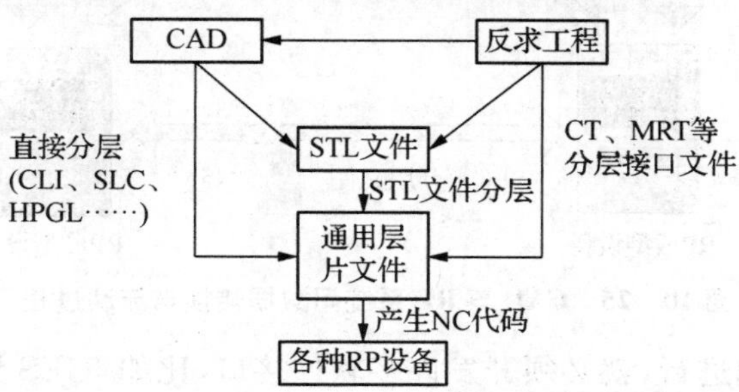

图 10-23　RP 中的数据处理

从图 10－23 可以看出，层片文件作为一种中性文件，应尽量与 RP 工艺无关，并满足以下要求：

① 易于实施和使用；

② 无二义性；

③ 只有二进制格式，使数据量得到压缩；

④ 与 RP 工艺及设备无关；

⑤ 具有开放性，考虑到将来的发展。

采用二维通用层片文件作为数据转换标准的数据处理过程如图 10－24 所示。

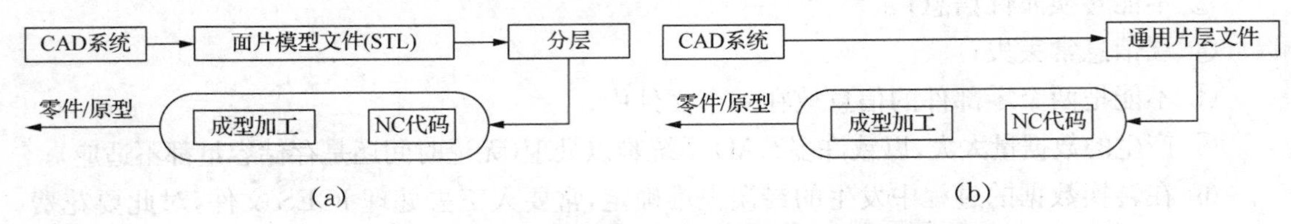

图 10－24 采用二维通用层片模型的数据处理过程

(4) 三种数据格式的比较

现行 RP 的数据转换格式很多，但其数据来源主要是通过 CAD 系统和反求工程(CT、MRI 等)。目前所有的 RP 工艺都是分层加工，层层堆积成型。也就是说，所有的 RP 设备都需要二维的分层信息来生成 NC 代码。CAD 模型数据到 NC 代码的数据转换及流动方式如图 10－25 所示。

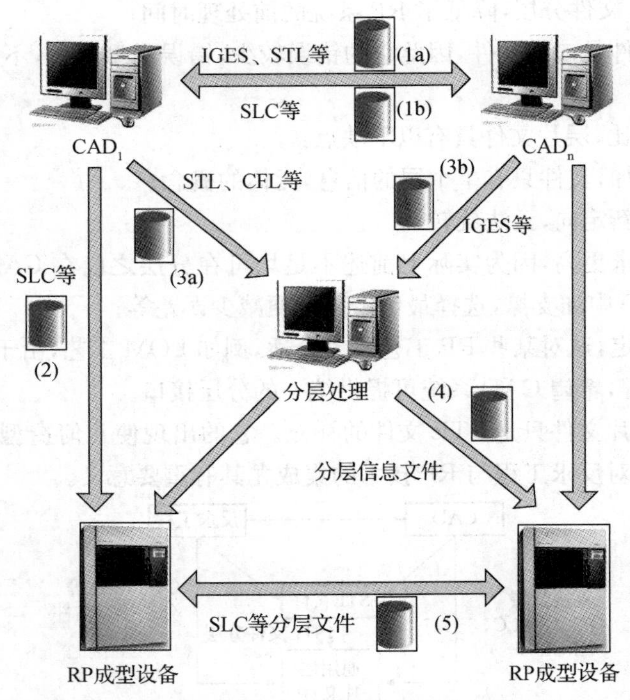

图 10－25 CAD 与 RP 系统间数据转换与流动过程

为使数据转换顺利进行，就必须开发许多软件接口，比如 IGES 到 STL，DXF 到 STL，

SLC文件到RP设备软件，CLI文件到RP设备软件等。这些软件的开发工作量很大，而且由于各种CAD系统的模型数据采用的数学表示形式多种多样(图10-26)，对不同的数学表示形式都需要不同的分层软件、扫描矢量生成软件，要求所有的RP设备支持这么多的数据模型输入是很不现实的。这就产生了RP数据转换标准的问题。

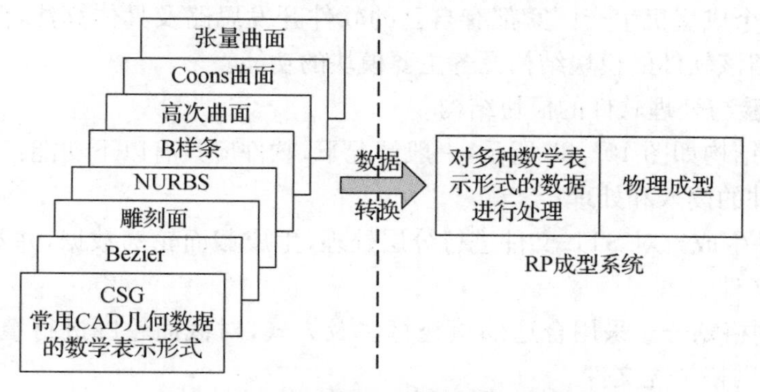

图10-26　CAD模型的多种数学表示形式

表10-3列出了三种RP数据格式的优缺点。从表中可以看出RP数据转换标准从STL文件发展到层片文件，虽然模型精度有所提高，但也产生了一些新问题，比如支撑添加、零件定向等。

表10-3　三种RP数据格式比较

数据转换格式	优　点	缺　点
RP三维面片模型文件(STL、CFL)	1. 数据格式简单，处理方便； 2. 三维信息，便于图形编辑和有限元分析； 3. 已成为RP领域的"准"工业标准	1. 数据冗余量大； 2. 文件规模大，模型精度不高； 3. 易产生缺陷，需检验和修正； 4. 不需拓扑信息； 5. 必须经过分层处理； 6. 不含材料、特性、公差等信息； 7. 欲提高模型精度，需重新生成
层片文件(CLI、HPGL、SLC等)	1. 不需分层处理； 2. 文件规模远小于STL文件； 3. 模型精度高； 4. 错误较少，错误类型单一； 5. 可从某些反求工程(如CT、MRI)中得到	1. 不易加支撑； 2. 零件无法重新定向； 3. 分层厚度固定； 4. 不含材料、特性、公差等信息； 5. 欲提高模型精度，需重新生成
CAD三维模型数据交换标准(IGES、DXF、VDA-FS等)	1. 为大多数CAD系统支持； 2. 模型表示精确； 3. 有多种模型描述方式	1. 不能完全精确地转换数据； 2. 不能转换属性信息； 3. 不能把两个零件的信息放在同一文件中； 4. 数据量较大； 5. 必须经过分层处理； 6. 不含材料、特性、公差等信息

10.3.2　数据检验与处理软件

数据检验与处理软件是快速成型软件系统中非常重要的一部分。它是CAD文件与具体成型机之间的接口。该软件的功能与水平直接关系到原型的制造精度、成型机的功能、用户的操作等。每个成型机生产厂家都有自己的软件开发思路及具体算法，但有很多是共通的，下面简单介绍该软件的模块结构及各主要模块的功能。

(1) 数据检验与处理软件的模块结构

软件的模块结构如图10-27所示，一般情况下，软件应具有以下功能：

① STL文件的读入和处理；

② 层片文件生成。对STL文件进行分层处理，生成截面轮廓数据，并对分层数据进行优化，得到层片文件。

③ 填充及网格划分。采用合适的填充算法及方式，对截面轮廓进行填充及网格划分，生成轮廓偏置和网格填充文件。

④ 数控代码生成。对层片文件及填充文件进行处理，配以加工参数，生成控制机床运动的数控代码。

⑤ 对数控代码进行模拟加工。在计算机上模拟显示出加工工具(如FDM工艺中的喷头)的运动轨迹，以检验数据处理结果的正确性。

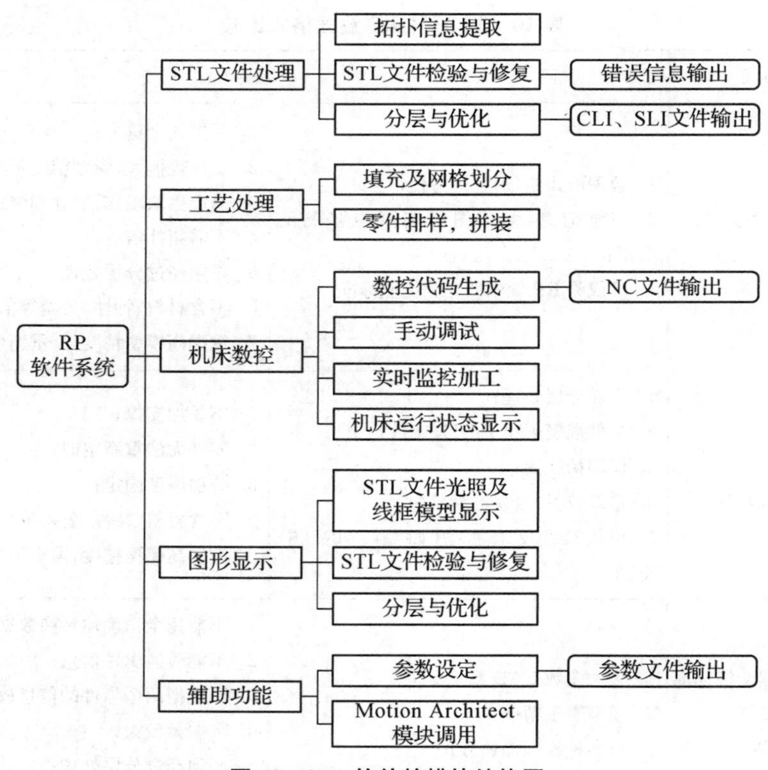

图10-27　软件的模块结构图

⑥ 手动调试。手动调试功能对成型机各执行部件进行运行调试，保证成型的顺利进

行。手动调试，包括 X、Y、Z 轴调试，FDM 工艺中的成型室温度控制、喷头温度控制及送丝调试等，LOM 工艺中的热压温度控制等；

⑦ 实时显示机床运行情况，包括基本参数、层面形状和运行轨迹形状等；

⑧ 辅助功能。包括加工参数设定、运动系统模块调用等；

⑨ 其他可选功能。包括零件三维模型显示、分层信息模拟显示、支撑结构添加及其模拟显示、加工过程仿真与成型质量预期等。

(2) 数据处理流程

数据处理软件的功能是对 CAD 模型在成型加工前所做的一系列前处理工作。数据处理流程如图 10－28 所示。整个流程包含三个主要部分：STL 文件处理、层片文件处理和工艺处理。

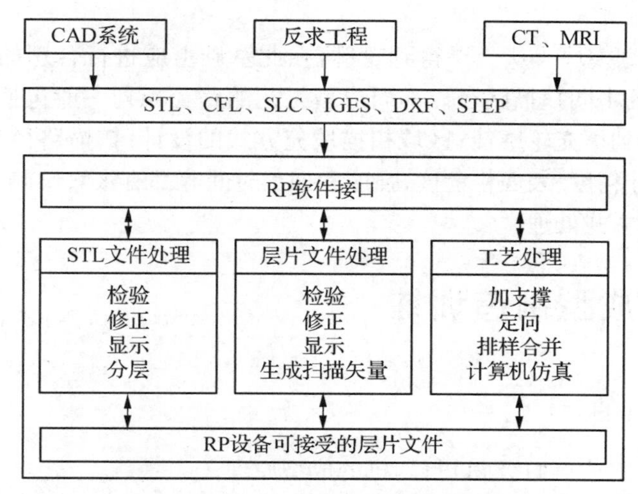

图 10－28　RP 数据处理流程

STL 文件处理和层片文件处理部分主要考虑的是离散/堆积过程中的离散过程，它们将各种三维几何实体模型或表面模型，以及医学 CT、MRI 的二维层片模型转化为 RP 设备所能接受的分层格式并做相应处理。

工艺处理部分与具体的 RP 工艺、材料以及相应的零件/原型后处理过程有密切的关系，根据具体工艺和材料的不同要求，它有较大的不同。例如加支撑，对于不同工艺要求差异很大，有些工艺对加支撑要求极高，如 SL 工艺；有些则不需要添加支撑，如 LOM、SLS 等。FDM 工艺虽然也要加支撑，但与 SL 工艺的支撑添加过程又不相同。

(3) 主要模块的功能

RP 软件的主要模块包括：CAD 数据接口(一般为 STL 格式)、STL 校验和修复模块、显示模块、支撑模块、工艺处理模块、分层模块、层片路径规划模块。各模块的主要功能如下：

① CAD 数据接口。读写 STL、DXF、IGES、STEP 等格式的 CAD 模型，以及 CLI、SLC、HPGL 等格式的二维层片模型。

② STL 校验和修复模块。由于 CAD 系统输出接口不完善，会造成 STL 文件的错误。STL 模型的错误有可能对成型过程造成影响，甚至使其失败。所以必须将错误检查出来，并

根据具体情况进行必要的修复。

③ 显示模块。显示三维和二维的图形，与用户进行交互。

④ 支撑模块。设计和添加工艺支撑。由于 RP 技术都是逐层制造原型/零件，所有的 RP 工艺在成型过程中都需要支撑，有的是成型过程中自然产生的，如 LOM 和 SLS 工艺，有些是需要专门强加，如 FDM 和 SLA 工艺。根据工艺特点和工艺参数以及原型的外形添加合理的辅助结构才能使这些 RP 工艺顺利完成。

⑤ 工艺处理模块。根据原型精度要求，成型设备的加工空间，合理安排原型的位置和方向，以使成型空间得到最大的利用，提高成型效率。需要时可将一个原型分解成多个部分分别成型。其他还有平移、旋转、缩放、镜像、计算机加工模拟等功能。

⑥ 分层模块。对进行过工艺处理的原型和支撑，按照设定的参数高度进行分层，得到在该高度上的零件轮廓。

⑦ 层片路径规划模块。从分层得到轮廓，在此基础上应进行合理的规划和设计，生成各种快速成型工艺的不同扫描路径。不同成型工艺的路径规划一般包括以下内容：理想加工轮廓线的补偿；得到填充轮廓线；区域扫描填充方式的设计；扫描路径顺序的规划。这四个方面对成型件尺寸精度、表面粗糙度、强度和加工时间等都有很大影响。应根据不同工艺的特点，采用不同的方式处理。

10.4 快速成型制造训练

10.4.1 实训目的

(1) 了解 FDM 工艺桌面级 3D 打印机的成型原理；

(2) 了解片层数据处理的过程；

(3) 掌握切片软件 ReplicatorG 的基本操作；

(4) 掌握桌面级 3D 打印机的操作方法和 3D 打印模型后处理的基本方法。

10.4.2 实训要求

(1) 运用三维建模软件设计 CAD 模型；

(2) 运用桌面级 3D 打印机做出实物，并进行相应的后处理。

10.4.3 实训设备及器材

安装有三维建模软件和切片软件的计算机、HY－260 桌面级 3D 打印机、起模专用铲、尖嘴钳和成型锉刀等。

10.4.4 HY－260 桌面级 3D 打印机的组成和结构

HY－260 桌面级 3D 打印机的组成和结构较为简单，从图 10－29 中可以看到其基本组成和机械结构。

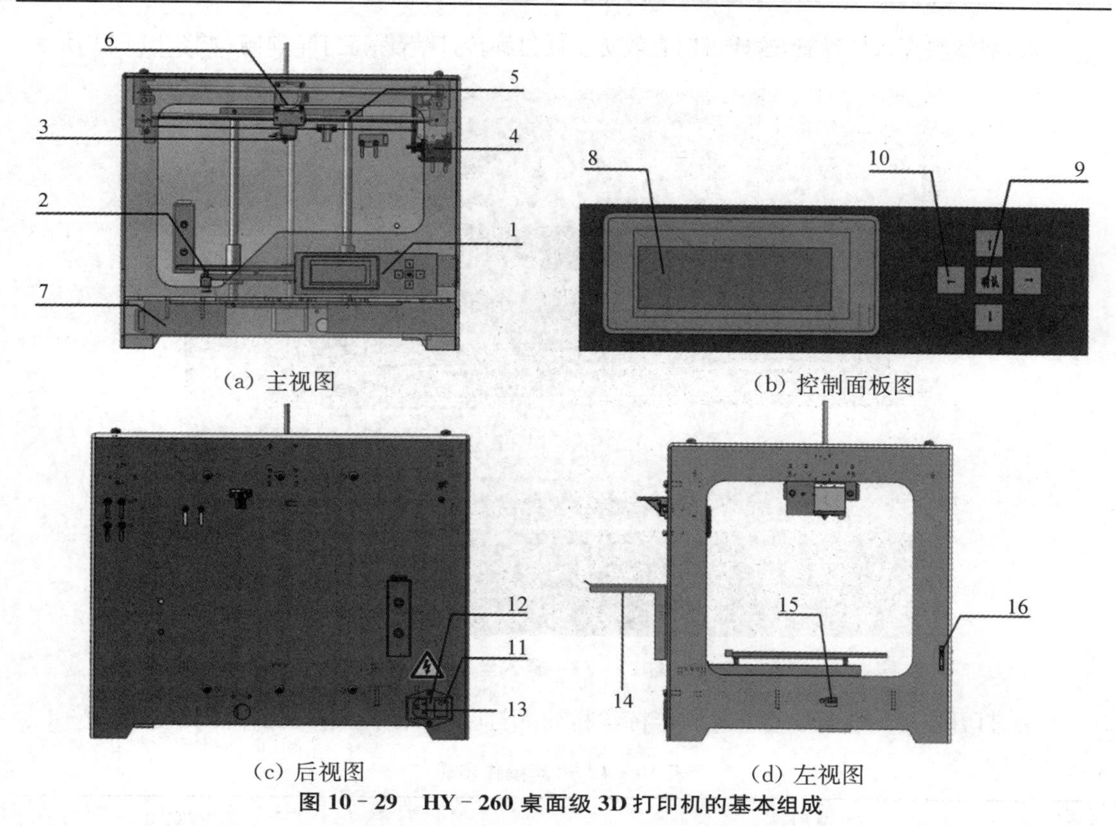

(a) 主视图　(b) 控制面板图　(c) 后视图　(d) 左视图

图 10－29　HY－260 桌面级 3D 打印机的基本组成

1—控制面板；2—打印平台；3—智能喷头；4—步进电机；5—导向轴；6—散热风扇；7—开关电源；8—LCD 屏；9—确认按钮；10—上下左右按钮；11—开关；12—保险丝；13—电源插口；14—耗材支架；15—USB 打印线接口；16—SD 卡插口

10.4.5　实训操作步骤

1）耗材安装

（1）将 PLA 或 ABS 耗材放置在耗材支架上，如图 10－30 所示。

图 10－30　放置耗材

(2) 将丝料穿入导丝管,这样可以有效防止耗材旋转打结,保持打印顺畅,如图 10 - 31 所示。

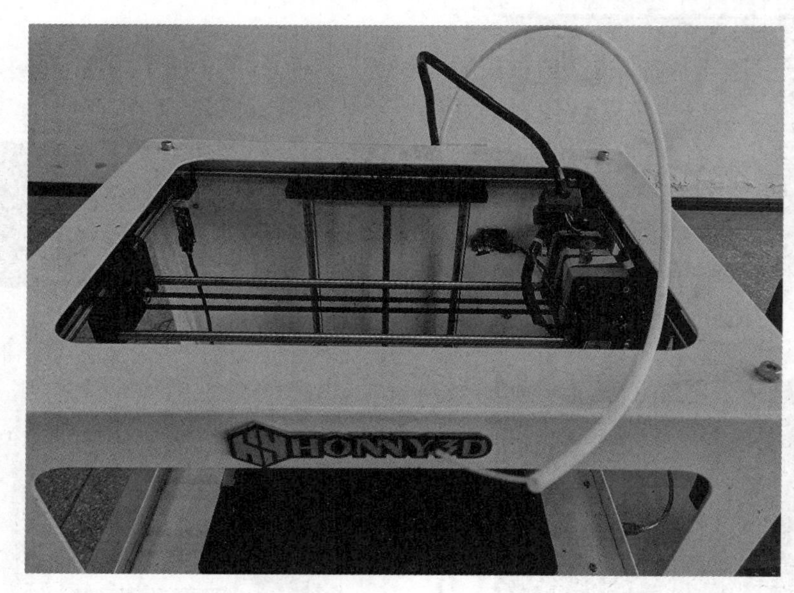

图 10 - 31 穿入丝料

(3) 打开电源开关,通过进丝操作将丝料插入打印喷头内。进丝操作步骤见表 10 - 4。

表 10 - 4 进丝操作步骤

序号	步骤内容	示意图
1	在控制面板处按两次向下按钮,光标选中“Utilities”选项,然后按下确认按钮	The Replicator Preheat >Utilities Info and Settings
2	按一次向下按钮,光标选中“Change Filament”选项,然后按下确认按钮	Monitor Mode >Change Filament Level Build Plate Home Axes
3	当前光标停留在“Load”选项,直接按下确认按钮,打印喷头进入加热阶段	Please wait while I heat my extruder!
4	打印喷头加热到进丝预定温度后,3D 打印机会响起系统提示音,将丝料插入打印喷头内	

续表

序号	步骤内容	示意图
5	待喷嘴出丝后，按下三次确认按钮结束进丝	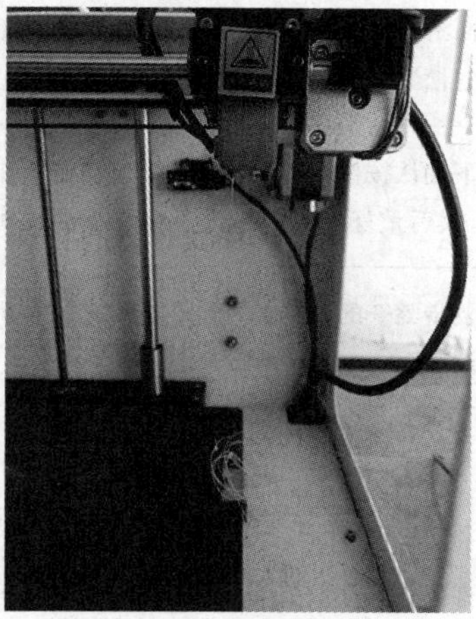
6	按两次向左按钮，返回系统主菜单界面，并将打印平台和喷嘴处的丝料清理干净	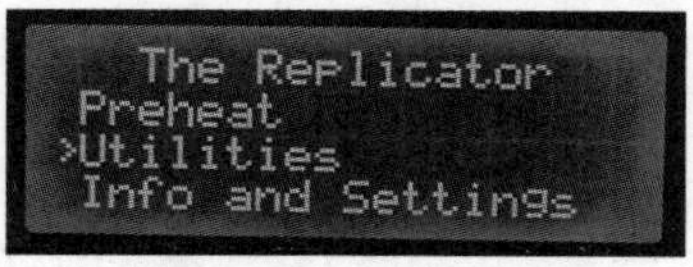

2）打印平台调平

一个正确调平的打印平台是打印质量的保证。当打印出来的模型有问题时，首先就要检查并复核打印平台是否被调平。目前，桌面级3D打印机的打印平台调平有人工调节和自动调平两种方式。HY－260桌面级3D打印机是通过人工调节平台底部的四个螺丝来调平打印平台。一般的经验是喷头和打印平台之间留出一张纸的厚度的间隙。然而，要打印高精度（150 μm及以下）的模型，务必使用塞尺来调整平台，以保证喷头和平台之间拥有更小的间隙。打印平台调平步骤见表10－5。

表10－5　打印平台调平步骤

序号	步骤内容	示意图
1	将一张普通A4纸平放在打印平台上。进入主菜单的“Utilities”选项，按两次向下按钮，光标选中“Level Build Plate”选项，然后按下确认按钮。此时，打印喷头移动到起始位置。	

续表

序号	步骤内容	示意图
2	来回滑动平台上的 A4 纸，同时调整底部螺丝的松紧，直到纸片产生明显的摩擦为止。	
3	按下确认按钮，并等待喷头移动到第二个位置，然后重复步骤 2 的动作，调节此处间隙。	
4	重复步骤 3 的动作，直至完成所有位置的间隙调节。	
5	所有位置间隙调节完成后，打印平台会自动下降至打印机底部。	

3）切片软件 ReplicatorG 的基本操作

ReplicatorG 是一套开源的 3D 打印机控制软件，支持多种品牌和型号的 3D 打印机。打开 ReplicatorG 软件，软件界面如图 10－32 所示。

图 10－32　ReplicatorG 软件初始界面

(1) 导入三维模型

将设计好的三维模型文件转换成 *.stl 格式。在菜单栏依次选择“文件”—“打开…”命令，打开对应的“ *.stl”文件，导入三维模型，软件界面转变为图 10－33。

图 10－33　导入三维模型

(2) 连接 3D 打印机

将 USB 数据线的两端接口分别插入电脑和 HY－260 桌面级 3D 打印机。在工具栏点击“连接”按钮，然后在弹出的对话框中点击“确定”按钮，如图 10－34(a)所示。成功连接 3D 打印机后，红色状态条将显示为绿色，同时显示“连接成功”信息，如图 10－34(b)所示。

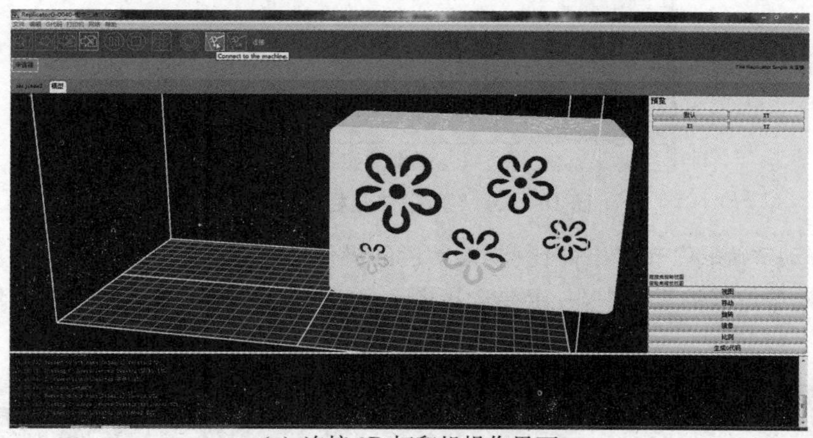

(a) 连接 3D 打印机操作界面

(b) 3D 打印机连接成功界面

图 10－34　连接 3D 打印机

（3）调节模型打印位置

图 10 - 35 显示了“视图”工具栏的四个操作按钮，分别对应了默认视图、XY 方向视图、XZ 方向视图和 YZ 方向视图。为了方便调整模型的打印位置，我们通常将视图调整到 XY 方向。

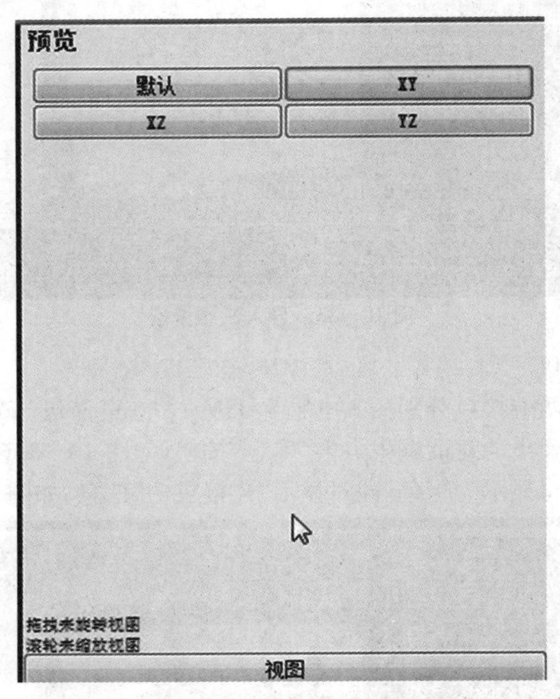

图 10 - 35　“视图”工具栏操作按钮

利用“移动”“旋转”“镜像”和“比例”工具栏的操作按钮，将模型调整到合适的位置和尺寸。在调整模型位置的过程中，一定要选择图 10 - 36 中的“放置于平台”按钮，将模型底部放置在打印平台上。

图 10 - 36　“移动”工具栏操作按钮

（4）设置加工参数

点击软件界面右下方的"生成G代码"按钮，在弹出的对话框中点击"确定"按钮，保存当前调整好的模型位置。按照图10-37～图10-39设置加工参数，然后点击最下方的"生成G代码"按钮，生成G代码文件。

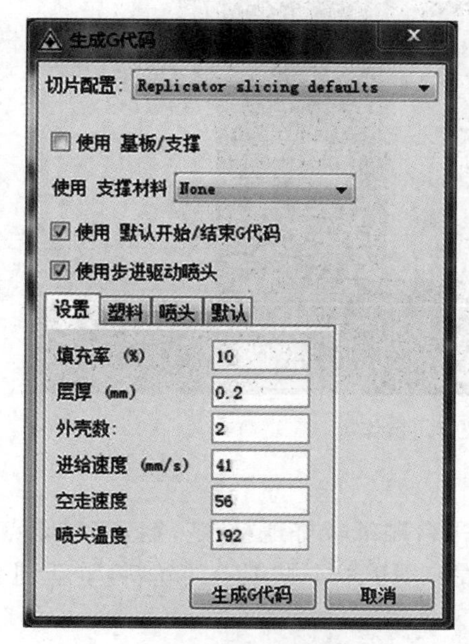

图10-37　"设置"选项卡参数设置

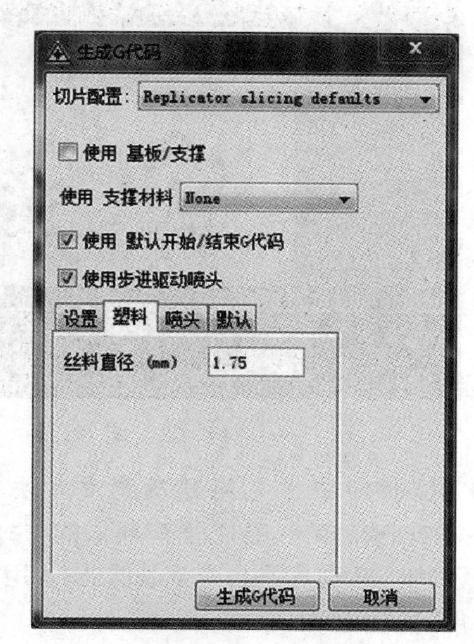

图10-38　"塑料"选项卡参数设置

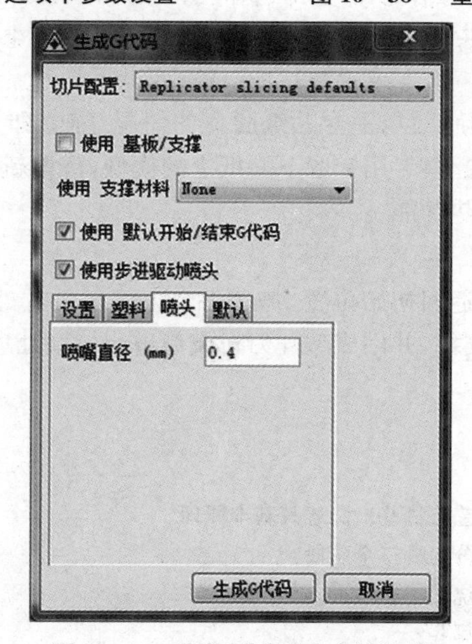

图10-39　"喷头"选项卡参数设置

（5）模型打印

点击软件界面上方的"打印"按钮，HY-260桌面级3D打印机进入预热阶段，等打印喷头温度达到设定温度后，3D打印机会发出系统提示音，并进行3D打印加工，如图10-

40 所示。

图 10 - 40 模型打印操作

4) 3D 打印中常见问题及解决方法

(1) 打印模型第一层时,若丝料未能与打印平台贴纸较好地粘在一起,需立即点击"停止打印"按钮。等打印平台降至最低处后,用起模专用铲取下贴纸上的丝料,重新调平打印平台后再次打印模型。

(2) 若打印中出现断料的情况,需立即通知实训教师,在教师指导下进行换料操作。

(3) 若打印中出现喷头不吐丝的情况,需立即点击"停止打印"按钮,并通知实训教师。

(4) 若打印中出现模型底面与平台贴纸脱离的情况,需立即点击"停止打印"按钮。等打印平台降至最低处后,用起模专用铲取下贴纸上的模型,待重新调平打印平台后再次打印模型,必要时可打开底板加热功能。

5) 打印模型后处理

模型打印结束,等喷头返回初始位置,打印平台也降至最低处后,用起模专用铲取下模型。用尖嘴钳去除基板和支撑,并用成型锉刀对模型进行打磨处理,得到最终成品。

思考题

1. 常用的快速成型制造工艺有哪些?简述其基本原理。
2. 光固化成型的工艺过程分为哪三个阶段?
3. 叙述高分子粉末材料的烧结工艺过程。
4. 熔融沉积成型的特点有哪些?
5. 双喷头熔融沉积工艺的突出优势是什么?
6. 简述目前 RP 成型系统常用的三种数据格式及各自的优缺点。

本章参考文献

[1]　邵强. 工程训练指导书[M]. 大连：大连理工大学出版社，2020.

第十一章　柔性制造系统

11.1　知识点及安全要求

11.1.1　知识点

(1) 柔性制造系统的定义、特点及组成；

(2) 柔性制造系统的类型，以及各类型的装备、特点和应用范围；

(3) FMS控制系统的结构、功能及要求。

11.1.2　安全要求

(1) 系统自动运行中请不要随意碰触电气柜和触摸屏上的按钮，除非紧急情况下的停止操作；

(2) 当需要停止设备的运行时，请观察上下料搬运机器人的位置，请在机器人完全退出车床和并联加工单元后再点击停止操作；

(3) 当系统码垛机和串联机器人与其他设备有碰撞时，请及时按下总控的急停按钮并退出所有运行中的软件，通过单机控制软件将机器人移动到安全的位置再进行后面的实验；

(4) 如果系统有设备严重损坏，请停止对该设备的操作，在排除或者修好硬件设备后再进行操作；

(5) 严禁用户进入到码垛机轨道上行走；

(6) 串联机器人运行过程中请不要靠近，需要保持一定距离；

(7) 学生应该按照教师的要求进行相关操作。

11.2　概述

柔性制造系统是由统一的信息控制系统、物料储运系统和一组数字控制加工设备组成，能适应加工对象变换的自动化机械制造系统(Flexible Manufacturing System)，英文缩写为FMS。

11.2.1　FMS的定义

根据“中华人民共和国国家军用标准”中有关“武器装备柔性制造系统术语”的定义，柔性制造系统(FMS)是数控加工设备、物料运储装置和计算机控制系统等组成的自动化制造系统，包括多个柔性制造单元，能根据制造任务或生产环境的变化迅速调整，适用于多品种、中小批量生产。

美国制造工程师协会(SME)的计算机辅助系统和应用协会把柔性制造系统定义为“使用计算机、柔性加工单元和集成物料储运装置完成零件族某一工序或一系列工序的一种集成制造系统”。

更直观的定义是:“柔性制造系统是至少由两台数控机床,一套物料运输系统(从装载到卸载具有高度自动化)和一套计算机控制系统所组成的制造自动化系统。它采用简单改变软件的方法便能制造出某些部件中的任何零件”。

综上所述,各种定义的描述方法虽然有所不同,但都反映了 FMS 应具备以下硬件部件及软件系统。

1) 硬件组成

(1) 两台以上的数控机床或加工中心以及其他加工设备,包括测量机、清洗机、动平衡机、各种特种加工设备等。

(2) 一套能自动装卸的运输系统,包括刀具储运和工件及原材料储运。具体结构可采用传输带、有轨小车、无轨小车、搬运机器人、上下料托盘站等。

(3) 一套计算机控制系统及信息通信网络。

2) 软件组成

(1) FMS 的运行控制系统。

(2) FMS 的质量保证系统。

(3) FMS 的数据管理和通信网络系统。

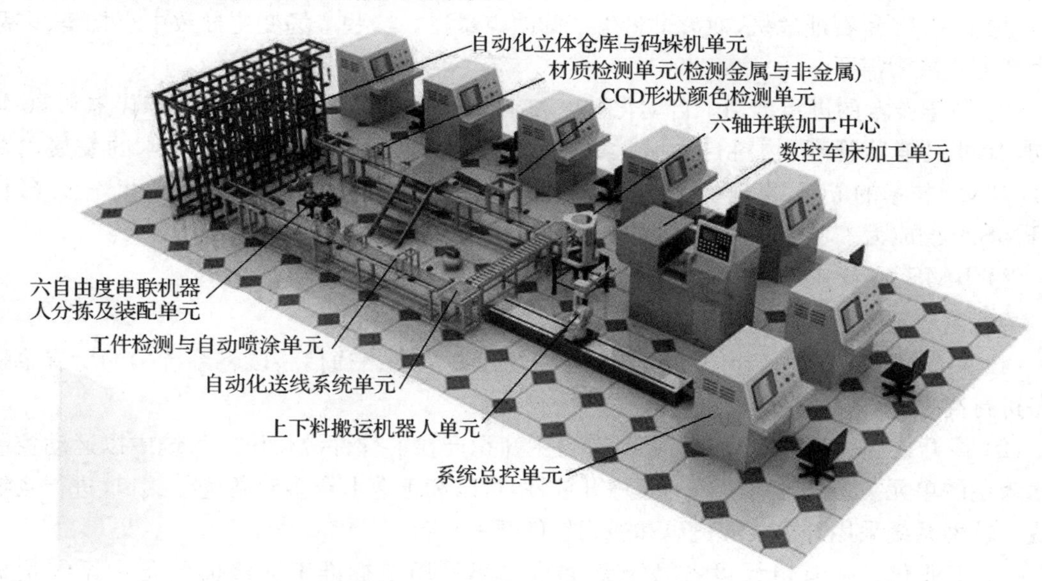

图 11－1　典型的柔性制造系统

图 11－1 所示是一个典型的柔性制造系统的示意图。待加工工件与托盘由挂壁式码垛机从自动化立体仓库原料库中取送到出库平移台上,传感器触发平移台运行,输送工件至出库皮带输送机上进行材质检测和颜色识别,检测信息系统采集管理。之后,工件经过 90°转角输送机到达横向辊筒输送机并运送到上下料搬运机器人处,然后机器人根据上位机主控系统的指令,将工件放置在六轴并联加工中心或数控车床相应加工单元内进行加工,等加工

完成后由六自由度搬运机器人将工件搬运回输送机托盘上向下传输。然后，工件经过90°转角皮带输送机进入入库皮带输送机上进入孔深检测，系统采集信息并与标准尺寸对比，用以识别是否是废品。检测完毕后，工件进入三工位喷涂装置下，根据程序设定，进行相应颜色喷涂工序，喷涂完毕后，工件与托盘继续在输送机上运行至入库皮带输送机。根据检验结果，如果是不合格工件，工件将被六自由度串联装配机器人搬运到废品槽内；如果是合格工件，由串联机器人从旋转料库内抓取子工件，进行装配作业。装配完成后，根据以上尺寸、颜色等结果，由挂壁式码垛机搬运工件与托盘放置在立体仓库成品库相应位置上，完成工件的循环过程。

11.2.2 FMS的形成与特点

1）产生背景

FMS最初是在20世纪60年代由英国Molins公司的雇员Theo Williamson提出来的。1965年Molins公司取得了该项发明的专利，并于1967年建成世界上公认的第一条柔性制造系统“Molin System-24”。此后，Molins公司虽然卖出了不少“Molin System-24”，但柔性制造系统并未得到迅速的发展。直到20世纪70年代末才引起比较普遍的重视，其主要原因是：

(1) 市场竞争的加剧及顾客需求的多样化，导致传统的以规模效应带动成本降低的刚性生产线不再适应市场的变化。由于刚性生产线忽略了可能增加的库存而带来的成本的增加，再加上1973年石油危机，使大批量生产的缺点暴露。这些市场变化导致中小批量、多品种生产方式成为需要。

(2) 科学技术的进步推动了自动化程度和制造水平的提高。20世纪70年代末和80年代初，计算机辅助管理、物料自动搬运、刀具管理和计算机网络、数据库技术的发展以及CAD/CAM技术的成熟，出现了更加系统化、规模更大的柔性制造系统。到20世纪80年代末，FMS已经成为一项成熟的技术，并在世界范围得到广泛应用。

2）FMS的特点

柔性制造系统与传统的刚性自动化相比，有下列突出特点：

(1) 高集成度。通过ProfiBus-DP工业现场总线等网络通信手段将系统中的所有单机设备进行高度、高效的集成。

(2) 高开放性。为客户开放所有具有自主知识产权的软件源代码。系统中以运动控制技术为主的单元装备均具有良好的硬件开放性，可以和工业上众多装备进行接口，进行系统集成。软件系统采用开放式源代码和通用软件开发平台。

(3) 工业化。所有单元设备乃至整个系统都采用了标准工业级的装备和系统集成手段。

(4) 模块化。系统中的单元设备(全自动堆垛机和混合式流水线)具有“联机/单机”两种操作模式。所有的单元设备的软硬件均可以独立操作，可以单机设备为平台，进行单项技术的研发。

(5) 先进性。“开放式运动控制器＋伺服电机驱动”的精密伺服系统，具有高速、高精度和低噪声的良好系统品质；集成了工业物流系统中的标准物流输送装备：皮带式输送线、滚筒式输送线、差速链、转角机和流利链等。

3）我国 FMS 的研究状况

我国采取引进和开发相结合的方针，引进箱体类零件、旋转体件及钣金件加工 FMS 的全部或部分硬件技术。

1984 年是我国研制 FMS 的起步时间，比国外晚了 17 年。我国第一套 FMS 系统是由北京机床研究所于 1985 年 10 月开发完成的（JCS-FMS-1），用于加工数控机床直流伺服电机中的主轴、端盖、法兰盘、壳体和刷架体等，它由 5 台国产加工中心、日本富士电机公司的 AGV（自动导引车）及 4 台日本产的机器人组成，其控制系统由 FANUC 提供，据分析它的投资回收期约为两年半。

1983—1985 年，在国家的支持下北京第一机床厂、湖南江麓机床厂、郑州纺织机械厂、广西柳州开关厂等一些单位分别率先从德国、日本进口了国内第一批 FMS。

1985 年后在国家机电部"七五"重点科技攻关项目的支持和国家"863"高技术发展计划自动化领域的工作带动下，FMS 得到极大的重视和发展，进入了自行开发和部分进口的交叉阶段。

1988 年北京机床研究所为天津减速机厂提供的加工减速机机座的 JCS-FMS-2 系统是全部自行开发和配套的，它标志着我国已具有自主开发 FMS 系统的实力。

近年来，随着《国家中长期科学和技术发展规划纲要（2006—2020 年》、《国家创新驱动发展战略纲要》和《中国制造 2025》等规划的实施，我国在航空航天、船舶、汽车制造、发电设备制造等领域自主研发的 FMS 取得突破性进展。

11.2.3　FMS 的组成

如图 11－2 所示，FMS 通常由四大部分组成：加工单元、自动物料运输及管理系统、计算机控制与管理装置以及辅助工作站。

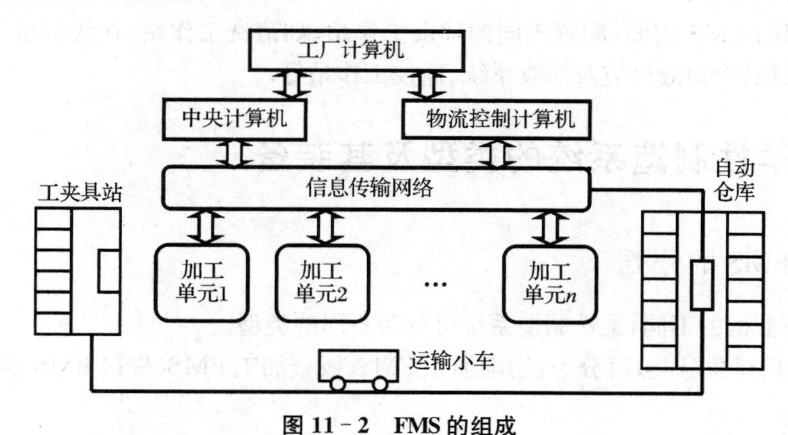

图 11－2　FMS 的组成

1）加工单元

加工单元是 FMS 的主体，用以进行零件的机械加工。加工单元的机床必须具备的条件有：

（1）具有 CNC 计算机数控装置，并且有能与计算机直接通信的 DNC 接口装置；

(2) 具有自动工件托盘交换装置(APC)及自动刀具交换装置(ATC);

(3) 应能独立完成完整的加工工序,能完成所选定零件族加工中尽可能多的工序。

FMS 机床配置方式:

(1) 可代替型配置:所选定的机床能完成选定零件的全部工序,则 FMS 系统只需配置足够数量的同型号机床,这些机床之间具有相互可代替的性质。

(2) 可互补型配置:选定零件族的工序需几种机床才能完全覆盖,则所选定的这几种机床之间具有互补性质。

2) 自动物料运输及管理系统

自动物料运输及管理系统实施对毛坯、工件、夹具、刀具等的存储、运输、交换工作。物料运送及管理系统由两大部分构成:工件/夹具运送及管理系统和刀具运送及管理系统。

工件/夹具运送及管理系统由以下几个部分组成:

(1) 物料仓库,包括:库房(高架多层货架),堆垛起重机,场内有轨运输车,场内、场外运输 AGV 小车,控制计算机,状态检测器,信息输入设备(如条形码扫描器)等。

(2) 夹具系统,包括:机床夹具,托盘,自动上下料装置(APC、机器人)。

(3) 装卸工作站。

(4) 缓冲工作站。

(5) 物料运送小车,包括:有轨小车(RGV)、自动导向小车(AGV)。

刀具运送及管理系统由刀具存储库、交换刀具装置,以及刀具刃磨、组装及预调工作站组成。

3) 计算机控制与管理装置

由管理 FMS 的信息、控制 FMS 各设备协调一致工作的计算机网络系统和 FMS 管理与控制软件构成。

4) 辅助工作站

根据不同的 FMS 需要,配置不同的辅助工作站,如清洗工作站、在线测量工作站、切屑清除及回收系统、冷却液供应及回收系统、监控工作站等。

11.3 柔性制造系统的类型及其装备

11.3.1 FMS 的分类

根据划分依据的不同,柔性制造系统可分为不同的类型。

(1) 按应用对象分类,可分为:切削加工 FMS、钣金加工 FMS、焊接 FMS、柔性装配系统等。

(2) 按物料输送路线的布置方式,分为:直线型、机器人型、环型等,如图 11-3 所示。

(3) 按规模大小分类,可分为:柔性制造单元(Flexible Manufacturing Cell, FMC)、柔性制造系统(FMS)、柔性制造生产线(Flexible Manufacturing Line, FML)、柔性制造工厂(Flexible Manufacturing Factory, FMF)等。下面对这种分类方式下,各种柔性制造系统的装备、特点和应用范围进行介绍。

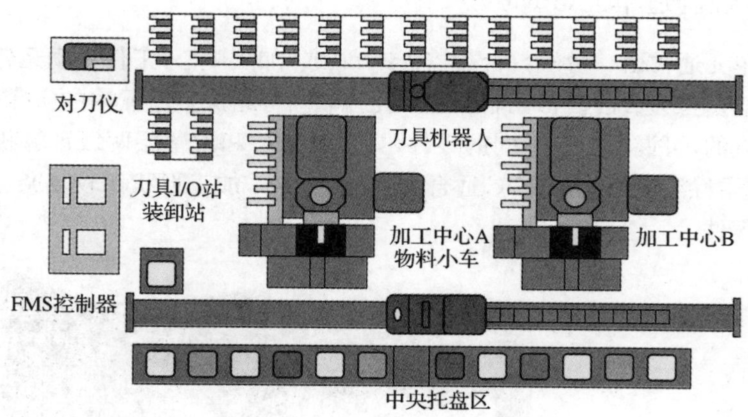

(a) 直线型 FMS

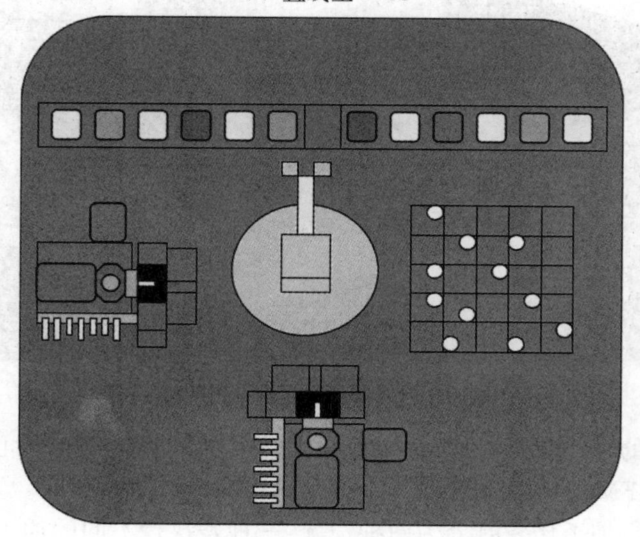

(b) 机器人型 FMS

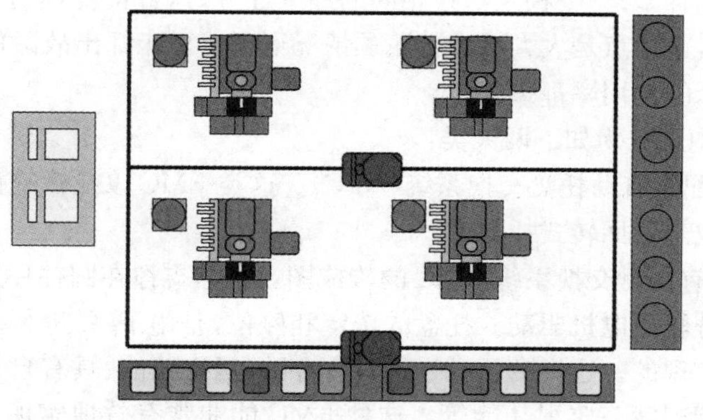

(c) 环型 FMS

图 11-3　按物料输送路线布置方式分类的 FMS

11.3.2 柔性制造单元(FMC)

柔性制造单元通常由一台或数台数控机床和(或)加工中心,工件自动运输及更换系统,刀具存储、输送机更换系统,设备控制器和单元控制器等组成。单元内的机床在工艺能力上通常是相互补充的,可混流加工不同的零件,具有单元层和设备层两级计算机控制,对外具有接口,可组成柔性制造系统。FMC 适合于小批量生产,加工形状比较复杂、工序不多而加工时间较长的零件。

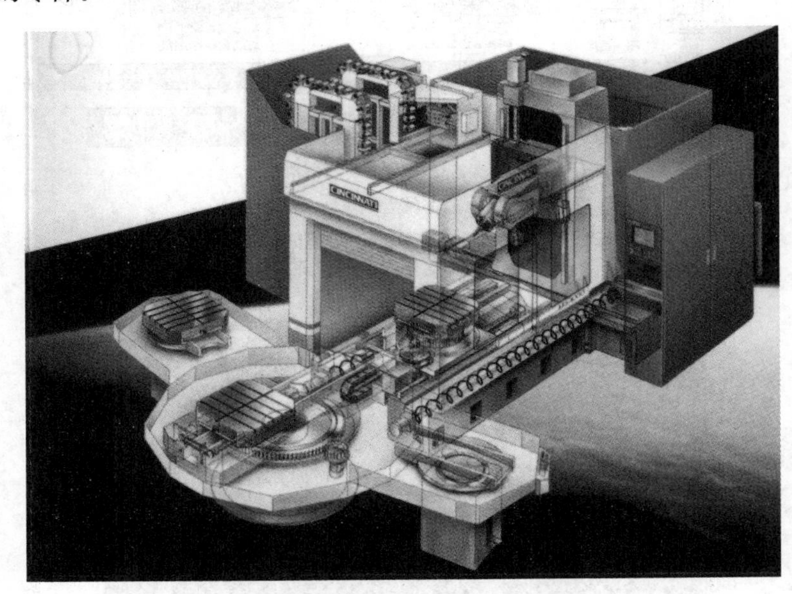

图 11-4 典型的柔性制造单元

图 11-4 所示的是一个典型的柔性制造单元,它是包含一台加工中心,并由一个物料运输系统连接起来的 FMC。

数台机床在执行加工任务时分为两种情况:一种是执行不同的加工任务,不能互相替代,这种情况称为互补型;另一种是执行相同的加工任务,这种情况称为互替型。FMC 通常包含可互替的机床,其优点是大大减少在瓶颈情况下所有机床都出故障的危险,而且在这种情况下,每一台机床的利用率都很高。

一般 FMC 的构成分为如下两大类:

(1) 加工中心配上自动托盘交换系统(APC)。这类 FMC 以托盘交换系统为特征,一般具备多个托盘,组成环形回转式托盘库。

图 11-5 是具有托盘交换系统 FMC 的构成图。托盘支撑在圆柱环形导轨上,由内侧的环链拖动而回转,链轮由电机驱动。托盘的选定和停位,是由 PLC 进行控制,并借助终端开关,光电识码器来实现的。这样的托盘系统具有存贮、运送功能,具有自动检测功能、工件和刀具的归类功能、切削状态监视功能等。这种 FMC 能非常有效地实现 24 h 自动加工。托盘的交换由设在环形交换系统中的液压或电动推拉机构来实现。这种交换首先指的是在加工中心上加工的托盘系统中各备用托盘的交换。如果在托盘系统的另一端,再设置一个托盘工作站,则这种托盘系统可以通过该工作站与其他系统发生联系,若干个 FMC 通过这种

方式,可以组成一条 FMS 线。

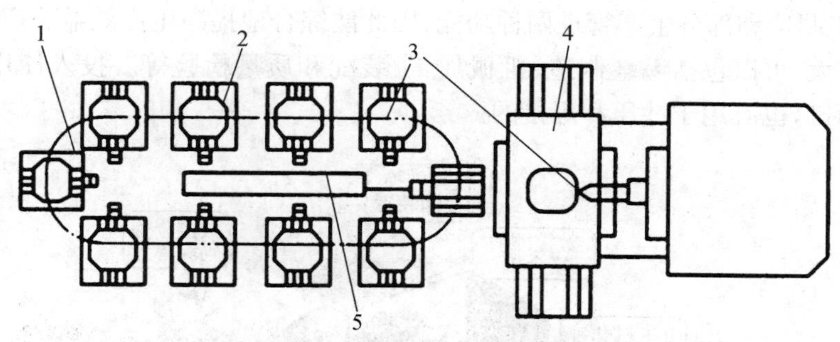

图 11－5　具有托盘交换系统的 FMC

1—环形交换工作台;2—托盘座;3—托盘;4—加工中心;5—托盘交换装置

(2) 数控机床配机器人(Robot)。这种 FMC 的最一般形式是由两台数控机床配上机器人,加上工件传输系统组成。

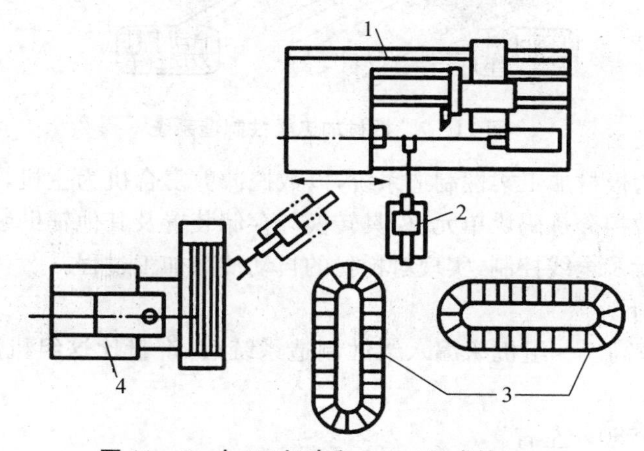

图 11－6　由 NC 机床和 Robot 组成的 FMC

1—车削中心;2—机器人;3—交换工作台;4—加工中心

图 11－6 所示是一个由一台数控车床、一台加工中心,加上一台工业机器人组成的 FMC。机器人安装在一台传输小车上,小车安装在固定轨道上,由机器人实现数控车床至加工中心之间的工件传送。

采用 FMC 比采用若干单台的数控机床有更显著的技术经济效益,体现在 FMC 增加了柔性;可实现 24 h 连续运转;便于实现计算机集成制造系统。

11.3.3　柔性制造系统(FMS)

柔性制造系统由 2 台或 2 台以上的加工中心,以及清洗、检测设备组成,具有较完善的刀具和工件的输送和储存系统,除调度管理计算机外,还配有过程控制计算机和分布式数控终端等,形成多级控制系统组成的局部网络。FMS 适合于加工形状复杂、加工工序繁多并有一定批量的多种零件。

FMS 的工艺基础是成组技术,它按照成组的加工对象确定工艺过程,选择相适应的数控加工设备和工件、工具等物料的储运系统,并由计算机进行控制,故能自动调整并实现一定范围内多种工件的成批高效生产(即具有“柔性”),并能及时地改变产品以满足市场需求。FMS兼有加工制造和部分生产管理两种功能,因此能综合地提高生产效益。FMS的工艺范围正在不断扩大,可以包括毛坯制造、机械加工、装配和质量检验等。投入使用的FMS,大都用于切削加工,也有用于冲压和焊接的。

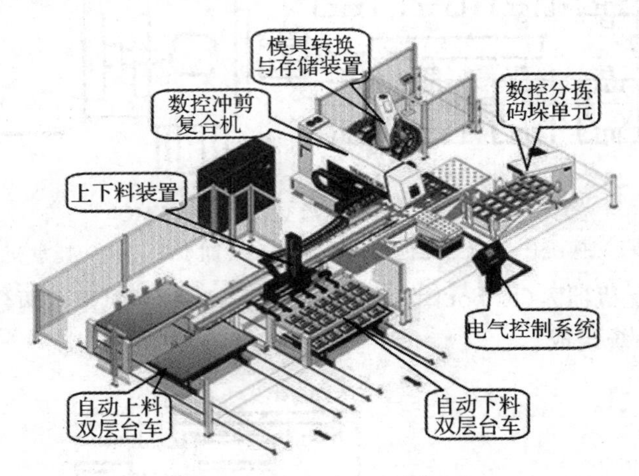

图 11-7 板材加工柔性制造系统

图 11-7 所示的板材加工柔性制造系统,以数控冲剪复合机为主机,配置有自动上下料台车、上下料装置、数控分拣码垛单元、模具转换与存储装置及其他辅助装置,由计算机及数控系统对其进行单元及全线控制,实现对板材的自动冲剪加工过程。

FMS的优点如下:

(1) 设备利用率高。一组机床编入柔性制造系统后,产量比这组机床在分散单机作业时的产量提高数倍。

(2) 在制品减少80%左右。

(3) 生产能力相对稳定。自动加工系统由一台或多台机床组成,发生故障时,有降级运转的能力,物料传送系统也有自行绕过故障机床的能力。

(4) 产品质量高。零件在加工过程中,装卸一次完成,加工精度高,加工形式稳定。

(5) 运行灵活。有些柔性制造系统的检验、装卡和维护工作可在第一班完成,第二、第三班可在无人照看下正常生产。在理想的柔性制造系统中,其监控系统还能处理诸如刀具的磨损调换、物流的堵塞疏通等运行过程中不可预料的问题。

(6) 产品应变能力大。刀具、夹具及物料运输装置具有可调性,且系统平面布置合理,便于增减设备,满足市场需要。

(7) 经济效果显著。采用FMS的主要技术经济效果是:能按装配作业配套需要,及时安排所需零件的加工,实现及时生产,从而减少毛坯和在制品的库存量,及相应的流动资金占用量,缩短生产周期;提高设备的利用率,减少设备数量和厂房面积;减少直接劳动力,在少人看管条件下可实现昼夜24 h的连续“无人化生产”;提高产品质量的一致性。

11.3.4 柔性制造生产线(FML)

柔性制造生产线(FML)又称为柔性自动线(FTL)或可变自动线,与传统的刚性生产线的区别在于它能同时或依次加工少量不同的工件，适用于单一或少品种大批量生产。

FML 的加工设备可以是通用的加工中心、CNC 机床；亦可采用专用机床或 NC 专用机床，对物料搬运系统柔性的要求低于 FMS，但生产率更高。它是以离散型生产中的柔性制造系统和连续生产过程中的分散型控制系统（DCS）为代表，其特点是实现生产线柔性化及自动化，其技术已日臻成熟，迄今已进入实用化阶段。

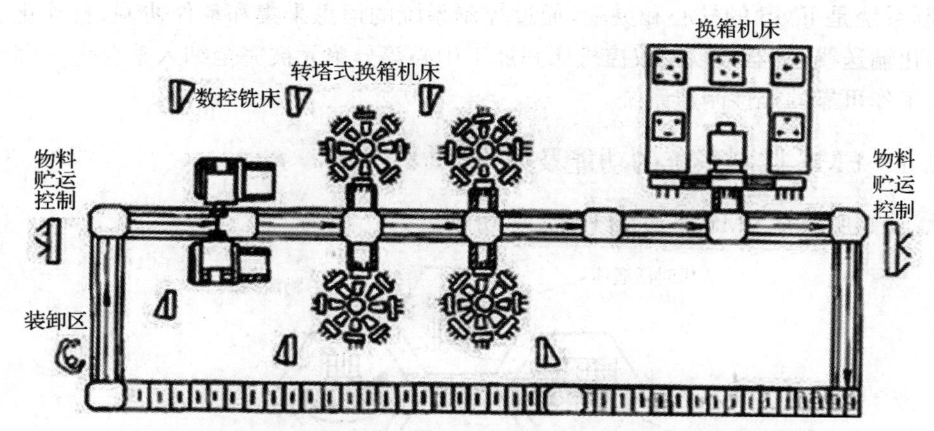

图 11－8　多轴主轴箱的换箱式和转塔式组合加工中心组成的 FML

图 11－8 所示的是一种典型的 FML，此 FML 能同时或依次加工少量不同的工件。工件在 FML 中按一定的生产节拍沿一定的方向和顺序输送。在需要变换工件时，各机床的主轴箱都能作相应的自动更换，同时调入相应的数控程序并调整生产节拍。为了节省初始投资，FML 也可以采用人工调整批量的方式，即在一批生产结束需要更换加工对象时，停机手动更换主轴箱，并进行批量处理。

11.3.5　柔性制造工厂（FMF）

柔性制造工厂是将多条柔性制造系统连接起来，配以自动化立体仓库，用计算机系统进行联系，采用从订货、设计、加工、装配、检验、运送至发货的完整的柔性制造系统。它包括了 CAD/CAM，并使计算机集成制造系统（CIMS）投入实际应用，实现生产系统柔性化及自动化，是自动化生产的最高水平，反映出世界上最先进的自动化应用技术。

柔性制造工厂是柔性制造系统扩大到全厂范围内的生产管理过程、机械加工过程和物料储运过程的全盘自动化。它的主要特点是：

(1) 分布式多级计算机系统，生产计划、日生产进度计划的生产管理的主计算机与 CAD/CAM 系统相连，以取得自动编制加工用的数控程序数据。

(2) 柔性制造工厂的全部日程计划进度和作业可以由主计算机和各级计算机通过在线控制系统进行调整，并可以进行无人化加工。

(3) 数控机床的数量一般在十几台到几十台。可以是各种形式的加工中心、车削中心、计算机数控机床等。

(4) 系统可以全自动地加工各种形状、尺寸和材料的工件。全部刀具可以自动交换、自动检测磨损或损坏的刀具，废旧刀具能自动更新。

(5) 物料储运系统必须包括自动立体仓库，以满足存取为数众多的工件和刀具的需求。系统可以从自动立体仓库中提取所需的坯料，并以最有效的途径实现物流和进行加工。

11.4　柔性制造系统的控制系统

控制系统是 FMS 的核心和灵魂，通过控制系统的信息采集和动作协调，自动化立体仓库、自动化输送线、机器人以及数控机床和加工中心等分单元被完全纳入整合为一套管理方便灵活、工作可靠的柔性制造系统。

11.4.1　FMS 控制系统的功能及要求

图 11-9 所示是 FMS 控制系统的主要功能。

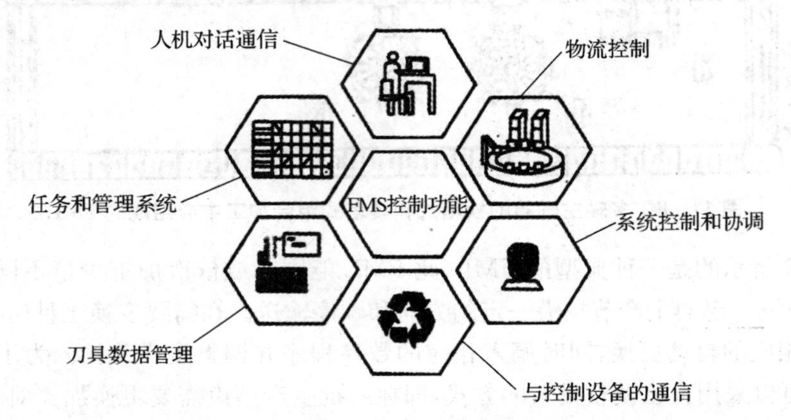

图 11-9　FMS 控制系统的主要功能

(1) 人机对话通信，包括：装载请求、查询系统状态、出现干扰时给出数据等。
(2) 任务和管理系统，包括：接受任务、任务进度监视、任务反馈、机床分配计划等。
(3) 刀具数据管理，包括：刀具预调、修正数据管理、刀具寿命监视等。
(4) 与控制设备的通信，包括：运输指令、NC 启动、干扰信息、状态信息等。
(5) 系统控制和协调，包括：反馈信息采集和记录、监视和重新分配等。
(6) 物流控制，包括：上下料站控制、物料识别控制、自动物料运输设备控制、自动化仓库控制等。

为实现上述功能，对 FMS 控制结构做如下要求：
(1) 易于适应不同的系统配置，最大限度地实行系统模块化设计；
(2) 尽可能独立于硬件要求；
(3) 对于新的通信结构以及相应的局域网协议具有开放性；
(4) 可在高效数据库的基础上实现整体数据维护；
(5) 对其他要求集成的 CIM 功能模块备有最简单的接口；
(6) 采用统一标准；
(7) 具有友好的用户界面。

11.4.2　FMS 控制系统的结构

根据柔性制造系统的规模大小,控制系统的复杂程度也有所不同。通常为三级分布式控制系统,低级为控制级,高级为决策级。在各级的决策与控制中,生产的计划与调度、加工过程途径的确定是主要问题。

第一级为过程控制及逻辑控制级,其主要功能是对加工设备和工件装卸机器人或托盘交换台的控制,包括对各种加工作业的控制和监测等,其计划时限(planning horizon)为数毫秒至数分钟。

第二级为工作站控制级,其主要功能是对柔性制造系统中各自动化环节或 FMS 分系统进行控制与管理。其对象包括物流运送、自动料仓存取、刀具管理、清洗、在线检测及自动加工单元等,其计划时限为数分钟至数小时。

第三级为单元控制级,其主要功能是对各工作站进行管理和控制,因此有时也称为单元控制器(cell controller)。这一级控制主要负责生产管理,编制日程进度计划,把生产所需的信息,如加工零件的种类和数量、每批的生产期限、刀夹具种类和数量等送到第二级管理计算机。单元控制级的计划时限为几小时至几十小时。

这类分级控制系统的多层管理必须在数据库共享的条件下才有意义。生产流程和运行管理组成最高控制级(第一级)的子系统,由这一级协调第二级分层通信和对居于局域生产控制级的垂直通信,最底层控制级(第三级)由工艺和几何控制模块组成,它们有机器与设备专用的控制算法。若所有级间有明确的分隔,则可获得控制系统的可控性、柔性和可扩展性。近来大量的开发活动使通信网络、编程语言、数据库和集成元器件标准化,标准化将使计算机控制的各级装备极大简化。未来的监督系统特征将是提高各控制级的智能化水平,自适应控制、优化自适应控制、自优化和自学习控制将成为分级控制的一部分功能。为使分级系统组成有机网络,还需要各级计算机互联设备、专用界面和通信装置。

11.4.3　FMS 控制系统中的计算机网络技术与通信

工厂自动化和大规模工业控制过程的一个核心问题是通信。通常,用于工业环境的分级网络包括工厂级、车间级、现场级和设备级等 4 个层次。FMS 中的计算机网络是一种工业局部网,因此它与一般意义上的计算机网络有许多共同之处,但它又具有其特殊性。这其中最显著的就是,在工业局部网络中包含有大量的智能化程度不一、来自不同厂商的设备,这些设备相互之间无法进行数据交换。此时整个网络的开放性就显得尤为突出,以包容这些异种设备。

1) 局域网络的拓扑结构

FMS 中计算机网络就如同神经系统一样,能将数据准确、及时地送到相应的设备上,从而实现对设备进行有效的控制和监测。

网络的拓扑结构是指网络中设备和通信线路的物理布局。目前计算机网络采用的主要形式有以下几种:

(1) 星形网络。星形网络又称集中网络,如图 11-10(a)所示。它是将多个结点连到处于中央位置上的主结点上。由该主结点集中控制进行交换信息,因此主结点具有中继交换功能，它中继来自分散结点的信息，并将集中到主结点的信息转发给相应的结点。

集中式网络易于将信息流汇集起来，从而提高线路流量的处理效率，但是从可靠性角度来看，若主结点或线路发生故障，则对网络产生广泛的影响，一般集中型结构适用于各结点之间信息交流较频繁的场合。

(2) 环形网络。环形网络又称分散网络，各结点连接成分散控制的闭环系统，其结构如图 11-10(b)所示。它用多段中继实行线路共用。因此，可以缩短线路长度，在环形网络中信息是单方向的，因此，不需要选择路径，可以减少辅助操作。环形网络还可以通过结点与别的环形网络相连，易于扩展。但由于它是共用线路，因此，不适用于信息量大的场合。

(3) 总线网络。总线网络以一条无源电缆为公共总线，通过结点抽头把用户结点连到电缆上，其结构如图 11-10(c)所示。通过总线互相通信，同时在跨越办公室或楼层时，可以用重发器把电缆伸展出去。总线型网络结构灵活，一个结点故障不会影响其他结点工作，易于扩展，因此，是当前局域网络系统中经常采用的一种结构形式。

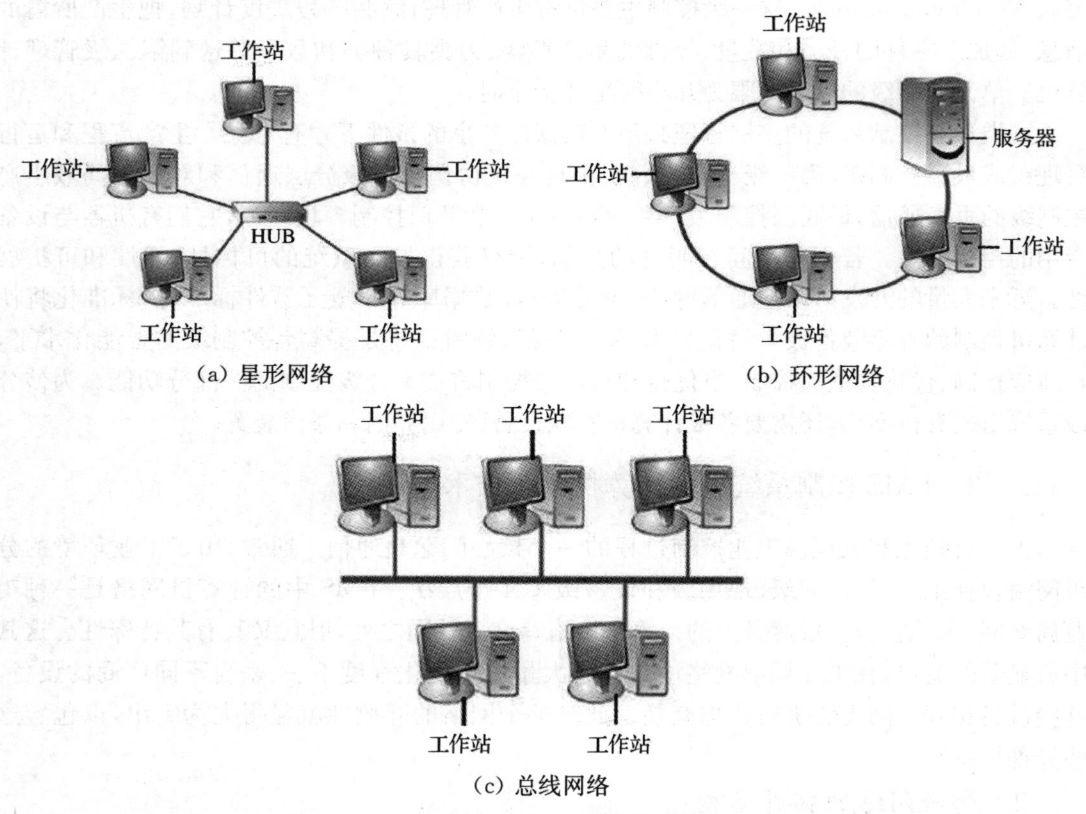

图 11-10 几种常见的网络拓扑结构

(4) 其他。除了上述几种基本结构外，尚有树状结构、网状结构以及混合结构。由于这些网络结构比较复杂，必须进行路径选择，信息在达到目的结点之前一般都要经过几个结点，因此，在有故障时可以迂回连接，具有较高的可靠性。

2) MAS 网络结构及通信特点

制造自动化系统(Manufacturing Automation Systems，MAS)网络属于工业型局域网范

畴，在 MAS 中，网络技术是实现 MAS 信息集成必不可少的基础。图 11－11 所示为简化的 MAS 网络结构。

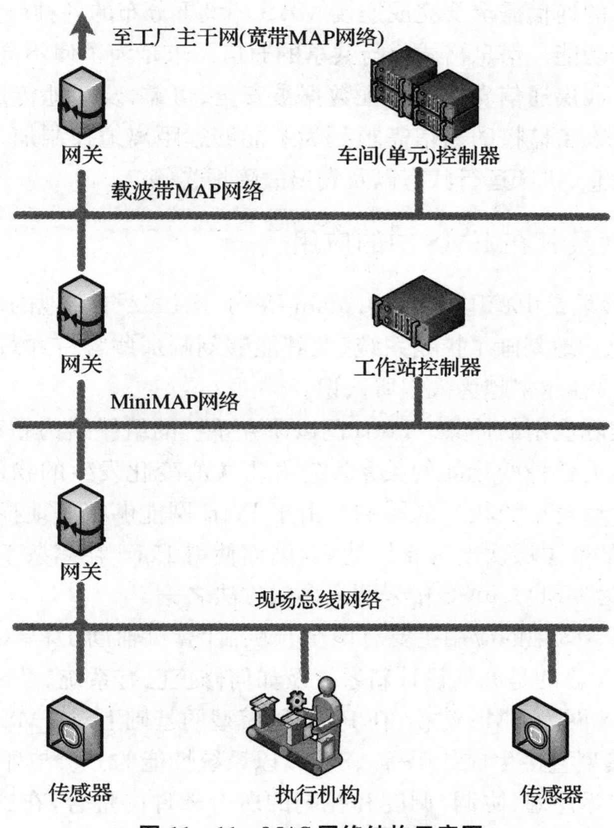

图 11－11　MAS 网络结构示意图

从现有的网络市场看，MAS 网络不是一种成熟的商品化的计算机网络产品，而是一种由用户根据需求而实现的特定 MAS，是支撑 MAS 系统功能目标的专业工业计算机局域网系统。它具有以下特点：

(1) MAS 网络覆盖了 FMS 的三层控制结构，这些层次上信息的特征、交换形式和要求各不相同，因而选用的通信联网形式和网络技术也不相同。此外，为了满足 FMS 整体系统信息集成的要求，还要考虑 MAS 同 FMS 上层(主要是工厂主干网)系统的通信要求。因此，MAS 网络是嵌入到一个由若干应用服务类型不同的局域子网互联的集成环境中的计算机网络。

(2) 即使在 MAS 子网络内部，由于近年来局域网产品发展迅速，在通信协议、网络拓扑结构、访问存取控制方法及通信介质等方面都有差异，这阻碍了不同类型网络的互联性，特别是在底层设备的通信方面，标准化程度不尽人意。因此，MAS 网络实际面临着不同供应厂商提供的通信及联网产品的互联问题。从这种意义上看，MAS 网络是由“异构”“异质”的通信接口互联的集成，这是 MAS 网络需要实现的关键技术之一。

MAS 网络是 FMS 网络的子网，网络协议的研究与开发主要是针对 FMS 的，自然也包括 MAS 通信子网。由于通信网络是 FMS 以及 MAS 的支撑系统，它主要为 FMS 的功能服务,故 MAS 的通信需求有四个方面,即:网络访问与系统支撑、信息格式与共享、底层通信支撑、加工设备(如机床)的监控。

网络访问与系统的通信需求要完成连接 MAS 环境下分布的各种(包括异构的)设备,并实现网络管理的若干功能。信息格式化与共享的通信需求是为了使不同的机床等加工及辅助设备能共享数据。底层通信支撑要保证数据被安全、可靠、及时地传送到相应设备上,并驱动设备运转。加工设备监控的通信需求是为了能够远距离地控制加工设备的运行,采集加工过程中的实时信息、机床运行状态以及发出故障报告等。

11.4.4 Petri 网及其在 FMS 中的应用

Petri 网的概念最早是由德国的 Carl Adam Petri 于 1962 年在他的博士论文中提出的。由于 Petri 网深刻、简洁地刻画了控制系统,尤其能够刻画那些含有并行操作成分的系统的动态性质,因而其重要性越来越为人们所认识。

系统模型是对实际应用的抽象。Petri 网以研究系统的组织结构和动态行为为目标,着眼于系统中可能发生的各种变化间的关系。它并不关心变化发生的物理或化学性质,只关心发生的条件及发生后对系统状态的影响。由于 Petri 网能够很好地描述系统中的并发和同步行为,并在不同的抽象层次上为系统建模,因而使得 Petri 在离散事件动态系统中的应用也渐受关注,并成为 DEDS、FMS 中采用最多的方法之一。

Petri 网模型在 FMS 中的应用主要有两个领域:计算机辅助工程(CAE)和计算机辅助制造(CAM)。CAE 关心的是如何设计新系统及如何修正已有系统。Petri 网在这一领域内的应用包括运用 Petri 网为 FMS 建模、在 Petri 网模型的基础上对 FMS 进行定性和定量分析,以及由 Petri 网模型直接生成代码等。其中,以系统性能的分析与评价最受关注。CAM 是用于制造系统的实际计划、协调、调度和控制的所有软件的集合,在这方面,Petri 网多用于调度与控制。

1) Petri 网在 FMS 建模中的应用

我们已经知道,经典 Petri 网理论与 FMS 的应用之间存在着一定的距离,所以要准确地对 FMS 建模,势必需要对 Petri 网进行一定的改进或扩充,而且几乎所有的 Petri 网扩充形式在 FMS 建模中都被使用。

赋时 Petri 网由于将时间因素引入了网模型,因此在 CAE 中可为 FMS 性能评价提供依据,用于 CAM 又可为研究 FMS 的实时调度策略创造条件。如时延 Petri 网便是 C. Ramcandani 在研究 FMS 性能评价时首先提出的。

着色 Petri 网用于 FMS 建模,可以有效地解决由 FMS 自身规模庞大、关系复杂、运作方式灵活等具体特点而引发的模型复杂问题。

用引入控制机制的 Petri 网为 FMS 建模,多是出于在线/离线控制的需要,如 A. Ichikawa 与 K. Hiraishit 等人提出的一种带外部输入的 Petri 网模型,这种模型扩充了原 Petri 网模型的位置集合,使其包括内部位置及外部位置两部分,同时也相应扩充了 Petri 网的流关系,以此为基础的 FMS 分析与模拟已取得了较好的效果。

Petri 网子类是对 Petri 网性质加以一定的限制后形成的,因此,通常可获得较好的特性,如状态机理是严格守恒的,标识图是安全的,这对于 FMS 的分析显然十分有利。

2) Petri 网在 FMS 分析中的应用

一个 FMS 的设计、实现过程是相当复杂的，由于 FMS 具有耗资大、风险大、技术密集等特点，因此在 FMS 投入实施和运行之前，先通过模型对构成要素及整体静态/动态特性加以分析，以便对系统方案进行评价和修正是十分必要的。这也是 Petri 网在 FMS 中的一个重要应用，其中又分为定性分析与定量分析。

定性分析不仅可在设计之初发现并克服系统模型可能存在的致命错误，而且也可以简化系统实时监控中的故障诊断和恢复等工作。Petri 网模型可提供丰富的特性定义及相应的分析方法。Petri 网的特性概括起来有以下两类：

(1) Petri 网结构特性：指仅与 Petri 网拓扑结构有关而与标识无关的特性，如结构活性、可控性、守恒性、一致性、可恢复性等。

(2) Petri 网行为特性：指与 Petri 网初始标识有关的特性，如可达性、有界性、活性、可覆盖性、保持性和公平性等。

在 FMS 领域中，关于 Petri 网模型的性能分析多集中在有界性(安全性)及活性问题上。前者是为了避免溢出，这对 FMS 的硬件装置的合理配置有着重要意义。后者则是 FMS 顺利运行的保证，因为如果发生死锁，将使整个自动化生产系统陷入瘫痪。FMS 死锁情况的发生通常缘于资源的竞争，可引起死锁的竞争过程有：加工任务的循环等待、多任务同时竞争共享的物料运输系统(如 AGV)等。

3) Petri 网在 FMS 调度和控制中的应用

调度和控制是 FMS 运行过程中的关键问题。FMS 的调度是对一系列有限资源进行分配，从而使生产任务在满足时间和其他约束条件的情况下得以完成，并尽可能地使某个性能指标(集)达到最优，这是一个多规则优化问题。根据生产任务是否预先知道可将调度问题分为静态调度和动态调度问题。根据问题参数是否正确，又可将调度问题分为确定性调度和随机性调度问题。

目前，Petri 网在 FMS 调度中的应用大多是建立在仿真的基础上的，一般是在 Petri 网模型上根据给定的一些调度原则，对生产任务的动态执行情况进行仿真，适时输入与设备、规则有关的信息，并采集与系统性能有关的数据，最后加以处理、评价。类似的模拟过程可以多次反复，相互比较，以达到修正或寻优的目的。

FMS 的控制是对实际生产过程的实时监控，并具有及时处理可能的随机事件及意外故障的能力。它实际上是 FMS 调度的一种延续，只不过控制是需要在线进行的，而且需要有更强的应变和控制能力。所以一般多考虑采用带控制机制的 Petri 网。除此之外，亦可进一步将 Petri 网与人工智能相结合，探讨 FMS 的实时控制问题。

思考题

1. FMS 功能及要求是什么?
2. FMS 中局域网常用的拓扑结构有哪些?
3. 简述 MAS 网络结构及通信特点。
4. 简述 Petri 网在 FMS 中的应用领域。

本章参考文献

[1] 张容磊. 我国智能制造装备产业发展分析(三)[J]. 智能制造，2020(11)：12－15.

主要参考书籍

[1] 陈长生.机械制造基础(及金工实习)[M].杭州:浙江大学出版社,2012.

[2] 赵小东,潘一凡.机械制造基础[M].南京:东南大学出版社,2012.

[3] 赵建中.机械制造基础[M].2版.北京:北京理工大学出版社,2013.

[4] 赵忠.金属材料及热处理[M].北京:机械工业出版社,1986.

[5] 文西芹,张海涛.工程训练[M].北京:高等教育出版社,2012.

[6] 黄如林,樊曙天.金工实习[M].南京:东南大学出版社,2012.

[7] 张学政,李家枢.金属工艺学实习教材[M].3版.北京:高等教育出版社,2011.

[8] 傅水根.现代工程技术训练[M].北京:高等教育出版社,2008.

[9] 刘胜青,陈金水.工程训练[M].北京:高等教育出版社,2010.

[10] 周梓荣.金工实习[M].北京:高等教育出版社,2011.

[11] 刘新佳,孙奎洲,俞庆.金属工艺学实习教材[M].2版.北京:高等教育出版社,2012.

[12] 朱玉平,张学军.基于新工科的工程训练培养体系构建与实践[J].实验技术与管理,2021,38(1):8-11.

[13] 教育部.新工科建设指南(北京指南)[J].高等工程教育研究,2017(4):20-21

[14] 教育部高等教育司."新工科"建设复旦共识[J].高等工程教育研究,2017(1):10-11.

[15] 王群,蔡立军,刘彬彬,等.创新型工程训练教学模式的探索[J].实验室研究与探索,2020,39(8):236-239,282.